# 公众消防安全教育培训教程

GONGZHONG XIAOFANG ANQUAN JIAOYU PEIXUN JIAOCHENG

应急管理部天津消防研究所　主编

中国计划出版社

北　京

**图书在版编目（CIP）数据**

公众消防安全教育培训教程 / 应急管理部天津消防研究所主编. -- 北京 : 中国计划出版社, 2022.5
ISBN 978-7-5182-1446-4

Ⅰ. ①公… Ⅱ. ①应… Ⅲ. ①消防－安全教育－技术培训－教材 Ⅳ. ①TU998.1

中国版本图书馆CIP数据核字(2022)第069556号

责任编辑：陈　飞　刘　原　　封面设计：思梵星尚
责任校对：杨奇志　谭佳艺　　责任印制：赵文斌　康媛媛

中国计划出版社出版发行
网址：www.jhpress.com
地址：北京市西城区木樨地北里甲11号国宏大厦C座3层
邮政编码：100038　电话：（010）63906433（发行部）
北京天宇星印刷厂印刷

787mm×1092mm　1/16　24.75印张　607千字
2022年5月第1版　2022年5月第1次印刷

定价：90.00元

# 《公众消防安全教育培训教程》
# 编 写 人 员


**主　编：** 肖　磊

**副主编：** 宋文琦　王　珺

**编　委：** 纪　杰　许传升　谷文涛　马达伟　刘同强
张　华　邱培芳　苏浩循　曹春霞　刘　琦
张　燕　张文彬　陶鹏宇　牛　坤　连旦军
姚婷婷　邢瑞泽　李杰辉　任学明　陈学森
刘　帅　乔　昆　侯乐宾　张利容　周剑侠
刘姝昱　李国坤　刘　静

# 前　言

为了满足公众对消防安全教育知识和技能学习的迫切需求，方便公众、消防志愿者和相关从业人员学习，根据《全民消防安全宣传教育纲要》《消防安全责任制》的规定，应急管理部天津消防研究所组织中国科学技术大学、天津大学应急医学研究院、兰州大学第一医院、西华大学应急管理学院、淄博消防协会、安徽省阜阳市消防救援支队、上海市普陀区消防救援支队、清大东方教育科技集团有限公司、北京中德启锐安全设备有限公司、成都新中安消防职业技能培训学校、山东新科消防职业技能培训学校有限公司的专家编写了《公众消防安全教育培训教程》(以下简称本教程)。

本教程以公众对消防与生命安全教育的实际需求为主进行编写，共分为三部分。第一部分分为十章。第一章公众消防安全教育培训概述，主要介绍了公众消防安全教育的现状与存在的问题，梳理了公众消防安全教育的培训需求，对本教程的使用进行了系统介绍；第二章消防法律法规及常识，主要介绍了我国的消防法律法规体系及常识；第三章消防安全基础知识，主要介绍了燃烧和爆炸、常见火灾成因、火灾和烟气的危害、建筑防火基本原理、易燃易爆危险品、电气防火基础知识和消防安全标志识别等知识内容；第四章常见的消防安全隐患，主要介绍了可燃物和点火源、消防设施器材、建筑防火和人员能力方面存在的火灾隐患；第五章初期火灾处置，主要介绍了火灾报警、灭火毯使用、灭火器分类和使用、消防软管卷盘(轻便消防水龙)使用、消火栓使用、人员疏散和物资保护、火灾控制和辅助消防救援等内容；第六章常见消防设施工作原理，主要介绍了火灾自动报警系统、消防给水及消火栓系统、自动喷水灭火系统、气体灭火系统、防烟排烟系统、消防应急照明和疏散指示系统、消防应急广播系统、消防电梯和非消防电源切断系统等内容；第七章火场求生与应急疏散，主要介绍了人在火灾中的心理与行为、火场求生、火场求生装备、灭火和应急疏散预案编制、火灾应急疏散演练等内容；第八章常见消防车辆器材、装备简介，主要介绍了消防救援车辆、消防救援装备和消防员防护装备；第九章火灾现场医疗急救，主要介绍了火灾对人体健康的危害、火灾现场常见伤害处置和火灾现场常用急救技术等内容；第十章火灾后心理应激与康复，主要介绍了常见的火灾后应激障碍、科学评估和心理干预与康复等内容。

本教程第一部分的第一章由肖磊、宋文琦和王珺编写审核，第二章由纪杰、张文彬和谷文涛编写审核，第三章由马达伟、姚婷婷和张文彬编写审核，第四章由许传升、连旦军、宋文琦和陶鹏宇编写审核，第五章由刘同强、刘帅、侯乐宾、陈学森、李国坤和刘静编写审核，第六章由张华、任学明、张利容和周剑侠编写审核，第七章由邱培芳、牛坤和李杰辉编写审核，第八章由苏浩循、张燕和邢瑞泽编写审核，第九章由曹春霞、刘姝昱编写审核，第十章由刘琦、乔昆编写审核，第二部分由许传升、谷文涛编写审核，第三部分由各章主编与邢瑞泽、陶鹏宇共同编写审核。

本教程参照和引用了国家现行消防技术标准规范。随着社会经济的发展和消防科学技术的不断进步，消防技术标准规范还将陆续更新和制定颁布，读者在学习和实践过程中应以国家现行消防技术标准规范为依据。

本教程的编写工作，得到了应急管理部消防救援局新闻宣传处、中国消防协会科普教育工作委员会和中国人民警察大学等相关领导和专家学者的大力支持，提出了许多宝贵的修改意见，在此一并表示衷心的感谢！

由于编者水平有限，书中难免存在不足之处，希望读者批评指正。

公众消防安全教育培训教程编写组

2022年5月

# 目　　录

## 第一部分　公众消防安全教育培训教程基础知识

## 第二部分　不同场所典型火灾案例



## 第三部分　公众消防安全教育培训教程测试题

# 公众消防安全教育培训教程
# 基础知识

# 第一章　公众消防安全教育培训概述

## 一、公众消防安全教育培训的意义

火灾是当今世界上严重威胁人类生存和发展的常发性灾害之一，具有发生频率高、时空跨度大、造成的损失与危害严重等特点。据不完全统计，全球每年发生火灾600万～700万起，死亡人数高达10万人。近年来，随着社会经济以及城市化的高速发展，我国火灾安全形势日益严峻。统计资料表明，2010年以来，我国火灾事故持续上升，近年来年均火灾数在40万起左右，造成了大量的人员伤亡和财产损失。我国火灾事故发生数居高不下的一个重要原因就是公众消防安全教育培训工作不足，乡村和社区居民消防安全意识普遍薄弱，“预防为主，防消结合”的消防工作方针难以有效落实。

## 二、我国公众消防安全教育培训的现状

我国于2009年5月施行的《中华人民共和国消防法》，从火灾预防、消防组织、灭火救援、监督检查和法律责任方面提出了具体要求，这为预防火灾和减少火灾危害，加强应急救援工作，保护人身、财产安全，维护公共安全提供了根本性法律保证。自2009年6月施行的《社会消防安全教育培训规定》（公安部令第109号），提出了对机关、团体、企业、事业等单位、社区居民委员会、村民委员会开展消防安全教育培训工作的相关规定。2011年中宣部等八部委联合颁布了《全民消防安全宣传教育纲要（2011—2015）》（以下简称《纲要》），指出了家庭、社区、学校、农村、人员密集场所和单位等开展消防安全宣传教育的主要任务，力求将安全用火、用电、用油、用气和火灾报警、扑救初期火灾、疏散逃生等消防安全常识得到广泛普及。2011年7月公安部等部委组织编制了《社会消防安全教育培训大纲（试行）》（以下简称《大纲》），明确了消防安全教育培训的13类对象、目的、内容、课时，从消防安全基本知识、消防法规基本常识、消防工作基本要求和消防基本能力训练等四方面列出提纲，为社会消防教育培训提供依据和参考。2017年10月国务院办公厅颁布了《消防安全责任制实施办法》（以下简称《办法》），对各级政府和各部门多次提到了开展消防安全教育培训的要求。2018年10月消防业务工作正式划转到应急管理部，消防的工作职责不仅包含火灾，还要承担各类综合性灾害事故的救援和处置工作，但目前尚未建立消防及生命安全教育培训的体系及相关课程，尤其在具体的课程设置和课程内容建设方面，没有形成体系化、系统性和科学化的方法和指导意见。

## 三、国外公众消防安全教育培训的现状

日本和美国等发达国家十分重视消防宣传教育。日本有比较完备的消防安全教育及培训训练课程，日本消防厅以“地域防灾学校”为主，编制了许多防灾教育现场灵活运用的指导教材；日本的消防大学等院校、机构不断扩大接受教育训练的对象，并使教育训练的内容更加具有实践性和系列性。美国消防协会（NFPA）发布了一系列的消防安全教育培训手册，主要包括厨房防火安全、婴儿看护者防火安全技巧、残疾人防火安全、电器火灾安全、学龄前儿童防火安全、紧急疏散、高层建筑疏散和居民疏散训练等内容。美国消防协会出版发行了NFPA 1035《消防和生命安全教育工作者、新闻工作者、少年纵火调查专家、少年纵火计划管理者职业资格标准》，规定了此类教育工作者的资质要求以及应该如何开展相关教育培训工作；NFPA 1730《防火检查和规范执行、图纸审核、调查和公共教育活动的组织实施标准》则规定了进行公共消防安全教育时的实施细则，比如，如何制订教育培训计划、如何进行风险评估、如何针对受众特点开展教育培训、如何对教育培训进行评价等。此外，美国还在其技术标准中强调消防安全教育培训的重要性，并给出具体规定。如在NFPA 1《防火规范》和NFPA 101《生命安全规范》等规范中明确规定了教育类建筑消防疏散演练的频次、过程和注意事项等。根据上述介绍的美国消防法律法规特点，各州或地方政府采纳或者修改采纳NFPA的标准，然后成为州或地方的法律法规。美国的国际消防培训协会（IFSTA）在消防和安全专业领域开发了大量的培训教材、课程和制定了相关标准，以DVD和流媒体在线的形式进行授课。

## 四、公众消防安全教育培训需求

为深入贯彻习近平总书记关于防灾减灾的重要论述精神，树牢安全发展理念，推动消防安全责任落实，完善公民消防安全教育体系，必须坚持社会共治，坚持群众观点和群众路线，拓展人民群众参与消防安全治理的有效途径。做好消防安全知识的宣传教育，进一步普及与人民群众生产生活息息相关的风险防范、隐患排查、应急处置和自救互救等安全常识，对于营造良好安全舆论氛围、夯实社会安全基础有着重要意义。本书编制组以《中华人民共和国科学技术普及法》《中华人民共和国消防法》为指导，以普及消防安全在内的科学知识、倡导科学方法、传播科学思想、弘扬科学精神为宗旨，促进应急消防科普教育培训工作的社会化、群众化和常态化。

公众消防安全教育培训是社会化火灾防控的重要组成部分，更是一项全民性的基础工程，是提高全民消防安全素质的重要手段，加强消防科普教育工作可以有效提高民众消防安全防范能力，能最大限度地调动全社会关心消防、做好火灾预防工作的积极性和主动性，加快消防工作的社会化进程。目前，我国在消防安全教育培训的标准化体系的建设方面仍然缺乏理论指导和技术支撑，不利于精准开展国家消防及生命安全教育。同时，相关机构及教学人员缺少能够用于教育的科学合理的规范教程，开展的消防安全教育存在着不全面、不准确的问题。基于上述现状，亟须制定规范的社会化公众消防安全教育培训系列教程，为我国公众消防安全教育培训的开展提供理论指导和科学依据，从根本上解决消防安全教育培训人员、活动和内容不够规范的问题。

## 五、本教程使用说明

本教程的使用对象主要是针对社区、居民、消防志愿者、公安民警、消防文员等开展消防安全学习或消防科普教育培训工作的受众群体。本教程主要是使培训对象熟悉基本消防法律法规和规章制度、知晓消防工作职责，掌握基本的消防安全知识，熟悉各类火灾隐患的识别与排查，提高火灾预防、初期火灾处置、火场求生与应急自救的能力，学会火灾现场医疗急救和火灾后心理应激与康复。该教程还收录了不同场所典型火灾案例和消防安全教育培训测试题库等内容，供大家学习参考。

# 第二章 消防法律法规及常识

本章主要介绍我国的消防法律法规体系、消防安全教育培训相关法律简介及消防技术标准查阅途径。

## 第一节 消防法律法规体系

我国的消防法律法规体系由消防法律、消防法规、消防规章、消防技术标准、消防规范性文件组成。

### 一、消防法律

消防法律是指由全国人大及其常委会制定颁发的消防有关的各项法律，它规定了我国消防工作的宗旨、方针政策、组织机构、职责权限、活动原则和管理程序等，用以调整国家各级行政机关、企业、事业单位、社会团体和公民之间消防关系的行为规范。我国消防法律法规体系中的“根本大法”是《中华人民共和国消防法》。《中华人民共和国消防法》于1998年4月29日由第九届全国人民代表大会常务委员会第二次会议通过，自1998年9月1日起施行，此后又经过两次修订。2008年10月28日由第十一届全国人民代表大会常务委员会第五次会议修订通过，2019年4月23日由第十三届全国人民代表大会常务委员会第十次会议修订通过。2021年4月29日由第十三届全国人民代表大会常务委员会第二十八次会议修订通过。该法共7章74条。《中华人民共和国消防法》规定了消防工作责任体系，具有最高的法律效力，是制定其他消防法规的主要依据。

此外，《中华人民共和国刑法》《中华人民共和国刑事诉讼法》《中华人民共和国治安管理处罚法》《中华人民共和国安全生产法》《中华人民共和国产品质量法》《中华人民共和国建筑法》等法律条文中都有涉及消防安全管理的内容。

### 二、消防法规

消防法规包括行政法规和地方性法规。

#### （一）行政法规

消防方面的行政法规是国务院根据宪法和法律，为领导和管理国家各项行政工作，按照法定程序制定的规范性文件，如《危险化学品安全管理条例》《烟花爆竹安全管理条例》《生产安全事故报告和调查处理条例》《国务院关于特大安全事故行政责任追究的规定》等。

### （二）地方性法规

地方性法规是地方有立法权的人民代表大会及其常务委员会在不与宪法和法律相抵触的情况下，根据本地区的实际情况制定的规范性文件。如《江西省消防条例》《天津市消防条例》《上海市烟花爆竹安全管理条例》等。

## 三、消防规章

消防规章是国务院主管部门和地方省级人民政府、省级人民政府所在地的市政府以及经国务院批准的较大的市地方人民政府，根据法律、行政法规、地方性法规，在自己权限范围内依法制定的规范性文件。

### （一）部门规章

国务院各部、各委员会，中国人民银行，审计署和具有行政管理职能的直属机构根据法律和行政法规，在本部门的权限内按规定程序制定的规范性文件是部门规章。如《机关、团体、企业、事业单位消防安全管理规定》（公安部61号令）、《建设工程消防监督管理规定》（公安部119号令）、《消防监督检查规定》（公安部120号令）、《火灾事故调查规定》（公安部121号令）、《社会消防安全教育培训规定》（公安部109号令）等。

### （二）地方政府规章

地方政府根据法律、行政法规和地方性法规制定的规章是地方政府规章。如《上海市危险化学品安全管理办法》《上海市消火栓管理办法》《新疆维吾尔自治区棉花消防安全管理办法》等。

## 四、消防技术标准

消防技术标准是由国务院有关主管部门单独或联合发布的，用以规范消防技术领域中人与自然、科学、技术关系的准则和标准。它的实施主要以法律、法规和规章的实施作为保障。消防技术标准根据制定的部门不同可划分为国家标准、行业标准和地方标准。

### （一）国家标准

常见的消防国家标准有：《建筑设计防火规范》GB 50016、《建筑内部装修设计防火规范》GB 50222、《火灾自动报警系统设计规范》GB 50116、《火灾自动报警系统施工及验收规范》GB 50166、《消防给水及消火栓系统技术规范》GB 50974、《自动喷水灭火系统设计规范》GB 50084、《自动喷水灭火系统施工及验收规范》GB 50261、《建筑灭火器配置验收及检查规范》GB 50444、《建筑消防设施的维护管理》GB 25201、《人员密集场所消防安全管理》GB/T 40248等。

### （二）行业标准

常见的消防行业标准有：《住宿与生产储存经营合用场所消防安全技术要求》XF 703、《仓储场所消防安全管理通则》XF 1131、《灭火器维修》XF 95等。

### （三）地方标准

典型的地方标准有：江苏省地方标准《建筑消防设施检测技术规程》DB32/T 186、新疆维吾尔自治区地方标准《社会单位消防安全管理规范》DB65/T 3161等。

### 五、消防规范性文件

消防行政管理规范性文件是指未列入消防行政管理法规范畴内的、由国家机关制定颁布的有关消防行政管理工作的通知、通告、决定、指示、命令等规范性文件的总称。国务院及国家有关部委、地方各级人民政府及相关部门都在各个时期制定了大量消防规范性文件。如2017年10月29日，国务院办公厅下发《消防安全责任制实施办法》，对消防安全提出了“党政同责、一岗双责、齐抓共管、失职追责”的原则。该办法突出明责问效，明确了省、市、县、乡镇政府和街道办事处的领导责任，明确了具有行政审批和行政管理、公共服务职能的38个相关部门的监管责任，细化了社会单位、消防安全重点单位、火灾高危单位的主体责任，对单位消防安全管理提出“安全自查、隐患自除、责任自负”的要求，具有很强的指导性与可操作性。

## 第二节 消防安全教育培训相关法律简介

我国涉及消防安全教育培训相关法律包括《中华人民共和国消防法》《中华人民共和国安全生产法》《机关、团体、企业、事业单位消防安全管理规定》《中华人民共和国突发事件应对法》《社会消防安全教育培训规定》等。

### 一、消防安全教育相关法律

《中华人民共和国消防法》第六条规定：“各级人民政府应当组织开展经常性的消防宣传教育，提高公民的消防安全意识。机关、团体、企业、事业等单位，应当加强对本单位人员的消防宣传教育。应急管理部门及消防救援机构应当加强消防法律、法规的宣传，并督促、指导、协助有关单位做好消防宣传教育工作。教育、人力资源行政主管部门和学校、有关职业培训机构应当将消防知识纳入教育、教学、培训的内容。新闻、广播、电视等有关单位，应当有针对性地面向社会进行消防宣传教育。工会、共产主义青年团、妇女联合会等团体应当结合各自工作对象的特点，组织开展消防宣传教育。村民委员会、居民委员会应当协助人民政府以及公安机关、应急管理等部门，加强消防宣传教育。”第三十一条规定：“在农业收获季节、森林和草原防火期间、重大节假日期间以及火灾多发季节，地方各级人民政府应当组织开展有针对性的消防宣传教育，采取防火措施，进行消防安全检查。”

《中华人民共和国安全生产法》第十三条规定：“各级人民政府及其有关部门应当采取多种形式，加强对有关安全生产的法律、法规和安全生产知识的宣传，增强全社会的安全生产意识。”

《机关、团体、企业、事业单位消防安全管理规定》第三十六条规定“单位应当通过多种形式开展经常性的消防安全宣传教育。消防安全重点单位对每名员工应当至少每年进行一次消防安全培训。”第三十七条规定“公众聚集场所在营业、活动期间，应当通过张贴图画、广播、闭路电视等向公众宣传防火、灭火、疏散逃生等常识。学校、幼儿园应当通过寓教于乐等多种形式对学生和幼儿进行消防安全常识教育。”机关、团体、企业、事业单位是消防安全教育的重要实施者，应当按照《中华人民共和国消防法》《机关、团体、企业、事业单位消防安全管理规定》和《社会消防安全教育培训规定》等法律法规要求，结合实际开展经常性的消防宣传教育活动。单位应当定期组织开展消防宣传教育，对员工进行经常性的消防知识宣传；要利用宣传栏、文化橱窗、广播站、楼宇电视等宣传阵地和文艺演出、演讲、消防知识技能竞赛、消防运动会等群众喜闻乐见的形式宣传普及消防知识，提高员工消防安全素质。

《国务院关于进一步加强消防工作的意见》（国发〔2006〕15号）第十一条规定："广泛开展消防安全宣传教育。地方各级人民政府每年要制订并组织实施消防宣传教育计划，公安消防等部门、单位和新闻媒体要改进消防宣传教育形式，普及消防法律法规，教育广大人民群众切实增强防范意识，掌握防火、灭火和逃生自救常识。教育部门、学校及其他教育机构要将消防知识纳入教学内容；科技、司法、劳动保障等部门和单位要将消防法律法规和消防知识列入科普、普法、就业教育工作内容；乡（镇）人民政府、街道办事处和单位要在乡村、社区、办公区等场所设立消防宣传教育专栏和消防安全标识；广播、电视、报刊、互联网站等新闻媒体应当定期刊播消防公益广告，义务宣传消防知识。"

## 二、消防安全培训相关法律

《国务院关于进一步加强消防工作的意见》第十二条提出："认真组织消防安全培训。地方各级人民政府要加强对各级领导干部消防法律法规等知识的培训。有关行业、单位要大力加强对消防管理人员和消防设计、施工、检查维护、操作人员，以及电工、电气焊等特种作业人员、易燃易爆岗位作业人员、人员密集的营业性场所工作人员和导游、保安人员的消防安全培训，严格执行消防安全培训合格上岗制度。地方各级人民政府和有关部门要责成用人单位对农民工开展消防安全培训。"

《中华人民共和国消防法》第六条和《中华人民共和国安全生产法》第十一条，以及《中华人民共和国国民经济和社会发展第十一个五年规划纲要》第四十一章也都有具体要求。

《机关、团体、企业、事业单位消防安全管理规定》第三十六条规定："单位应当通过多种形式开展经常性的消防安全宣传教育。消防安全重点单位对每名员工应当至少每年进行一次消防安全培训。宣传教育和培训内容应当包括：

（一）有关消防法规，消防安全制度和保障消防安全的操作规程；

（二）本单位、本岗位的火灾危险性和防火措施；

（三）有关消防设施的性能、灭火器材的使用方法；

（四）报火警、扑救初期火灾以及自救逃生的知识和技能。

公众聚集场所对员工的消防安全培训应当至少每半年进行一次，培训的内容还应当包括组织、引导在场群众疏散的知识和技能。

单位应当组织新上岗和进入新岗位的员工进行上岗前的消防安全培训。"

《中华人民共和国突发事件应对法》第二十五条规定："县级以上人民政府应当建立健全突发事件应急管理培训制度，对人民政府及其有关部门负有处置突发事件职责的工作人员定期进行培训。"

《社会消防安全教育培训规定》（公安部令第109号）对消防安全教育培训的内容、有关部门的职责、培训的实施、培训机构的建立等都做了详细规定。其中第三章第十四条规定："单位应当根据本单位的特点，建立健全消防安全教育培训制度，明确机构和人员，保障教育培训工作经费，按照下列规定对职工进行消防安全教育培训：

（一）定期开展形式多样的消防安全宣传教育；

（二）对新上岗和进入新岗位的职工进行上岗前消防安全培训；

（三）对在岗的职工每年至少进行一次消防安全培训；

（四）消防安全重点单位每半年至少组织一次、其他单位每年至少组织一次灭火和应急疏散演练。

单位对职工的消防安全教育培训应当将本单位的火灾危险性、防火灭火措施、消防设施及灭火器材的操作使用方法、人员疏散逃生知识等作为培训的重点。"

第十五条规定："各级各类学校应当开展下列消防安全教育工作：

（一）将消防安全知识纳入教学内容；

（二）在开学初、放寒（暑）假前、学生军训期间，对学生普遍开展专题消防安全教育；

（三）结合不同课程实验课的特点和要求，对学生进行有针对性的消防安全教育；

（四）组织学生到当地消防站参观体验；

（五）每学年至少组织学生开展一次应急疏散演练；

（六）对寄宿学生开展经常性的安全用火用电教育和应急疏散演练。

各级各类学校应当至少确定一名熟悉消防安全知识的教师担任消防安全课教员，并选聘消防专业人员担任学校的兼职消防辅导员。"

第十六条规定："中小学校和学前教育机构应当针对不同年龄阶段学生认知特点，保证课时或者采取学科渗透、专题教育的方式，每学期对学生开展消防安全教育。小学阶段应当重点开展火灾危险及危害性、消防安全标志标识、日常生活防火、火灾报警、火场自救逃生常识等方面的教育。初中和高中阶段应当重点开展消防法律法规、防火灭火基本知识和灭火器材使用等方面的教育。学前教育机构应当采取游戏、儿歌等寓教于乐的方式，对幼儿开展消防安全常识教育。"

第十七条规定："高等学校应当每学年至少举办一次消防安全专题讲座，在校园网络、广播、校内报刊等开设消防安全教育栏目，对学生进行消防法律法规、防火灭火知识、火灾自救他救知识和火灾案例教育。"

第十八条规定："国家支持和鼓励有条件的普通高等学校和中等职业学校根据经济社会发展需要，设置消防类专业或者开设消防类课程，培养消防专业人才，并依法面向社会开展消防安全培训。人民警察训练学校应当根据教育培训对象的特点，科学安排培训内容，开设消防基础理论和消防管理课程，并列入学生必修课程。师范院校应当将消防安全知识列入学生必修内容。"

第十九条规定："社区居民委员会、村民委员会应当开展下列消防安全教育工作：

（一）组织制定防火安全公约；

（二）在社区、村庄的公共活动场所设置消防宣传栏，利用文化活动站、学习室等场所，对居民、村民开展经常性的消防安全宣传教育；

（三）组织志愿消防队、治安联防队和灾害信息员、保安人员等开展消防安全宣传教育；

（四）利用社区、乡村广播、视频设备定时播放消防安全常识，在火灾多发季节、农业收获季节、重大节日和乡村民俗活动期间，有针对性地开展消防安全宣传教育。

社区居民委员会、村民委员会应当确定至少一名专（兼）职消防安全员，具体负责消防安全宣传教育工作。”

第二十条规定：“物业服务企业应当在物业服务工作范围内，根据实际情况积极开展经常性消防安全宣传教育，每年至少组织一次本单位员工和居民参加的灭火和应急疏散演练。”

第二十一条规定：“由两个以上单位管理或者使用的同一建筑物，负责公共消防安全管理的单位应当对建筑物内的单位和职工进行消防安全宣传教育，每年至少组织一次灭火和应急疏散演练。”

第二十二条规定：“歌舞厅、影剧院、宾馆、饭店、商场、集贸市场、体育场馆、会堂、医院、客运车站、客运码头、民用机场、公共图书馆和公共展览馆等公共场所应当按照下列要求对公众开展消防安全宣传教育：

（一）在安全出口、疏散通道和消防设施等处的醒目位置设置消防安全标志、标识等；

（二）根据需要编印场所消防安全宣传资料供公众取阅；

（三）利用单位广播、视频设备播放消防安全知识。

养老院、福利院、救助站等单位，应当对服务对象开展经常性的用火用电和火场自救逃生安全教育。”

第二十三条规定：“旅游景区、城市公园绿地的经营管理单位、大型群众性活动主办单位应当在景区、公园绿地、活动场所醒目位置设置疏散路线、消防设施示意图和消防安全警示标识，利用广播、视频设备、宣传栏等开展消防安全宣传教育。导游人员、旅游景区工作人员应当向游客介绍景区消防安全常识和管理要求。”

第二十四条规定：“在建工程的施工单位应当开展下列消防安全教育工作：

（一）建设工程施工前应当对施工人员进行消防安全教育；

（二）在建设工地醒目位置、施工人员集中住宿场所设置消防安全宣传栏，悬挂消防安全挂图和消防安全警示标识；

（三）对明火作业人员进行经常性的消防安全教育；

（四）组织灭火和应急疏散演练。

在建工程的建设单位应当配合施工单位做好上述消防安全教育工作。”

第二十五条规定：“新闻、广播、电视等单位应当积极开设消防安全教育栏目，制作节目，对公众开展公益性消防安全宣传教育。”

第二十六条规定：“公安、教育、民政、人力资源和社会保障、住房和城乡建设、安全监管、旅游部门管理的培训机构，应当根据教育培训对象特点和实际需要进行消防安全教育培训。”

## 第三节　消防技术标准查阅途径

根据《中华人民共和国标准化法》第十七条规定，强制性标准文本应当免费向社会公开。国家推动免费向社会公开推荐性标准文本。常用的消防技术标准查阅途径汇总如下：

## 一、国家标准查询方式举例

### （一）国家标准全文公开系统

该系统收录现行有效强制性国家标准1 900余项，其中非采标可在线阅读和下载，采标只可在线阅读。现行有效推荐性国家标准35 000余项，其中非采标可在线阅读，采标只提供标准题录信息。

网址：http：//openstd.samr.gov.cn/bzgk/gb/index

### （二）全国标准信息公共服务平台

可查阅国家标准5万余项，行业标准4万余项，地方标准4万余项，团体标准、企业标准、国际标准近8万项，提供大部分国家标准的在线阅读。

网址：http：//std.samr.gov.cn/

### （三）国家标准化管理委员会

登录国家标准化管理委员会官网，通过右侧通道可以进入国家标准全文公开系统、全国标准信息公共服务平台以及标准化业务协同系统等。

网址：http：//www.sac.gov.cn/

### （四）国家市场监督管理总局

登录国家市场监督管理总局官网，通过服务入口可以进入国家标准全文公开系统。

网址：http：//www.samr.gov.cn/

### （五）中华人民共和国中央人民政府

中华人民共和国中央人民政府网开通了国家标准信息查询频道，提供所有国标标准、行业标准及地方标准的查询，国家标准的在线阅读及部分下载，行业及地方标准部分能提供在线阅读。

网址：http：//www.gov.cn/fuwu/bzxxcx/bzh.htm

## 二、行业标准查询方式举例

### （一）工程建设标准化信息网

工程建设的国家标准（特别是强制性标准）及工程建设行业标准。

网址：http：//www.ccsn.org.cn/

### （二）中华人民共和国应急管理部

提供相关法律法规、规章、规范性文件和标准的下载和阅读。

网址：http：//www.mem.gov.cn/fw/flfgbz/

### （三）中华人民共和国住房和城乡建设部

提供国家标准、行业标准的公告，随公告提供部分标准全文的免费阅读及下载。

网址：http：//www.mohurd.gov.cn/bzde/index.html

## 三、地方标准查询方式举例

### （一）北京市地方标准

网址：http：//innerapp.capital-std.com/innerApp/

（二）天津市地方标准

网址：http：//60.29.186.229/wenxianpdf/c_gonggao4.asp

（三）上海市地方标准

网址：http：//www.cnsis.org.cn/law/LawQueryServlet

（四）重庆市地方标准

网址：http：//db.cqis.cn

（五）河北省地方标准

网址：http：//www.bzsb.info/

（六）河南省地方标准

网址：http：//www.hndb41.com/

（七）山东省地方标准

网址：http：//www.bz100.cn/member/standard/standard！ getfreedb.action

（八）江苏省地方标准

网址：http：//218.94.159.231：8012/zjkms/kms/publish.rkt？ type_code=gy

（九）浙江省地方标准

网址：http：//db33.sinostd.com/stdlist.aspx

（十）陕西省地方标准

网址：http：//219.144.196.28/std/db_std.asp

（十一）湖南地方标准

网址：http：//db43.hnbzw.com

（十二）江西省地方标准

网址：http：//www.jxbz.org.cn/list.aspx？ nid=11

（十三）安徽省地方标准

网址：http：//bzxx.ahbz.org.cn

（十四）福建省地方标准

网址：http：//pt.fjbz.org.cn：8060/StandardSearch/StdSearch.aspx

（十五）云南省地方标准

网址：http：//222.172.223.74：8090/web/guest/-4

（十六）甘肃省地方标准

网址：www.gsdfbz.cn

（十七）青海地方标准

网址：http：//125.72.41.89：8008/home/res/search？ keywords=DB&page=

# 第三章 消防安全基础知识

## 第一节 燃烧和爆炸

### 一、燃烧的概念与条件

燃烧是指可燃物与氧化剂作用发生的放热反应。火焰是燃烧过程中最明显的标志。燃烧产物中会产生一些小颗粒，形成了烟。

燃烧的发生和发展，必须具备三个必要条件，即可燃物、助燃物和引火源，通常称为燃烧三要素。当达到一定数量或浓度的可燃物、助燃物以及足够能量的引火源时，这三者相互作用如图3-1-1所示，就会导致燃烧的发生。

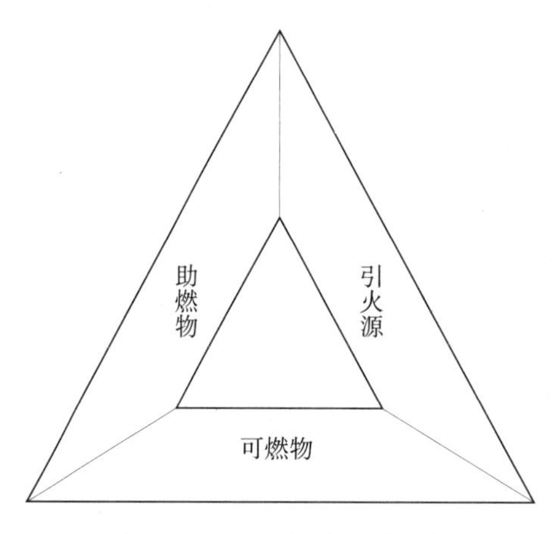


图3-1-1 着火三角形

#### （一）可燃物

凡是能与空气中的氧或其他氧化剂起化学反应的物质，就是我们常说的可燃物，如木材、氢气、汽油、煤炭、纸张等。

#### （二）助燃物

凡是与可燃物结合能导致和支持燃烧的物质是助燃物，如空气中的氧气。

#### （三）引火源

引火源是使物质开始燃烧的外部热源（能源）。常见的引火源有下列几种：

（1）明火。明火是指生产、生活中的烛火、焊接火、烟头火、机动车排气管火星等。

（2）高温。高温是指高温加热、烘烤、积热不散、机械设备故障发热、摩擦发热、聚焦发热等。

（3）电弧、电火花。

（4）雷击。

### （四）链式反应自由基

多数燃烧反应通过自由基团和原子这些中间产物瞬间进行的循环链式反应。大部分燃烧发生和发展需要四个必要条件，即可燃物、助燃物、引火源和链式反应自由基，燃烧条件可以进一步用着火四面体来表示，如图3-1-2所示。

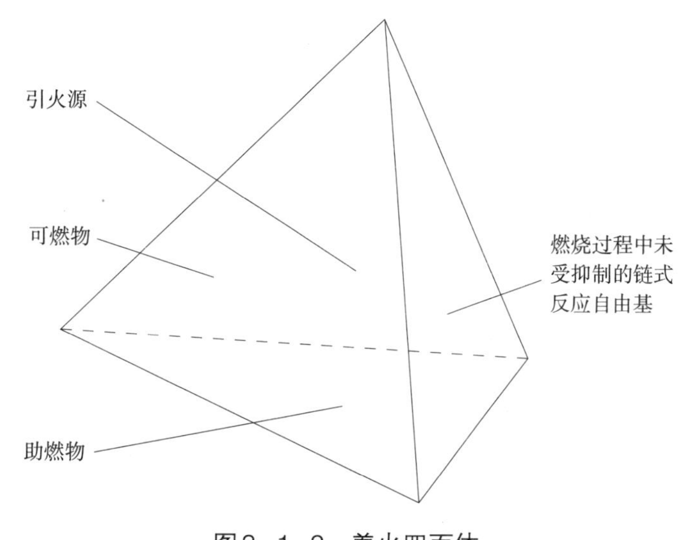


图3-1-2 着火四面体

## 二、燃烧的类型与燃烧产物

### （一）燃烧类型

燃烧可从不同角度做不同的分类。常见的分类为按燃烧物的形态分为气体燃烧、液体燃烧和固体燃烧。

#### 1.气体燃烧和液体燃烧

易燃、可燃液体在燃烧过程中，并不是液体本身在燃烧，而是液体受热时蒸发出来的液体蒸气被分解、氧化达到燃点而燃烧，即蒸发燃烧。

可燃气体的燃烧无须像固体、液体那样经熔化、蒸发过程，其所需热量仅用于氧化或分解，或者将气体加热到燃点，因此容易燃烧且燃烧速度快。

（1）闪燃。可燃性液体挥发出来的蒸气与空气混合达到一定的浓度或者可燃性固体加热到一定温度后，遇明火发生一闪即灭的燃烧现象叫做闪燃。闪点是指易燃或可燃液体表面产生闪燃的最低温度。

（2）沸溢。当原油、重油、沥青油等物质燃烧时，其中的水汽化不易挥发形成膨胀气体使液面沸腾，沸腾的水蒸气带着燃烧的油向空中飞溅，这种现象称为沸溢。

2.固体燃烧

常见固体燃烧的形式大致可分为下列四种：

（1）蒸发燃烧。可燃固体在受到火源加热时，先熔融蒸发，随后蒸气与氧气发生燃烧反应，这种形式的燃烧一般称为蒸发燃烧。

（2）表面燃烧。可燃固体的燃烧反应是在其表面由氧和物质直接作用而发生的，称为表面燃烧。

（3）分解燃烧。可燃固体在受到火源加热时，先发生热分解，随后分解出的可燃挥发分与氧发生燃烧反应，这类燃烧叫做分解燃烧。

（4）阴燃。可燃固体在空气不流通、加热温度较低、分解出的可燃挥发分较少或逸散较快、含水分较多等条件下，往往发生只冒烟而无火焰的燃烧现象，称为阴燃。很多固体材料都能发生阴燃。阴燃的发生需要有一个供热强度适宜的热源。

（二）燃烧产物

1.燃烧产物的概念

燃烧过程中生成的气体、固体和蒸气等物质为燃烧产物，燃烧产物的数量、构成等随物质的化学组成以及温度、空气的供给等燃烧条件不同而有所不同。如果在燃烧过程中生成的产物不能再燃烧了，那么这种燃烧叫做完全燃烧，其产物称为完全燃烧产物。完全燃烧产物可以冲淡氧含量，在火场上可以起到抑制燃烧的作用；如果在燃烧过程中生成的产物还能继续燃烧，那么这种燃烧叫做不完全燃烧，其产物为不完全燃烧产物。不完全燃烧产物是由于温度太低或空气不足造成的。由于不完全燃烧产物能继续燃烧，所以一旦与空气混合后再遇着火源时，有发生爆炸的可能性，另外不完全燃烧产物大多有毒，容易造成人中毒，所以要想办法使不完全燃烧产物变成完全燃烧产物。

2.主要的燃烧产物

（1）一氧化碳。一氧化碳是一种无色、无味、有强烈毒性的可燃物体，难溶于水，为不完全燃烧产物。由于一氧化碳有毒，它能从血液的氧血红素里取代氧而与血红素结合形成一氧化碳血红素，从而使人感到严重缺氧。

（2）二氧化碳。二氧化碳是完全燃烧产物。它是一种无色不燃的气体，溶于水，有弱酸性，有窒息性。二氧化碳在常温和60atm下即成液体，当减去压力时，液态的二氧化碳会很快气化，大量吸热，温度会很快降低，一部分会凝结成雪状的固体，称为干冰。二氧化碳在消防安全上常用作灭火剂，因为二氧化碳可冲淡氧含量，还可吸热。但要注意，不能用二氧化碳扑救金属物质的火灾，原因是钾、钠、钙等金属物质能够在二氧化碳中燃烧。

（3）二氧化硫。二氧化硫是一种无色、有刺激性臭味的气体，易溶于水。二氧化硫有毒，是大气污染中危害较大的一种气体，它严重伤害植物，刺激人的呼吸道，腐蚀金属等。硫燃烧时的特殊气味就是二氧化硫的气味。

（4）五氧化二磷。五氧化二磷在常温常压下为白色固体粉末，能溶于水，生成偏磷酸（$HPO_3$）或正磷酸（$H_3PO_4$），是可燃物磷的燃烧产物。五氧化二磷有毒，会刺激呼吸器官，引起咳嗽和呕吐。

（5）氮的氧化物。燃烧产物中氮的氧化物主要是一氧化氮和二氧化氮。硝酸和硝酸盐分解，含硝酸盐及亚硝酸盐炸药的爆炸过程，硝酸纤维及其他含氮有机化合物在燃烧时都会产生一氧化氮和二氧化氮，都具有一种难闻的气味，而且有毒。

（6）氯化氢。氯化氢是一种刺激性气体，吸收空气中的水分后成为酸雾，具有较强的腐蚀性，在较高浓度的场合，会强烈刺激人的眼睛，引起呼吸道发炎和肺水肿。它是含氯可燃物的燃烧产物。

**3.燃烧产物的危害性**

燃烧产物中含有大量的有毒气体，如CO、HCN、$SO_2$、$NO_2$等。这些气体对人体均有不同程度的危害。火灾中常见可燃物的燃烧产物见表3-1-1。

**表3-1-1　常见可燃物的燃烧产物**

| 物质名称 | 主要燃烧产物 |
|---|---|
| 木材、纸张 | 二氧化碳（$CO_2$）、一氧化碳（CO） |
| 棉花、人造纤维 | 二氧化碳（$CO_2$）、一氧化碳（CO） |
| 羊毛 | 二氧化碳（$CO_2$）、一氧化碳（CO）、硫化氢（$H_2S$）、氨（$NH_3$）、氰化物（$CN^-$） |
| 聚四氟乙烯 | 二氧化碳（$CO_2$）、一氧化碳（CO）、氟化氢（HF） |
| 聚苯乙烯 | 二氧化碳（$CO_2$）、一氧化碳（CO）、苯（$C_6H_6$）、甲苯（$C_6H_5CH_3$）、乙醛（$CH_3CHO$） |
| 尼龙 | 二氧化碳（$CO_2$）、一氧化碳（CO）、氨（$NH_3$）、氰化物（$CN^-$）、乙醛（$CH_3CHO$） |
| 酚醛树脂 | 二氧化碳（$CO_2$）、一氧化碳（CO）、氰化物（$CN^-$） |
| 聚氨酯 | 二氧化碳（$CO_2$）、一氧化碳（CO）、氰化物（$CN^-$） |
| 环氧树脂 | 二氧化碳（$CO_2$）、一氧化碳（CO）、丙醛（$CH_3CH_2CHO$） |
| 聚氯乙烯 | 二氧化碳（$CO_2$）、一氧化碳（CO）、氯化氢（HCl）、光气（$COCl_2$）、氯气（$Cl_2$） |

一氧化碳是火灾中人员致死的主要燃烧产物之一。一氧化碳的毒性在于对血液中血红蛋白的高亲和性，其对血红蛋白的亲和力比氧气高出250倍，因而能够阻碍人体血液中氧气的输送，引起头痛、虚脱、神志不清等症状，以及肌肉调节障碍等。火场中约有50%的人员死亡是由一氧化碳中毒引起的。

火灾中其他常见有毒气体的来源、生理作用及致死浓度见表3-1-2。

**表3-1-2　火灾中常见有毒气体来源、生理作用及致死浓度**

| 有毒气体 | 来源 | 主要的生理作用 | 短期（10min）估计致死浓度/ppm |
|---|---|---|---|
| HCN | 纺织品、聚丙烯腈尼龙、聚氨酯等 | 一种迅速致死、窒息性的毒物 | >350 |
| NO、$NO_2$等氮氧化物 | 纺织物 | 肺的强刺激剂，能引起即刻死亡及滞后性伤害 | >200 |
| $NH_3$ | 木材、丝织品、尼龙 | 强刺激性，对眼、鼻有强烈刺激作用 | >1 000 |

续表3-1-2

| 有毒气体 | 来源 | 主要的生理作用 | 短期（10min）估计致死浓度/ppm |
|---|---|---|---|
| HCl | PVC电绝缘材料，其他含氯高分子材料及阻燃处理物 | 呼吸刺激剂，吸附于微粒上的HCl的潜在危险性比等量的HCl气体要大 | >500，气体或微粒存在时 |
| HF、HBr等含卤酸气体 | 氟化树脂类及某些含溴阻燃材料 | 呼吸刺激剂 | 约400（HF）约100（$COF_2$）>500（HBr） |
| $SO_2$ | 含硫化合物及含硫物质 | 强刺激剂，在远低于致死浓度下即使人难以忍受 | >500 |
| $CH_3CH_2CHO$（丙醛） | 聚烯烃和纤维素低温热解（400℃） | 潜在的呼吸刺激剂 | 30～100 |

注：为保持与消防行业标准的一致性，使用ppm为浓度单位，1ppm＝0.000 1%。

二氧化碳也是主要燃烧产物之一，虽然无毒，但当达到一定的浓度时，会刺激人的呼吸中枢，导致呼吸急促、烟气吸入量增加，并且还会引起头痛、神志不清等症状。同时，火灾中有毒气体的生成，往往还伴随着氧含量的减少。有研究表明，在不考虑其他气体影响的前提下，当氧含量降至10%时就可对人构成危险。

燃烧产生的烟气还具有一定的减光性。烟气在火场上弥漫，会严重影响人们的视线，使人们难以辨别火势发展方向和寻找安全疏散路线。同时，烟气中有些气体对人的眼睛还有极大的刺激性，会降低能见度。

## 三、爆炸概念与分类

火灾过程有时会发生爆炸，从而对火势的发展及人员安全产生重大影响，爆炸发生后往往又易引发大面积火灾。爆炸是物质从一种状态迅速转变成另一种状态，并在瞬间放出大量能量的现象，通常伴有发光和声响。

### （一）爆炸的概念

爆炸现象是周围介质中瞬间形成高压的化学反应或状态变化，通常伴有强烈放热、发光和声响。在发生爆炸时，势能突然转变为动能，有高压气体生成或释放出高压气体，这些高压气体随之做机械功，如移动、改变或抛射周围的物体。一旦发生爆炸，将会对邻近的物体产生极大的破坏作用，这是由于构成爆炸体系的高压气体作用到周围物体上，使物体受力不平衡，从而遭到破坏。

### （二）爆炸的分类

爆炸按物质产生爆炸的原因和性质不同，分为物理爆炸、化学爆炸和核爆炸三种。

#### 1.物理爆炸

物理爆炸是物质因状态变化导致压力发生突变而形成的爆炸。物理爆炸本身虽没有进行燃烧反应，但它产生的冲击力可直接或间接地造成火灾。比如说，蒸汽锅炉因水快速汽化，容器压力急剧增加，压力超过设备所能承受的强度而发生的爆炸等。

**2.化学爆炸**

由于物质急剧氧化或分解产生温度、压力增加或两者同时增加而形成的爆炸现象叫做化学爆炸。化学爆炸速度快，同时产生大量热能和很大的气体压力，并发出巨大的声响。化学爆炸能直接造成火灾，具有很大的火灾危险性。

**3.核爆炸**

核爆炸是剧烈核反应中能量迅速释放的结果，可能是由核裂变、核聚变或者是这两者的多级串联组合所引发。

## 四、形成爆炸的原因

发生爆炸必须具备两个基本要素，一是爆炸介质，二是引爆能源。这两者缺一不可。

### （一）引起爆炸的直接原因

引起爆炸事故有以下几个直接原因：

**1.物料**

生产中使用的原料、中间体和产品大多是有火灾、爆炸危险性的可燃物。工作场所过量堆放物品，对易燃易爆危险品未采取合理的防护措施，不按规定掌握投料数量、投料比、投料先后顺序，控制失误，设备故障造成物料外溢，生产粉尘达到爆炸极限等情况都会导致爆炸事故的发生。

**2.作业行为**

违反操作规程，违章作业，随意改变操作控制条件；生产和生活用火不慎，乱用炉火、灯火，乱丢未熄灭的火柴杆、烟蒂；判断失误，操作不当，对生产出现超温、超压等异常现象束手无策；不遵循科学规律指挥生产、盲目施工、超负荷运转等违规作业行为都可能导致爆炸事故的发生。

**3.生产设备**

设备选材不当或材料质量有问题；设备结构设计不合理，零部件选配不当，不能满足工艺操作的要求；腐蚀、超温、超压环境因素等导致设备出现破损、失灵、机械强度下降、运转摩擦部件过热等情况。

**4.生产工艺**

物料的加热方式方法不当，致使引燃引爆物料；对工艺性火花控制不力而形成引火源；对化学反应型工艺控制不当，致使反应失控；对工艺参数控制失灵，导致出现超温、超压现象等生产工艺原因。

此外，人为故意破坏（如放火、断水断电、毁坏设备）以及地震、台风、雷击等自然灾害也同样可能引发爆炸。

### （二）爆炸引火源

引火源是发生爆炸的必要条件之一，常见引发爆炸的引火源主要有机械火源、热火源、电火源及化学火源。

**1.机械火源**

撞击、摩擦产生火花，如机器转动部分的摩擦，铁器的互相撞击或铁制工具打击混凝土地面，带压管道或铁制容器的开裂等，都可能产生高温，成为爆炸发生的原因。

**2.热火源**

高温热表面生产工艺的加热装置、高温物料的传送管线、高压蒸汽管线等设备表面温度都比较高，可燃物料与这些高温表面接触时间过长，就有可能引发爆炸事故。日光照射并聚焦主要指直射的太阳光通过凸透镜、凹面镜、有气泡的平板玻璃等，会聚焦形成高温焦点，点燃可燃性物质，从而引发爆炸。

**3.电火源**

电火花、静电火花、雷电等情况的发生也是引起爆炸事故的原因。

**4.化学火源**

生产过程中的明火、烟头、火柴、烟囱飞火、机动车排气管喷火都可能引起可燃物料的燃爆。

## 第二节　常见火灾成因

### 一、火灾的概念和分类

#### (一)火灾的概念

火灾是指在时间或空间上失去控制的燃烧。

#### (二)火灾的分类

**1.按照燃烧对象的性质分类**

按照《火灾分类》GB/T 4968—2008的规定，火灾分为A、B、C、D、E、F六类。

A类火灾：固体物质火灾。这种物质通常具有有机物性质，一般在燃烧时能产生灼热的余烬。如木材、棉、毛、纸张等火灾。

B类火灾：液体或可熔化的固体物质火灾。如汽油、煤油原油、甲醇、乙醇、沥青、石蜡等火灾。

C类火灾：气体火灾。如煤气、天然气、氢气、乙炔等火灾。

D类火灾：金属火灾。如钾、钠、镁、钛、锆、锂等火灾。

E类火灾：带电火灾。物体带电燃烧的火灾。

F类火灾：烹饪器具内的烹饪物火灾。如动物油脂或植物油脂火灾。

**2.按照火灾事故所造成的灾害损失程度分类**

依据国务院2007年4月9日颁布的《生产安全事故报告和调查处理条例》(国务院令第493号)规定的生产安全事故等级标准，消防机构将火灾相应地分为特别重大火灾、重大火灾、较大火灾和一般火灾四个等级，如表3-2-1所示。

**表3-2-1　事故等级划分标准**

| 事故等级 | 死亡人数 | 重伤人数 | 经济损失 |
|---|---|---|---|
| 特别重大火灾 | 造成30人以上死亡 | 或者100人以上重伤 | 或者1亿元以上直接经济损失 |

续表3-2-1

| 事故等级 | 死亡人数 | 重伤人数 | 经济损失 |
|---|---|---|---|
| 重大火灾 | 造成10人以上30人以下死亡 | 或者50人以上100人以下重伤 | 或者5 000万元以上1亿元以下直接经济损失 |
| 较大火灾 | 造成3人以上10人以下死亡 | 或者10人以上50人以下重伤 | 或者1 000万元以上5 000万元以下直接经济损失 |
| 一般火灾 | 造成3人以下死亡 | 或者10人以下重伤 | 或者1 000万元以下直接经济损失 |

注："以上"包括本数，"以下"不包括本数。

## 二、常见火灾成因

常见火灾成因主要有下列几种：

### (一)电气使用不当

近年来，我国发生的电气火灾数量一直居高不下，导致的人员伤亡及财产损失在各类火灾原因当中居首位。电气火灾原因复杂，主要与电气线路故障、电气设备故障以及电加热器具使用不当等因素有关。电气线路接触不良、过负荷、短路、电气设备过热等是造成电气火灾的直接原因。

### (二)吸烟不慎

点燃的香烟及未熄灭的火柴杆温度可达到800℃，能引燃许多可燃物质。将没有熄灭的烟头和火柴杆扔在可燃物中引发火灾；躺在床上吸烟，烟头掉在被褥上引起火灾；在禁止火种的火灾高危场所，因违章吸烟引起火灾事故。

### (三)生活用火不慎

居民家庭生活用火不慎也是引发火灾的常见原因。炊事用火中炊事器具设置不当、安装不符合要求、使用中违反防火要求等引发火灾。

### (四)生产作业不慎

在易燃易爆的车间内动用明火，引起爆炸起火；在用气焊焊接和切割时，飞迸出的大量火星和熔渣，因未采取有效的防火措施，引燃周围可燃物；在机器运转过程中，因作业不当使机器的该部位摩擦发热，引起附着物起火；易燃、可燃液体"跑、冒、滴、漏"，遇到明火燃烧或爆炸等。

### (五)玩火

未成年人玩火及燃放烟花爆竹，稍有不慎就易引发火灾，还会造成人员伤亡。

### (六)放火

放火引发的火灾为当事人故意为之，通常经过一定的策划准备，因而往往缺乏初期救助，火灾发展迅速，后果严重。

### (七)雷击

在雷击较多的地区，建筑物上如果没有设置可靠的防雷保护设施，便有可能发生雷击起火。一些森林火灾往往是由雷击所引起的。

## 三、建筑火灾的发展阶段及蔓延途径

通常情况下，火灾都有一个由小到大、由发生、发展到熄灭的过程，其发生、发展直至熄灭的过程在不同的环境下会呈现不同的特点。

### （一）建筑火灾蔓延的传热基础

建筑火灾中，燃烧物质所放出的热能通常是以热传导、热对流和热辐射三种方式来传播，并影响火势蔓延和扩大。

#### 1.热传导

热传导又称导热，属于接触传热。在固体内部，只能依靠导热的方式传热；在流体中，尽管也有导热现象发生，但通常被对流运动掩盖。对于起火的场所，导热能力强的材料，由于能受到高温作用迅速加热，又会很快地把热能传导出去，就可能引燃没有直接受到火焰作用的可燃物质，利于火势传播和蔓延。

#### 2.热对流

热对流又称对流，是指流体各部分之间发生相对位移，冷热流体相互掺混引起热量传递的方式。建筑发生火灾过程中，通风孔洞面积越大，热对流的速度越快；通风孔洞所处位置越高，热对流速度越快。热对流对初期火灾的发展起着重要作用。

#### 3.热辐射

热辐射是因热的原因而发出辐射能的现象。辐射换热是物体间以辐射的方式进行的热量传递。火场上的火焰、烟雾都能辐射热能，辐射热能的强弱取决于燃烧物质的热值和火焰温度。物质热值越大，火焰温度越高，热辐射也越强。辐射热作用于附近的物体上，热源的温度、距离和角度达到相应的条件就能引起可燃物质着火。

### （二）建筑火灾烟气的流动过程

火灾发生在建筑内时，烟气流动的方向通常是火势蔓延的一个主要方向。建筑内墙门窗、楼梯间、竖井管道、穿墙管线、闷顶及外墙面开口等成为烟气蔓延的主要途径。

建筑发生火灾时，烟气扩散蔓延主要呈水平流动和垂直流动。在建筑内部，烟气流动扩散一般有三条路线。第一条是：着火房间→走廊→楼梯间→上部各楼层→室外；第二条是：着火房间→室外；第三条是：着火房间→相邻上层房间→室外。

### （三）烟气流动的驱动力

#### 1.烟囱效应

当建筑物内外的温度不同时，室内外空气的密度随之出现差别，这将引发浮力驱动的流动。如果室内空气温度高于室外，则室内空气将发生向上运动，建筑物越高，这种流动越强。竖井是发生这种现象的主要场合，在竖井中，由于浮力作用产生的气体运动十分显著，通常称这种现象为烟囱效应。在火灾过程中，烟囱效应是造成烟气向上蔓延的主要因素。

烟气在水平方向的扩散流动速度较小，在火灾初期为0.1～0.3m/s，在火灾中期为0.5～0.8m/s。烟气在垂直方向的扩散流动速度通常为1～5m/s。在楼梯间或管道竖井中，受烟囱效应影响，烟气上升流动速度可达6～8m/s，甚至更高。烟囱效应能影响全楼。多数情况下，建筑物内的温度大于室外温度，所以室内气流总的方向是自下而上的，即正烟囱效应。高层建筑中的楼梯间、电梯井、管道井、天井、电缆井、排气道、中庭等竖向孔道，如果防火处理不当，就形同一座高耸的烟囱，强大的抽拔力将使火沿着竖向孔道迅速蔓延。

**2.火风压**

火风压是指建筑物内发生火灾时，在起火房间内，由于温度上升，气体迅速膨胀，对楼板和四壁形成的压力。火风压的影响主要在起火房间，如果火风压大于进风口的压力，则大量的烟火将通过外墙窗口，由室外向上蔓延；若火风压小于或等于进风口的压力，则烟火便全部从内部蔓延，当它进入楼梯间、电梯井、管道井、电缆井等竖向孔道以后，会大大加强烟囱效应。

**3.外界风**

风可在建筑物的周围产生压力分布，这种压力分布能够影响建筑物内的烟气流动。风的速度和方向、建筑物的高度和几何形状等均可影响建筑物外部的压力分布。风的影响往往可以超过其他驱动烟气运动的力。一般来说，风朝着建筑物吹过来，会在建筑物的迎风侧产生较高滞止压力，这可增强建筑物内的烟气向下风方向的流动。

### （四）建筑室内火灾发展的阶段

对建筑室内火灾而言，通常最初发生在某个房间的某个部位，然后可能由此蔓延到相邻的部位或房间以及整个楼层，最后蔓延到整个着火区域。在外界无干预手段介入的情况下，室内火灾发展过程大致可分为初期增长阶段（也称轰燃前阶段）、充分发展阶段（也称轰燃后阶段）和衰减阶段。具体过程详见图3-2-1。

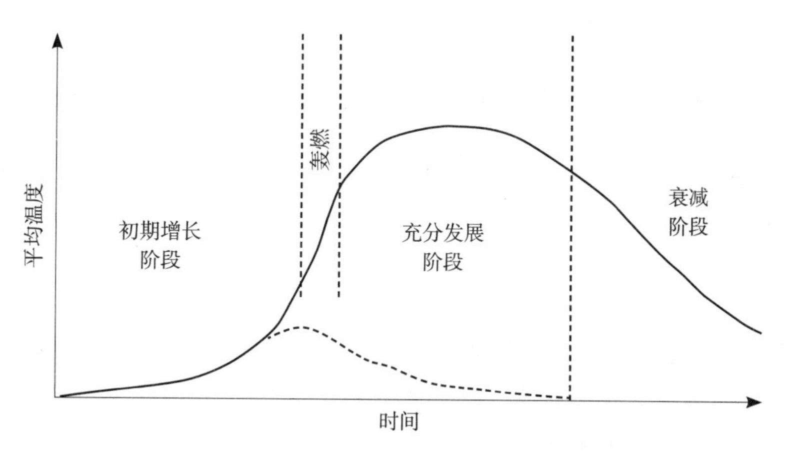


图3-2-1　建筑室内火灾温度—时间曲线

### （五）建筑室内火灾的特殊现象

**1.轰燃**

轰燃是指室内火灾由局部燃烧向所有可燃物表面燃烧的突然转变。室内轰燃是一种瞬态过程，其中包含室内温度、燃烧范围、气体浓度等参数的剧烈变化。影响轰燃发生的重要因素包括室内可燃物的数量、燃烧特性与布局、房间的大小与形状、开口的大小、位置与形状、室内装修装饰材料属性等。

一般轰燃发生之前火场可能出现以下特征，屋顶的热烟气层开始出现火焰；出现滚燃现象；热烟气层突然下降；温度突然增加。

#### 2.回燃

回燃是指当室内通风不良、燃烧处于缺氧状态时，由于氧气的引入导致热烟气发生的爆炸性或快速的燃烧现象。回燃通常发生在通风不良的室内火灾门窗打开或者被破坏的时候。当房间的门窗被突然打开，或者因火场环境受到破坏，大量空气随之涌入，室内氧气浓度迅速升高，使得可燃混合物进入爆炸极限浓度范围内，从而发生爆炸性或快速的燃烧现象。回燃发生时，室内燃烧气体受热膨胀从开口逸出，在高压冲击波的作用下喷出火球。

## 四、防火与灭火的基本原理

防火原理在于限制燃烧条件的形成，灭火原理则是破坏已触发的燃烧条件。

### （一）防火的基本原理

#### 1.控制可燃物

此种防火常见做法有以下几种，将可燃物与化学性质相抵触的其他物品隔离保存，并防止“跑、冒、漏、滴”等；以难燃、不燃材料代替可燃材料，如用水泥代替木材建造房屋；降低可燃物质在空气中的浓度，如在车间或库房采取全面通风或局部排风，使可燃物不易积聚。

#### 2.隔绝助燃物

采取隔绝空气的方法来储存易燃物品，如钠存于煤油中、磷存于水中、二硫化碳用水封存放等。在生产、施工环节，可以通过在设备容器中充装惰性介质的方式来隔绝助燃物，如燃料容器在检修焊补（动火）前，用惰性介质置换等。

#### 3.控制引火源

在多数场合，可燃物在生产、生活中的存在不可避免，防火防爆技术的重点应是对引火源的控制。对于几类常见引火源的控制，通常的做法有禁止明火、控制温度、使用无火花和静电消除设备、接地避雷等。

### （二）灭火的基本原理

灭火的基本原理是破坏燃烧条件。

#### 1.冷却灭火

在一定条件下，将可燃物的温度降到着火点以下，燃烧即会停止。对于可燃固体，将其冷却在燃点以下；对于可燃液体，将其冷却在闪点以下。用水扑灭一般固体物质引起的火灾，主要是通过冷却作用来实现的，在用水灭火的过程中，水大量地吸收热量，使燃烧物的温度迅速降低，从而火势得到控制、火灾终止。

#### 2.隔离灭火

将可燃物与氧气、火焰隔离，也是常见的扑灭火灾的手段。比如说，在扑灭可燃液体火灾时，迅速关闭输送可燃液体的阀门，切断流向着火区的可燃液体的输送管道，同时打开可燃液体通向安全区域的阀门，使已经燃烧或即将燃烧容器中的可燃液体转移。

#### 3.窒息灭火

可燃物的燃烧低于燃烧所需最低氧浓度时，燃烧不能进行，即火灾被扑灭。在着火区域内，可以通过灌注非助燃气体（如二氧化碳等），来降低空间的氧浓度，从而达到窒息灭火。

#### 4.化学抑制灭火

有效地抑制自由基的产生或降低火焰中的自由基浓度，即可使燃烧中止。化学抑制灭火的常见灭火剂有干粉灭火剂和七氟丙烷灭火剂。

## 第三节　火灾和烟气的危害

### 一、火灾的危害

#### （一）危害生命安全

建筑物火灾会对人的生命安全构成严重威胁。一场大火，有时会吞噬几十人甚至几百人的生命。建筑物火灾产生高温高热，对人的肌体造成严重伤害，甚至致人休克、死亡；其次，燃烧过程中释放出的一氧化碳等有毒烟气，会使人体产生呼吸困难、头痛、恶心、神经系统紊乱等症状，威胁生命安全；同时火灾的发生导致建筑整体或部分构件坍塌，造成人员伤亡。

#### （二）造成经济损失

火灾造成的经济损失体现在以下几个方面，第一，火灾烧毁建筑物内的财物，破坏设施设备，甚至会因火势蔓延使整幢建筑物化为废墟；第二，建筑物火灾产生的高温高热，将造成建筑结构的破坏，甚至引起建筑物整体倒塌；第三，建筑物火灾发生后，建筑物修复重建、人员善后安置、生产经营停业等，会间接造成巨大的经济损失。

#### （三）破坏文明成果

一些历史保护建筑、文化遗址一旦发生火灾，除了会造成人员伤亡和财产损失外，文物、典籍、古建筑等诸多的稀世瑰宝面临烧毁的威胁，这将对人类文明成果造成无法挽回的损失。

#### （四）影响社会稳定

当重要的公共建筑发生火灾时，会在很大范围内引起关注，并造成一定程度的负面效应，影响社会稳定。从许多火灾案例来看，当学校、医院、宾馆等公共场所发生群死群伤恶性火灾，或涉及能源、资源等国计民生的重要工业建筑发生大火时，会在民众中造成心理恐慌，损害群众的安全感，影响社会的稳定。

#### （五）破坏生态环境

火灾的危害还会破坏生态环境。此外，森林火灾的发生，会使大量的动物和植物灭绝，环境恶化，气候异常，干旱少雨，风暴增多，水土流失，导致生态平衡被破坏，引发饥荒和疾病的流行，严重威胁人类的生存和发展。

### 二、烟气的成因

燃烧产物中的烟主要是燃烧或热解作用所产生的悬浮于大气中，能被人们看到的直径一般在$10^{-7}$～$10^{-4}$cm的极小的炭粒子。大直径的粒子容易由烟中落下来，称为烟尘或炭黑。

### 三、烟气的危害性

火灾总是伴随着浓烟滚滚，产生大量对人体有毒、有害的烟气。对火场的研究表明，火灾中的遇难人员大部分是由于吸入毒性气体致死。可以说火灾时，对人威胁最大的是烟。所以认识燃烧产物的危险特性对现实有非常重要的作用。

（1）引起人员中毒、窒息。燃烧产物中有不少毒性气体，如CO、HCl等对人体有麻醉、窒息、刺激的作用，妨碍人们的正常呼吸、逃生。

（2）会使人员受伤。燃烧产物的烟气中载有大量的热导致人员极易被烫伤。

（3）影响视线。燃烧产生大量烟雾，使能见度大大降低，影响人的视线。人在浓烟中往往会辨不清方向，给灭火、人员疏散工作带来困难。

（4）成为火势发展、蔓延的因素。燃烧产物有很高的热能，极易造成轰燃或因对流、热辐射引起新的火点。

## 第四节　建筑防火基本原理

建筑是人们用建筑材料构成的供人居住和使用的空间。

### 一、建筑分类

建筑通常可按照使用性质和建筑结构两种方式进行分类。

#### （一）按使用性质分类

按使用性质建筑可分为民用建筑、工业建筑和农业建筑。

**1.民用建筑**

民用建筑按照功能、建筑高度和层数进行细分，具体分类及标准见表3-4-1。

表3-4-1　民用建筑的分类

| 名称 | 高层民用建筑 | | 单、多层民用建筑 |
|---|---|---|---|
| | 一类 | 二类 | |
| 住宅建筑 | 建筑高度大于54m的住宅建筑（包括设置商业服务网点的住宅建筑） | 建筑高度大于27m，但不大于54m的住宅建筑（包括设置商业服务网点的住宅建筑） | 建筑高度不大于27m的住宅建筑（包括设置商业服务网点的住宅建筑） |
| 公共建筑 | 1.建筑高度大于50m的公共建筑；<br>2.建筑高度24m以上部分，任一楼层建筑面积大于1 000m²的商店、展览、电信、邮政、财贸金融建筑和其他多种功能组合的建筑；<br>3.医疗建筑、重要公共建筑、独立建造的老年人照料设施；<br>4.省级及以上的广播电视和防灾指挥调度建筑、网局级和省级电力调度建筑；<br>5.藏书超过100万册的图书馆、书库 | 除一类高层公共建筑外的其他高层公共建筑 | 1.建筑高度大于24m的单层公共建筑；<br>2.建筑高度不大于24m的其他公共建筑 |

注：1.表中未列入的建筑，其类别应根据本表类比确定。

2.除另有规定外，宿舍、公寓等非住宅类居住建筑的防火要求应符合有关公共建筑的规定。

3.除另有规定外，裙房的防火要求应符合有关高层民用建筑的规定。

单层、多层和高层民用建筑。根据建筑高度、使用功能和楼层的建筑面积划分，高层民用建筑可分为一类和二类。对于住宅建筑，以27m作为区分多层和高层住宅建筑的标准；对于高层住宅建筑，以54m作为区分一类和二类的标准。对于公共建筑，以24m作为区分多层和高层公共建筑的标准。在高层公共建筑中，将性质重要、火灾危险性大、疏散和扑救难度大的建筑定为一类。

住宅建筑和公共建筑。住宅建筑是指供单身或家庭成员短期或长期居住使用的建筑。公共建筑是指供人们进行各种公共活动的建筑，包括教育、科研、文化、医疗、交通、商业、服务、体育、综合类建筑等。

**2.工业建筑**

工业建筑是指工业生产性建筑，如主要生产厂房、辅助生产厂房等。工业建筑按照使用性质的不同，分为加工、生产类厂房和仓储类库房（即仓库）两大类，厂房和仓库又可按其生产或储存物质的性质进行分类。

**3.农业建筑**

农业建筑是指农副产业生产建筑，主要包括暖棚、牲畜饲养场、粮仓等。

### （二）按建筑结构分类

按结构形式和建造材料构成划分，建筑可分为木结构、砖木结构、砖与钢筋混凝土混合结构（砖混结构）、钢筋混凝土结构、钢结构、钢与钢筋混凝土混合结构（钢混结构）等。

**1.木结构**

主要承重构件是木材，如图3-4-1所示。

**2.砖木结构**

主要承重构件用砖石和木材做成，如砖（石）砌墙体、木楼板、木屋盖的建筑。

**3.砖混结构**

竖向承重构件采用砖墙或砖柱，水平承重构件采用钢筋混凝土楼板、屋面板，如图3-4-2所示。

图3-4-1　木结构建筑

图3-4-2　砖混结构建筑

4.钢筋混凝土结构

钢筋混凝土做柱、梁、楼板及屋顶等建筑的主要承重构件，砖或其他轻质材料做墙体等围护构件。如装配式大板、大模板、滑模等工业化方法建造的建筑，钢筋混凝土的高层、大跨、大空间结构的建筑。

5.钢结构

主要承重构件全部采用钢材。如全部用钢柱、钢屋架建造的厂房，如图3-4-3所示。

6.钢混结构

屋顶采用钢结构，其他主要承重构件采用钢筋混凝土结构。如钢筋混凝土梁、柱、钢屋架组成的骨架结构厂房，如图3-4-4所示。

图3-4-3 钢结构建筑

图3-4-4 钢混结构建筑

7.其他结构

如生土建筑、塑料建筑、充气塑料建筑等。

## 二、建筑耐火等级要求

建筑耐火等级是由组成建筑物的墙、柱、楼板、屋顶承重构件和吊顶等主要构件的燃烧性能和耐火极限决定的。耐火等级是衡量建筑物耐火程度的分级标准。

按照《建筑设计防火规范》GB 50016—2014（2018年版）的规定，建筑物的耐火等级分为四级，主要分类如下：

一级耐火等级建筑是钢筋混凝土结构或砖墙与钢筋混凝土结构组成的混合结构；

二级耐火等级建筑是钢结构屋架、钢筋混凝土柱或砖墙组成的混合结构；

三级耐火等级建筑是木屋顶和砖墙组成的砖木结构；

四级耐火等级建筑是木屋顶、难燃烧体墙壁组成的可燃结构。

### （一）厂房和仓库的耐火等级

厂房、仓库主要指除炸药厂（库）、花炮厂（库）、炼油厂以外的厂房及仓库。厂房和仓库的耐火等级分一、二、三、四级，相应建筑构件的燃烧性能和耐火极限见表3-4-2。

表3-4-2　不同耐火等级厂房和仓库建筑构件的燃烧性能和耐火极限　单位：h

| 构件名称 | | 耐火等级 | | | |
|---|---|---|---|---|---|
| | | 一级 | 二级 | 三级 | 四级 |
| 墙 | 防火墙 | 不燃性3.00 | 不燃性3.00 | 不燃性3.00 | 不燃性3.00 |
| | 承重墙 | 不燃性3.00 | 不燃性2.50 | 不燃性2.00 | 难燃性0.50 |
| | 非承重外墙 | 不燃性1.00 | 不燃性1.00 | 不燃性0.50 | 可燃性 |
| | 楼梯间和前室的墙，电梯井的墙，住宅建筑单元之间的墙和分户墙 | 不燃性2.00 | 不燃性2.00 | 不燃性1.50 | 难燃性0.50 |
| | 疏散走道两侧的隔墙 | 不燃性1.00 | 不燃性1.00 | 不燃性0.50 | 难燃性0.25 |
| | 房间隔墙 | 不燃性0.75 | 不燃性0.50 | 难燃性0.50 | 难燃性0.25 |
| 柱 | | 不燃性3.00 | 不燃性2.50 | 不燃性2.00 | 难燃性0.50 |
| 梁 | | 不燃性2.00 | 不燃性1.50 | 不燃性1.00 | 难然性0.50 |
| 楼板 | | 不燃性1.50 | 不燃性1.00 | 不燃性0.50 | 可燃性 |
| 屋顶承重构件 | | 不燃性1.50 | 不燃性1.00 | 可燃性0.50 | 可燃性 |
| 疏散楼梯 | | 不燃性1.50 | 不燃性1.00 | 不燃性0.75 | 可燃性 |
| 吊顶（包括吊顶格栅） | | 不燃性0.25 | 难燃性0.25 | 难燃性0.15 | 可燃性 |

注：二级耐火等级建筑采用不燃材料的吊顶，其耐火极限不限。

### （二）民用建筑的耐火等级

根据《建筑设计防火规范》GB 50016—2014（2018年版），民用建筑的耐火等级也分为一、二、三、四级。除另有规定外，不同耐火等级建筑相应构件的燃烧性能和耐火极限不应低于表3-4-3的规定。

表3-4-3　不同耐火等级建筑相应构件的燃烧性能和耐火极限　单位：h

| 构件名称 | | 耐火等级 | | | |
|---|---|---|---|---|---|
| | | 一级 | 二级 | 三级 | 四级 |
| 墙 | 防火墙 | 不燃性3.00 | 不燃性3.00 | 不燃性3.00 | 不燃性3.00 |
| | 承重墙 | 不燃性3.00 | 不燃性2.50 | 不燃性2.00 | 难燃性0.50 |
| | 非承重外墙 | 不燃性1.00 | 不燃性1.00 | 不燃性0.50 | 可燃性 |
| | 楼梯间和前室的墙，电梯井的墙，住宅建筑单元之间的墙和分户墙 | 不燃性2.00 | 不燃性2.00 | 不燃性1.50 | 难燃性0.50 |

续表3-4-3

| 构件名称 | | 耐火等级 | | | |
|---|---|---|---|---|---|
| | | 一级 | 二级 | 三级 | 四级 |
| 墙 | 疏散走道两侧的隔墙 | 不燃性1.00 | 不燃性1.00 | 不燃性0.50 | 难燃性0.25 |
| | 房间隔墙 | 不燃性0.75 | 不燃性0.50 | 难燃性0.50 | 难燃性0.25 |
| 柱 | | 不燃性3.00 | 不燃性2.50 | 不燃性2.00 | 难燃性0.50 |
| 梁 | | 不燃性2.00 | 不燃性1.50 | 不燃性1.00 | 难燃性0.50 |
| 楼板 | | 不燃性1.50 | 不燃性1.00 | 不燃性0.50 | 可燃性 |
| 屋顶承重构件 | | 不燃性1.50 | 不燃性1.00 | 可燃性0.50 | 可燃性 |
| 疏散楼梯 | | 不燃性1.50 | 不燃性1.00 | 不燃性0.50 | 可燃性 |
| 吊顶（包括吊顶格栅） | | 不燃性0.25 | 难燃性0.25 | 难燃性0.15 | 可燃性 |

注：1.除另有规定外，以木柱承重且墙体采用不燃材料的建筑，其耐火等级应按四级确定。

2.住宅建筑构件的耐火极限和燃烧性能可按《住宅建筑规范》GB 50368—2005的规定执行。

除此之外，一些性质重要、火灾扑救难度大、火灾危险性大的民用建筑，还应达到最低耐火等级要求。

## 三、防火分区、防烟分区

### （一）防火分区

防火分区是在建筑内部采用防火墙和楼板及其他防火分隔设施分隔而成，能在一定时间内阻止火势向同一建筑的其他区域蔓延的防火单元。

在建筑物内某处失火时，火灾会通过对流热、辐射热和传导热向周围区域传播。如果建筑物内空间面积大，则会在发生火灾时燃烧面积大、蔓延扩展快。有效地阻止火灾在建筑物的水平及垂直方向蔓延，将火灾限制在一定范围之内，在日常火灾防控的实际工作中是十分必要的。防火分区的划分，可有效地控制火势的蔓延，有利于人员安全疏散和扑救火灾。

按照垂直方向和水平方向划分是划分防火分区的常见手段。按垂直方向划分的防火分区也称竖向防火分区，采用具有一定耐火极限的楼板做分隔构件，可把火灾控制在一定的楼层范围内，防止火灾向其他楼层垂直蔓延。采用一定耐火极限的墙、楼板、门窗等防火分隔物进行分隔的空间，称为水平防火分区。

### （二）防火分隔设施

对建筑物进行防火分区的划分是通过防火分隔构件（也称为防火分隔设施）来实现的，作用为阻止火势蔓延。

#### 1.防火墙

防火墙是分隔水平防火分区或防止建筑间火灾蔓延的重要分隔构件，能在火灾初期和灭火过程中，将火灾有效地限制在一定空间内，阻断火灾在防火墙一侧而不蔓延到另一侧，对减少火灾损失具有重要作用。常见的防火墙是防止火灾蔓延至相邻区域且耐火极限不低于3.00h的不燃性墙体。

**2.防火卷帘**

防火卷帘是在一定时间内，连同框架能满足耐火稳定性和完整性要求的卷帘，主要用于需要进行防火分隔的墙体，特别是防火墙、防火隔墙上因生产、使用等需要开设较大开口而又无法设置防火门时的防火分隔。一般设置在电梯厅、自动扶梯周围，中庭与楼层走道、过厅相通的开口部位，生产车间中大面积工艺洞口以及设置防火墙有困难的部位等。

**3.防火门、窗**

（1）防火门。防火门是指具有一定耐火极限，且在发生火灾时能自行关闭的门。防火门的设置，应保证门的防火和防烟性能符合《防火门》GB 12955—2008的有关规定，并经消防产品质量检测中心检测试验认证后才能使用，如图3-4-5所示。

（2）防火窗。防火窗是采用钢窗框、钢窗扇及防火玻璃制成的，能起到隔离和阻止火势蔓延的窗，一般设置在防火间距不足部位的建筑外墙上的开口，建筑内的防火墙以及需要防止火灾竖向蔓延的外墙开口部位。设置在防火墙、防火隔墙上的防火窗应采用不可开启的窗扇或具有火灾时能自行关闭功能的窗扇，如图3-4-6所示。

图3-4-5　防火门

图3-4-6　防火窗

**4.防火分隔水幕**

在某些需要设置防火墙或其他防火分隔物而无法设置的情况下，可采用防火水幕进行分隔，起到防火墙的作用。

**5.防火阀**

空调、通风管道一旦窜入烟火，就会导致火灾大范围蔓延。因此，在风道贯通防火分区的部位（防火墙）必须设置防火阀。防火阀是在一定时间内能满足耐火稳定性和耐火完整性要求，用于管道内阻火的活动式封闭装置，如图3-4-7所示。

图3-4-7　防火阀

公共建筑的浴室、卫生间和厨房的竖向排风管，应采取防止回流措施或在支管上设置公称动作温度为70℃的防火阀。公共建筑内厨房的排油烟管道宜按防火分区设置，且在与竖向排风管连接的支管处应设置公称动作温度为150℃的防火阀。

**6.排烟防火阀**

安装在排烟系统管道上起隔烟、阻火作用的阀门称为排烟防火阀。在一定时间内能满足耐火稳定性和耐火完整性的要求，具有手动和自动功能。当管道内的烟气达到280℃时，排烟防火阀自动关闭。

### （三）防烟分区

防烟分区是在建筑内部采用挡烟设施分隔而成，能在一定时间内防止火灾烟气向同一防火分区的其余部分蔓延的局部空间。建筑物内设置防烟分区的目的是在发生火灾时将烟气控制在一定范围内，其次是提高排烟口的排烟效率。

### （四）防烟分隔设施

常见的划分防烟分区的构件主要有挡烟垂壁、隔墙、防火卷帘、建筑横梁等。

**1.挡烟垂壁**

挡烟垂壁是垂直安装在建筑顶棚、横梁或吊顶下，在火灾时能形成一定的蓄烟空间的挡烟分隔设施，用不燃材料制成。通常设置在烟气扩散流动的路线上烟气控制区域的分界处，和排烟设备配合进行有效排烟。当建筑物内发生火灾时，所产生的烟气由于浮力作用而积聚在顶棚下，只要烟层的厚度小于挡烟垂壁的有效高度，烟气就不会向其他场所扩散。

**2.建筑横梁**

当建筑横梁的高度超过50cm时，该横梁可作为挡烟设施使用。

## 四、建筑总平面布局防火要求

建筑的总平面布局应满足城市规划和消防安全的要求，它不仅会影响周围的环境和人们的生活，而且对建筑自身及相邻建筑物的使用功能和安全都有较大的影响。要根据建筑物的使用性质、生产经营规模、建筑高度、数量及火灾危险性等，合理确定建筑物位置、防火间距、消防车道和消防水源等。

### （一）建筑选址

**1.地势条件**

建筑规划建设或选址时，应充分考虑和利用自然地形、地势条件。例如，存放易燃易爆液体的仓库宜布置在地势较低的地方，以免火灾对周围环境造成威胁；生产和储存爆炸物品的企业应利用地形，选择多面环山、附近没有建筑的地方。

**2.周围环境**

各类建筑在规划建设时，要考虑周围环境的相互影响，既要考虑自身单位的安全，又要考虑邻近建筑物或者单位及居民的安全。比如，生产、储存和装卸易燃易爆危险物品的工厂、仓库必须设置在城市的边缘或者相对独立的安全地带；易燃易爆气体和液体的充装站、供应站等，应当设置在合理位置，符合防火防爆要求。

**3.风向**

液化石油气储罐区宜布置在本单位或本地区全年最小频率风向的上风侧，并选择通风良好的地点独立设置。散发可燃气体、可燃粉尘的装置等，宜布置在明火或散发火花地点的常年最小频率风向的上风侧。

### （二）建筑总平面布局

#### 1.合理布置建筑

在进行建筑物建设规划的工作中，应根据建筑物的使用性质、规模、火灾危险性，以及所处的环境、地形、风向等因素合理布置。从消除或减少建筑物之间及周边环境的相互影响和火灾危害的角度考虑，建筑之间要留有足够的防火间距。

#### 2.合理划分功能区域

企业要根据实际需要，合理划分生产区、储存区（包括露天储存区）、生产辅助设施区、行政办公和生活福利区等。同一企业内，若有不同火灾危险的生产建筑，则应尽量将火灾危险性相同的或相近的建筑集中布置，以利于采取防火防爆措施，便于安全管理。

### （三）建筑防火间距

防火间距是针对相邻建筑间设置的，当某建筑物着火后，火灾不会蔓延到相邻建筑物的空间间隔。影响防火间距的因素很多，发生火灾时建筑物可能产生的热辐射强度是确定防火间距应考虑的主要因素。通过对建筑物进行合理布局和设置防火间距，可防止火灾在相邻的建筑物之间相互蔓延，合理利用和节约土地，并为人员疏散、消防救援人员的救援和灭火提供条件，减少失火建筑对相邻建筑及其使用者造成的影响。

#### 1.防止火灾蔓延

根据火灾发生后产生的辐射热对相邻建筑的影响，一般不考虑飞火、风速等因素。根据建筑的实际情形，通常的做法是将一、二级耐火等级多层建筑之间的防火间距定为6m。三、四级耐火等级的民用建筑之间的防火间距，在一、二级耐火等级建筑的要求基础上有所增加。

#### 2.保障灭火救援场地需要

建筑物高度不同，需使用的消防车不同，操作场地也就不同。对单、多层建筑，使用普通消防车即可；而对高层建筑，则还要使用曲臂、云梯等登高消防车。为了便于在火灾发生时，消防救援车辆可以迅速发挥作用，防火间距还应满足消防车的最大工作回转半径和扑救场地的需要。结合实践经验，规定一、二级耐火等级高层建筑之间的防火间距不应小于13m。

#### 3.节约土地资源

建筑之间防火间距的设置，不仅要综合考虑防止火灾向邻近建筑蔓延扩大和灭火救援的需要，还要考虑节约用地的实际需求。

#### 4.考虑建筑灭火救援设施

一般包括消防车道、消防登高面、消防救援场地和灭火救援窗、消防电梯、直升机停机坪等，是用于扑救建筑火灾的相关设备设施。

（1）消防车道。消防车道是供消防车灭火时通行的道路。一旦发生火灾，可确保消防车畅通无阻，迅速到达火场，为及时扑灭火灾创造条件。消防车道的设置应根据消防车辆的外形尺寸、载重、转弯半径等消防车技术参数，以及建筑物的体量大小、周围通行条件等因素确定，应满足消防车通行与停靠的需求，并保证畅通。街区内的道路应考虑消防车的通行，室外消火栓的保护半径在150m左右，一般按规定设在城市道路两旁，故将道路

图3-4-8　消防车道

中心线间的距离设定为不宜大于160m，如图3-4-8所示。

（2）消防登高面、消防救援场地和灭火救援窗。发生火灾时进行有效灭火救援行动的重要设施还包括建筑的消防登高面、消防救援场地和灭火救援窗等设施。

1）消防登高面。登高消防车能够靠近高层主体建筑，便于消防车作业和消防救援人员进入高层建筑进行抢救人员和扑救火灾的建筑立面称为该建筑的消防登高面。

2）消防救援场地。消防救援场地是指在高层建筑的消防登高面一侧，地面必须设置消防车道和供消防车停靠并进行灭火救援的作业场地。

3）灭火救援窗。灭火救援窗是指在高层建筑的消防登高面一侧外墙上设置的供消防救援人员快速进入建筑主体且便于识别的灭火救援窗口。

## 五、安全疏散

安全疏散对于确保火灾中人员的生命安全具有重要作用。疏散走道、疏散楼梯及楼梯间、避难层（间）、疏散门、疏散指示标志等安全疏散和避难设施的合理设置，为人员的安全疏散创造有利条件。

### （一）安全出口

安全出口是供人们安全疏散用的楼梯间、室外楼梯的出入口或直通室内外安全区域的出口。为了在发生火灾时能够迅速安全地疏散人员，在建筑防火设计时必须设置足够数量的安全出口。公共建筑内的每个防火分区或一个防火分区的每个楼层，安全出口不应少于2个。

#### 1.疏散楼梯

疏散楼梯也是在发生火灾时保证人员迅速疏散的重要设施。疏散楼梯的平面布置时，应满足下列防火要求：

（1）疏散楼梯宜设置在防火分区的两端，以便为人们提供两个不同方向的疏散路线。

（2）疏散楼梯宜靠近电梯设置。靠近电梯设置疏散楼梯，可将常用疏散路线与紧急疏散路线相结合，有利于人们快速疏散。

（3）疏散楼梯宜靠外墙设置，便于自然采光、通风和进行火灾的扑救。

（4）疏散楼梯应保持上下畅通。高层建筑的疏散楼梯宜通至平屋顶，以便当向下疏散的路径发生堵塞或被烟气切断时，人员能上到屋顶暂时避难，等待消防救援人员利用登高车或直升机进行救援。

（5）应避免不同的人流路线相互交叉，以免紧急疏散时不同方向疏散人流发生冲突，引起堵塞和意外伤亡。

#### 2.疏散门

疏散门是人员安全疏散的主要出口，设置方式应满足下列要求：

（1）疏散门应向疏散方向开启，但人数不超过60人的房间且每樘门的平均疏散人数不超过30人时，其门的开启方向不限（除甲、乙类生产车间外）。

（2）民用建筑及厂房的疏散门应采用向疏散方向开启的平开门，不应采用推拉门、卷帘门、吊门、转门和折叠门。

（3）当开向疏散楼梯或疏散楼梯间的门完全开启时，不应减小楼梯平台的有效宽度。

（4）人员密集场所内平时需要控制人员随意出入的疏散门和设置门禁系统的住宅、宿舍、公寓建筑的外门，应保证火灾时不需使用钥匙等任何工具即能从内部易于打开，并应在显著位置设置具有使用提示的标识。

（5）人员密集的公共场所、观众厅的入场门、疏散出口不应设置门槛，且紧靠门口内外各1.4m范围内不应设置台阶，疏散门应为推开式外开门。

（6）高层建筑直通室外的安全出口上方，应设置挑出宽度不小于1m的防护挑檐。

### （二）疏散出口

疏散出口包括安全出口和疏散门。疏散门是直接通向疏散走道的房间门、直接开向疏散楼梯间的门或室外的门。

建筑内安全出口、疏散门应分散布置，并应符合双向疏散的要求，其数量和宽度应满足人员安全疏散的实际要求。公共建筑内各房间疏散门的数量应经计算确定且不应少于2个，每个房间相邻2个疏散门最近边缘之间的水平距离不应小于5m。

### （三）疏散走道

疏散走道是指发生火灾时，建筑内人员从火灾现场逃往安全场所的通道。疏散走道的设置应保证逃离火场的人员进入走道后，能顺利地继续通行至楼梯间，到达安全地带。疏散走道应按规定设置疏散指示标志和诱导灯；在1.8m高度内不宜设置管道、门垛等凸出物，走道中的门应向疏散方向开启；在防火分区处的疏散走道应设置常开甲级防火门。

### （四）疏散楼梯与楼梯间

发生火灾时，普通电梯将断电，且普通电梯不防烟、不防火、不防水，若发生火灾时作为人员的安全疏散设施是不安全的。上部楼层的人员只有通过楼梯才能疏散到建筑物的外面，如图3-4-9所示。

图3-4-9　疏散楼梯

疏散楼梯间的设置应符合下列规定：

（1）楼梯间应能天然采光和自然通风，并宜靠外墙设置。

（2）楼梯间内不应设置烧水间、可燃材料储藏室、垃圾道。

（3）楼梯间内不应有影响疏散的凸出物或其他障碍物。

（4）封闭楼梯间、防烟楼梯间及其前室，不应设置卷帘。

（5）楼梯间内不应设置甲、乙、丙类液体的管道。公共建筑的楼梯间内不应敷设或穿越可燃气体管道。居住建筑的楼梯间内不宜敷设或穿越可燃气体管道，不宜设置可燃气体计量表。

### （五）避难层（间）

避难层（间）是建筑内用于人员暂时躲避火灾及其烟气危害的楼层（房间）。封闭式避难层周围设有耐火的外墙、楼板等围护结构，室内设有独立的空调和防烟排烟系统，如果在外墙上开设窗口时，应采用防火窗。避难层设有可靠的消防设施，足以防止烟气和火焰的侵害，同时还可以避免外界气候条件的影响。

### （六）消防电梯

当火灾发生时，消防救援力量的及时到达对于救援工作起着至关重要的作用。对于高层建筑，设置消防电梯能节省消防救援人员的体力，使消防救援人员能快速接近着火区域，进行灭火救援。对于地下建筑，由于排烟、通风条件很差，受当前装备的限制，消防救援人员通过楼梯进入地下的危险性比地上建筑要高，要尽量缩短到达火场的时间。因此，高层建筑和埋深较大的地下建筑设置供消防救援人员专用的消防电梯或者符合消防电梯要求的客梯或工作电梯，可以兼作消防电梯。

# 第五节　易燃易爆危险品

## 一、易燃易爆危险品的概念

易燃易爆危险品是指容易燃烧爆炸的危险品。其中，危险品是指具有爆炸、易燃、毒害、腐蚀、放射性等危险性质，在运输、装卸、生产、使用、储存、保管过程中，容易造成人身伤亡和财产损毁或环境污染而需要特别防护的物质和物品。

### 1.易燃易爆危险品的分类

易燃易爆危险品范围是指《危险货物分类和品名编号》GB 6944—2012和《危险货物品名表》GB 12268—2012中的爆炸品、易燃气体、易燃液体、易燃固体、易于自燃的物质和遇水放出易燃气体的物质、氧化性物质和有机过氧化物。易燃易爆危险品分类及标志如表3-5-1所示。

表3-5-1　易燃易爆危险品分类及标志

| 序号 | 名称 | 图　　标 |
| --- | --- | --- |
| 1 | 爆炸品 |  |
| 2 | 易燃气体（压缩气体和液化气体） |  |
| 3 | 易燃液体 |  |

续表3-5-1

| 序号 | 名称 | 图　　标 |
| --- | --- | --- |
| 4 | 易燃固体 | |
| 5 | 易自燃物质 | |
| 6 | 遇湿易燃物质 | |
| 7 | 氧化性物质 | |
| 8 | 有机过氧化物 | |

**2.日常生活中常见的易燃易爆危险品**

（1）固体类的易燃易爆物品，包括固体酒精、赛璐珞等易燃固体。

（2）液体状的易燃易爆物品，包括液化石油气、汽油、柴油、食用油、指甲油、香蕉水、双氧水、可燃毒性压缩气体和液化气体等，一般来说，液体状的易燃易爆物品，在我们的生活中比较常见。

（3）气体状的易燃易爆物品，包括香水、天然气、气雾喷雾剂、驱蚊水等。

（4）粉状类的易燃易爆物品，比如面粉等物品，很多人可能会觉得很奇怪，面粉也是易燃易爆物品吗？答案是肯定的，虽然在一般情况下，盛放在袋子里的面粉不会燃烧爆炸，但是当分散到空气中的时候，由于和空气接触面积极大，遇到明火会爆炸，所以面粉厂里禁止明火。

## 二、易燃易爆危险品的危险特性

### （一）爆炸品的危险特性

爆炸品是指凡是在外界作用下（如摩擦、撞击、振动、高温或其他外界因素的激发），能发生剧烈的化学反应，瞬间产生大量气体、热量，致使周围的压力急剧上升，发生爆炸，进而对周围环境造成破坏的物品。常见的爆炸品有火药、礼花弹、烟花爆竹等。

爆炸品的特性主要表现为其受到摩擦、撞击、振动、高热或其他能量激发后，能产生剧烈的化学反应，并在极短时间内释放大量热量而发生爆炸性燃烧。

### (二)易燃气体的危险特性

易燃气体是在常温常压下在空气中遇明火、高温等火源，能发生着火或爆炸的气体。其与空气能形成爆炸性混合物，如氢气，一氧化碳，甲烷等碳五以下的烷烃、烯烃，液化石油气等。

易燃气体的火灾危险特性主要有易燃易爆性、扩散性、可缩性、膨胀性、带电性、腐蚀性和毒害性。

#### 1.易燃易爆性

易燃气体的主要危险性是易燃易爆性，所有处于燃烧浓度范围之内的易燃气体遇火源都可能发生着火或爆炸，有的易燃气体遇到极微小能量引火源的作用即可引爆。

#### 2.扩散性

处于气体状态的任何物质都没有固定的形状和体积，并且能自发地充满任何容器。由于气体的分子间距大，相互作用力小，所以非常容易扩散。

#### 3.可缩性和膨胀性

任何物体都有热胀冷缩的性质，气体也不例外，其体积也会因温度的升降而胀缩，且胀缩的幅度比液体要大得多。

在体积不变时，气体的温度与压力成正比，即温度越高，压力越大。如果盛装压缩或液化气体的容器在储运过程中受到高温、暴晒等热源作用时，容器内的气体就会急剧膨胀，产生比原来更大的压力。当压力超过了容器的耐压强度时，就会引起容器膨胀甚至爆裂，造成伤亡事故。

#### 4.带电性

任何物体的摩擦都会产生静电，氢气、天然气、液化石油气等从管口或破损处高速喷出时也同样能产生静电。比如，液化石油气喷出时，产生的静电电压可达9 000V，其放电火花足以引起燃烧。因此，压力容器内的可燃气体在容器、管道破损时或放空速度过快时，都易因静电引起着火或爆炸事故。

#### 5.腐蚀性、毒害性

(1)腐蚀性。这里所说的腐蚀性主要是指一些含氢、硫元素的气体具有的腐蚀性。例如，硫化氢、硫氧化碳、氨、氢等都能腐蚀设备，削弱设备的耐压强度，严重时可导致设备系统裂隙、漏气，引起火灾等事故。目前危险性最大的是氢，氢在高压下能渗透到碳素中去，使金属容器发生“氢脆”。因此，对盛装这类气体的容器，要采取一定的防腐措施，如用含有铬、钼等高压合金钢的制造材料，定期检验其耐压强度等。

(2)毒害性。一氧化碳、硫化氢、三氟氯乙烯等气体，除具有易燃易爆性外，还有相当大的毒害性，因此，在处理或扑救此类有毒气体火灾时，应特别注意防止中毒。

### (三)易燃液体的火灾危险性

易燃液体是闭杯试验闪点不高于60℃的液体、液体混合物或含有固体混合物的液体，但不包括由于存在其他危险已列入其他类别管理的液体。易燃液体的火灾危险性主要有易燃性、爆炸性、流动性、受热膨胀性、带电性、毒害性。

常见的易燃液体有汽油、乙醚、甲胺水溶液、甲醇、乙醇、香蕉水、煤油、松香水、影印油墨、照相用清除液、医用碘酒等。

#### 1.易燃性

易燃液体的燃烧是通过其挥发的蒸气与空气形成可燃混合物，达到一定的浓度后遇火源而实现的，实质上是液体蒸气与氧发生的氧化反应。由于易燃液体的沸点都很低，易燃液体很容易挥发出易燃蒸气，其着火所需的能量极小，因此，易燃液体都具有高度的易燃性。

#### 2.爆炸性

由于易燃液体具有挥发性，挥发的蒸气易与空气形成爆炸性混合物，所以易燃液体存在着爆炸的危险性。挥发性越强，爆炸的危险就越大。不同的液体的蒸发速度因温度、沸点、比重、压力的不同而发生变化。

#### 3.流动性

易燃液体的黏度一般都很小，不仅本身极易流动，还因渗透、浸润及毛细现象等作用，即使容器只有极细微裂纹，易燃液体也会渗出容器壁外，扩大面积，并源源不断地挥发，使空气中的易燃液体蒸气浓度增高，从而增加了燃烧爆炸的危险性。

#### 4.受热膨胀性

易燃液体和其他液体一样，也有受热膨胀性。储存于密闭容器中的易燃液体受热后，体积膨胀，蒸气压力增加，若超过容器的压力限度，就会造成容器膨胀，以致爆破。因此，利用易燃液体的热膨胀性，可以对易燃液体的容器进行检查，检查容器是否留有不少于5%的空隙，夏天是否储存在阴凉处或是否采取了降温措施加以保护。

#### 5.带电性

多数易燃液体都是电介质，在灌注、输送、流动过程中能够产生静电，静电积聚到一定程度时就会放电，引起着火或爆炸。

#### 6.毒害性

易燃液体本身或其蒸气大都具有毒害性，有的还有刺激性和腐蚀性。易燃液体蒸发气体通过呼吸道、消化道和皮肤进入人体，造成中毒。

### （四）易燃固体火灾危险性

易燃固体是指燃点低，对热、撞击、摩擦敏感，易被外部火源点燃，燃烧迅速，并可能散发有毒烟雾或有毒气体的固体。

易燃固体的火灾危险性主要有燃点低、易点燃，遇酸、氧化剂易燃易爆，本身或燃烧产物有毒。

#### 1.燃点低、易点燃

易燃固体的着火点都比较低，一般都在300℃以下，在常温下只要有很小能量的着火源就能引起燃烧。例如，镁粉、铝粉只要有20mJ的点火能即可点燃，硫黄、生松香只需15mJ的点火能即可点燃，有些易燃固体当受到摩擦、撞击等外力作用时也能引起燃烧。

#### 2.遇酸、氧化剂易燃易爆

绝大多数易燃固体与酸、氧化剂接触，尤其是与强氧化剂接触时，能够立即引起着火或爆炸。例如，发孔剂与酸性物质接触能立即起火；红磷与氯酸钾相遇、硫黄与过氧化钠或氯酸钾相遇，都会立即引起着火或爆炸。

#### 3.本身或燃烧产物有毒

很多易燃固体本身具有毒害性，或者燃烧后能产生有毒的物质。例如，硫黄、三硫化四磷等，不仅与皮肤接触能引起中毒，且吸入其粉尘后也能引起中毒。又如，硝基化合物、硝基棉及其制品等易燃固体由于本身含有不稳定基团，在燃烧的条件下都有可能爆炸，燃烧时还会产生大量的一氧化碳、氰化氢等有毒气体。

### （五）易自燃物质的火灾危险性

易自燃的物质包括发火物质和自热物质两类：

（1）发火物质。即使只有少量与空气接触，不到5min时间便燃烧的物质。发火物质包括固体、液体及其混合物，如三氯化钛、白磷等。

（2）自热物质。发火物质以外的与空气接触便能自己发热的物质。如油纸、赛璐珞碎屑、潮湿的棉花等。

易自燃的物质的火灾危险性主要有以下几个方面：

#### 1.遇空气自燃性

易自燃的物质大部分化学性质非常活泼，具有极强的还原性，接触空气后能迅速与空气中的氧化合，并产生大量的热，达到其自燃点而着火，接触氧化剂和其他氧化性物质反应更加强烈，甚至爆炸。例如，白磷遇空气即自燃起火，生成有毒的五氧化二磷，故需放于水中。

#### 2.遇湿易燃性

硼、锌、铝、锑的烷基化合物类易自燃物质。化学性质非常活泼，具有极强的还原性，遇氧化剂、酸类反应剧烈，除在空气中能自燃外，遇水或受潮还能分解自燃或爆炸。故该类物质起火不可用水或泡沫扑救。

#### 3.积热自燃性

硝化纤维胶片、废影片、X光片等，在常温下就能缓慢分解，产生热量，自动升温，达到其自燃点引起自燃。

### （六）遇水放出易燃气体的物质火灾危险性

遇水放出易燃气体，并且该气体与空气混合能够形成爆炸性混合物的物质就是遇水放出易燃气体的物质。该物质引起着火有两种情况：一种是遇水发生剧烈的化学反应，释放出热量能把反应产生的可燃气体加热到自燃点发生自燃，如金属钠、碳化钙等；另一种是遇水能发生化学反应，但释放出的热量较少，不足以把反应产生的可燃气体加热至自燃点，但当可燃气体一旦接触火源也会立即着火燃烧，如氢化钙等。

遇水放出易燃气体的物质类别多，生成的可燃气体不同，因此其危险性也有所不同，主要归结为以下几个方面。

#### 1.遇水或遇酸燃烧性

遇水或遇酸燃烧性是此类物质的共同危险性。着火时，不能用水及泡沫灭火剂扑救，应用干沙、干粉灭火剂、二氧化碳灭火剂等进行扑救。其中的一些物质与酸或氧化剂反应时，比遇水反应更剧烈，着火爆炸危险性更大。

#### 2.爆炸性

一些遇水放出易燃气体物质，如碳化钙（电石）等，由于和水作用生成可燃气体，并与空气形成爆炸性混合物。

#### 3.自燃性

有些遇水放出易燃气体的物质，如金属碳化物、硼氢化合物，放置于空气中即具有自燃性，有的遇水能生成可燃气体放出热量而具有自燃性。因此，这类物质的储存必须与水及潮气隔离。

#### 4.其他

有些物质遇水作用的生成物除有易燃性外，还有毒性；有的虽然与水接触，反应不是很激烈，放出热量不足以使产生的可燃气体着火，但是遇外来火源还是有着火爆炸的危险性。

### （七）氧化性物质的火灾危险性

多数氧化性物质的特点是金属活泼性强，易分解，有极强的氧化性，本身不燃烧，但与可燃物作用能发生着火和爆炸。

#### 1.受热、被撞分解性

在现行列入氧化性物质管理的危险品中，除有机硝酸盐类外，都是不燃物质，但当受热、被撞击或摩擦时易分解出氧，若接触易燃物、有机物，特别是与木炭粉、硫黄粉、淀粉等混合时，能引起着火和爆炸。

#### 2.可燃性

氧化性物质绝大多数是不燃的，但也有少数具有可燃性。主要是有机硝酸盐类，如硝酸胍、硝酸脲等。另外，还有过氧化氢尿素、高氯酸醋酐溶液、二氯异氰尿素、三氯异氰尿素、四硝基甲烷等。这些物质着火不需要外界的可燃物参与即可燃烧。

#### 3.与可燃液体作用自燃性

有些氧化性物质与可燃液体接触能引起燃烧。如过氧化钠与甲醇或醋酸接触，铬酸丙酮与香蕉水接触等都能起火。

#### 4.与酸作用分解性

氧化性物质遇酸后，大多数能发生反应，而且反应常常是剧烈的，甚至引起爆炸。如高锰酸钾与硫酸，氯酸钾与硝酸接触都十分危险。这些氧化剂着火时，也不能用泡沫灭火剂扑救。

#### 5.与水作用分解性

有些氧化性物质，特别是活泼金属的过氧化物，遇水或吸收空气中的水蒸气和二氧化碳能分解放出氧原子，致使可燃物质爆燃。比如说，漂白粉（主要成分是次氯酸钙）吸水后，不仅能放出氧，还能放出大量的氯；高锰酸钾吸水后形成的液体，接触纸张、棉布等有机物，能立即引起燃烧，着火时禁用水扑救。

#### 6.强氧化性物质与弱氧化性物质作用分解性

强氧化剂与弱氧化剂相互之间接触能发生复分解反应，产生高热而引起着火或爆炸。如漂白粉、亚硝酸盐、亚氯酸盐、次氯酸盐等弱氧化剂，当遇到氯酸盐、硝酸盐等强氧化剂时，会发生剧烈反应，引起着火或爆炸。

#### 7.腐蚀毒害性

不少氧化性物质还具有一定的腐蚀毒害性，能毒害人体，烧伤皮肤。如二氧化铬（铬酸）既有毒性，也有腐蚀性，这类物品着火时，应注意安全防护。

### （八）有机过氧化物的火灾危险性

有机过氧化物是一种含有过氧基（—O—O—）结构的有机物质，也可能是过氧化氢的衍生物。如过甲酸、过乙酸等。有机过氧化物是热稳定性较差的物质，并可发生放热的加速分解过程，其火灾危险特性可归纳为以下两点：

1.分解爆炸性

由于有机过氧化物对热、振动、冲击和摩擦都极为敏感，所以当受到轻微的外力作用时即分解。例如，过氧化二乙酰纯品制成后存放24h就可能发生强烈的爆炸；过氧化二苯甲酰含水在1%以下时，稍有摩擦即能引起爆炸；过氧化二碳酸二异丙酯在10℃以上时不稳定，达到17.22℃时即分解爆炸；过乙酸（过氧乙酸）纯品极不稳定，在-20℃时也会爆炸，溶液浓度大于45%时，存放过程中仍可分解出氧气，加热至110℃时即爆炸。这就不难看出，有机过氧化物对温度和外力作用是十分敏感的，其危险性和危害性比其他氧化剂更大。

2.易燃性

有机过氧化物不仅极易分解爆炸，而且特别易燃，有的非常易燃。例如，过氧化叔丁醇的闪点为26.67℃。所以，扑救有机过氧化物火灾时应特别注意爆炸的危险性。

## 第六节　电气防火基础知识

根据“中国消防”微信公众号发布的消息，2019年全国接报火灾23.3万起。电气火灾居高不下，值得关注的是，在已查明火灾原因的住宅火灾中有52%是电气原因引起，尤其是各类家用电器、电动车、电气线路引发的火灾越来越突出。2020年上半年北京发生火灾1 018起，电气火灾373起，占比36.64%，仍居榜首。比如说，1993年北京隆福大厦“8·12”特大火灾、2013年北京喜隆多“10·11”重大火灾、2017年北京市大兴区“11·18”重大火灾等起火原因均为电气安全事故。

### 一、电气火灾主要特征

1.隐蔽性强

由于漏电与短路通常都发生在电气设备内部，因此电气火灾的最初部位是看不到的，具有隐蔽性。

2.燃烧速度快

电缆着火时，由于短路或过流时的电线温度特别高，导致火焰沿着电线燃烧蔓延的速度非常快。

3.随机性大

电气设备布置分散，发生火灾的位置很难预测，并且起火的时间和概率很难定量化。电气火灾的突发性和意外性给电气火灾的预防带来一定难度。

4.扑救困难

电线或电气设备着火时一般是在其内部，看不到起火点，且不能用水来扑救，造成扑救困难。

5.损失严重

电气火灾的发生，通常不仅会导致电气设备损坏，还将殃及其他，造成人员伤亡及财产损失。

## 二、电气线路防火

电气线路是用于传输电能的载体，电气线路火灾除了由外部的火源或火种直接引燃外，主要是由于自身在运行过程中出现的短路、过载、接触电阻过大以及漏电等故障产生电弧、电火花或电线、电缆过热，引燃电线、电缆及其周围的可燃物而引发的火灾。通过对电气线路火灾事故原因的统计分析，电气线路的防火措施主要应从电线电缆的选择、线路的敷设及连接、在线路上采取保护措施等方面入手。

### （一）电线电缆的选择

根据使用场所的潮湿、化学腐蚀、高温等环境因素及额定电压要求，选择适宜的电线电缆。同时根据系统的载荷情况，合理地选择导线截面面积，在经计算所需的导线截面面积基础上留出适当增加负荷的裕量。

### （二）电线电缆导体材料的选择

（1）固定敷设的供电线路宜选用铜芯线缆。

（2）重要电源、电动机等需要确保长期运行在连接可靠的回路，移动设备的线路及振动场所的线路，对铝有腐蚀的环境，高温环境、潮湿环境、爆炸及火灾危险环境，工业及市政工程等场所不应选用铝芯线缆。

（3）公共建筑与居住建筑，线芯截面面积为6mm$^2$及以下的线缆不宜选用铝芯线缆。

（4）对铜有腐蚀而对铝腐蚀相对较轻的环境、氨压缩机房等场所应选用铝芯线缆。

### （三）电线电缆绝缘材料及护套的选择

#### 1.普通电线电缆

普通聚氯乙烯电线电缆在燃烧时会散放有毒烟气，不适用于地下客运设施、地下商业区、高层建筑和重要公共设施等人员密集场所。

橡皮电线电缆的弯曲性能较好，能够在严寒气候下敷设，适用于水平高差大和垂直敷设的场所和移动式电气设备的供电线路。

#### 2.阻燃电线电缆

阻燃电缆是指在规定试验条件下被燃烧，能使火焰蔓延在限定范围内，撤去火源后，残焰和残灼能在限定时间内自行熄灭的电缆。阻燃电线与普通电线遇火后对比如图3-6-1所示。

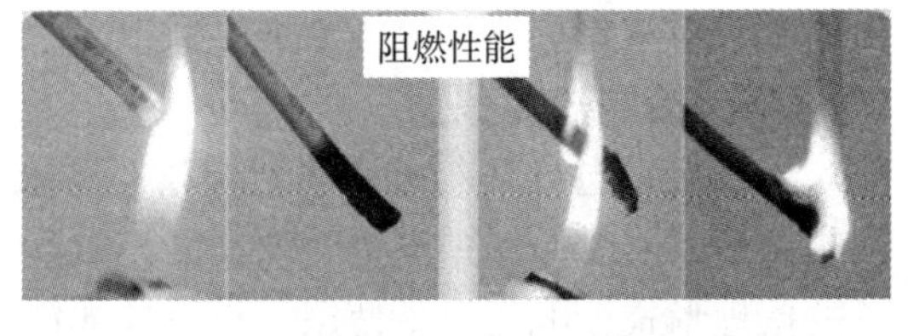

图3-6-1　阻燃电线与普通电线遇火后对比

阻燃电线电缆成束敷设时，应采用阻燃型电线电缆。在同一通道中敷设的电缆应选用同一阻燃等级的电缆。阻燃和非阻燃电缆也不宜在同一通道内敷设。非同一设备的电力与控制电缆若在同一通道时，宜互相隔离。

直埋地电缆、直埋入建筑孔洞或砌体的电缆及穿管敷设的电线电缆，可选用普通型电线电缆。敷设在有盖槽盒、有盖板的电缆沟中的电缆若已采取封堵、阻水、隔离等防止延燃的措施，可降低一级阻燃要求。

#### 3.耐火电线电缆

耐火电线电缆是指规定试验条件下，在火焰中被燃烧一定时间内能保持正常运行特性的电缆。

耐火电线电缆主要适用于在火灾时仍需要保持正常运行的线路，如工业及民用建筑的消防系统、应急照明系统、救生系统、报警及重要的监测回路等。

### （四）电线电缆截面面积的选择

电线电缆截面面积的选型应符合通过负载电流时线芯温度不超过允许的长期工作温度，满足机械强度的要求。

### （五）电气线路保护措施

为有效预防由于电气线路故障引发的火灾，除了合理地进行电线电缆的选型，还应根据现场的实际情况合理选择线路的敷设方式，并严格按照有关规定，规范线路的敷设及连接环节，保证线路的施工质量。

#### 1.预防电气线路短路的措施

安装线路时，电线之间、电线与建筑构件或树木之间要保持一定距离；严格执行电气装置安装规程和技术管理规程，坚决禁止非电工人员安装、修理电气装置；要根据导线使用的具体环境选用不同类型的导线，正确选择配电方式；在线路上应按规定安装断路器或熔断器，以便在线路发生短路时能及时、可靠地切断电源；在距地面2m高以内的电线，应用钢管或硬质塑料保护，以防绝缘遭受损坏。

#### 2.预防电气线路过载的措施

预防电气线路过载要根据负载情况，选择合适的电线；不准乱拉电线和接入过多或功率过大的电气设备；严禁随意增加用电设备尤其是大功率用电设备；严禁滥用铜丝、铁丝代替熔断器的熔丝；应根据线路负荷的变化及时更换适宜容量的导线；可根据生产程序和需要，把用电时间调开，以使线路不超过负荷。

#### 3.预防电气线路接触电阻过大的措施

预防电气线路接触电阻过大，导线与导线、导线与电气设备的连接必须牢固可靠；铜线铝线相接，宜采用铜铝过渡接头，也可采用在铜线接头处搪锡；通过较大电流的接头，应采用油质或氧焊接头，在连接时加弹力片后拧紧；要定期检查和检测接头，防止接触电阻增大，对重要的连接接头要加强监视。

### （六）接地故障保护

当发生带电导体与外露可导电部分、装置外壳导电部分、PE线、PEN线、大地等之间的接地故障时，保护电器必须切断该故障电路。接地故障保护电器的选择应根据配电系统的接地形式、电气设备使用特点及导体截面面积等确定。

## 三、电气设备防火

电气设备的使用往往伴随着大量的热和高温，如果安装或使用不当，极易引发火灾事故。

### （一）照明灯具、插座的防火检查

#### 1.灯具与插座的选型

照明灯具的选型应符合国家现行相关标准的有关规定，既要满足使用功能和照明质量的要求，又要满足防火安全的要求：卤素灯、60W以上的白炽灯等高温照明灯具不应设置在火灾危险性场所；可燃物品库房不应设置卤钨灯等高温照明灯具；火灾危险场所应选用闭合型、封闭型、密闭型灯具；爆炸危险环境应选用防爆型、隔爆型灯具；有火灾危险和爆炸危险场所的电气照明开关、接线盒、配电盘等，其防护等级不应低于规定要求；有腐蚀性气体及特别潮湿的场所，应采用密闭型灯具，灯具的各种部件还应进行防腐处理。

直流、交流和不同电压等级的电源插座应有明显区别，低压插头应无法插入较高电压的插座内。

**2.灯具与插座的设置要求**

（1）照明与动力合用一个电源时，应有各自的分支回路，所有照明线路均应有短路保护装置。配电盘盘后接线要尽量减少接头，接头应采用锡焊焊接并应用绝缘布包好，金属盘面还应有良好接地。

（2）照明电压一般采用220V；携带式照明灯具的供电电压不应超过36 V；如在金属容器内及特别潮湿场所内作业，行灯电压不得超过12V。36V以下照明供电变压器严禁使用自耦变压器。

（3）每一照明单相分支回路的电流不宜超过16A，所接光源数不宜超过25个；连接建筑组合灯具时，回路电流不宜超过25A，光源数不宜超过60个。

（4）明装吸顶灯具采用木制底台时，应在灯具与底台中间铺垫石板或石棉布。附带镇流器的各式荧光吸顶灯，应在灯具与可燃材料之间加垫瓷夹板隔热，禁止直接安装在可燃吊顶上。

（5）可燃吊顶上所有暗装、明装灯具、舞台暗装彩灯、舞池脚灯的电源导线，均应穿钢管敷设。

（6）舞台暗装彩灯泡，舞池脚灯彩灯灯泡的功率均宜在40W以下，最大不应超过60W。彩灯之间导线应焊接，所有导线不应与可燃材料直接接触。

（7）储存可燃物的仓库及类似场所照明光源应采用冷光源，其垂直下方与堆放可燃物品水平间距不应小于0.5m，不应设置移动式照明灯具；应采用有防护罩的灯具和墙壁开关，不得使用无防护罩的灯具和拉线开关。超过60W的白炽灯、卤素灯等照明灯具不应安装在可燃材料和可燃构件上。

（8）插座不宜和照明灯接在同一分支回路。

（9）导线与插座或开关连接处应牢固可靠，面板无松动破损。

（10）非临时用电不宜使用移动式插座。当使用移动式插座时，电源线要采用铜芯电缆或护套软线，具有保护接地线（PE线）；禁止放置在可燃物上，禁止串接使用；严禁超容量使用。

### （二）电热器具的防火

超过3kW的固定式电热器具应采用单独回路供电，电源线应装设短路、过载及接地故障保护电器；电热器具周围0.5m以内不应放置可燃物。

低于3kW的可移动式电热器应放在不燃材料制作的工作台上，与周围可燃物应保持0.3m以上的距离；电热器应采用专用插座。

小型电热设备和电热器具如电烘箱、电熨斗、电烙铁等在电热设备通电使用时，应养成人走时切断电源的习惯；电热器具使用较多的单位，在下班后应有专人负责切断总电源。

### （三）空调器具的防火

空调器具应单独供电，电源线应设置短路、过载保护。电源插头的容量不应大于插座的容量且与之匹配。分体式空调穿墙管路应选择不燃或难燃材料套管保护，室内机体接线端子板处接线牢固、整齐、正确。

空调器具不应安装在可燃结构上，其设备与周围可燃物的距离不应小于0.3m。空调器具单独供电线路短路保护和过载保护动作应灵活可靠。

### （四）家用电器的防火

电冰箱及电视机等电器不要短时间内连续切断、接通电源；保证电冰箱后部干燥通风，切勿在电冰箱后面塞放可燃物。

电视机应保证良好的通风，若长期不用，尤其在雨季，要每隔一段时间使用几小时，用电视机自身发出的热量来驱散机内的潮气。

电热毯第一次使用或长期搁置后再使用，应在有人监视的情况下先通电1h左右，检查是否安全。

## 四、电气装置防火

电气装置是指相关电气设备的组合，具有为实现特定目的所需的相互协调的特性。

### （一）低压配电和控制电器防火措施的检查

核对控制电器的铭牌，设备是否符合使用要求，检查设备的接线是否正确，对于出现的问题应及时处理。定期对控制电器进行维护，清理积尘，保持设备清洁。

低压配电与控制电器的导线绝缘应无老化、腐蚀和损伤现象；同一端子上导线连接不应多于2根，且两根导线线径相同，防松垫圈等部件齐全；进出线接线正确；接线应采用铜质或有电镀金属层防锈的螺栓和螺钉连接，连接应牢固，要有防松装置，电连接点应无过热、锈蚀、烧伤、熔焊等痕迹；金属外壳、框架的接零（PEN）或接地（PE）线应连接可靠；套管、瓷件外部无破损、无裂纹痕迹。

低压配电与控制电器安装区域无渗漏水现象；低压配电与控制电器的灭弧装置应完好无损。连接到发热元件上的绝缘导线，应采取隔热措施；熔断器应按规定采用标准的熔体；电器靠近高温物体或安装在可燃结构上时，应采取隔热、散热措施。电器相间绝缘电阻不应小于5MΩ。

### （二）开关防火

开关应设在开关箱内，开关箱应加盖。木质开关箱的内表面应覆以白铁皮，以防起火时蔓延。开关箱应设在干燥处，不应安装在易燃、受震、潮湿、高温、多尘的场所。开关的额定电流和额定电压均应和实际使用情况相适应。降低接触电阻防止发热过度。潮湿场所应选用拉线开关。有化学腐蚀、火灾危险和爆炸危险的房间，应把开关安装在室外或合适的地方，否则应采用相应型式的开关，例如在有爆炸危险的场所采用隔爆型、防爆充油的防爆开关。

在中性点接地的系统中，单极开关必须接在相线上，否则开关虽断，电气设备仍然带电，一旦相线接地，会有发生接地短路引起火灾的危险。

对于多极刀开关，应保证各级动作的同步性且接触良好，避免引起多相电动机因断相运行而损坏的事故。

### （三）熔断器防火

选用熔断器的熔丝时，熔丝的额定电流应与被保护的设备相适应，且不应大于熔断器、电度表等的额定电流。一般应在电源进线，线路分支和导线截面面积改变的地方安装熔断器，尽量使每段线路都能得到可靠的保护。为避免熔体爆断时引起周围可燃物燃烧，熔断器宜装在具有火灾危险厂房的外边，否则应加密封外壳，并远离可燃建筑物件。

### （四）继电器防火

继电器在选用时，除线圈电压、电流应满足要求外，还应考虑被控对象的延误时间、脱口电流倍数、触点个数等因素。继电器要安装在少振、少尘、干燥的场所，现场严禁有易燃、易爆物品存在。由于控制继电器的动作十分频繁，因此必须做到每月至少检修2次。

### （五）接触器防火

接触器技术参数应符合实际使用要求，接触器一般应安装在干燥、少尘的控制箱内，其灭弧装置不能随意拆开，以免损坏。应每月检查维修1次接触器各部件，紧固各触头，及时更换损坏的零件。

### （六）启动器防火

启动器起火，主要是由于分断电路时接触部位的电弧飞溅，以及接触部位的接触电阻过大而产生的高温烧毁开关设备并引燃可燃物，因此启动器附近严禁有易燃、易爆物品存在。

### （七）剩余电流保护装置防火

在安装带有短路保护的剩余电流保护装置时，必须保证在电弧喷出方向有足够的飞弧距离。应注意剩余电流保护装置的工作条件，在高温、低温、高湿、多尘以及有腐蚀性气体的环境中使用时，应采取必要的辅助保护措施。接线时应注意分清负载侧与电源侧，应按规定接线，切记接反。注意分清主电路与辅助电路的接线端子，注意区分中性线和保护线。

# 第七节　消防安全标志识别

## 一、消防安全标志的概念及分类

消防安全标志是指用于识别消防设施、器材的种类、使用方法、注意事项和具有火灾时引导人员安全疏散功能以及设置在重点部位、疏散通道、安全出口处的认知性、提示性、警示性标志，由图形、安全色、几何形状（边框）或文字构成，如图3-7-1所示。

消防安全标志按照其功能划分为以下六类：

（1）火灾报警装置标志。

（2）紧急疏散标志。

（3）灭火设备标志。

（4）禁止和警告标志。

（5）方向辅助标志。

（6）文字辅助标志。

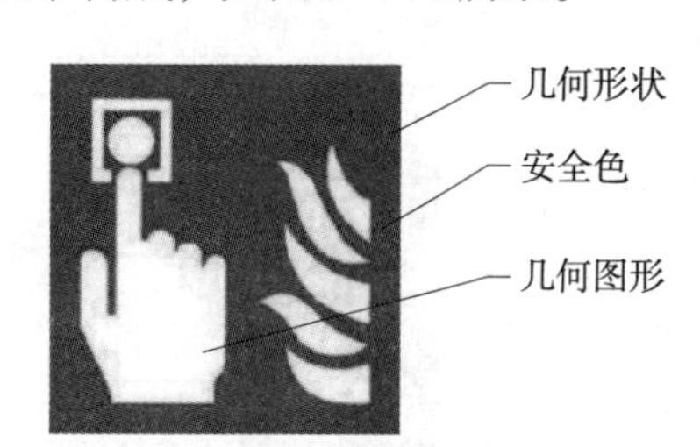


图3-7-1　消防安全标志

## 二、常见消防安全标志的含义

### 1.火灾报警装置标志（见表3-7-1）

表3-7-1 火灾报警装置标志

| 序号 | 标志 | 名称 | 含　义 |
| --- | --- | --- | --- |
| 1 |  | 消防按钮 | 标示火灾报警按钮和消防设备启动按钮的位置 |
| 2 |  | 发声警报器 | 标示发声警报器的位置 |
| 3 |  | 消防电话 | 标示火灾报警系统中消防电话及插孔的位置 |
| 4 |  | 火警电话 | 标示火警电话的位置和号码 |

### 2.紧急疏散逃生标志（见表3-7-2）

表3-7-2 紧急疏散逃生标志

| 序号 | 标志 | 名称 | 含　义 |
| --- | --- | --- | --- |
| 1 |   | 安全出口 | 提示通往安全场所的疏散出口 |
| 2 |   | 滑动开门 | 提示滑动门的位置和方向 |

续表3-7-2

| 序号 | 标志 | 名称 | 含　义 |
| --- | --- | --- | --- |
| 3 |  | 推开 | 提示门的推开方向 |
| 4 |  | 拉开 | 提示门的拉开方向 |
| 5 |  | 击碎板面 | 提示需击碎板面才能取出钥匙、工具，操作应急设备或开启紧急逃生出口 |
| 6 |  | 逃生梯 | 提示固定安装逃生梯的位置 |

3.灭火设备标志（见表3-7-3）

表3-7-3　灭火设备标志

| 序号 | 标志 | 名称 | 含　义 |
| --- | --- | --- | --- |
| 1 |  | 灭火设备 | 标示灭火设备集中摆放的位置 |
| 2 |  | 手提式灭火器 | 提示手提式灭火器的位置 |
| 3 |  | 推车式灭火器 | 提示推车式灭火器的位置 |
| 4 |  | 消防炮 | 提示消防炮的位置 |
| 5 |  | 消防软管卷盘 | 标示消防软管卷盘、消火栓箱、消防水带的位置 |

续表3-7-3

| 序号 | 标志 | 名称 | 含　　义 |
|---|---|---|---|
| 6 | | 地下消火栓 | 提示地下消火栓的位置 |
| 7 | | 消防水泵接合器 | 提示消防水泵接合器的位置 |
| 8 | | 地上消火栓 | 提示地上消火栓的位置 |

4.禁止和警告标志(见表3-7-4)

表3-7-4　禁止和警告标志

| 序号 | 标志 | 名称 | 含　　义 |
|---|---|---|---|
| 1 | | 禁止吸烟 | 表示禁止吸烟 |
| 2 | | 禁止烟火 | 表示禁止吸烟和各种形式的明火 |
| 3 | | 禁止易燃物 | 表示禁止存放易燃物 |
| 4 | | 禁止燃放鞭炮 | 表示禁止燃放鞭炮和焰火 |
| 5 | | 禁止用水灭火 | 表示禁止用水作为灭火剂或用水灭火 |

续表3-7-4

| 序号 | 标志 | 名称 | 含　义 |
|---|---|---|---|
| 6 | | 禁止阻塞 | 表示禁止阻塞指定区域（如疏散通道） |
| 7 | | 禁止锁闭 | 表示禁止锁闭指定部位（如疏散通道和安全出口的门） |
| 8 | | 当心易燃物 | 警示来自易燃物质的危险 |
| 9 | | 当心氧化物 | 警示来自氧化物的危险 |
| 10 | | 当心爆炸物 | 警示来自爆炸物的危险，在爆炸物附近或处置爆炸物时应当心 |

5.方向辅助标志（见表3-7-5）

表3-7-5　方向辅助标志

| 序号 | 标志 | 名称 | 含　义 |
|---|---|---|---|
| 1 | | 疏散方向 | 指示安全出口方向箭头的方向还可为上、下、左上、右上、右、右下等组合使用 |
| 2 | | 火灾报警装置或灭火设备的方向 | 指示火灾报警装置或灭火设备的方位箭头的方向还可为上、下、左上、右上、右、右下等组合使用 |

6. 安全出口标志与方向辅助标志的组合（见表3-7-6）

表3-7-6　安全出口标志与方向辅助标志的组合

| 序号 | 标志 | 含　义 |
|---|---|---|
| 1 |  | 面向疏散方向设置，指示安全出口在前方；沿疏散方向设置在地面上，指示安全出口在前方；设置在逃生梯等设施旁，指示安全出口在上方；设置在安全出口上方，指示可向上疏散至室外 |
| 2 |  | 指示安全出口在左上方 |
| 3 |  | 指示安全出口在左方 |
| 4 |  | 指示安全出口在左下方 |
| 5 |  | 指示向左或向右都可到达安全出口 |
| 6 |  | 指示向左或向右都可到达安全出口 |

7. 消防按钮标志与方向辅助标志的组合（见表3-7-7）

表3-7-7　消防按钮标志与方向辅助标志的组合

| 序号 | 标志 | 含　义 |
|---|---|---|
| 1 |  | 指示消防按钮在左方 |
| 2 |  | 指示消防按钮在右方 |

8.消防电话标志与方向辅助标志的组合（见表3-7-8）

表3-7-8　消防电话标志与方向辅助标志的组合

| 序号 | 标志 | 含　义 |
|---|---|---|
| 1 |   | 指示消防电话在左方 |
| 2 |   | 指示消防电话在右方 |

9.手提灭火器标志与方向辅助标志的组合（见表3-7-9）

表3-7-9　手提灭火器标志与方向辅助标志的组合

| 序号 | 标志 | 含　义 |
|---|---|---|
| 1 |   | 指示手提灭火器在左方 |
| 2 | 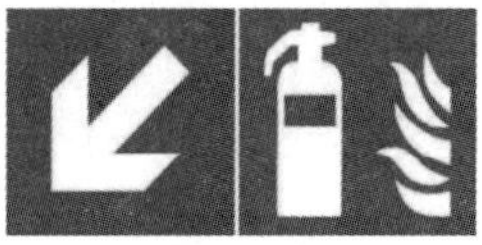  | 指示手提灭火器在左下方 |

10.消防软管卷盘标志与方向辅助标志的组合（见表3-7-10）

表3-7-10　消防软管卷盘标志与方向辅助标志的组合

| 序号 | 标志 | 含　义 |
|---|---|---|
| 1 |   | 指示消防软管卷盘在左方 |
| 2 |   | 指示消防软管卷盘在右下方 |

11.地上消火栓标志与方向辅助标志的组合(见表3-7-11)

表3-7-11 地上消火栓标志与方向辅助标志的组合

| 序号 | 标志 | 含　义 |
| --- | --- | --- |
| 1 |  | 指示地上消火栓在左方 |
| 2 |  | 指示地上消火栓在右方 |

12.标志、方向辅助标志与文字辅助标志组合(见表3-7-12)

表3-7-12 标志、方向辅助标志与文字辅助标志组合

| 序号 | 标志 | 含　义 |
| --- | --- | --- |
| 1 | 安全出口 EXIT | 指示安全出口在右方 |
| 2 | 安全出口 EXIT | 指向右或向左皆可到达安全出口 |
| 3 | 消防按钮 | 指示火灾报警按钮在左方 |
| 4 | 地上消火栓 | 指示地上消火栓在右方 |

## 三、消防安全标识化管理要求

### 1.一般要求

(1)建筑、场所的使用或管理单位应根据建筑使用性质、场所经营性质、经营规模、经营方式分别设置各种标识并进行维护。公安机关消防机构依法对建筑、场所设置和管理

消防安全标识的情况进行监督检查。

（2）消防安全标识应设在与消防安全有关的醒目位置。标识的正面或其邻近不得有妨碍视读的障碍物。

（3）标识一般不应设置在门、窗、架等可移动的物体上，也不应设置在经常被其他物体遮挡的地方。

（4）难以确定消防安全标识设置的位置时，应征求当地消防机构的意见。

**2.消防设施标识要求**

（1）消防水池、水箱、稳压泵、增压泵、气压水罐、消防水泵、水泵接合器的管道、控制阀、控制柜应设置提示类标识和相互区分的识别类标识。

（2）室内消火栓给水管道应设置与其他系统区分的识别类标识，并标明流向。

（3）灭火器的设置点、手动报警按钮设置点应设置提示类标识。

（4）配电室、发电机房、消防水箱间、水泵房、消防控制室等场所的入口处应设置与其他房间区分的识别类标识和“非工勿入”警示类标识。

（5）消防设施配电柜（配电箱）应设置区别于其他设施配电柜（配电箱）的标识；备用消防电源的配电柜（配电箱）应设置区别于主消防电源配电柜（配电箱）的标识；不同消防设施的配电柜（配电箱）应有明显区分的标识。

（6）供消防车取水的消防水池、取水口或取水井、阀门、水泵接合器及室外消火栓等场所应设置永久性固定的识别类标识和“严禁埋压、圈占消防设施”警示类标识。

（7）防排烟系统的风机、风机控制柜、送风口及排烟窗应设置注明系统名称和编号的识别类标识和“消防设施严禁遮挡”的警示类标识。

（8）常闭式防火门应当设置“常闭式防火门，请保持关闭”警示类标识；防火卷帘底部地面应当设置“防火卷帘下禁放物品”警示类标识。

**3.危险场所、危险部位标识**

（1）危险场所、危险部位的室外、室内墙面等适当位置应设置安全管理规程，标明安全管理制度、操作规程、注意事项及危险事故应急处置程序等内容。

（2）危险场所、危险部位的室外、室内墙面、地面及危险设施处等适当位置应设置警示类标识，标明安全警示性和禁止性规定。

（3）易操作失误引发火灾危险事故的关键设施部位应设置发光性提示标识，标明操作方式、注意事项、危险事故应急处置程序等内容。

（4）仓库应当划线标识，标明仓库墙距、垛距、主要通道、货物固定位置等。储存易燃易爆危险物品的仓库应当设置标明储存物品的类别、品名、储量、注意事项和灭火方法的标识。

**4.安全疏散标识**

（1）疏散指示标识应根据国家有关消防技术标准和规范设置，并应采用符合规范要求的灯光疏散指示标志、安全出口标志，标明疏散方向。

（2）单位安全出口、疏散楼梯、疏散走道、消防车道等处应设置“禁止锁闭”“禁止堵塞”等警示类标识。

（3）商场、市场、公共娱乐场所应在疏散走道和主要疏散路线的地面上增设能保持视觉连续性的自发光或蓄光疏散指示标志。

（4）消防电梯外墙面上要设置消防电梯的用途及注意事项的识别类标识。

（5）公众聚集场所、宾馆、饭店等住宿场所的房间内应当设置疏散标识图，标明楼层疏散路线、安全出口、室内消防设施位置等内容。

# 第四章　常见的消防安全隐患

在提及火灾或消防的时候，经常会听到“火灾隐患”或“消防隐患”的说法。但从较为严谨的角度而言，消防相关的国家技术标准中并没有“消防隐患”这个词，而只有“火灾隐患”和“重大火灾隐患”这两个相对正式的术语。

在国家消防技术标准中，火灾隐患（fire potential）通常是指单位、场所、设备以及人们的行为违反消防法律、法规、有引起火灾或爆炸事故、危及生命财产安全、阻碍火灾扑救等潜在的危险因素和条件。重大火灾隐患（major fire potential）是指违反消防法律、法规、不符合消防技术标准，可能导致火灾发生或火灾危害增大，并由此可能造成重大、特别重大火灾事故或严重社会影响的各类潜在不安全因素。

本书前文详细解释过：火灾是时间或空间上失去控制的燃烧。没有燃烧就不会有火灾，物质燃烧过程的发生和发展，必须具备三个必要条件，即可燃物、助燃物和点火源。只有这三个条件同时具备，可燃物才能够发生燃烧，无论缺少哪一个，燃烧都不会发生。

最常见的助燃物就是空气，一般不认为空气是火灾隐患，从引起火灾这个角度来说，对隐患的认识基本是从点火源和可燃物这两个因素出发。点火源、可燃物的状态不符合规定，具有直接引发火灾的可能性，就形成火灾隐患；另外，燃烧发生前后，有些相关的预防措施或应对行为没做好，会导致火势迅速蔓延、扩大，或者影响人员安全疏散或灭火救援行为，这些可能导致灾害损失增大或伤亡增多的不安全因素，也属于火灾隐患。

“火灾隐患”和“重大火灾隐患”这两个术语的定义里有一个共同的词“潜在”，一是指人的不安全行为或物的不安全状态导致火灾发生的概率或者发生的可能性，即有导致火灾的危险，却并不确定何时发生；二是指很多人不知道它是火灾隐患，比如把电瓶车放在家里客厅充电，有不少人就不知道它是火灾隐患。一些法规明文禁止的、对公众安全形成威胁的、导致火灾隐患的行为，还被视为违法行为。

因此，了解火灾隐患存在的状态，有助于提高对火灾隐患的认识和警惕，从而提高个人居家、工作场所的消防安全状态，同时也能积极配合政府消防机构、单位主管部门、居委会等组织对公共场所火灾隐患进行检查、监管。本章将从火源管理、消防设施器材、建筑防火、人员管理等方面，简单介绍火灾隐患相关知识。

## 第一节　可燃物和点火源方面存在的火灾隐患

我们的生活、工作环境中存在多种多样的可燃物和点火源。它们所存在的与消防相关的产品质量问题、使用问题、管理问题以及其他问题，很多情况下都会形成火灾隐患。

## 一、可燃物方面存在的火灾隐患

没有通过恰当方式加以控制的可燃物，是形成火灾或者爆炸事故的基础条件。这方面存在的火灾隐患一般可以分为以下几种情况：

### （一）可燃物的出现或积聚不加限制

此类火灾隐患包括：在建筑物的疏散通道、安全出口等不应存放可燃物的场所，放置了可燃物，如在大型超市安全出口处堆放大量可燃物；纺织工厂没有落实定期清扫棉、麻等纤维团絮的措施，使这些结构松散的可燃物形成积聚状态；对于可能发生可燃气体泄漏的场所，没有加强通风措施，导致爆炸性气体混合物的形成；易燃易爆气瓶销售区未采用不发火花的地面或采用防静电绝缘材料做整体面层。有些情况，比如在人员密集场所违反消防安全规定，使用、储存易燃易爆危险品，则属于重大火灾隐患。

图4-1-1和图4-1-2显示了常见的可燃物隐患现象，前者为疏散走道顶板大面积采用可燃装修材料示例，后者为柴油发电机房排烟管道未安装阻火阀示例。

图4-1-1 可燃物隐患示例1

图4-1-2 可燃物隐患示例2

### （二）不当使用大量可燃物

此类火灾隐患包括：公共场所的装饰装修采用大量可燃、易燃材料，没有设法采用阻燃材料，或者采用难燃或不燃材料替代；装修施工现场没有设法对易燃、可燃液体工艺过程进行控制或替代；可燃、易燃材料的堆场里，所使用的苫盖物为可燃材料；厨房私建夹层，存储大量可燃物；建筑中庭摆摊设点、设置可燃物等。

### （三）化学品的使用、管理不当

在有些状态或情况下，对于一般可燃物通常不会发生火灾，但对于有些化学品却能发生火灾或爆炸，这方面的火灾隐患应格外引起重视。

空气清新剂、摩丝、花露水、一次性打火机等日常用品的成分中，都包含丙烷、酒精等易燃易爆危险化学品，把它们放置在室内阳光暴晒处或炉火旁等高温环境中，它们受热就有可能膨胀爆炸进而引起火灾。比如，把玻璃壳打火机放在车内，夏天暴晒会使车内温度升高，这样的打火机就有可能发生燃烧爆炸，从而引燃整辆车。2014年，河南长垣某

KTV发生火灾，原因就是有人将一箱空气清新剂放在暖气片上，最终烤炸起火。

现代生活中广泛使用天然气、液化石油气、汽油等能源，这类可燃物如果泄漏到空气中就有可能形成爆炸性气体混合物，因其爆炸极限宽、爆炸威力大，与火源接触就会发生火灾或爆炸。家里、小吃店里、路边摊上，每年都会发生因燃气使用不当而造成的事故，这类隐患引发的火灾不仅起数多而且往往殃及四邻，损失严重，极易造成人员伤亡。所以，对于储存与输送这类化学危险品的容器、管道和设备等，如果存在阀门关不严、胶管老化、放的位置不合适、存放量过多等情况，都属于火灾隐患。

在化学品存储场所，对化学性质相抵触（还原性和氧化性）的物品隔离措施不足、混储混存，对活泼金属没有采用适当介质隔离空气等情况，都会形成火灾隐患。

## 二、点火源方面存在的火灾隐患

通过恰当方式防止点火源与可燃物接触，控制和消除点火源隐患，是火灾预防的最有效措施，也是火灾预防的根本。

### （一）电气火灾隐患

近年来的全国火灾统计资料显示，因电气原因引起的火灾起数一直在各类火灾原因当中居于首位。2007年至2016年，全国共发生电气火灾69.46万起，共造成5 325人死亡，2 736人受伤，火灾直接损失高达114.51亿元；其中2016年发生电气火灾11.7万余起，占到当年总火灾起数的36.2%。对于电气火灾发生主要场所的统计数据分析表明，超半数的住宅、商场、市场火灾都是由电气原因引发。

电气引发火灾，主要表现为电气设施安装使用不当导致电弧、电火花、高温等情况引发火灾，诱发原因主要是电线短路、电气设备过负荷、接触电阻过大、漏电。

#### 1.短路

短路是指电路或电路中的一部分被短接，即由电源通向用电设备的导线不经过负载（或负载为零）而相互直接连接的状态。这种情况下电流没有通过用电设备，直接在线路上实现了闭环回流，会瞬间产生大量热量，严重时会导致电源或设备烧坏。

通常的原因就是电线质量不好，绝缘破损，火线直接与零线接触。所以，购买和使用劣质电线，就属于较大的火灾隐患。其他情形，如挖掘机挖到电缆线上、老鼠咬到电线；线路使用时间太久、有些风吹日晒、有些经常弯折，加速了线路的陈旧老化；用电设备里面的线路老化，等等。总之，电线的质量问题、电线用得太久都是常见的火灾隐患，这些情况都容易造成电线过热、绝缘层老化而短路起火。

#### 2.过负荷

电气线路允许流过的电流是有限的，如实际使用电流超过额定值或规定的允许值，就会造成过负荷。通常是由于用电设备增多，比如在一个插排上插了计算机、电视、电炉或电熨斗，过多耗电设备线路负荷导致超过电气线路设计使用容量，会造成发热、着火、烧毁相应的电气设备。为避免此类火灾隐患，一个插排上不应插太多的用电设备，大功率的用电设备不能随便使用，老旧建筑物一般设计用电功率较小，更需要注意用电负荷情况。

#### 3.接触电阻过大

在电源线与电气设备或导线的连接处，比如在插头和插座、电气开关、电线连接处，要进行电气连接，如果互相接触得不紧密或不平整，就会造成接触部位局部电阻过大的问题，最终可能会导致接触点发热、高温或烧损。比如，把铝线接在铜插头上；电线之间用手拧了拧，做了个绕接然后用黑胶布缠了几下；插头往插排上插的时候，没插牢，或插孔里面的灰尘太多；电灯泡里面的灯丝断了，拿下来晃荡几下又搭上，等等。这些行为或现象都属于火灾隐患。

#### 4.漏电

漏电是由于线路某处的绝缘下降或损坏，导致线与线、线与地有部分电流通过，从而引起电流泄漏。以一般的家庭用电或工业用电为例，电路中某个局部因风吹、雨打、日晒、受潮、碰压、划破、摩擦、腐蚀等原因，或者产品质量不合格、长时间超负荷运行等问题，导致电线绝缘下降（电阻低于0.5MΩ），就会漏电。再比如电器，电器内的线路板，如果灰尘多、空气潮湿，电器外壳和市电火线间连通后和大地之间有一定电位差，可能产生漏电。漏电在有些情况下能够引起火灾。

以上这四条是电气火灾的主要原因，也可以说是电气火灾隐患。在日常生活中，还有一些情况也极易引发火灾事故：将功率较大的灯泡安装在纸板等可燃物附近，将日光灯的镇流器安装在可燃基座上，以及用纸或布做灯罩紧贴在灯泡表面上，灯具表面温度过高烤燃周围可燃物，乱拉乱接电气线路，电动自行车存放及充电不当。

相应地，消除电气火灾隐患的事项归结起来可以包括：购买质量好的电器（电线）；电器使用时要遵守电气设施安装使用规程，注意别受潮、别进入太多灰尘；定期检测维护，一定时间后应该及时换新。此外，使用短路保护、漏电保护是推荐的做法。

### （二）雷击和静电

雷击和静电都能产生火花，如果这方面的相关管理失当，就可能形成火灾隐患。

#### 1.雷电

雷击时产生的各种雷电效应的破坏作用，能引起可燃物燃烧或爆炸。雷电导致起火的原因，可归类为以下几种情况：雷电直接打击在建筑物上产生的热效应和机械效应作用，雷电产生的静电感应作用和电磁感应作用，高电位雷电波沿着电气线路或金属管道系统侵入建筑物内部。在雷击较多的地区，当建筑物上没有设置可靠的防雷避雷设施，或避雷保护设施发生了接地电阻过大、或接地电线没连接好等问题，一旦打雷就有可能引发火灾。这样的火灾并不罕见，比如1989年震惊全国的中国石油总公司管道局黄岛油库大火，就是雷击产生的感应火花引爆油气导致的。

#### 2.静电

冬天用梳子梳头时，头发会立起来；黑暗中穿脱毛衣时，会看到火花，并听到噼啪的声音。这些现象都是因静电而产生的，静电是一种火源，能够引起火灾。

当然，通常情况下穿着毛衣算不上是火灾隐患，因为这种状态下静电能量不算太高，不大可能把衣服引燃。但如果进入有易燃化学品蒸气存在的油库，因为穿毛衣而积累了静电，形成产生静电放电的条件，就是火灾隐患了。对于像鞭炮生产企业、化工车间这样具有火灾爆炸危险的场所，进入时需要穿着防静电服，同时这类场所还设置了不发火地面，以防止产生静电火花或冲击、摩擦火花等隐患。

### （三）高温物体

高温物体没有太确切的定义，主要是指它比一般物体的温度要高。高温物体本身不能说是火灾隐患，但它如果与可燃物靠得太近，就会形成火灾隐患。

**1.灼热物体**

灼热物体，如烧红的铁块、没有燃尽的煤炭、高温灯泡、电熨斗、热得快等，这些东西如果离可燃物太近，比如把刚洗过的衣服挂在电暖风扇上，就会形成火灾隐患。

**2.高温管道及部件**

比如暖气管、汽车排气管、蒸汽管道等。暖气管分为水暖和气暖，温度可能会有四五十摄氏度到八九十摄氏度，如果其上放置一块带油的棉纱，则有可能导致起火。汽车排气管有时候会达到几百摄氏度，尤其出故障或跑远路的情况下，此时如停在林区、草地，汽车有可能会发生燃烧。

**3.阴燃物**

主要是指烟头、蚊香、香火等。未熄灭的烟头和火柴梗，火源虽小，温度却很高。一般情况下，燃着的烟头表面温度为200～300℃，中心温度可达700～800℃，可点燃棉、麻、纸张等固体物质，随意丢弃的烟头接触到床单、沙发或垃圾桶内的可燃物，有可能会引起火灾，更易点燃可燃气体。吸烟不能算是火灾隐患，但卧床吸烟、酒后在沙发上吸烟、乱扔烟头等就属于火灾隐患。据统计，2016年全国因吸烟引发火灾24 798起，占到全国总火灾起数的7.7%。其中，乱扔烟头、火柴有21 875起，卧床吸烟有1 184起，在禁止一切火种的地方违章吸烟造成火灾595起。

点燃蚊香驱蚊时，如果靠近纸张、布料、蚊帐等可燃物极易着火；把蚊香放在可燃物的托架上点燃，又无人照看，结果也可能引起火灾。例如2001年江西南昌某幼儿园，老师点着蚊香后没有在现场照看，蚊香把搭在床上的被子引燃造成火灾，导致13个幼儿死亡。

寺庙以及一些家庭中有燃香的习惯，燃着的香灰掉落在可燃物上，也会引起火灾。

### （四）明火

明火与可燃物接触是引起燃烧最常见的情形。对明火管理不当，也是常见的火灾隐患。从消除火灾隐患的角度，要求我们应该合理控制并正确使用明火，比如：使用非明火设备代替明火；使用明火时按照规定程序使用，加强使用过程中监护和使用后现场清理工作；在具有火灾、爆炸危险的场所，禁止使用明火。

**1.电气焊**

电焊和气焊，容易在焊接物体表面产生高温，焊接时火花四处飞溅也极其危险。因此，对于电气焊操作应建立严格的动火证制度。焊工无证上岗、电焊和气焊时不清理周边可燃物、无人监护、无灭火器材，这些均是火灾隐患。

**2.小孩玩火**

无论在城市或农村，每年都会发生大量因小孩玩火而引起的火灾，有些还导致了重大火灾事故。小孩子天性好奇，模仿能力较强，同时他们又对火灾缺少预见能力，玩火过程中会做出许多大人意想不到的行为。比如：在床上玩打火机；玩弄火柴、打火机及开关燃气炉具；模仿大人用煤气做饭、学大人吸烟；在猫、狗身上挂串鞭炮再点着；在炉灶旁烧烤食物；在可燃物附近燃放烟花爆竹等。在没有大人看管的情况下，这些行为最终就很可能酿成火灾。另外，把打火机等放在小孩触手可及的地方，也是一个火灾隐患。

**3.生活用火不慎**

生活用火不慎而形成火灾隐患涉及方方面面。比如：野外生火、烧荒不慎；因电力供应中断而使用蜡烛等明火照明，明火与可燃物过近、蜡烛等被碰翻，或者点着的蜡烛放在可燃物上，都属于火灾隐患，都有可能引发火灾。有些地方人们还在用明火（烧树枝和草）生炉子做饭、取暖；日常居家烧水做饭、使用油锅时，忘记关火或者疏于看护，导致干烧、起火，甚至导致燃气起火爆炸。

**4.烟花爆竹**

被点燃的烟花爆竹是一种引火源，如不慎在有可燃物的地方燃放，就会形成火灾隐患。据统计，我国每年春节期间火灾频繁，其中约有70%～80%是由燃放烟花爆竹所引起的。

**（五）其他**

点火源多种多样。比如：剧烈的摩擦、撞击有可能会产生火花，如果正好这附近有可燃物，那就构成了火灾隐患；某些有机物发热自燃，微生物在新鲜稻草中发酵发热；还有一些特殊的情形，如阳光照射遇到凹透镜，日光聚焦导致光能转变为热能，也构成了火灾隐患。

# 第二节 消防设施器材方面存在的火灾隐患

消防设施器材主要作用有三个方面：一是发生火灾之后尽快灭火，比如各类自动灭火系统、消火栓、灭火器；二是发生火灾之后，警示提醒人们火灾的发生，并尽可能控制火和烟的蔓延，阻止其扩大，比如火灾自动报警系统、消防广播、防排烟、防火分隔系统等；三是发生火灾后帮助人们灭火、自救逃生，比如消防应急照明、消防电梯等。

消防设施、器材如果不能发挥它们应有的作用，就构成了火灾隐患。下文将分类说明常见的消防设施器材相关火灾隐患。

## 一、火灾自动报警系统

通俗地说，火灾报警系统的主要作用就是当火灾发生时，尽快告诉、警示起火、应尽快做出是灭火还是逃生的决定。

因此，如果火灾探测器损坏或安装得不合适，发生火灾不能报警，或者火灾探测器的对应关系错了，比如3楼的火灾探测器报警，消防控制室显示的是18楼，这些情况都形成了火灾隐患。像旅馆、公共娱乐场所、商店、地下人员密集场所这些地方，如果未按国家消防技术标准的规定设置火灾自动报警系统，可直接判定为重大火灾隐患。

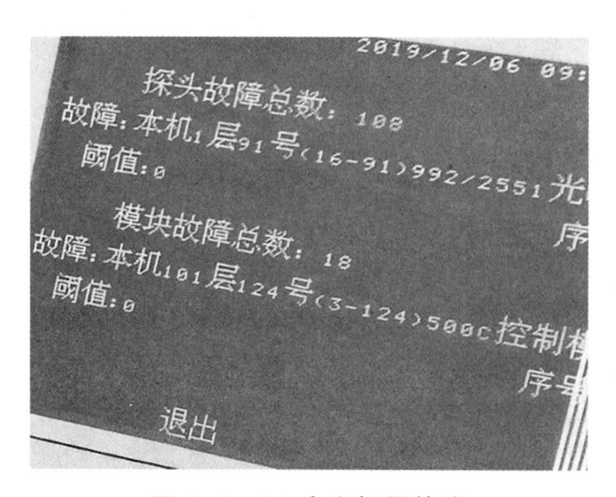


图4-2-1 火灾报警故障

其他常见的此类火灾隐患有：火灾自动报警控制器损坏，火灾自动报警系统的线路故障，火灾自动报警系统的电源和备用电源存在问题，控制器未接通电源，楼层的显示器和喇叭损坏等，图4-2-1显示的火灾报警系统隐患为控制器上出现大量故障。

## 二、自动喷水灭火系统

自动喷水灭火系统的主要作用是发生火灾后自动喷水灭火。从这点上来看，它的核心是要能及时喷水。因此，常见的火灾隐患包括以下情况：消防水池或屋顶消防水箱里面没水；水管道的阀门处于关闭状态；消防水泵损坏、水泵的电动机损坏或没有接电；喷头损坏或堵塞。旅馆、公共娱乐场所、商店、地下人员密集场所未按国家消防技术标准规定设置自动喷水灭火系统的，可以直接判定为重大火灾隐患。

图4-2-2至图4-2-5显示了自动喷水灭火系统常见隐患现象。其中图4-2-2为湿式报警阀组报警管路阀门关闭示例，图4-2-3为报警阀组警铃缺失，压开未接线示例；图4-2-4为喷头距顶板距离超出规范要求的示例；图4-2-5为系统无水压示例。

图4-2-2　自动喷水灭火系统隐患1

图4-2-3　自动喷水灭火系统隐患2

图4-2-4　自动喷水灭火系统隐患3

图4-2-5　自动喷水灭火系统隐患4

## 三、消火栓系统

消火栓系统分为室内和室外两种，基本作用是提供灭火用水。它的核心也是能够及时出水。因此，常见的火灾隐患包括以下情况：未按消防技术标准的规定设置消防水源；消防水池里面没有水(或水量不足)；供水管道的阀门关闭；消防水泵损坏、水泵的电动机损坏或没有接电；消火栓阀门生锈打不开；消防水带质量不好、漏水、水带接口绑扎不牢；消防水枪丢失；消火栓被埋压、圈占或者被其他物体遮挡。

图4-2-6和图4-2-7显示了消火栓系统常见的隐患现象。其中图4-2-6为消火栓内配件缺失示例，图4-2-7为消火栓箱被遮挡，标识不规范示例。

图4-2-6 消火栓系统隐患1

图4-2-7 消火栓系统隐患2

## 四、气体灭火系统

图4-2-8 气体灭火系统隐患

气体灭火系统的作用也是灭火，它适用于一些无法用水（或不适合用水）作为灭火剂的场所，比如配电室、计算机中心等。发生火灾时，气体灭火系统通过自动喷气的形式灭火。因此，常见的火灾隐患包括以下情况：气体灭火控制器故障；气体灭火剂储存钢瓶里面没气（或气压不够）；气体灭火管道上面的阀门关闭；灭火启动钢瓶里面气压不足；灭火剂钢瓶上面的电磁阀、安全销没有拔掉。图4-2-8显示了气体灭火系统中，未拔出运输保险销的隐患现象。

## 五、防火分隔设施

防火分隔设施主要包括防火门、防火窗、防火卷帘、防火封堵、防火阀等，这类设施的作用是发生火灾后，阻挡火灾（烟气）的蔓延扩大。

常见的火灾隐患包括以下情况：上述的防火门、防火窗、防火卷帘等产品是假冒伪劣产品；防火门、防火卷帘关闭不严；防火门的闭门器缺乏或损坏；防火卷帘下方有堆放东西，导致卷帘无法正常降落；远程控制系统出现问题，无法控制；防火封堵材料封闭不严、厚度不够等；防火阀不能关闭，或不能自动关闭。

## 六、防排烟系统

防排烟系统包括防烟系统和排烟系统。防烟系统主要是指正压送风系统，一般设置在楼梯间、前室和避难层，火灾发生后向室内送风，增大压力，阻止烟气进入，保护室内人员安全。排烟系统一般设置在走道、房间，火灾发生后把这些地方的烟气排掉或抽走，这样减少人员遭受的烟气伤害。

常见的此类火灾隐患包括以下情况：人员密集场所、高层建筑和地下建筑未按国家消防技术标准的规定设置防烟排烟设施；排烟风机、防烟风机损坏（或没有连接电源）；排烟道、送风道受损漏烟（风）；排烟口、送风口不能打开；前室设置其他无关物体、将送风口挡住；送风和排烟系统不能自动控制。图4–2–9显示了防排烟系统中，排烟风机故障瘫痪的隐患现象。

图4–2–9　防排烟系统隐患

## 七、消防应急照明和疏散指示系统

火灾发生之后一般会停电，从而对人员疏散产生影响。消防应急照明和疏散指示系统的设计目的就是提供应急照明作用，并指导人员疏散方向。

常见的火灾隐患包括以下情况：建筑物，尤其是高层建筑和地下建筑，未按国家消防技术标准的规定设置疏散指示标志、应急照明，或所设置的此类设施的损坏数量大于标准规定的损坏数量；应急照明灯质量差，未通电照度不足，或照明时间太短；疏散指示标志不亮，或亮的时间不足；应急照明灯、疏散指示标志安装位置错误；疏散指示标志安装方向错误；这些设施不能远程或自动控制。

## 八、消防电梯

起火之后普通电梯停用，此时需要使用消防电梯，消防电梯主要供消防员登楼灭火或救人使用。以下情况是导致消防电梯无法正常运行的常见火灾隐患：因没有设置双路电源，导致消防电梯在火灾时停电；消防电梯太小，不能够输送足够消防员及必要的灭火设备；消防电梯不能自动降落到首层并开门；消防电梯里面没有安装对讲电话和应急照明。

## 九、消防电话和应急广播

建筑物内发生火灾后，往往需要具备可靠好用的通信系统，来组织人员疏散逃生、灭火、通报火灾情况等，这便是设置消防电话和应急广播的意义。相比于手机、对讲机等，更具有稳定性和确定性，能在极短时间内迅速将火灾相关信息通知到建筑物内各处的人员。

常见的此类火灾隐患包括以下情况：消防电话插孔损坏；消防电话对应的位置不匹配；应急广播的喇叭不响或音量不够；应急广播的线路故障；广播的控制器故障，导致话筒、功放或音量调节等功能受损。

## 十、灭火器

图4-2-10 灭火器隐患

灭火器在火灾发生时最常用，应满足使用便携、灭火有效的要求。常见的火灾隐患包括以下情况：灭火器质量有问题，器具里的充装物可能是石灰而非灭火的干粉；灭火器配置的数量不足，位置不当；配置的灭火器类型失误，比如在计算机房内配置水和干粉灭火器；灭火器损坏失修、没有填充灭火剂；灭火器过期未报废等。图4-2-10显示了灭火器压力未在表头绿色范围内的隐患现象。

## 十一、其他

消防设施和器材种类较多，除上文所述外还有空气呼吸器、防化服、避火服、防火毯、防烟面罩、逃生缓降器、消防沙等。它们的作用为上文所述的灭火、报警、辅助逃生三个方面作用中的一个或几个。因此火灾隐患也类似，常见的情况包括：设施和器材质量差；管理不善导致不能使用；选型不对导致无法使用；数量不足导致效用不够等。

另外，国家消防技术标准对消防用电设备提出相关要求，消防用电设备未按国家消防技术标准的规定采用专用的供电回路、未按技术标准规定设置消防用电设备末端自动切换装置的，也是火灾隐患。

# 第三节 建筑防火方面存在的火灾隐患

建筑火灾是最常见的火灾，能够引起火灾或使火灾危害加大的火灾隐患也是多种多样，本节对此进行分类描述。

## 一、建筑分类和耐火等级

建筑物总体上可分为工业建筑和民用建筑，民用建筑又分高层建筑和单多层建筑，或住宅建筑和公共建筑。在建筑设计防火规范中，规定建筑物的耐火等级是重要的建筑防火技术措施。耐火等级是衡量建筑物耐火程度的分级标度，不同建筑物及其构件应符合规定的耐火极限要求，即从其受到火的作用时起，到其失去支持能力，或完整性被破坏，或失去隔火作用时为止的这段时间。

这方面常见的火灾隐患包括：建筑的分类失误，比如把高层建筑当多层建筑来设计；楼板、梁、柱、墙、吊顶等建筑构件耐火极限不够，或者在使用过程中发生了改变，从而导致建筑整体的耐火等级不符合要求等。

建筑物的使用性质在分析火灾隐患方面应予以特别注意。比如：建筑物在建成之后改变用途，把原本设计为住宅楼的一些住房，用作储存化学品的仓库；人员密集场所的居住场所采用彩钢夹芯板搭建，且彩钢夹芯板芯材的燃烧性能等级低于规定的A级，这种情况属于重大火灾隐患。如果要在居住等民用建筑中从事生产、储存、经营等活动，应符合

《住宿与生产储存经营合用场所消防安全技术要求》XF 703的规定，比如在既有厂房、仓库、商场中设置员工宿舍，或是在居住等民用建筑中从事生产、储存、经营等活动，而住宿部分与其他部分按规定采取必要的防火分隔和设置消防设施；按相关规定，两个合用场所之间或者合用场所与其他场所之间应采用不开门窗洞口的防火墙和耐火极限不低于1.50h的楼板进行防火分隔；合用场所住宿与非住宿部分应设置火灾自动报警系统或独立式感烟火灾探测报警器；合用场所的疏散门、其内的安全出口和辅助疏散出口的宽度必须满足人员安全疏散的需要；合用场所除厨房外，不应使用、存放液化石油气罐和甲、乙、丙类可燃液体，存放液化石油气罐的厨房应采取防火分隔措施，并设置自然排风窗等。因此合用场所内应建立包含用火、用电、用油、用燃气等内容的消防安全管理制度，消除前述各种火灾隐患。图4-3-1显示的此类火灾隐患现象为Ⅱ、Ⅲ类修车库钢结构未刷涂防火涂料，耐火等级为四级。

图4-3-1　建筑用途方面的火灾隐患

## 二、总平面布局

总平面布局在消防方面的核心意义主要在于建（构）筑物之间的位置和距离应符合规定的防火间距要求，以在一定程度上保证一个建筑物发生火灾或爆炸后，不会影响到邻近的其他建筑物。

这方面常见的火灾隐患包括：建筑物之间的防火间距被占用，特别是堆放了可燃易燃的物品；建筑物之间的既有防火间距小于国家消防技术标准规定值的4/5；建筑物外墙进行了改造，有突出物或增加了可燃装修材料；在建筑物原有的外墙上开门、开窗等可能影响防火间距的做法；建筑平面布局经确认后，又增加了其他建筑或临时性构筑物等。对于生产、储存、经营易燃易爆危险品的场所与人员密集场所、居住场所的防火间距小于国家消防技术标准规定值的3/4的情况，通常认为是属于重大火灾隐患。

## 三、防火分区和层数

所谓防火分区，就是建筑里面划分的独立防火单元，其意义是一个单元着火时，火灾不会蔓延到另一个单元。同时，建筑设计对层数也有相关要求，不同耐火等级的建筑，允许建造的层数不同。

这方面常见的火灾隐患包括：防火分区的分隔设施被破坏，比如防火墙有缺口，防火门或防火卷帘失效无法关闭，楼板上因故凿开孔洞等；建筑的使用性质发生了改变，而防火分区并没有进行相应改变；建筑物的中庭内堆放了可燃物；建筑层数在改造中增加等。

## 四、平面布置

建筑物中不同使用功能的场所，相互间的布置应符合国家消防技术标准的相应规定。

比如，托儿所、幼儿园的儿童用房不能布置在建筑的四层及以上，也不能布置在地下，老年人活动场所所在楼层位置也同样要符合规范要求；员工宿舍不能布置在厂房和仓库内；歌舞娱乐场所不能布置在地下二层及以下；对于生产、储存、经营易燃易爆危险品的场所与人员密集场所、居住场所设置在同一建筑物内的情况，以及锅炉房、变压器、柴油发电机房、液化气瓶组间等的布置都有具体规定。

因此，经过消防验收的建筑物投入使用后，各层、各个局部位置的使用功能不应轻易改变。如果改变，应符合《建筑设计防火规范》GB 50016相关条文的要求。常见的火灾隐患就是擅自改变了这些布置，比如以下情况：在建筑物的第四层里开办幼儿园；在地下二层新建舞厅；住宅和住宅下层的商业网点共用一个楼梯；住宅下层的商业网点里囤放或销售一定量的汽油或酒精等危化品。

## 五、安全疏散和避难

建筑发生火灾时，首先应考虑保全人员生命，所以避难、疏散的方式方法就具有非常重要的意义。《建筑防火设计规范》GB 50016中，规定了各类建筑的安全出口数量、宽度、从房间到安全出口的距离、楼梯间的形式（防烟楼梯间、封闭楼梯间、敞开楼梯间），还详细规定了疏散门开合、台阶设置的方式，以及楼梯梯阶的宽度、高度等。

如果在设计上安全出口数量或宽度不符合消防技术标准规定，或者后期的管理中违反这些标准，就构成了火灾隐患。这方面常见的火灾隐患包括：建筑内原有楼梯间在使用过程中，发生了一个或数个楼梯间被占用、存放物品、封堵的情况；防烟楼梯间的两道常闭式防火门平时处于开启状态，或者门上的闭门器损坏；大厅出口的门改换为旋转门、锁闭两侧的平开门；避难走道、避难间、或避难层被占用或改变为其他用途，其内的应急照明灯损坏；商店营业厅内的疏散距离大于国家消防技术标准规定值；对于人员密集场所，疏散走道、楼梯间、疏散门或安全出口设置栅栏、卷帘门等，在窗户上设置影响逃生和灭火救援的障碍物，外窗被封堵或被遮挡等。

## 六、建筑构造

建筑构造是指建筑物各组成部分基于科学原理的材料选用及其做法，包括防火墙、建筑构件、管道井、屋顶、闷顶、建筑缝隙，以及建筑保温、外墙装饰、天桥、管沟等。国家标准对这些项目进行了明确规定，在建筑建造或后期管理过程中，如果违反国家标准，就会形成火灾隐患。

图4-3-2　建筑构造方面的隐患

比如：在防火墙上开设孔洞，或者防火墙没砌到顶；楼梯首层、一层未进行防火分隔；电缆井里没有用防火材料封堵；在建筑外墙上使用了易燃的保温材料；管道井的检查门没有使用防火门等。图4-3-2显示的此类火灾隐患现象为建筑内管道井未按要求进行封堵。

## 七、灭火救援设施

这个主要指的是消防车道、救援场地和入口、直升机停机坪、消防电梯等，这些设施都是提供给消防队用于展开灭火和救援行动。

这方面常见的火灾隐患包括：未按规定设置消防车道；消防车道被占用，宽度不足4m；消防车道与建筑之间有树木等影响战斗展开的障碍物；消防车道被堵塞或者占用，消防车开不过去，延误灭火战斗展开时间；消防救援场地设置不符合要求，长宽不够或地面硬度不够（比如地面下有管沟），不能承受大型消防车压力；消防救援窗的净高净宽不符合要求，或被广告封堵不能使用；消防电梯不能在首层控制或不能远程控制；直升机停机坪被占用无法起降。图4-3-3显示了高层建筑登高操作面有高大树木和路灯的隐患现象。

图4-3-3　救援方面的火灾隐患

## 八、消防设施

本章第二节讲述了消防设施的内容，在此基础上可总结出消防设施方面有可能存在的火灾隐患，总体上包括：没有设置应该设置的消防设施，或者设置的数量不足、布置不符合要求、不能保持完好有效；消防设施本身有产品质量问题，经常出现误动作或不动作；消防设施在安装过程中存在问题，损坏了其零部件或线路；消防设施被停用、挪用，或被堵塞、埋压；消防设施维护保养不及时，部件损坏后无人维修；建筑用途（或局部用途）发生变化时，消防设施没有随之变化。

## 九、暖通空调

暖通空调是指暖气、通风和空气调节装置。有爆炸危险的工厂对暖气通风要求较为严格，因为如果空气里混有爆炸性成分会形成较大的火灾或爆炸危险，所以应同时满足温度和防爆要求。民用建筑主要考虑的则是发生火灾后，不能允许火灾顺着通风管道蔓延扩大。

常见的此类火灾隐患有：暖气管道与可燃物，尤其是易燃物距离过近；暖气温度超过设计值；通风空调管道上面的防火阀不能自动关闭或安装位置错误；管道的材料违反规定；管道有破损等。

## 十、电气

本章第一节对电气内容进行了一定介绍。从建筑防火角度，首先考虑的是建筑一旦发生火灾，消防设施的供配电要能够保证，从而保证水泵、排烟机、送风机、防火卷帘这些设施的后续动作。要保证供配电，主要考虑应采用可靠的电源（如双电源，或变电站加发电机）以及短时间内不受火灾影响的电气线路（如采取穿管、阻燃、埋地埋墙等方式）。

其次，为防止电气线路、电器引发火灾，也做了一些具体规定，比如高压线与可燃物或建筑物有距离要求，高温电器要有隔热、散热等措施。

违反这些规定就会产生火灾隐患，常见的情况包括：没有按规定设置双电源供电；消防设施用电没有提供专用电源；普通电线明敷时没有穿金属管或金属线槽保护；电气线路与可燃气体管路布置在同一线槽内；高温灯具安装在易可燃材料上，或离可燃物太近；插座未接PE接地线等，图4-3-4和图4-3-5显示了电气方面常见的隐患现象。其中图4-3-4为断路器直接安装在木柜内示例；图4-3-5为断路器压接多根导线，易造成接触不良示例。

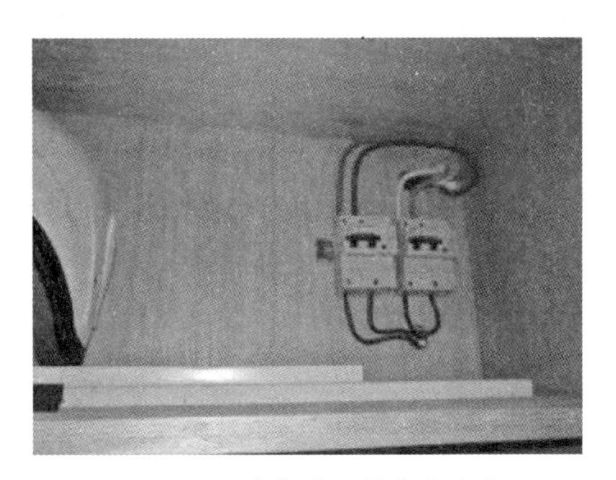

图4-3-4 电气方面的火灾隐患1

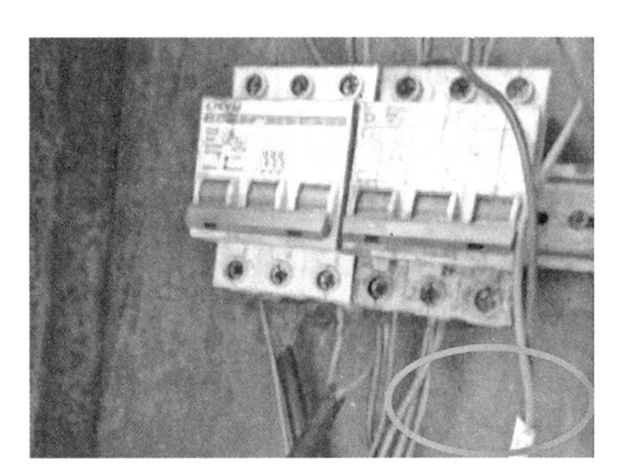

图4-3-5 电气方面的火灾隐患2

## 十一、其他

建筑物和构筑物种类繁多、情况也比较复杂。有些建筑物和构筑物在建筑防火工作方面具有其特殊性，诸如城市交通隧道、木结构建筑等，《建筑设计防火规范》GB 50016里有专门的条文对其进行约束，违反了这些条文的规定就构成了火灾隐患，比如：木结构建筑用作甲、乙、丙类物品的厂房（库房）；城市交通隧道的耐火等级不符合要求；城市交通隧道没有配套相应的消防设施或消防设施损坏等。

# 第四节 人员能力方面存在的火灾隐患

各类火灾隐患背后所折射出来的，其实都是人的问题。特别是单位员工和个人不学习、不训练，不懂得火灾预防知识，不掌握火灾应急技能，违反规定用火用电用油用气等，既可能引发火灾，也可能使火灾危害扩大，都会形成火灾隐患，本节对此进行分类说明。

## 一、未持证上岗的情形

《中华人民共和国消防法》规定，在单位消防控制室里管理、操作消防设施的值班人员，应该持有消防设施操作员证书后才能上岗。因为消防设施的操作、消防控制室的监控值守是一项专业技能，如果由不经培训、未取得证书的人员上岗，一旦发生火灾时冒险作业，可能导致严重后果。2015年2月5日，广东省惠东县义乌小商品批发城发生火灾，过火面积约3 800m$^2$，直接经济损失1 173万元。在这起火灾中，有一个非常“关键”的人物——洪某。他是工程部负责人，却阴差阳错地去消防控制室顶岗值班，发生火灾后，他不知所措，情急之下去院子里用专用拉杆把变压器低压的输出总闸拉下来，整个批发城全部断电，导致消防设施全部瘫痪，事故共造成17人死亡，洪某也被判处有期徒刑4年6个月。

由此案例可见，任由非专业、未取得消防设施操作员证的人在消防控制室上岗值班，发生火灾时就无法采取正确操作，可能导致火灾危害加大。这种火灾隐患，应该引起单位管理层的重视和警惕。

## 二、未设立消防队伍

消防法规定，一些特别大型的单位应建立专职消防队伍；根据有关行政规定，所有社区和重点消防单位都要建设微型消防站；所有单位都应建设志愿者消防队伍。这样做的目的是提高单位扑救初期火灾、疏散人员的能力，是单位消防工作的重要内容。

因此，未按规定建设专职消防队（包括微型消防站、志愿者消防队伍）、未配备相应器材设备、未进行针对性的消防训练、组织管理不到位，就无法形成作战能力，在单位发生火灾时，有可能致使火灾危害扩大，应被认定为一种火灾隐患。

## 三、火灾应急能力欠缺

火灾发生后，位于第一现场的员工、消防控制室的值班人员、单位内部能在几分钟内到场参与应急的人员，都可以看作是单位内部的火灾应急响应员，火灾就要由这些人进行处置。这种火灾应急的时间，短则只有几分钟，长则十几分钟，一般情况下政府消防队随后就会及时到达现场，火灾应急的中坚力量就转换为政府消防队。

在这短短的几分钟、十几分钟时间内，单位内部应急人员要结合火灾现场、人数的实际情况，完成“发现确认火灾，报告火警，疏散保护人员，灭火，控制火灾”等实战任务，并在后期配合消防队作战，这就需要平时的扎实训练和认真学习。

因为这方面人员能力的欠缺，曾经导致了很多悲惨的火灾，比如2019年9月29日发生在浙江省宁波市宁海县的一个小工厂火灾。火灾初期时并不太大，但肇事员工平时没有接受过消防训练，在发现着火后居然只顾用嘴吹火、用桶盖扇火，而不会用灭火器、不会报警、不会疏散，其他员工起初观望，发现火势增大又不知如何援助，只会着急地跑来跑去。最后，不仅初期的小火没能灭掉，工厂三楼的员工也无人警示或指引疏散，小火成灾后导致20人死亡，教训十分惨痛。由此可见，单位内部人员缺乏火灾应急的基本能力，是很大的火灾隐患。

## 四、火灾预防能力欠缺

消防工作要坚持“预防为主，防消结合”的方针，火灾预防工作永远是第一位。火灾预防主要包括能够识别火灾危险性、会防火检查、会整改火灾隐患。

对于一名员工而言，自己的工作岗位上涉及什么样的火灾危险，即发生火灾的危险和造成火灾危害扩大的危险，内容包括火源是什么，可燃物是什么，什么情况下会发生火灾，同类岗位曾经发生过什么火灾、怎么引起的，火灾发生后会如何蔓延扩大，会影响到哪些区域和哪些人等，应搞清楚与工作岗位相关的这些事项，并能深入理解、举一反三。

工作人员会防火检查、会整改火灾隐患，是指在上述基础上，能够检查发现常见火灾隐患，能够对这些火灾隐患进行整改。比如发现防火卷帘下方额外堆放物品，就应认定为火灾隐患，因为火灾发生时防火卷帘放不到底，就会促使火灾蔓延扩大，加大火灾危害。对于类似情况要能检查得出，说得明白，并及时清除所发现的额外物品，即认为是会整改火灾隐患。

在火灾预防方面存在糊涂观念，不知道存在何种火灾危险，不会从事防火检查，也不会整改存在的火灾隐患，这种情况本身就是火灾隐患，应引起单位管理者的重视。

## 五、其他不安全行为

火灾绝大多数由人为因素引起。因此，人的不安全行为，包括可能引起火灾的行为、可能使火灾危害扩大的行为，是一类火灾隐患。

人的不安全行为在生活、工作中普遍存在。比如，经常性地酒后卧床吸烟；在林地附近放孔明灯；打开楼梯间的防火门，并在门下放置木楔使防火门处于常开状态；抽烟时怕启动火灾监测而设法遮挡火灾探测器；灭火器集中放置、不符合布局规定；火灾逃生没有避开火灾烟气危害的意识，取道楼梯间往外疏散；在楼梯间放置电瓶车或纸箱、花盆等杂物等。

本章通俗地对常见火灾隐患进行了简单介绍，熟悉本章内容可以有助于我们具备应对防火、火灾应急中常见问题的基本能力。消防是一门综合性科学，有兴趣的朋友可进一步学习《建筑设计防火规范》GB 50016以及各类消防设施、器材的国家规范和产品标准，可以更广泛、深入地理解关于火灾隐患和重大火灾隐患方面的具体知识。

# 第五章　初期火灾处置

## 第一节　火灾报警

本章内容供日常消防安全学习使用。特别提醒其中第三～第五节不适用于儿童教学。

《中华人民共和国消防法》第五条规定：任何单位和个人都有维护消防安全、保护消防设施、预防火灾、报告火警的义务。任何单位和成年人都有参加有组织的灭火工作的义务。

在安全越来越被重视的时代背景下，我们每个人都应该学会火灾报警，成年人应该尽可能掌握灭火的基本技能，及时发现并报告火情，及时处置初期火灾，以减少人员伤亡和财产损失。

### 一、火灾确认及报警对象

通过火灾探测器探测等方式及时发现并扑救火灾，能够有效抑制火灾的发展，减少人员伤亡，降低财产损失。

#### （一）火灾确认方式

**1.火灾自动报警系统火灾探测与确认**

在配备有火灾自动报警系统的场所，通过设置的火灾探测器，可以较快地发现火情。消防控制室值班人员可以通过消防电话与巡逻人员或被派往现场的值班人员确认是否有火灾发生，如果有火灾发生，需立即启动火灾应急预案；如果是误报，没有火灾发生，则需消除火警、查明原因、做好记录。火灾自动报警系统如图5-1-1所示。

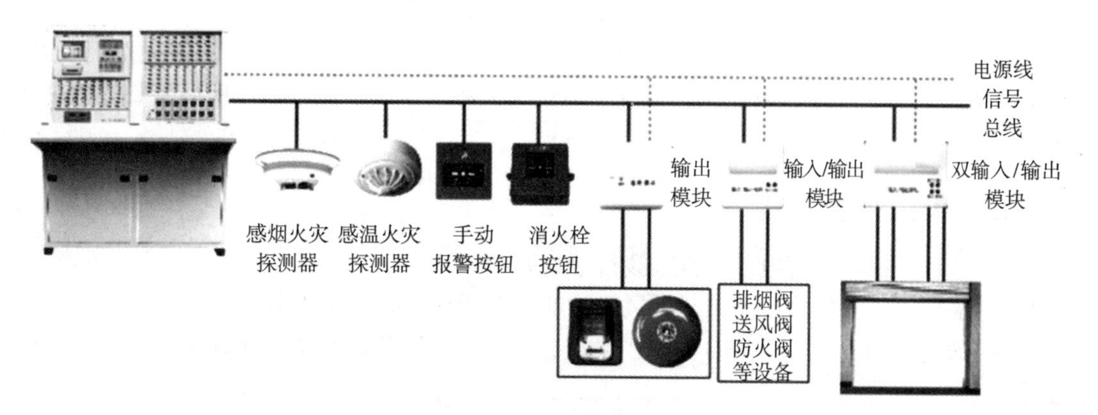


图5-1-1　火灾自动报警系统

图5-1-2 火灾报警按钮

**2.现场人员通过手动报警按钮报警**

现场人员发现火情后，可以通过按下火灾报警按钮的方式提醒现场人员及中控室值班人员。

手动按下或是击碎玻璃时需用一定的力量，按下及击碎位置如图5-1-2所示。

**3.“智慧消防”新技术的火灾探测与火灾确认**

通过物联网技术与5G、AI技术的结合，“智慧消防”系统可更加及时地发现初期火灾，判断火灾的发展与蔓延，更有效准确地联动消防设备，便于消防控制室的值班人员、消防安全管理人员、消防部门快速了解火情，避免火警信息漏报、错报，延误消防救援时间，打破传统消防中火灾报警信息真伪难辨的局限，快速确认火灾，快速出警，快速扑灭火灾，从而减少人员伤亡，降低财产损失。“智慧消防”系统如图5-1-3所示。

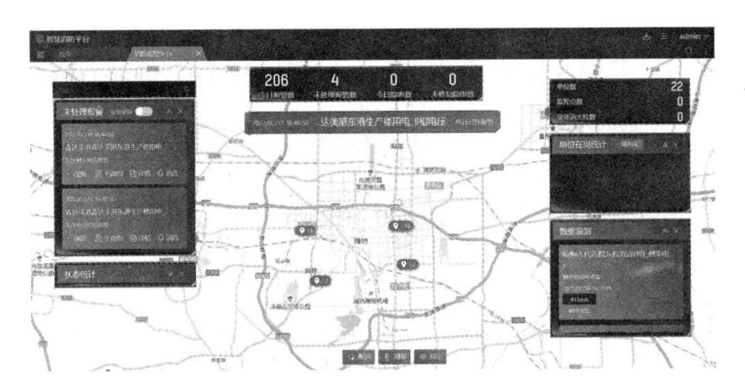


图5-1-3 智慧消防平台

### （二）火灾报警对象

（1）确认发生火灾后，我们应该立即拨打“119”向当地消防救援机构报警，报警内容必须清晰明确，内容如下：单位名称，详细地址，起火部位，火势大小，燃烧物质，有无人员被困，有无有毒有害气体，报警人姓名和联系电话。同时还要确保消防车道畅通，并派人到路口迎接消防车。

（2）火灾发生后，在向消防救援机构报警后，还应及时向单位的消防安全管理人、责任人、相关行业管理职能部门报告火灾情况；当单位设有或附近单位设有消防队、微型消防站时，可就近向其通报火灾情况，并发出火灾扑救请求。

（3）火灾发生后，消防控制室值班人员应立即启动消防应急广播及消防声光警报器，利用消防广播向建筑内人员通报火灾发生地点、火势大小等情况，引导现场人员进行安全疏散。

## 二、火灾报警方式

（1）通过手机、固定电话等方式拨打“119”电话。

（2）通过火灾报警系统与消防救援机构的报警系统的联网功能实现报警。

（3）通过“智慧消防”“5G”“AI”“智慧城市平台”等新技术，实现火灾早探测、早报警。

（4）通过消防广播系统向现场人员通报火灾情况并引导疏散。

### 三、火灾应急处理预案

消防控制室值班人员在接到火灾报警后应立即启动火灾应急处理预案，要求如下：

**1.通知相关人员**

报警信息进入时，先消音，根据屏幕显示编号和地点或图形显示装置的位置，通知附近巡查人员或一名中控室值班人员携带灭火器和消防电话分机到现场查看。

**2.现场处置**

（1）如未发生火灾，则查明原因、消除火警、做好记录。

（2）如真实发生火灾，现场查看人员应立即通知中控室，中控室值班人员应立即将火灾报警控制器切换到自动状态，拨打“119”电话报警，通知单位消防安全管理人，启动消防应急广播，监视消防主机和风机、水泵等重要消防设备运行情况，如未启动则需用多线盘或者现场手动启动。灭火后，做好记录，让系统恢复正常运行状态。

## 第二节　灭火毯使用

灭火毯又称消防被、灭火被、防火毯、消防毯、阻燃毯、逃生毯，是由玻璃纤维等材料经过特殊处理编织而成的，能起到隔离热源及火焰的作用，可用于扑灭初期小面积火或者披覆在身上进行逃生，是我们家庭中常用的一种灭火工具。

### 一、灭火毯的灭火原理

灭火毯的灭火原理是通过覆盖火源或着火物质，阻隔空气与着火物质接触，实现灭火。

### 二、灭火毯的分类及选择

#### （一）灭火毯的分类

按基材进行分类：由于所用基布不同，分为纯棉灭火毯、石棉灭火毯、玻璃纤维灭火毯、高硅氧灭火毯、碳素纤维灭火毯、陶瓷纤维灭火毯等。

按用途进行分类：家庭用灭火毯、工业用灭火毯。

#### （二）灭火毯的型号及规格

灭火毯型号的编制应符合图5-2-1的规定：

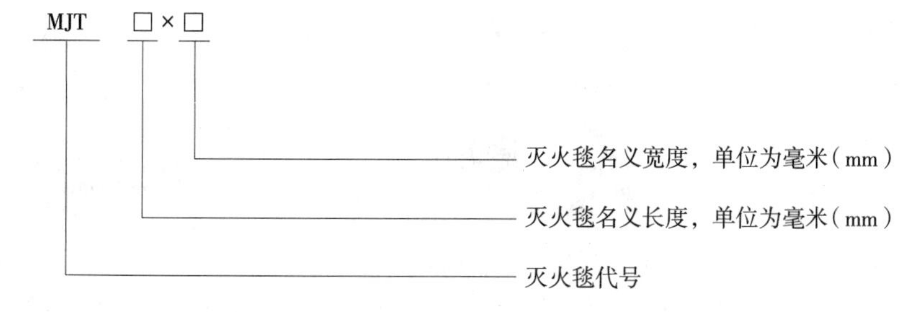


图5-2-1　灭火毯型号及规格

图5-2-2　灭火毯

灭火毯的常用长度系列为1 000mm、3 200mm、1 500mm及1 800mm；灭火毯的常用宽度系列为1 000mm、1 200mm 及1 500mm。灭火毯如图5-2-2所示。

### （三）灭火毯的选择

灭火毯在无破损的情况下可重复使用，与水基型灭火器、干粉灭火器相比，具有没有失效期、在使用后不会产生二次污染、绝缘、耐高温、便于携带、使用轻便等优点。

灰火毯主要用于企业、商场、船舶、汽车、民用建筑物等场合，是一种简便的初期火灾扑救工具，特别适用于家庭和饭店的厨房、宾馆、加油站、娱乐场所等容易着火的场所，同时灭火毯还可以作为逃生防护工具使用。

## 三、灭火毯的使用方法

（1）将灭火毯固定或放置于比较明显、便于取用的墙壁上或抽屉内等。

（2）当发生火灾后，快速取出灭火毯，双手握住两根黑色拉带（注意保护双手）。

（3）将灭火毯轻轻抖开，将灭火毯作盾牌状拿在手里。

（4）将灭火毯迅速完全覆盖在着火物（如油锅）上，尽可能减少灭火毯与着火物之间的空隙，减少空气与着火物的接触，同时积极采取其他灭火措施直至火焰完全熄灭。

（5）待灭火毯冷却后，移走灭火毯。使用后，灭火毯表面会产生一层灰烬，用干布轻拭即可。

（6）灭火毯还可以在关键时刻披在身上，用于短时间内自我防护。

（7）灭火毯使用后，需将其折叠整齐，放回到原位置。

灭火毯的使用方法如图5-2-3所示。

1.双手拉住拉带，向下拽拉，取出毯子。

2.双手握住拉带，展开毯子完全盖住燃烧物件。

3.如果救人，用灭火毯完全盖住人体火焰，拨打120。

图5-2-3　灭火毯的使用

# 第三节　灭火器分类和使用

灭火器是人们在火灾现场对初期火灾进行扑救的有效工具，正确选择与使用灭火器对扑救初期火灾、阻挡火势扩大蔓延至关重要。

## 一、灭火器的基础知识

灭火器是由人操作的，能在其自身压力作用下，将所充装的灭火剂喷出并进行灭火的器具。

（1）根据操作使用方法不同又分为手提式灭火器和推车式灭火器。手提式灭火器如图5-3-1所示。

（a）水基型灭火器

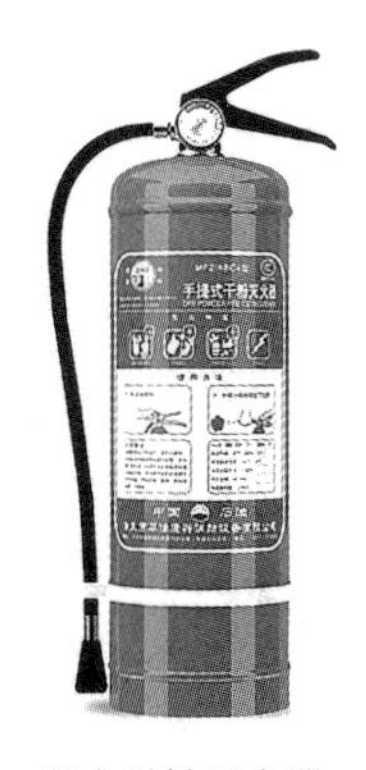

（b）干粉灭火器

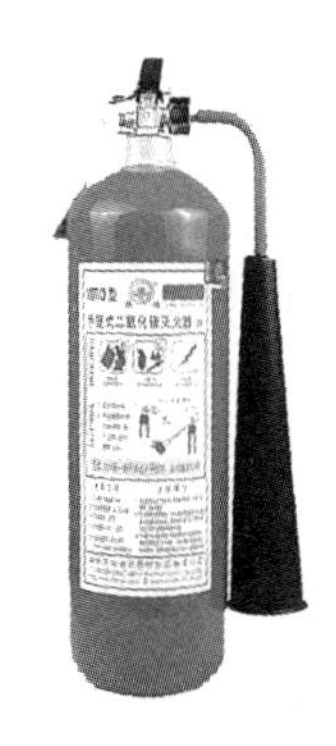

（c）二氧化碳灭火器

图5-3-1　手提式灭火器

推车式灭火器是指装有轮子的可推（或拉）至火场，并能在其内部压力作用下，将所装的灭火剂喷出进行灭火的器具，如图5-3-2所示。

图5-3-2　推车式灭火器

（2）根据充装介质不同可以分为水基型灭火器、干粉灭火器、二氧化碳灭火器、洁净气体灭火器。

常用的水基型灭火器有清水灭火器、泡沫灭火器和采用细水雾喷头的细水雾清水灭火器三种。

清水灭火器通过冷却作用灭火，主要用于扑救A类（固体）火灾，如木材、纸张、棉麻等物质的初期火灾。采用细水雾喷头的清水型灭火器也可用于扑救E类（带电设备）火灾。手提式清水灭火器如图5-3-3所示。

水成膜泡沫灭火器是当今使用最为广泛的泡沫灭火器。主要用于扑救B类（液体和可熔化固体）火灾，如：汽油、煤油、柴油、苯、植物油、动物油脂等物质的初期火灾；也可用于A类（固体）火灾，如：木材、纸张等物质的初期火灾。

抗溶泡沫灭火器还可以扑救水溶性易燃、可燃液体初期火灾。但泡沫灭火器不适用于扑救C类(气体)火灾、D类(金属)火灾和E类(带电物体)火灾。手提式泡沫灭火器如图5-3-4所示。

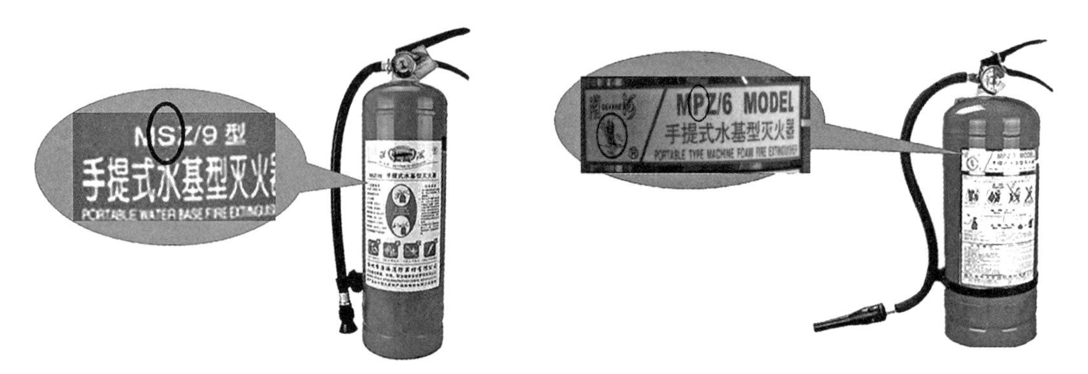


图5-3-3 手提式清水灭火器　　图5-3-4 手提式泡沫灭火器

干粉灭火器充装的是干粉灭火剂，是目前使用最普遍的灭火器。主要有两种类型：磷酸铵盐干粉灭火器(ABC类干粉灭火器)、碳酸氢钠干粉灭火器(BC类干粉灭火器)。干粉灭火器如图5-3-5所示。

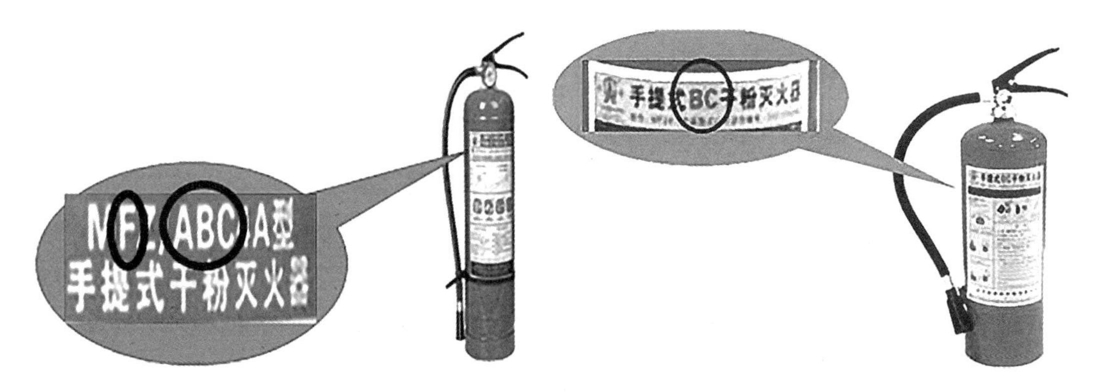


图5-3-5 干粉灭火器

图5-3-6 二氧化碳灭火器

ABC类干粉灭火器主要用于扑救A、B、C类物质和电气设备初期火灾，常用于加油站、汽车库、实验室、变配电室、煤气站、液化气站、油库、船舶、车辆、工矿企业及公共建筑等场所，应用范围较广。

BC类干粉灭火器不适用于扑救A类(固体)物质初期火灾。

二氧化碳灭火器充装的是二氧化碳灭火剂。二氧化碳灭火剂平时以液态形式贮存于灭火器中。使用时液体迅速汽化，吸收热量，使自身温度急剧下降到-78.5℃左右。通过冷却燃烧物质和降低燃烧区空气中的氧浓度，达到灭火效果。二氧化碳灭火器如图5-3-6所示。

二氧化碳灭火器适用于扑灭B类可燃液体火灾、C类可燃气体火灾、600V以下的带电设备火灾，不适用于固体火灾、金属火灾和自身含有供氧源的化合物火灾。

洁净气体灭火器是在不破坏臭氧层的前提下，使用非导电的气体或汽化液体进行灭火的一种灭火器。目前最典型的是六氟丙烷灭火器，该灭火器充装的是六氟丙烷灭火剂，是卤代烷1211灭火器最理想的替代品。洁净气体灭火器如图5-3-7所示。

图5-3-7　洁净气体灭火器

（3）根据驱动灭火剂的形式分为储气瓶式灭火器和贮压式灭火器。

储气瓶式灭火器是指灭火剂由灭火器的储气瓶释放的压缩气体或液化气体的压力驱动的灭火器。该类灭火器的特点是动力气体与灭火剂分开储存，动力气体储存在专用的小钢瓶内，有外置与内置两种形式，使用时将高压气体放出至灭火剂储瓶内，作驱动灭火剂的动力气体。储气瓶式灭火器如图5-3-8、图5-3-9所示。

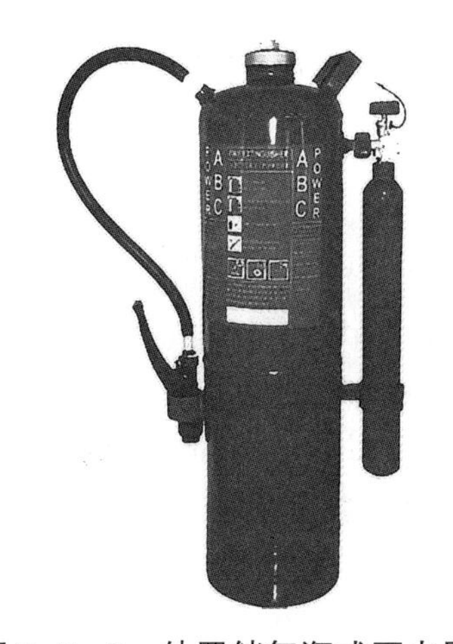

图5-3-8　外置储气瓶式灭火器

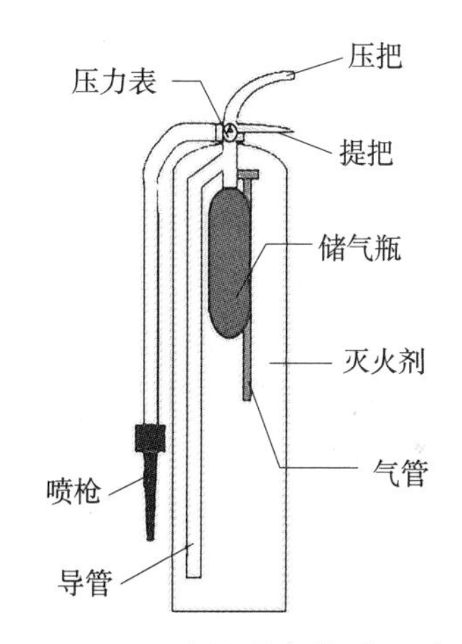


图5-3-9　内置储气瓶式灭火器

贮压式灭火器是指灭火剂由储存于灭火器同一容器内的压缩气体或灭火剂蒸气进行压力驱动的灭火器。该类灭火器的特点是动力气体与灭火剂储存在同一个容器内，依靠气体压力驱动将灭火剂喷出。

（4）扑救初期火灾灭火器的选择。我们可以通过灭火器筒体上的“适用范围”标签选择合适的灭火器进行初期火灾扑救。二氧化碳灭火器可以扑救B、C、E类物质初期火灾，不适用于A类物质，手提式水基型泡沫灭火器可以扑救A、B类物质的初期火灾，不适用于C、E类物质。手提式ABC干粉灭火器可以扑救A、B、C、E类物质初期火灾。

## 二、灭火器的使用

### （一）手提式灭火器的使用方法

以干粉灭火器为例，使用手提式灭火器进行初期火灾扑救时，先将灭火器提至火场，在距着火物2～5m处，选择上风方向，去除铅封，拔出保险销，如有喷射软管，需一手紧握喷射软管前的喷嘴（没有软管的，可扶住灭火器的底圈）并对准燃烧物的根部，另一手压下握把，进行喷射灭火，随着灭火器喷射距离缩短，操作者应逐渐向燃烧物靠近。

图5-3-10 推车式灭火器使用

### （二）推车式灭火器的使用方法

推车式灭火器一般由两人操作，使用时应将灭火器迅速拉（或推）到火场，离燃烧物10m左右停下，选上风方向，一人迅速取下喷枪并展开喷射软管，然后一手握住喷枪枪管，另一手打开喷枪并将喷枪嘴对准燃烧物，另一个人在灭火器处迅速拔出保险销，并向上板起手柄，喷射时要沿火焰根部喷扫推进，直至把火扑灭，如图5-3-10所示。

### （三）灭火器使用注意事项

（1）手持式灭火器使用过程中，灭火器应始终保持直立状态，避免颠倒或横卧造成灭火剂无法正常喷射。有喷射软管的灭火器或贮压式灭火器在使用时，一手应始终压下压把，不能松开，否则喷射会中断。

（2）使用二氧化碳灭火器灭火时，要戴防护手套，手一定要握在喷筒手柄处，注意不要握金属管部位或喇叭口，以防局部皮肤被冻伤。在室内窄小空间或空气不流通的火场使用时，必须及时通风，以防窒息，灭火后操作者应迅速离开。

（3）扑救可燃液体火灾时，应避免将灭火剂直接喷向燃烧液面，防止可燃液体流散扩大火势，使用者应从上风向边喷射边靠近燃烧区，以防引火烧身，直至灭火。

（4）扑救电气火灾时，应先断电后灭火。

## 三、灭火器的维护与管理

### （一）灭火器的设置要求

（1）灭火器应设置在位置明显且便于取用的地点，不得影响安全疏散。

（2）对有视线障碍的灭火器设置点，应设置指示其位置的发光标志。

（3）灭火器的摆放应稳固，其铭牌应朝外。手提式灭火器宜设置在灭火器箱内或挂钩、托架上，其顶部离地面高度不应大于1.50m，底部离地面高度不宜小于0.08m，灭火器箱不得上锁。

（4）灭火器不宜设置在潮湿或强腐蚀性的地点，当必须设置时，应有相应的保护措施。灭火器设置在室外时，应有相应的保护措施。

（5）灭火器不得设置在超出其使用温度范围的地点。

### （二）灭火器的日常检查

（1）外观检查。检查的内容包括：检查灭火器可见零部件是否完整、无松动、变形、锈蚀和损坏；检查灭火器可见部位防腐层是否完好、无锈蚀；检查标签是否完好清晰；检查压力表指针是否在绿区；检查铅封、保险销是否完整；检查是否过期；检查喷管有无破损、喷嘴有无堵塞。

（2）密封性检查。二氧化碳储气瓶用称重法检验泄漏量；贮压式灭火器应采用测压法检验泄漏量，每年压力降低值不应大于工作压力10%。

（3）强度检查。灭火器筒体、器头及筒体与器头的连接零件等，应按规定进行水压试验，实验中不应有泄漏及可见的变形。

### （三）灭火器的维修及送检

灭火器的维修期限及送检应符合表5-3-1的规定：

表5-3-1　不同类型灭火器的维修年限

| 灭火器类型 | | 维修期限 |
|---|---|---|
| 水基型灭火器 | 手提式水基型灭火器 | 出厂期满3年；<br>首次维修以后每满1年 |
| | 推车式水基型灭火器 | |
| 干粉灭火器 | 手提式（贮压式）干粉灭火器 | 出厂期满5年；<br>首次维修以后每满2年 |
| | 手提式（储气瓶式）干粉灭火器 | |
| | 推车式（贮压式）干粉灭火器 | |
| | 推车式（储气瓶式）干粉灭火器 | |
| 洁净气体灭火器 | 手提式洁净气体灭火器 | |
| | 推车式洁净气体灭火器 | |
| 二氧化碳灭火器 | 手提式二氧化碳灭火器 | |
| | 推车式二氧化碳灭火器 | |

### （四）灭火器的报废

灭火器的报废可分为三种情况。

（1）当遇到以下类型的灭火器应报废：酸碱型灭火器，化学泡沫型灭火器，倒置使用型灭火器，氯溴甲烷、四氯化碳灭火器，国家政策明令淘汰的其他类型灭火器。

（2）当灭火器有以下情况之一时应报废：筒体严重锈蚀，锈蚀面积大于或等于筒体总面积的1/3，表面有凹坑；筒体明显变形，机械损伤严重；器头存在裂纹、无泄压机构；筒体为平底等结构不合理；没有间歇喷射机构的手提式灭火器；没有生产厂名称和出厂年月，包括铭牌脱落，或虽有铭牌，但已看不清生产厂名称或出厂年月钢印无法识别；筒体有锡焊、铜焊或补缀等修补痕迹；被火烧过。

（3）灭火器出厂时间达到或超过表5-3-2规定的报废期限时应报废。

表5-3-2 不同类型灭火器的报废年限

| 灭火器类型 | | 报废年限/年 |
|---|---|---|
| 水基型灭火器 | 手提式水基型灭火器 | 6 |
| | 推车式水基型灭火器 | |
| 干粉灭火器 | 手提式（贮压式）干粉灭火器 | 10 |
| | 手提式（储气瓶式）干粉灭火器 | |
| | 推车式（贮压式）干粉灭火器 | |
| | 推车式（储气瓶式）干粉灭火器 | |
| 洁净气体灭火器 | 手提式洁净气体灭火器 | |
| | 推车式洁净气体灭火器 | |
| 二氧化碳灭火器 | 手提式二氧化碳灭火器 | 12 |
| | 推车式二氧化碳灭火器 | |

## 第四节　消防软管卷盘（轻便消防水龙）使用

常见的室内消火栓在启泵后压力大，未经训练的人员在操作时，很可能因反作用力巨大而导致受伤，为解决此类问题，可使用消防软管卷盘或轻便消防水龙。

### 一、消防软管卷盘（轻便消防水龙）基础知识

消防软管卷盘是由阀门、输入管路、卷盘、软管和喷枪等组成，并能在迅速展开软管的过程中喷射灭火剂的灭火器具。

轻便消防水龙是在自来水或消防供水管路上使用的，由专用接口、水带及喷枪组成的一种小型轻便的喷水灭火器具，如图5-4-1、图5-4-2所示。

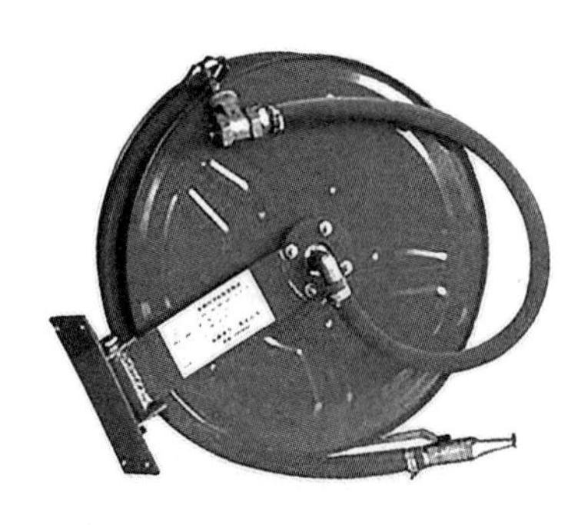

图5-4-1　消防软管卷盘

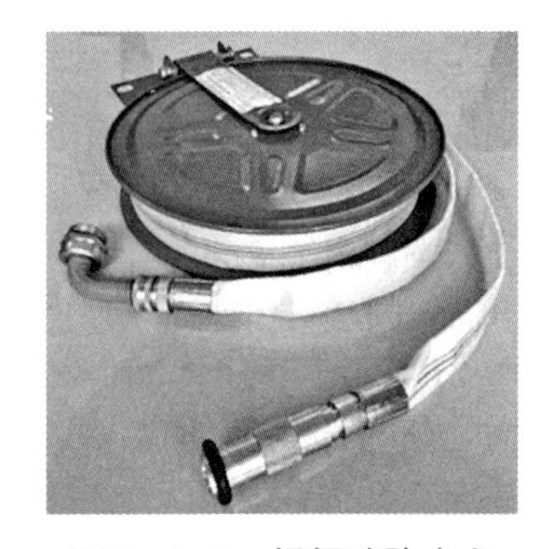

图5-4-2　轻便消防水龙

## 二、消防软管卷盘（轻便消防水龙）的使用方法

打开箱门，打开软管卷盘（轻便消防水龙）进水阀门，将卷盘向外旋转90°，拖拽橡胶软管（或水带），到达需要喷水灭火位置，打开出水阀门，将喷嘴（水枪）对准起火部位实施灭火，如图5-4-3所示。

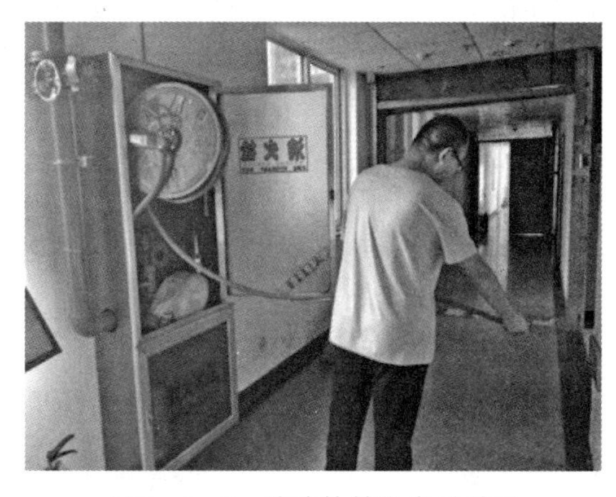

图5-4-3　消防软管卷盘的使用

# 第五节　消火栓使用

消火栓系统是我们扑救火灾的重要系统，正确使用室内外消火栓能够有效地扑救室内外初期火灾，限制火灾扩散蔓延。消火栓系统的组成、工作原理、分类将在第六章相关内容中详细叙述。本节不适用于儿童教学。

## 一、室内消火栓的使用

室内消火栓系统是建筑物应用最广泛的一种消防灭火系统，是我们扑救室内火灾的重要设施。

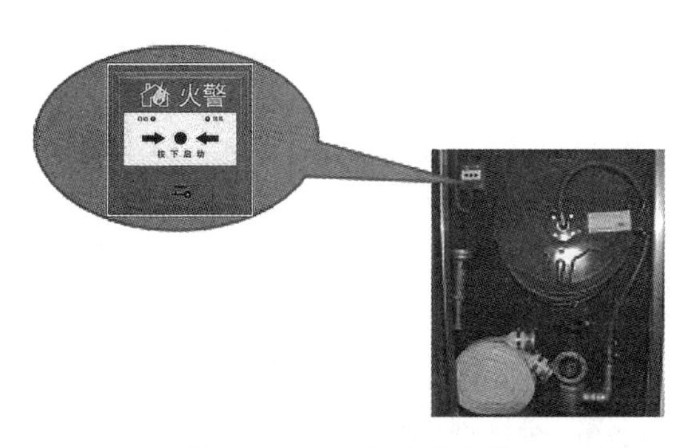


图5-5-1　室内消火栓

室内消火栓箱内的组件有消防水带、水枪、栓阀、消火栓报警按钮，部分消火栓箱内会设置消防软管卷盘（轻便消防水龙）、灭火器，如图5-5-1所示。

室内消火栓的使用方法：

（1）打开消火栓箱门。

（2）按下箱内报警按钮。

（3）取出水枪，拉出水带，一人将水带的一端与消火栓接口连接，另一人在地面上铺平并拉直水带，将水带的另一端与水枪连接，并握紧水枪。

（4）消火栓处的一人逆时针方向旋开栓阀手轮，确保连接稳定后，可快速与另一人协作，两人在水枪两侧同时双手紧握水枪，进行喷水灭火。

## 二、室外消火栓的使用

以地下消火栓为例（地上消火栓不需打开井盖）：

（1）用专用工具打开地下消火栓井的盖板。

（2）一人拿取消防水枪、水带，向火场方向展开并铺平水带，将水枪与水带相连接，握紧水枪，对准火源。

（3）另一人将水带另一端与室外消火栓阀门相连接，把消火栓阀门用专用扳手沿逆时

针方向缓慢旋开至最大开启状态，开始喷水灭火。

室外消火栓如图5-5-2所示。

（a）室外地下消火栓

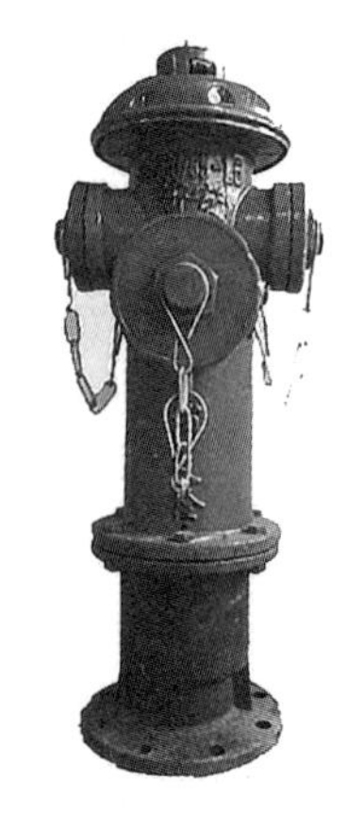

（b）室外地上消火栓

图5-5-2　室外消火栓

# 第六节　人员疏散和物资保护

《中华人民共和国消防法》第四十四条规定：人员密集场所发生火灾，该场所的现场工作人员应当立即组织、引导在场人员疏散。任何单位发生火灾，必须立即组织力量扑救。

正确组织、引导现场人员疏散是我们减少人员伤亡，避免发生群死群伤事故的重要方法之一。

## 一、如何引导火灾现场人员进行疏散

### （一）制订安全疏散计划

我们要根据现场人员的分布与建筑物情况，设计紧急情况下的疏散路线，并绘制用于疏散的平面示意图（如图5-6-1所示），用醒目的箭头标明疏散路线。路线越简捷越好，安全出口要合理布置，保证均匀疏散。将疏散平面图张贴在醒目位置，便于人员查看。工作人员也要明确分工，平时多加训练，当发生火灾时才能及时按照疏散预案，组织人员快速撤离。

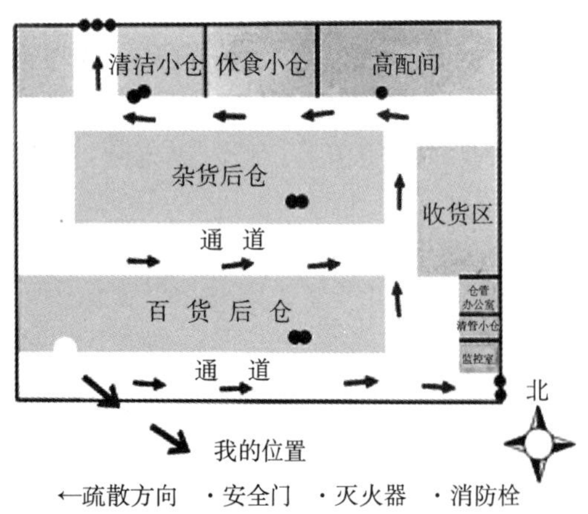


图5-6-1　疏散平面图

### （二）保证安全通道畅通无阻

平时工作中，现场人员就要保证安全走道、疏散楼梯和安全出口等设施畅通无阻。

不得锁闭安全出口，不得将物品堆放在疏散通道中，如图5-6-2、图5-6-3所示。

图5-6-2 严禁防火门上锁

图5-6-3 疏散楼梯严禁堆放杂物

### （三）分组实施引导

一旦发生火灾，特别是人员密集场所（如商场、医院等场所）的安全出口处，人群往往蜂拥而“滞”，互相拥挤，甚至可能引发踩踏事故。所以，在进行疏散人员时，工作人员应迅速赶到各自负责的位置，除了利用消防应急照明、安全疏散标志外，也要利用好手电筒、手机照明等各种便捷式照明设施，维护现场秩序，引导人员疏散。

## 二、火灾初期现场人员如何进行疏散

火灾现场工作人员组织引导现场人员疏散时应掌握一些技巧，才能够更好、更快地引导现场人员撤离到安全地带。具体有哪些技巧呢？

### （一）做好防护，低姿撤离

火灾现场人员往往会面临烟气中毒、窒息以及被热辐射、热气流烧伤等危险。现场人员应充分利用火灾初期阶段烟雾少、释放热量少的时间，尽快有序地撤离。此时有条件的可利用湿毛巾或衣物捂住口鼻，以弯腰低姿的方式快速穿越有烟区域。当然，如果现场没有烟雾或烟雾很少，我们就应该用最佳姿势，最快速、有序地撤离现场。如现场有防毒面具，可正确佩戴防毒面具后迅速撤离。记住如非万不得已，不要尝试穿越浓烟区域，浓烟区内不仅温度高达几百摄氏度，而且含有大量的有毒有害气体（如一氧化碳、一氧化氮、氯化氢等），湿毛巾和衣物无法消除吸收这些有毒有害气体，穿越浓烟区极易造成吸入有毒有害气体引发失去行动能力或因吸入高温空气导致呼吸道堵塞而窒息，如图5-6-4所示。

图5-6-4 火场逃生

### （二）稳定情绪，自觉维护现场秩序

发生火灾时，即使人们未受到火的直接威胁，也往往会处于惊慌失措的紧张状态，非常容易发生危险情况。大家要记住，在火灾初期阶段，绝大多数现场人员都是可以安全疏散或自救逃生的，当然这需要我们稳定情绪，沉着冷静，采取有效措施进行疏散自救。

### （三）鱼贯法撤离

疏散时，如果能见度很差，人员又比较多，应在熟悉现场疏散路线的人员带领下，采用“鱼贯法”撤离着火区域。大家可以用前后互拉衣襟的方法一起撤至安全地点，如图5-6-5所示。

图5-6-5 前后搭肩，鱼贯撤离

### （四）积极寻找正确逃生方法

火灾初期阶段，首先我们应该想到通过安全出口、疏散通道和疏散楼梯迅速逃生。这个过程一定不要盲目乱窜或奔向电梯，因为火灾时电梯的电源常常被切断，容易造成人员被困电梯，同时电梯井内烟囱效应很强，烟火极易蔓延至轿厢，从而使电梯内部人员发生危险。另外，在逃生时，一旦人们蜂拥而出，非常容易造成安全出口堵塞。当火焰和浓烟封住逃生之路时，我们应充分利用现场的消防救生器材、落水管道或窗户进行逃生。通过窗户逃生时，可用窗帘、床单等卷成长条，制成安全绳，用于滑绳自救，绝对不能直接盲目跳楼，以免发生不必要的伤亡。

### （五）自身着火处置

火灾时一旦衣帽着火，应尽快地把衣帽脱掉，千万不能奔跑，奔跑不但会使火越来越大，还会把火带到其他场所，引燃其他物体。身上着火时，我们可以双手捂住脸部，就地躺下，来回打滚，把身上的火焰压灭；周围其他人员可以用湿衣物、灭火毯等物体把着火人包裹起来以窒息火焰。如果身边有水，迅速用水将全身浇湿，不要直接跳入水中。这样虽然可以尽快灭火，但对后期治疗不利，如家中有新型水基型（水雾）灭火器也可用于人体灭火。同样，头发和脸部被烧着时，不要用手胡拍乱打，这样会擦伤表皮，不利于治疗，应该用浸湿的毛巾或其他浸湿物去覆盖灭火。

### （六）保护疏散人员的安全，防止再入“火口”

火场上脱离险境的人员，往往因某些原因，想要返回火场营救被困亲人或抢救珍贵财物等。这不仅会使他们重新陷入险境，而且会给火场救援工作带来困难。因此，火场指挥小组应组织人力妥善安排这些脱离险境的人员，做好安抚工作，以保证他们的安全。

## 三、火场被困人员如何进行防护

火场中的温度是十分惊人的，而且烟雾会挡住视线，能见度非常低（电视剧、电影中火场灯火通明仅仅是影视效果），容易使人恐慌，甚至在长期居住的环境里也搞不清楚门窗的位置。

逃离火场时，我们首先应该用手背去接触房门，试一试房门是否已变热，如果房门不热，火势可能还不大，通过正常的途径逃离房间是可能的。离开房间以后，一定要随手关好身后的门，以防火势蔓延。如果房门是热的，这时候千万不能打开房门，应待在室内，等待救援，否则一旦打开房门，烟和火就会冲进室内。

如果是高层火灾，着火层以上的人员，一旦发现火势太大，无法从疏散楼梯进行撤离时，要迅速退回房间，等待救援。

当我们被困火场等待救援时，应保持镇静，不要惊慌，第一时间通过拨打报警电话、挥动鲜艳的衣物、敲击发声、夜间挥动发光手电筒等方式告知他人自己被困的位置。关好门窗，用湿毛巾或衣物塞住门缝、窗缝尽可能减少烟雾进入（如图5-6-6所示）。在房间选择的时候，尽量选择离门口距离较远、窗口面积较大，周围可准备适量清水，但尽量不要选择卫生间作为安全房间（卫生间窗口较小，不利于消防救援人员营救），千万不要盲目逃离或者跳楼！

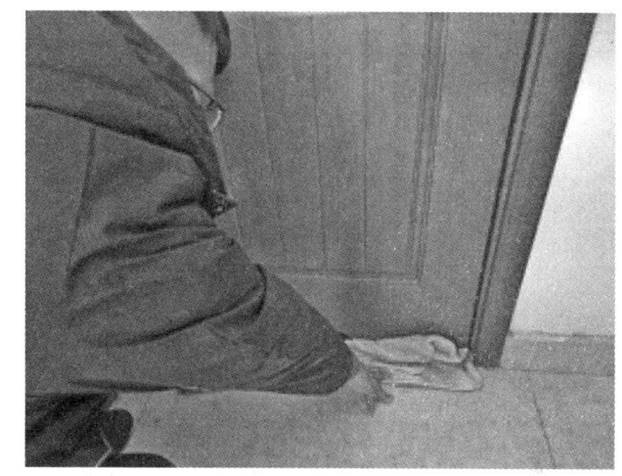

图5-6-6　用毛巾堵住门缝，防止烟气进入

总之，即使被困火场无法逃生时，也要沉着冷静，积极行动，不能坐以待毙。

## 四、火灾现场如何进行物资疏散、抢救和保护

一旦发生火灾，相关人员应第一时间进行撤离，同时一些特殊物资，也应该得到我们的重视，进行疏散、抢救和保护。那么特殊物资包括哪些物资，我们又该如何进行处理呢？

### （一）应着重给予疏散的物资

（1）可能造成火势扩大和有爆炸危险的物资。

（2）性质重要、价值昂贵的物资。

（3）影响灭火战斗的物资。

### （二）组织疏散物资的要求

（1）火势扩大较快，疏散物资可能造成人员伤亡，综合考量，生命至上。

（2）专业的事情交给专业的人处理，专业救援人员到达现场后，优先由专业救援人员对相关物资进行疏散、抢救和保护，现场人员予以配合。

（3）危险性大的物资优先疏散，然后疏散受水、火、烟威胁大的物资。

（4）尽量利用各类搬运机械进行物资疏散。

（5）先保护后疏散，怕水、怕火、易燃易爆的物资先进行保护，再考虑搬离现场。

## 五、火灾扑灭后如何保护现场

火灾扑灭后，我们还要注意现场的保护，以便后期火灾事故调查，方便查找火灾发生的原因。

### （一）火灾现场保护的目的

火灾现场是整个火灾发生、发展至结束全过程的真实记录，是调查认定火灾原因的物质载体。保护火灾现场可以帮助火灾调查人员发现、提取到客观、真实、有效的火灾痕迹、物证，尽可能准确地认定火灾发生的原因。

### （二）火灾现场保护的要求

**1.正确划定火灾现场保护范围**

凡是与火灾有关的留有痕迹物证的场所均应列入现场保护范围。保护范围应当根据现场勘验的实际情况和进展进行调整。比如，起火点位置未明确、电气故障引起的火灾、爆炸现场等情况应根据需要适当扩大保护区域，如图5-6-7所示。

图5-6-7　划定保护范围

**2.火灾现场保护的基本要求**

负责火灾现场保护的人员要有组织地进行现场保护工作，对现场进行封锁，不准无关人员随便进入，不准触摸现场物品，不准移动、拿用现场物品。现场值守人员要坚守岗位，保护好现场的痕迹、物证，同时也要注意周围群众的反应，遇到异常情况及时上报。

**3.保护现场的措施**

（1）消防救援人员灭火过程中的现场保护。消防救援人员在进行火情侦察时，应注意发现和保护起火部位。在起火部位进行灭火或清理残火时，尽量不实施消防破拆，不变动现场物品的位置，以保持燃烧后的自然状态。

（2）灭火后的现场保护。灭火之后，要及时将发生火灾的地点和留有火灾痕迹、物证的场所及周围有关区域划定为保护范围，进行现场保护。

1）情况不太清楚时，可适当扩大保护范围，同时布置警戒（如图5-6-8所示）。勘察工作就绪后，可酌情缩小保护区域。

2）重点部位可设置警戒线或屏障。

3）对于私人房间要做好房主的安抚工作，讲清道理，劝其不要急于清理。

4）大型火灾现场可利用原有的围墙、栅栏等进行封锁隔离，尽量不要影响交通和居民生活。

5）应派专人看守，特殊场所由公安部门协助。

（3）痕迹与物证的现场保护方法。对于可能证明火灾蔓延方向和火灾原因的任何痕迹、物证，均应严加保护。为了引起人们警示，可在留有痕迹、物证的地点做出醒目的保护标志。对某些痕迹、物证、尸体等应用席子、塑料布等加以遮盖。

图5-6-8　电气火灾可适当扩大保护范围

#### 4.现场保护中的应急措施

在保护现场过程中，往往会出现一些紧急情况，所以现场保护人员要提高警惕，随时掌握现场动态，发现问题时，积极采取有效措施进行处理，并及时向有关部门报告。

（1）扑灭后的火场“死灰”复燃，甚至二次成灾时要迅速有效地实施扑救，及时报警。

（2）遇到有人命危机的情况，立即设法进行急救，如图5-6-9所示。

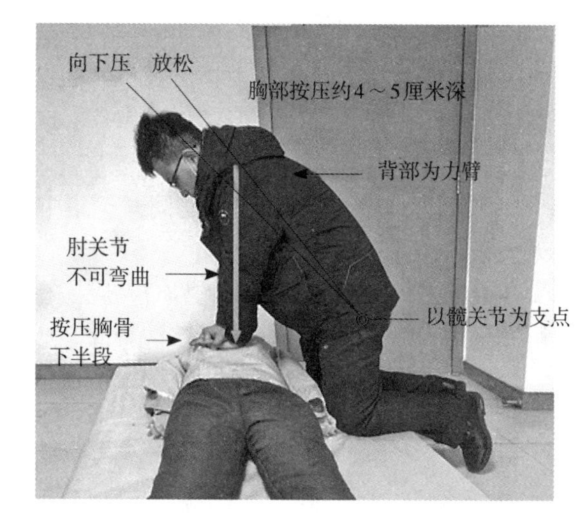


图5-6-9　紧急情况下急救

（3）对趁火打劫、二次放火等情况思维要敏捷，对打听消息、反复探视、问询火场情况等行为可疑的人要多加小心，纳入视线后，及时拨打“110”报警电话，报告公安机关。

（4）危险区域实行隔离，禁止进入，下风向附近的人员要及时撤离，执法人员进入现场要佩戴相应的防护装备。

（5）现场有倒塌危险并危及他人安全时，应采取固定措施。不能固定时，应在倒塌前，仔细观察并记录倒塌前的现场情况。采取移动措施时，尽量使现场少受破坏，并事先详细记录现场原貌。

## 第七节　火灾控制

大家都知道，刚刚起火的时候，着火面积一般比较小，火势也比较弱。这时候如果现场人员掌握了灭火技能，及时采取正确的处理方法，就能迅速将火扑灭。如果错过了初期灭火的时机或初期灭火失败，火势无法得到有效控制，继续扩大蔓延，就可能造成较为惨重的损失。《中华人民共和国消防法》第四十四条规定：任何单位发生火灾，必须立即组织力量扑救。邻近单位应当给予支援。因此，我们应该掌握火灾控制的一些方法和措施，在发生火灾时，能够及时有效地处理。

### 一、火灾控制的指导思想和原则

无论是义务消防人员还是专职消防救援人员，在扑救火灾时，必须坚持“救人第一”的指导思想，遵循“先控制后消灭、先重点后一般”的原则。

#### （一）救人第一

火灾发生后，应当立即疏散、撤离火灾现场人员，组织营救被困人员，坚持“救人第一”的指导思想，优先保障人民群众的生命安全，这是事故处置的首要任务。

#### （二）先控制

“先控制”是指扑救火灾时，先把主要力量部署在控制火势蔓延方面，设兵堵截，对火势实行有效控制，防止蔓延扩大，为迅速消灭火灾创造有利条件。

对不同的火灾，有不同的控制方法。一般来说，有直接方法，如利用水枪射流、水幕等对火势进行拦截，防止火灾扩大；也有间接方法，如对燃烧的和与之邻近的液体、气体储罐进行冷却，防止罐体变形破坏或爆炸，防止油品沸溢。

### （三）后消灭

“后消灭”就是在控制火势的同时，集中力量向火源展开全面进攻，逐一或全面彻底消灭火灾。

在火场上，灭火力量处于优势时，应当在控制火势的同时，积极主动消灭火灾；灭火力量处于劣势时，必须设法扭转被动局面，从控制火势入手，减缓火势蔓延，可选择作战重心，在合适位置设置阵地，积极调集增援力量，改变被动局面，夺取灭火战斗的胜利。

## 二、火灾控制的基本方法

通过前面的学习我们已经了解到燃烧发生需要满足的充分条件：一定数量和浓度的可燃物、一定含量的助燃物、一定能量的引火源并且它们之间要相互作用。

火灾是一种时间或空间上失去控制的燃烧，由此可知只需把燃烧需要的条件破坏掉，就能控制火灾蔓延甚至消灭火灾。在火灾发生时，我们可以根据不同情况采取堵截、快攻、排烟、隔离等基本方法来扑救火灾。

### （一）堵截

堵截火势，可以防止火灾蔓延甚至消灭火灾，这种方法把积极防御与主动进攻结合在了一起，如图5-7-1所示。

火灾发生时，当灭火人员不能接近火场时，可以根据火灾现场实际情况，果断在蔓延方向设置水枪阵地、水帘，关闭防火门、防火卷帘、挡烟垂壁等对火势进行堵截，防止其扩大蔓延。

### （二）快攻

当灭火人员能够接近火源时，应迅速利用身边的灭火器材灭火，将火势控制在初期低温少烟阶段，如图5-7-2所示。

### （三）排烟

据调查发现，火灾现场人员的伤亡，大多数是因为现场的高温和有毒有害的烟气。利用门窗、破拆孔洞将烟气排出建筑物外，不仅可以引导火势蔓延方向，还可以极大地减少火灾现场的人员伤亡，如图5-7-3所示。

图5-7-1　堵截

图5-7-2　快攻

图5-7-3　排烟

### （四）隔离

针对大面积燃烧区或现场比较复杂的火灾，根据火灾扑救的需要，我们可以将燃烧区分割成两个或数个战斗区段，分别部署力量进行灭火，如图5-7-4所示。

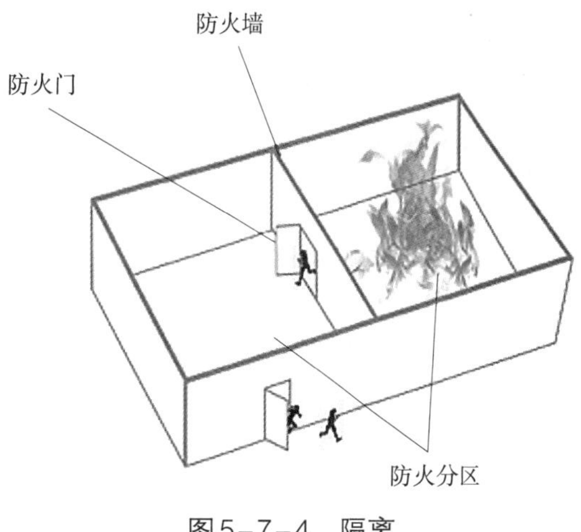


图5-7-4　隔离

## 三、初期火灾灭火要领

火灾初期，我们要有效地利用灭火器、室内消火栓等消防器材与设施进行火灾扑救，同时要记住以下灭火要领：

（1）距离火灾现场近的人员，应根据火灾的种类正确利用附近灭火器等器材进行灭火，同时尽可能多地集中在火源附近连续使用。

（2）灭火人员在使用灭火器具的同时，要利用附近的室内消火栓进行初期火灾扑救。

（3）灭火时要考虑水枪的有效射程，尽可能靠近火源，压低姿势，向燃烧着的物体喷射。

# 第八节　辅助消防救援

发现火灾后，现场的人员已经报警，消防队员已经火速前往火灾现场，但有的时候，消防车到达了火场附近，却因为种种原因，迟迟到不了火灾现场，无法进行人员救援和火灾扑救，所以我们应在消防救援人员到达前做好准备，为消防救援提供一切便利。

## 一、消防救援队伍到达前的准备

发生火灾后，在消防救援人员尚未到达火灾现场时，我们应该做好哪些准备呢？

### （一）路口迎接消防车

向消防救援队报警之后，我们应该派一位对现场比较熟悉的人员到路口迎接消防车。

### （二）疏通消防车道

为了保证消防车到达火灾现场后，能顺利到达合适位置，展开灭火救援工作，火灾现场的管理人员应当提前确认消防车道是否畅通，如果不畅通，就要对消防车道进行疏通。对于消防车道上的杂物、停放车辆等进行清理、转移，并提醒周围人员，不要在消防车道处聚集、围观。确保消防救援车辆能够顺利到达合适位置，尽快展开火灾扑救和人员救援工作，如图5-8-1所示。

图5-8-1　消防车道严禁占用

## 二、消防救援队伍到达后的辅助

消防救援人员到达火场后，需要及时了解现场情况，进行火情侦察。这时，现场人员应尽可能全面地向他们陈述火场现状。只有及时、全面、细致地了解了火灾现场情况，现场指挥人员才能做出正确的判断和决策，采取正确的战术措施，避免或减少人员伤亡和经济损失。

现场人员可以提前了解以下情况并第一时间告知消防救援人员：

（1）燃烧部位及范围，燃烧物质的性质，火势蔓延途径及其主要发展方向。

（2）是否有人员被围困火场，被困部位及抢救路线。

（3）有无爆炸、毒害、腐蚀、放射性等物质，这些物质的数量、存放情况、危险程度等。

（4）查明火场内外带电设备是否已切断电源，并做好预防触电的措施。

（5）有无需要疏散和保护的贵重物资、档案资料、仪器设备及其数量、放置部位、不宜使用的灭火剂等。

（6）已燃烧的建（构）筑物的结构特点、构造形式和耐火等级。

（7）周围水源、水泵接合器、室外消火栓的分布情况，建筑内部的消防水泵房的位置、排烟机、送风机的位置等。

# 第六章　常见消防设施工作原理

## 第一节　火灾自动报警系统

消防工作的主要任务就是减少火灾损失，甚至通过有效的火灾预防措施，杜绝火灾的发生，使火灾损失减少到零，这是一种最理想的状态。但是，这个目标基本上是不可能达到的，因为火灾具有突发性，以人类目前的技术水平还无法做到完全控制火灾。那么，一旦发生火灾，就要尽量把火灾的损失降到最低，减少火灾损失的措施就是安全疏散和灭火救援。不论是安全疏散还是灭火救援，最重要的制约因素就是时间，时间就是生命。

“以人为本，生命第一”，为了争取足够的时间，就需要尽早发现火灾，以便及时采取行动。发现火灾有两种方式，第一种方式是人工发现火灾，毫无疑问，人工方式很难及时发现火灾；第二种方式是通过技术手段发现火灾，这种技术手段就是火灾自动报警系统。

火灾自动报警系统是火灾探测报警与消防联动控制系统的简称，是人们为了早期发现、通报火灾，及时引导人员疏散以及向各类消防设施发出控制信号并接收对应反馈信号，进而实现预定消防功能而设置在建筑中或其他场所的一种自动消防设施，是各类建筑消防设施的核心组成部分，设置火灾自动报警系统具有不可替代的重要意义。

发生火灾时，火灾自动报警系统能及时探测火灾，发出火灾报警信号，同时启动火灾警报装置；启动自动防排烟设施；启动应急照明系统、火灾应急广播等疏散设施，引导火灾现场人员及时疏散；启动相应防火、灭火设施，防止火灾蔓延扩大，同时实施灭火，以减少火灾损失。

### 一、火灾自动报警系统的组成

火灾自动报警系统最基本的组成主要有火灾探测器、手动火灾报警按钮、火灾报警控制器、声光警报器及消防联动控制装置等，如图6-1-1所示。

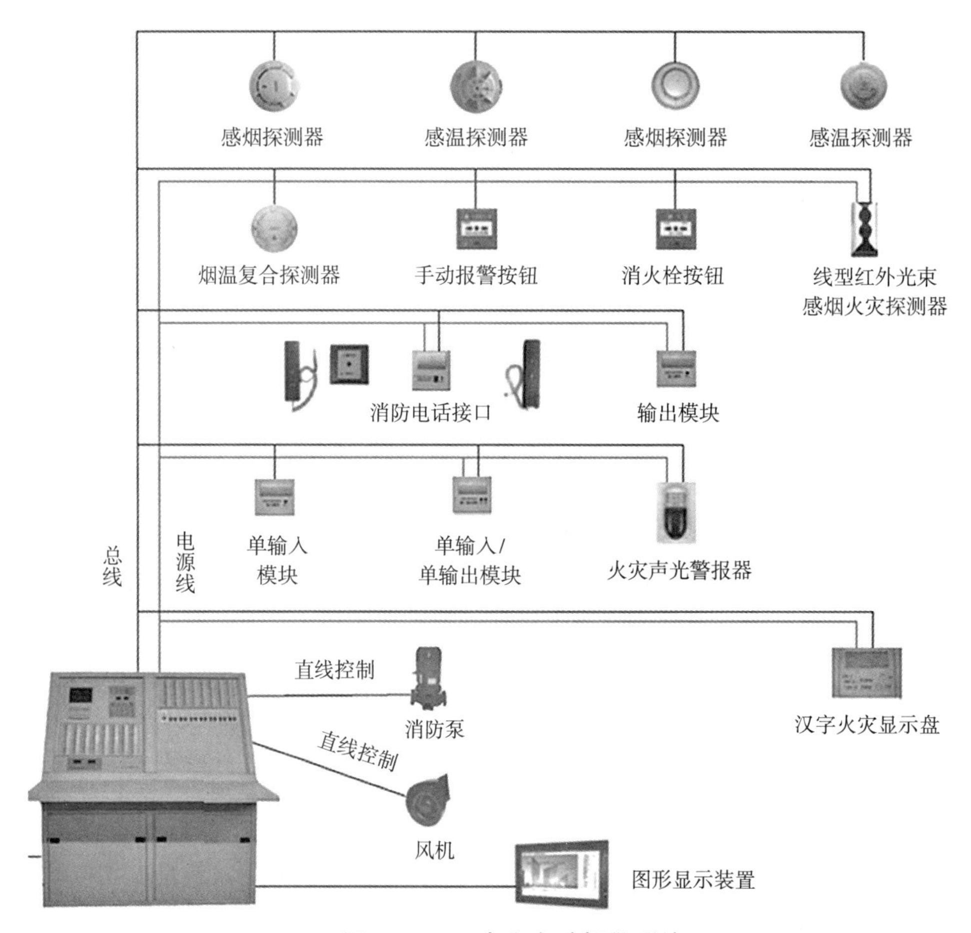


图6-1-1 火灾自动报警系统

## (一)火灾探测器

在办公室等场所的顶面上，我们常常会见到火灾探测器，如图6-1-2所示。

图6-1-2 火灾探测器

发生火灾后往往会产生大量烟气、引起环境温度升高或者产生火焰等，火灾探测就是采用电子器件，对物质燃烧过程中产生的这些火灾现象进行探测，电子器件探测到这些火灾特征信号后转变成为电信号，并把这些电信号送到火灾报警控制器，这样的电子器件就是火灾探测器。根据探测的火灾现象不同，火灾探测器有不同的类型，探测火灾烟气的火灾探测器是感烟探测器，探测环境温度变化的火灾探测器是感温探测器，探测火焰的火灾探测器是火焰探测器等。感烟探测器使用最为广泛，图6-1-2便是感烟探测器。

## （二）手动火灾报警按钮

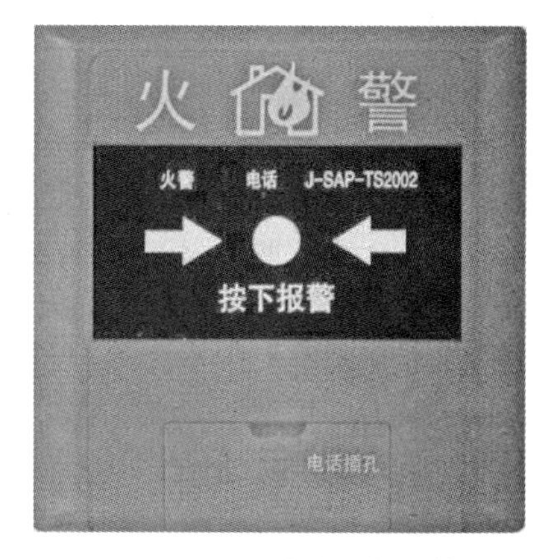

图6-1-3　手动火灾报警按钮

火灾探测器是自动探测火灾信号的器件，如果现场有人发现了火灾，也可以人工发出火灾信号，用于人工发出火灾信号的器件就是手动火灾报警按钮，如图6-1-3所示。手动火灾报警按钮一般安装在公共活动场所的出入口等处的墙上，现场人员发现火灾按下该按钮，即可向火灾报警控制器发出火灾信号。

## （三）火灾报警控制器（联动型）

火灾报警控制器接收火灾探测器或手动火灾报警按钮发送的火灾报警信号，除在本机报警外，还能控制现场的声光报警器报警。目前广泛生产和使用的火灾报警控制器产品，除具有火灾报警功能外，还集成有消防联动控制功能，即火灾报警控制器（联动型），通常也可称作火灾报警及联动控制器。

火灾报警控制器（联动型）按结构形式可分为壁挂式、琴台式和柜式三种，如图6-1-4所示。火灾报警控制器（联动型）一般安装在值班室或消防控制室，火灾时接收火灾报警信号，显示报警区域，发出火灾报警声、光信号，并按预先设定的程序控制各类受控消防设备动作。

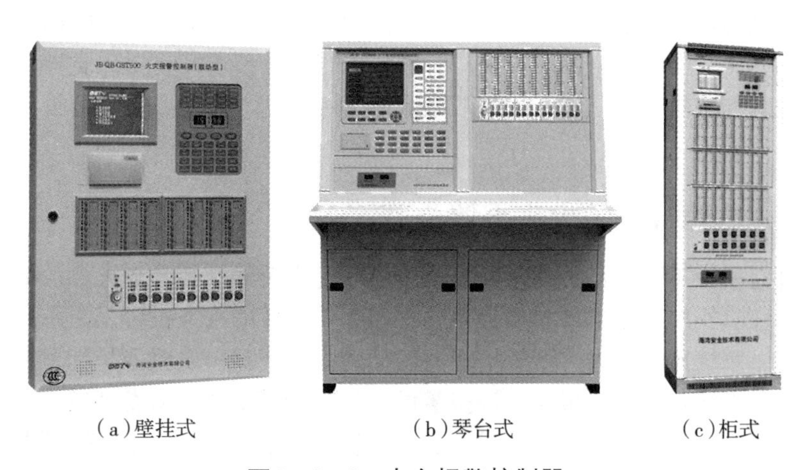
（a）壁挂式　（b）琴台式　（c）柜式

图6-1-4　火灾报警控制器

图6-1-5　声光警报器

## （四）声光警报器

声光警报器受火灾报警控制器控制，以警报声、闪烁光方式向报警区域发出火灾报警信号，以警示人们迅速采取安全疏散、灭火救援措施，如图6-1-5所示。

## （五）消防电气控制装置

火灾报警控制器（联动型）能够按预先设定好的方式控制各类受控消防设备动作，这种控制功能一般需要通过消防电气控制装置来完成。

比如火灾时喷水灭火需要启动消防泵，对消防泵的控制就需要通过消防泵控制装置来完成，消防泵控制装置也就是消防泵控制柜。火灾时，火灾报警控制器（联动型）接收到火灾报警信号，在满足预先设定的条件后，即向消防泵控制柜发出启动命令，消防泵控制柜接收启动命令后便控制消防泵启动。

再比如火灾时对防排或排烟风机的控制，同样需要通过风机控制装置即风机控制柜来实现。发生火灾时，火灾报警控制器（联动型）接收到火灾报警信号，在满足预先设定的条件后，即向送风机控制柜发出启动命令，送风机控制柜接收启动命令后便启动送风机，将室外的新鲜空气送入室内楼梯间及其相关部位，从而阻止烟气进入这些部位，达到防烟效果；同时向排烟风机控制柜发出启动命令，排烟风机控制柜接收启动命令后便启动排烟风机，将火灾产生的烟气排到室外。

此外，发生火灾时，火灾报警控制器（联动型）还能通过防火卷帘控制器联动控制防火卷帘下降，从而实现防火分隔，阻止火灾蔓延；通过电梯控制器联动所有电梯停在首层或电梯转换层，非消防电梯开门停用，消防电梯开门待用（消防救援人员使用）；通过应急照明控制器启动应急照明和疏散指示系统等。

## 二、火灾自动报警系统的工作原理

在火灾自动报警系统中，用于探测火灾的设备是火灾探测器，用于向现场人员发出警报的是声光警报器。火灾探测器是系统的“感觉器官”，随时监视着保护区域的火情；声光警报器以及消防联动控制器则是系统的“执行器官”，负责执行相应的动作；而火灾报警控制器（联动型），则是系统的“大脑”，是系统的核心，它接收“感觉器官”发送的信号并作相应的判断，然后向“执行器官”发出控制命令，“执行器官”接收到控制命令便执行相应的动作。

## 三、火灾自动报警的火灾报警处理

由于火灾自动报警系统自身或其监控范围内环境影响等原因，火灾自动报警系统的火灾报警可能存在真实的火灾报警和误报警两种情况。真实的火灾报警是指系统监控范围内确有火灾发生，系统检测到火灾特征信号而启动的火灾报警。误报警是指系统监控范围内没有发生火灾而系统显示火灾报警。误报警可能是监控范围内环境发生较大变化所致，如监控范围内有大量灰尘或水雾滞留、气流速度过大及正常情况下有烟滞留或高频电磁干扰等。

火灾自动报警系统发出火灾报警时，现场火灾探测器上的火警确认灯会点亮；控制室（或值班室）火灾报警控制器（联动型）发出火警声响；火灾报警控制器（联动型）面板上火警指示灯点亮，且“部位”显示窗口显示探测器的部位号或编号，打印机记录报警时间和部位。

此时，值班人员应首先按下火灾报警控制器（联动型）面板上的“消音”按键，消除报警声响，以便再有报警时能再次报警，消音后即进入火灾报警处置程序：

（1）通过火灾报警控制器（联动型）的部位指示，查明发出火灾报警信号的探测器部位号或编号，查明火灾报警部位。

（2）可以使用消防电话让现场人员或派人迅速到现场尽快查明报警现场情况，判断火灾探测器报警原因，是真实火灾报警，还是误报警。

（3）当确认是误报警时，应及时观察火灾报警现场是否有大量粉尘、非火灾烟雾或水雾滞留现象，气流速度是否过大，是否有高频电磁干扰等环境因素，在及时排除现场干扰因素后，对火灾报警控制器（联动型）进行复位，使控制器恢复到正常监视状态。若不能查明原因，要及时请专业技术人员加以查明与排除。

（4）当确认是发生火灾时，现场火灾确认人员应立即用对讲机或附近的消防电话分机等通信工具向消防控制室反馈火灾确认信息，然后根据火灾情况及时采取不同的措施，如火势较小，现场人员可以就近采用灭火器具将火扑灭；如火势较大，则应及时组织本单位人员利用现有消防设施处置火灾。消防控制室内值班人员接到现场火灾确认信息后，必须立即将火灾报警控制器（联动型）联动控制开关转入“自动”工作状态（处于自动状态的除外）；同时迅速拨打“119”火警电话，通知消防救援部门；启动单位灭火和应急疏散预案。火警处置完毕，对火灾报警控制器（联动型）进行复位。

## 第二节　消防给水及消火栓系统

水不仅具有很好的灭火效果，而且水在自然界分布广泛、容易获取，因此水是使用最普遍的灭火剂。建筑消防中通常利用给水管道将消防用水输送至建筑物外部或内部，并预留消防用水接口，火灾时从消防用水接口取水灭火，这样的系统就是消防给水及消火栓系统，也叫消火栓给水系统，包括室外消火栓给水系统和室内消火栓给水系统。

### 一、消防水源

用水灭火，首先要有水，水从哪里来？从消防水源来。所以，无论是室外消火栓给水系统还室内消火栓给水系统，消防水源都是其基本组成部分，也是成功灭火的基本保证。消防水源有天然水源和人工水源。天然水源包括江河、湖泊、水库及水井等；人工水源包括消防水池（如图6-2-1所示）和市政管网。作为消防水源，应当保证在任何时候都能提供足够的消防用水。

图6-2-1　消防水池

### 二、室外消火栓给水系统

室外消火栓给水系统的消防水源一般是市政管网，而室外消火栓给水系统的消防用水接口就是设置在市政管网或建筑物外消防给水管网上的室外消火栓。室外消火栓给水系统的主要作用是供消防车或其他移动灭火设备从市政管网或建筑物外消防给水管网取水或直接接水带、水枪实施灭火。

#### （一）室外消火栓的类型

室外消火栓按其结构不同分为地上式消火栓和地下式消火栓两种，以适应设置环境的要求。

**1.地上式消火栓**

地上式消火栓大部分露出地面，位置明显、易于寻找、操作方便。但地上式消火栓易冻结、易损坏，所以适用于冬季不是非常寒冷的地区，如图6-2-2所示。

**2.地下式消火栓**

地下式消火栓设置在消火栓井内，不易冻结、不易损坏，并且不妨碍交通，如图6-2-3所示。但目标不明显，操作不便，适用于北方寒冷地区。采用地下消火栓，应在消火栓附近地面上设置明显的固定标志，便于在下雪等恶劣天气寻找。当地下式消火栓的取水口在冰冻线以上时，应采取保温措施。

图6-2-2　地上式消火栓

图6-2-3　地下式消火栓

### （二）室外消火栓的设置

室外消火栓应布置在消防车易于接近的人行道和绿地等地点，且不应妨碍交通，距路边不宜小于0.5m，并不应大于2.0m，距建筑外墙不宜小于5.0m。

## 三、室内消火栓给水系统

### （一）室内消火栓给水系统的组成

室内消火栓给水系统主要由消防水池、消防水泵、消防水箱、水泵接合器、室内给水管网、室内消火栓及系统附件等组成。

图6-2-4　消防水泵

**1.消防水池**

室内消火栓给水系统的消防水源一般采用消防水池，消防水池是人工建造的储存消防用水的构筑物，消防水池是天然水源或市政管网的重要补充，天然水源或市政管网不能满足建筑灭火用水量要求时，则单独建造消防水池。

**2.消防水泵**

要把消防水池的水输送到消防管网供灭火使用，需要依靠消防水泵（如图6-2-4所示），所以说消防水泵是消防给水系统的心脏，其工作的好坏严重影响着灭火的成败。

**3.消防水箱**

图6-2-5　消防水箱

发生火灾后需要立即进行喷水灭火，而消防水池中的水需要由消防水泵输送到消防管网中，但发生火灾时消防水泵并未启动，且消防水泵的启动需要一定时间，为此，一般在建筑屋顶设置消防水箱，依靠重力自流提供火灾初期的消防用水，如图6-2-5所示。

**4.水泵接合器**

建筑发生火灾时，假如消防水泵因停电、检修或其他故障无法把水从消防水池输送到消防管网中去，或者火势太大，消防水量不足，可从消防车、室外消火栓或其他水源处取水，通过水泵接合器向室内消防管网提供或补充消防用水。因此，水泵接合器是供消防车向建筑内消防管网输送消防用水的预留接口。

水泵接合器有地上式、地下式和墙壁式三种类型，如图6-2-6所示。水泵接合器宜采用地上式，当必须采用地下式水泵接合器时，应在其附近设有明显标志。

（a）地上式

（b）地下式

（c）墙壁式

图6-2-6　水泵接合器

**5.室内消火栓**

室内消火栓是扑救建（构）筑物火灾的主要消防设施，通常安装在消火栓箱内，与消防水带、消防水枪等器材配套使用。由于其灭火性能可靠，成本低廉，是应用最基本和最广泛的消防设施之一。

室内消火栓是由室内消火栓给水管网向火场供水的带有阀门的接口，其与室内消防给水管道连接，是建筑内的固定消防设施，如图6-2-7所示。

图6-2-7　室内消火栓

（1）消火栓箱。消火栓箱是安装在建（构）筑物内的消防给水管路上，具有给水、灭火、控制、报警等功能的箱状固定式消防装置。消火栓箱由箱体、室内消火栓、消防接口、消防水带、消防水枪、消防软管卷盘及电气设备等消防器材组成。

消火栓箱的箱体一般由冷轧薄钢板弯制焊接而成，箱门材料除全钢型、钢框镶玻璃型、铝合金框镶玻璃型外，还可根据消防工程特点，结合室内建筑装饰的要求来确定。箱门表面必须涂有明显的“消火栓”标志。

消火栓箱按安装方式不同，可分为明装式、暗装式和半暗装式。按箱门形式不同，可分为左开门式、右开门式、双开门式和前后开门式等。按水带安置方式不同，可分为挂置式、卷盘式、卷置式和托架式，如图6-2-8所示。按箱门材料不同，可分为全钢型、钢框镶玻璃型、铝合金框镶玻璃型等。

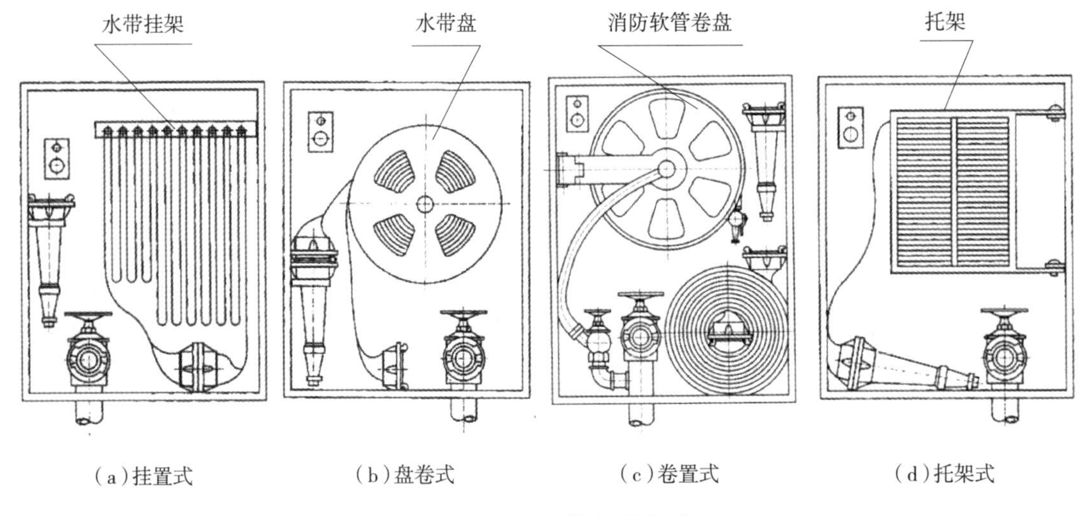


图6-2-8　水带安置方式

（2）消防水枪。消防水枪是喷射水流的工具，如图6-2-9所示。通过消防水枪把水流喷射到燃烧物上可实现灭火、冷却保护、隔离、稀释等多种消防功能。消防水枪具有射程远、水量大等优点，是灭火过程中使用最广泛的装备之一。

图6-2-9　消防水枪

（3）消防水带。消防水带用于输送水，

在消火栓箱（柜）内安装时应保证不影响其他消防器材的使用。传统的消防水带以橡胶为内衬，外表面包裹着亚麻编织物。先进的消防水带则用聚氨酯等聚合材料制成。消防水带的两头都有金属接头，可以接上另一根水带以延长距离，也可以分别连接消火栓和消防水枪。

（4）消防软管卷盘。消防软管卷盘由阀门、输入管路、卷盘、软管和喷枪等组成，能在迅速展开软管的过程中喷水灭火，可供非职业消防人员扑救室内初期火灾使用，如图6-2-10所示。

消防软管卷盘与室内消火栓设备相比，由于喷枪直径小，流量小，其反作用力小，操作简单，广泛用于民用建筑、工厂及消防车等装备上。

（5）栓阀。栓阀即室内消火栓阀体，安装于消火栓箱内并与供水管路相连，如图6-2-11所示。

（6）消火栓按钮。消火栓箱内一般还设置有消火栓按钮，消火栓按钮表面装有一个按片，当发生火灾时可直接按下按片，此时消火栓按钮的红色启动指示灯亮，并能向控制中心发出信号，一般不作为直接启动消防水泵的开关，如图6-2-12所示。

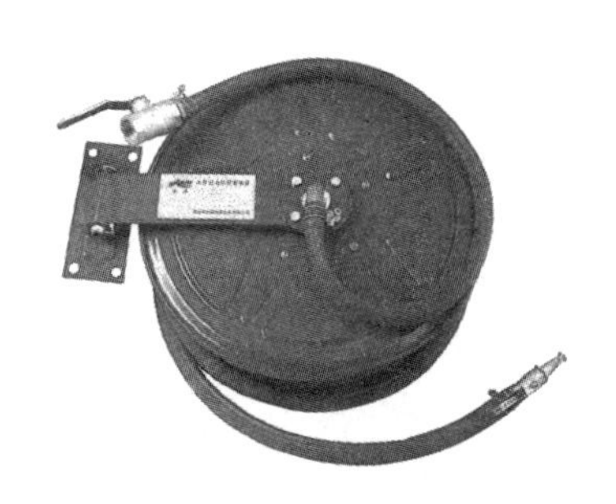

图6-2-10　消防软管卷盘

图6-2-11　栓阀

图6-2-12　消火栓按钮

### （二）室内消火栓的使用方法

发生火灾时，迅速打开消火栓箱门，若为玻璃门，紧急时可将其击碎。按下消火栓箱内的消火栓按钮，发出报警信号。取出消防水枪，拉出消防水带，将水带接口一端与消火栓接口顺时针旋转连接，另一端与水枪顺时针旋转连接，在地面上铺平拉直。把室内消火栓手轮顺开启方向旋开，另一人双手紧握水枪，喷水灭火。灭火完毕后，关闭室内消火栓及所有阀门，把水带冲洗干净，置于阴凉干燥处晾干后，按原水带安置方式置于消火栓箱内。

## 第三节　自动喷水灭火系统

自动喷水灭火系统，简单地说，就是在火灾情况下，能自动喷水灭火，保障人身和财产安全的一种灭火系统。自动喷水灭火系统发展至今已有200多年的历史，最早是以“钻孔管式喷水灭火系统”的形式出现，于1812年安装在英国伦敦皇家剧院。自动喷水灭火系统在我国应用已有近100年，于1926年安装在上海毛纺厂。据统计，随着技术水平的提高，目前自动喷水灭火系统控火成功率平均在96%以上，像澳大利亚、新西兰等国家控火成功率达99.8%，有些国家和地区甚至高达100%。国内外自动喷水灭火系统的应用实践和资料证明，该系统除控火成功率高以外，还具有安全可靠、经济实用、适用范围广、使用寿命长、在自动灭火的同时具有自动报警等优点，是目前人类找到的最佳消防设施。

## 一、自动喷水灭火系统的分类

自动喷水灭火系统根据系统中所使用的喷头形式，分为开式自动喷水灭火系统和闭式自动喷水灭火系统两大类，具体如表6-3-1所示。

**表6-3-1　自动喷水灭火系统的分类**

<table>
<tr><td rowspan="5">自动喷水灭火系统</td><td rowspan="3">闭式系统</td><td>湿式自动喷水灭火系统</td></tr>
<tr><td>干式自动喷水灭火系统</td></tr>
<tr><td>预作用自动喷水灭火系统</td></tr>
<tr><td rowspan="2">开式系统</td><td>雨淋系统</td></tr>
<tr><td>水幕系统</td></tr>
</table>

### （一）湿式自动喷水灭火系统

湿式自动喷水灭火系统是在准工作状态时，管道内充满用于启动系统的有压水的闭式系统。此系统适用于环境温度在4～70℃的场所。

### （二）干式自动喷水灭火系统

干式自动喷水灭火系统是在准工作状态时，配水管内充满用于启动系统的有压气体的闭式系统。此系统适用于环境温度低于4℃或高于70℃的场所。

### （三）预作用自动喷水灭火系统

预作用自动喷水灭火系统在准工作状态时，配水管内一般以压缩空气替代水，由火灾自动报警系统或传动管网的闭式喷头作为探测元件，自动开启雨淋阀或预作用报警阀组后，预作用系统便转换为湿式系统的闭式系统。

### （四）雨淋系统

雨淋系统是由火灾自动报警系统或传动管控制，自动开启雨淋阀和启动消防水泵后，向开式洒水喷头供水的自动喷水灭火系统。

### （五）水幕系统

水幕系统不具备直接灭火的能力，主要用于发生火灾时通过密集喷洒形成水墙或水帘，达到防火分隔的目的，或直接喷洒到被保护对象上，达到防护的目的。

## 二、湿式自动喷水灭火系统的组成

湿式自动喷水灭火系统是自动喷水灭火系统的基础，其他类型的系统是对湿式自动喷水灭火系统的发展，自动喷水灭火系统的产品与工程标准，也是采取以湿式自动喷水灭火系统为基础逐渐扩展到其他系统的方法编制的，因此我们主要介绍湿式自动喷水灭火系统。

湿式自动喷水灭火系统由闭式喷头、湿式报警阀组、管道和供水设施等组成，如图6-3-1所示。

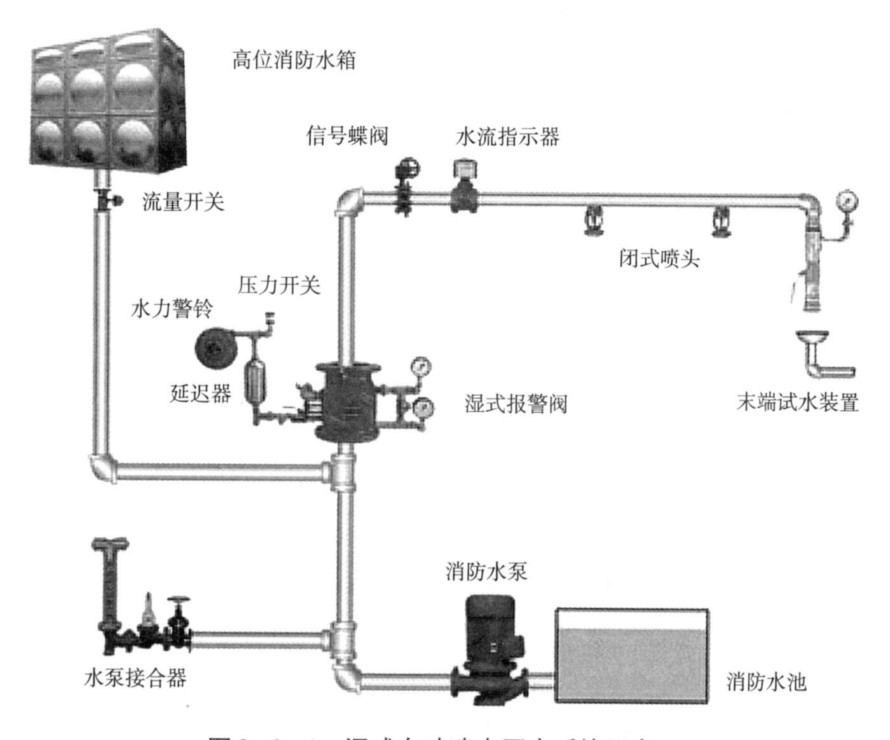


图6-3-1　湿式自动喷水灭火系统示意图

### （一）闭式喷头

喷头是自动喷水灭火系统的主要组件。根据喷头是否有热敏元件封堵可把喷头分为闭式喷头和开式喷头。喷水口有阀片的为闭式喷头，无阀片的为开式喷头。

闭式喷头是带有热敏元件的喷头，其喷水口由热敏元件组成的释放机构封闭，当设置场所发生火灾，温度达到喷头的公称动作温度范围时，热敏元件动作，释放机构脱落，喷头开启。在闭式系统中，闭式喷头担负着探测火灾、启动系统和喷水灭火的任务，是系统的关键组件。

#### 1.按热敏元件分类

闭式喷头按热敏元件不同分为玻璃球喷头和易熔合金喷头。玻璃球喷头是目前常用的喷头，由框架、密封垫、玻璃球和溅水盘等组成，如图6-3-2所示。玻璃球用于支撑封堵在喷水口的密封垫，其内充装高膨胀率液体，如乙醚、酒精等，发生火灾时，玻璃球内的液体受热膨胀，达到其公称动作温度时，玻璃球炸裂，密封垫失去支撑，压力水喷出。

玻璃球的公称动作温度用颜色来表示，如橙色为57℃，红色为68℃，黄色为79℃，

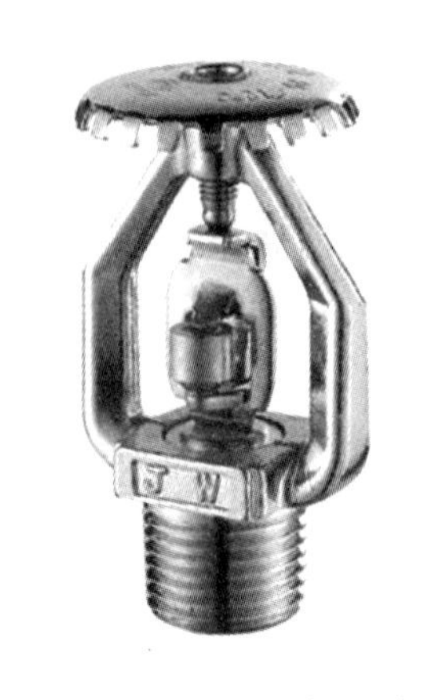

图6-3-2　玻璃球喷头　　图6-3-3　易熔合金喷头

绿色为79℃等。闭式系统喷头公称动作温度宜高于环境温度30℃，因此我国普遍采用的是公称动作温度为68℃的红色喷头。

易熔合金喷头的热敏元件则为熔化温度很低的合金，如铋、铅、锡、镉等按不同比例组合而成。发生火灾时，环境温度升高到易熔合金熔化温度时，易熔合金熔化，密封垫失去支撑，压力水喷出，如图6-3-3所示。

**2.按安装方式和洒水形式分类**

（1）直立型喷头。直立安装，水流向上冲向溅水盘，如图6-3-4所示。

（2）下垂型喷头。下垂安装，水流向下冲向溅水盘，如图6-3-5所示。

（3）边墙型喷头。靠墙安装，在一定的保护面积内，将水向一边喷洒分布，如图6-3-6所示。

图6-3-4　直立型喷头

图6-3-5　下垂型喷头

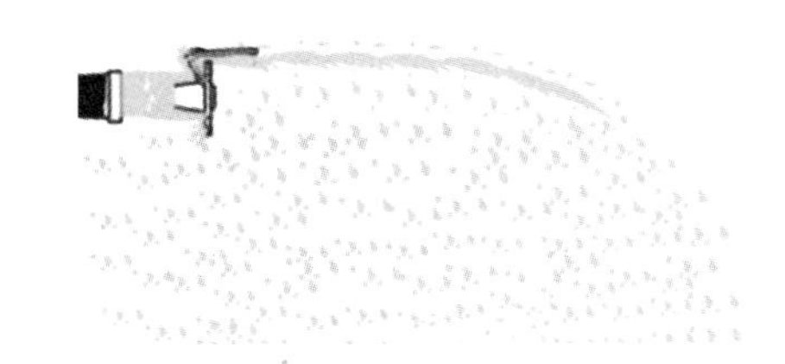

图6-3-6　边墙型喷头

## （二）报警阀组

在自动喷水灭火系统中，报警阀组也是至关重要的组件，它平时处于关闭状态，发生火灾时自动开启，其作用一是接通或切断水源；作用二是启动系统；作用三是启动水力警铃等报警设备。报警阀组通常由报警阀、报警信号管路、延迟器、压力开关、水力警铃、泄水及试验管路、控制阀和压力表等部分组成。

自动喷水灭火系统使用的报警阀组根据其构造和功能主要有湿式报警阀组、干式报警阀组和雨淋阀组三种。

湿式自动喷水灭火系统采用湿式报警阀组，准工作状态时配接的配水管道内充满用于启动系统的有压水，如图6-3-7所示。

水力警铃　压力开关　湿式报警阀　压力表　延迟器　压力表

图6-3-7　湿式报警阀组

**1.湿式报警阀**

湿式报警阀是只允许水流入湿式灭火系统并在规定压力、流量下驱动配套部件报警的一种单向阀，是湿式报警阀组的核心组件。

**2.延迟器**

延迟器安装在湿式报警阀后的报警管路上，是可最大限度减少因水源压力波动或冲击而造成误报警的一种容积式装置。

**3.压力开关**

压力开关是一种压力传感器，其作用是将系统中的水压信号转换为电信号，该电信号可直接控制消防水泵的启动并向消防控制室传输报警信号。

**4.水力警铃**

水力警铃是一种能发出声响的水力驱动报警装置，安装在报警阀组的报警管路上，是报警阀组的主要组件之一。

可通过湿式报警阀组警铃测试阀门对水力警铃进行测试，打开警铃测试阀门，水力警铃发出铃声。

### 三、湿式自动喷水灭火系统的工作原理

湿式自动喷水灭火系统的湿式报警阀组前后管网中平时均充满有压水，湿式报警阀在水压平衡时处于关闭状态，当发生火灾时，火源周围温度上升，导致火源上方的闭式喷头开启、喷水灭火。由于闭式喷头喷水泄压，打破了湿式报警阀组前后的水压平衡，湿式报警阀自动开启，供水侧的水一方面进入喷头管路喷水灭火，另一方面进入报警信号管路冲击压力开关和水力警铃。压力开关动作后一方面向消防控制室发送报警信号，另一方面向消防泵控制柜发送控制信号启动消防水泵，消防水泵一经启动，系统便可持续喷水灭火。水力警铃动作则发出现场报警铃声。

## 第四节　气体灭火系统

气体灭火系统是通过气体状态的灭火剂在着火区域内或保护对象周围的局部区域建立起一定的浓度实现灭火。该系统具有灭火速度快，灭火效率高，不腐蚀设备，对保护对象无任何污损，不导电等优点；但系统一次性投资较大，所以通常用于保护重要且要求洁净的特定场所。气体灭火系统是建筑灭火设施中的一种重要形式。

### 一、气体灭火系统的分类

为满足各种保护对象的需要，最大限度地降低火灾损失，气体灭火系统具有多种应用形式。

#### （一）按使用的灭火剂分类

**1.二氧化碳灭火系统**

二氧化碳灭火系统是以二氧化碳作为灭火剂的气体灭火系统。二氧化碳本身是一种惰性气体，对燃烧具有良好的窒息作用，二氧化碳灭火剂平时以液态形式储存在钢瓶中，喷射出的液态二氧化碳气化成气体状态的二氧化碳，在气化过程中会吸收大量的热，具有一定的冷却作用。因此，二氧化碳气体灭火系统主要就通过冷却和窒息的方式达到灭火的效果。二氧化碳气体灭火系统根据储存压力不同，又分为高压二氧化碳灭火系统和低压二氧

化碳灭火系统。

（1）高压二氧化碳灭火系统指灭火剂在常温下储存的系统。

（2）低压二氧化碳灭火系统指将灭火剂在-20～-18℃低温下储存的系统。

二氧化碳灭火系统适用于扑救灭火前可切断气源的可燃气体火灾，液体火灾或者石蜡、沥青等可熔化的固体火灾，纸张、棉毛、织物等固体火灾及电气设备火灾（如变压器、油开关、电子设备）。

二氧化碳灭火系统不适用于硝化纤维、火药等含氧化剂的化学制品火灾，钾、钠、镁、钛、锆等活泼金属火灾，以及氢化钾、氢化钠等金属氢化物火灾。

**2.惰性气体灭火系统**

惰性气体主要是由大自然中的氮气、氩气、二氧化碳通过一定的比例形成混合气体，是一种无毒、无色、无味的气体，惰性气体具有窒息灭火的作用，且不导电，因此被称为纯“绿色”压缩气体，故惰性气体灭火系统又称为洁净气体灭火系统。

惰性气体灭火系统包括：IG01（氩气）灭火系统、IG100（氮气）灭火系统、IG55（氩气50%、氮气50%）灭火系统、IG541（氩气40%、氮气52%、二氧化碳8%）灭火系统。惰性气体灭火剂的适用范围与二氧化碳灭火系统相同。

**3.七氟丙烷灭火系统**

七氟丙烷灭火系统是以七氟丙烷化学物质作为灭火剂，是一种无色无味、低毒性、不导电的洁净气体灭火剂，具有灭火能力强、灭火剂性能稳定的特点，释放灭火后无残余物，对大气臭氧层没有破坏作用，不会污染环境和保护对象，是目前卤代烷1211、1301的理想替代品。

## （二）按应用方式分类

**1.全淹没气体灭火系统**

全淹没气体灭火系统是指在规定的时间内，向着火区域喷射规定量的气体灭火剂，并使其均匀地充满整个保护区的气体灭火系统，如图6-4-1所示。火灾发生时，将设计好的气体灭火剂全部喷放到保护区密闭房间内，通过气体形成一定浓度，达到灭火的效果。

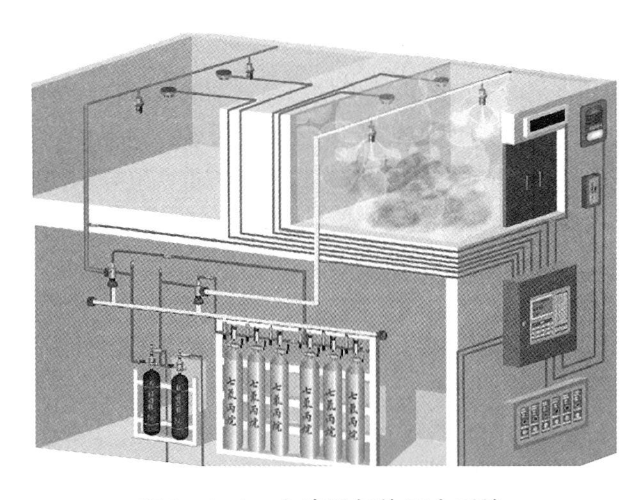

图6-4-1　全淹没气体灭火系统

**2.局部应用气体灭火系统**

局部应用气体灭火系统是指在规定时间内直接向着火对象以设计规定量喷射灭火剂，并持续一定时间的灭火系统。局部应用气体灭火系统的喷头均匀布置在保护对象的周围，火灾发生时，将灭火剂直接且集中地喷射到着火物体上，使其笼罩整个着火物外表面，通过在燃烧物周围形成一定浓度，达到灭火的效果。

## （三）按照结构特点分类

### 1.单元独立灭火系统

单元独立灭火系统是指用一套灭火剂储存装置保护一个防护区或保护对象的灭火系统，如图6-4-2所示，每个着火区域对应一套气体灭火系统。

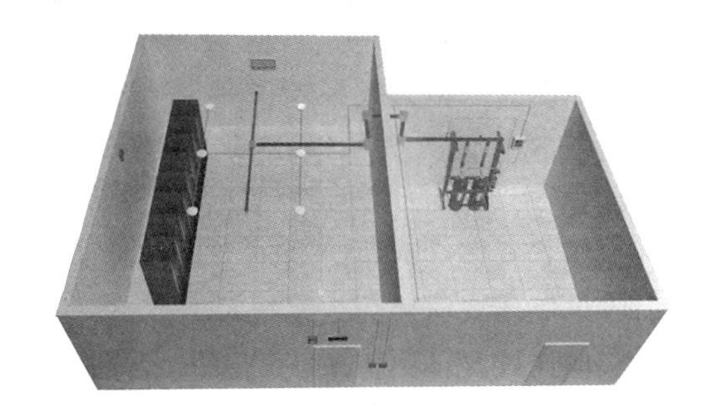

图6-4-2　单元独立灭火系统

### 2.组合分配灭火系统

组合分配灭火系统是指用一套灭火剂储存装置保护两个及两个以上防护区或保护对象的灭火系统，如图6-4-3所示，几个着火区域共用一套气体灭火系统。若几个着火区都非常重要或有同时着火的可能性，为确保安全，宜采用单元独立灭火系统。

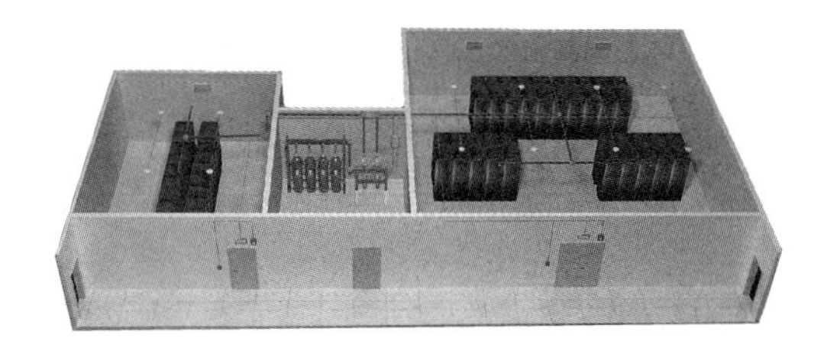

图6-4-3　组合分配灭火系统

## （四）按装配形式分类

### 1.管网灭火系统

管网灭火系统是指按一定的应用条件进行设计计算，将灭火剂从储存装置经由干管、支管输送至喷放组件实施喷放的灭火系统，如图6-4-4所示。火灾发生时，灭火剂通过设计的喷射管道，喷放到着火区域，达到灭火的效果。

图6-4-4　管网灭火系统

管网灭火系统需要设单独储瓶间，气体喷放需要通过放在保护区内的管网系统进行，适用于计算机房、档案馆、贵重物品仓库、电信中心等较大空间的保护区。

### 2.预制灭火系统

预制灭火系统是指按一定的应用条件，将灭火剂储存装置和喷放组件等预先设计、组装成套且具有自动控制功能的灭火系统。该灭火系统又分为柜式气体灭火装置和悬挂式气体灭火装置两种类型，如图6-4-5所示。火灾发生时，灭火剂不需要管道引导，直接释放到着火区域，达到灭火的效果。

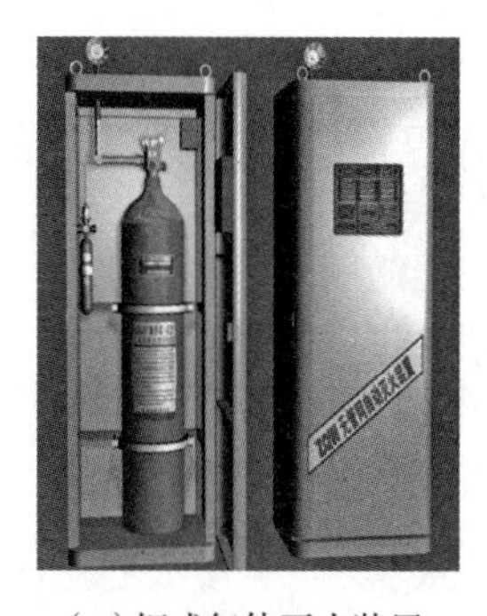

（a）柜式气体灭火装置

（b）悬挂式气体灭火装置

图6-4-5　预制灭火系统

预制灭火系统不设储瓶间，储气瓶及整个装置均设置在保护区内，安装灵活方便，外形美观且轻便可移动，适用于较小的、无特殊需求的防护区。

### （五）按加压方式分类

#### 1.自压式气体灭火系统

自压式气体灭火系统指灭火剂无须单独加压，而是依靠自身压力进行输送的灭火系统。

自压式气体灭火系统适用于IG541气体灭火系统、二氧化碳灭火系统等。

#### 2.内储压式气体灭火系统

内储压式气体灭火系统是指灭火剂和驱动气体在瓶组内进行加压储存，系统动作时灭火剂靠瓶组内的充压气体进行输送的灭火系统。

内储压式气体灭火系统适用于七氟丙烷灭火系统等。

#### 3.外储压式气体灭火系统

外储压式气体灭火系统是指系统动作时气体灭火剂由专设的充压气体瓶组按设计压力对其进行充压输送的灭火系统。

外储压式气体灭火系统适用于管道较长、灭火剂输送距离较远的场所。

## 二、气体灭火系统的组成

### （一）预制灭火系统的组成

柜式预制灭火系统一般由灭火剂瓶组、驱动气体瓶组（也可不用）、容器阀、减压装置、驱动装置、集流管（只限多瓶）、连接管、喷组、信号反馈装置、安全泄放装置、控制盘、检漏装置、管路管件、柜体等部件组成。

### （二）管网气体灭火系统的组成

管网气体灭火系统一般由灭火剂储存容器、驱动气体储存容器、容器阀、单向阀、选择阀、驱动装置、集流管、连接管、喷嘴、信号反馈装置、安全泄放装置、控制盘、检漏装置、管路管件及吊钩支架等部件组成。

#### 1.瓶组

瓶组是用于储存灭火剂或驱动气体的，按用途分为灭火剂瓶组、驱动气体瓶组、加压气体瓶组。

#### 2.容器阀

容器阀是指安装在容器上，具有释放、充装、封存、超压泄放等功能的控制阀门，如图6-4-6所示。通常瓶组开口部位需要设置容器阀，用于封存、释放灭火剂等。

#### 3.选择阀

图6-4-6 容器阀

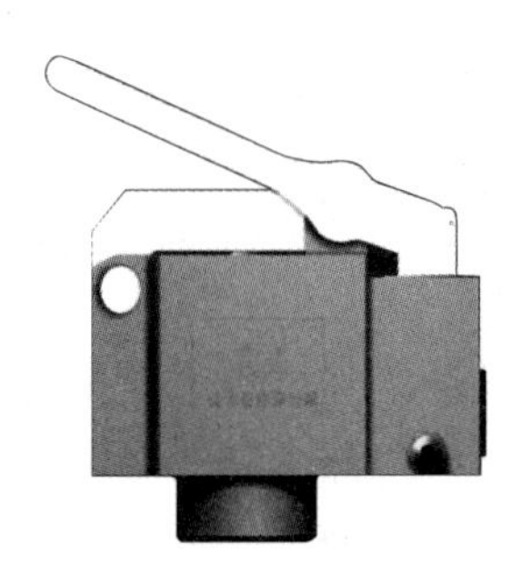

图6-4-7 选择阀

选择阀用于组合分配系统中，安装在灭火剂释放管道上，由其控制灭火剂释放到相应的保护区，如图6-4-7所示。选择阀是灭火剂释放管上的开关，由其控制灭火剂喷放到指定着火区。

#### 4.信号反馈装置

信号反馈装置安装在选择阀的出口部位，对于单元独立系统可安装在集流管或者释放管网上，如图6–4–8所示。信号反馈装置可监测设备有没有正常喷放气体，只要气体经过释放管道，信号反馈装置即将此释放动作转换为电信号，传送回控制器，提醒我们气体灭火剂已经正常喷放。

**5.安全泄压阀**

安全泄压阀一般设置在组合分配系统的集流管上，如图6–4–9所示。当气体灭火剂释放到集流管中汇集，可能会存在压力超高的情况，此时安全泄压阀就可以自动开启泄压，保证系统正常运作，类似于高压锅上泄压的阀门。

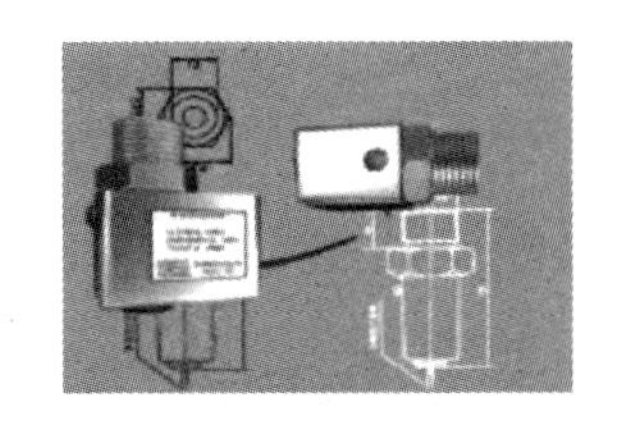

图6–4–8　信号反馈装置

图6–4–9　安全泄压阀

**6.单向阀**

单向阀是用来控制介质流向的。单向阀分为气流单向阀和液流单向阀，如图6–4–10、图6–4–11所示。通常灭火剂出口位置需要设置单向阀，防止灭火剂倒回储罐，不利于灭火。

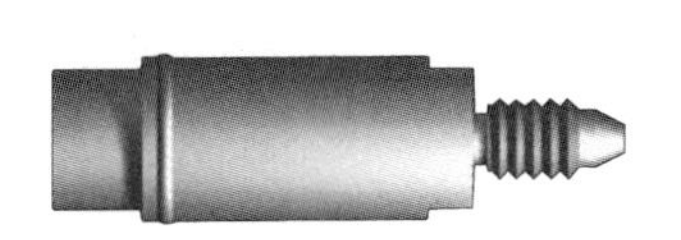

图6–4–10　气流单向阀

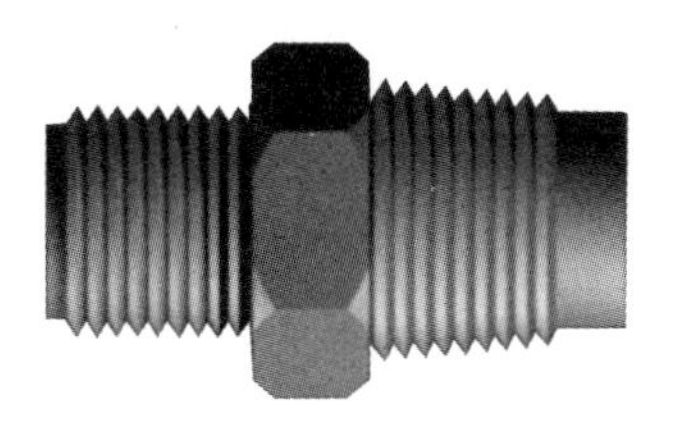

图6–4–11　液流单向阀

**7.集流管**

将多个灭火剂瓶组的灭火剂汇集一起再分配的汇流管道，如图6–4–12所示。集流管主要用于汇集灭火剂。

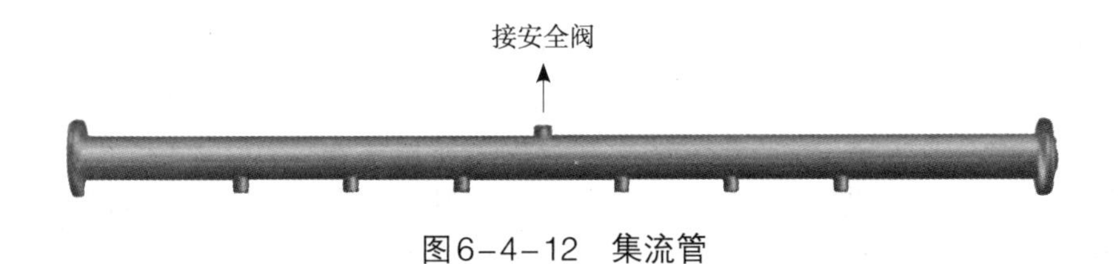


图6–4–12　集流管

## 三、气体灭火系统的工作原理及控制方式

### （一）气体灭火系统的工作原理

气体灭火系统所在的防护区发生火灾后，首先由防护区内的探测器动作，并向火灾报警灭火控制器输送报警信号，确认火警信息后发出声、光报警信号，同时启动关闭防护区开口、停止空调和通风机等动作，延时一定时间（一般延时30s）后打开启动气瓶的瓶头阀，利用气瓶中的高压氮气将灭火剂储存容器上的容器阀打开，灭火剂经管道输送到喷头喷出实施灭火。灭火剂释放时，信号反馈装置给出反馈信号，灭火控制器同时发出施放灭火剂的声、光报警信号。

延时主要有三个方面的作用：一是考虑防护区内人员的疏散，二是及时关闭防护区的开口，三是判断有没有必要启动气体灭火系统。

## （二）气体灭火系统的控制方式

### 1.管网气体灭火系统的控制方式

管网气体灭火系统有自动控制、手动控制和机械应急操作三种启动方式，如图6-4-13所示。

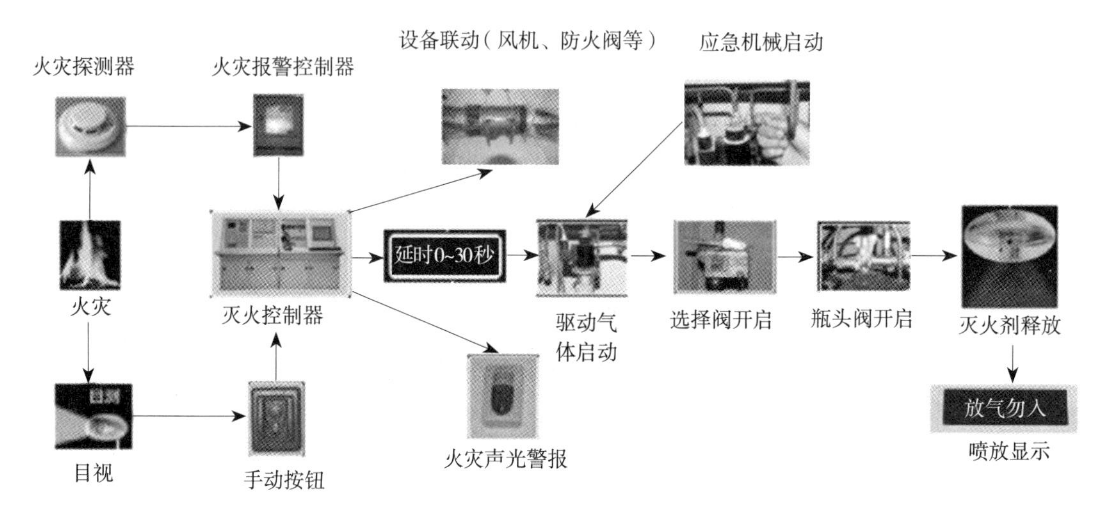


图6-4-13 气体灭火系统的控制方式

（1）自动控制。自动控制是指从火灾探测报警到启动设备和释放灭火剂均由系统自动完成，不需要人工干预的操作与控制方式。

采用自动控制时，将灭火控制器（盘）控制方式置于"自动"位置，灭火系统处于自动控制状态。当某防护区发生火情，由火灾探测器发出联动触发信号后，通过灭火控制器输出电信号到该防护区相应的电磁阀，通过电磁阀释放启动气体，从而启动灭火剂灭火的过程，如图6-4-14所示。

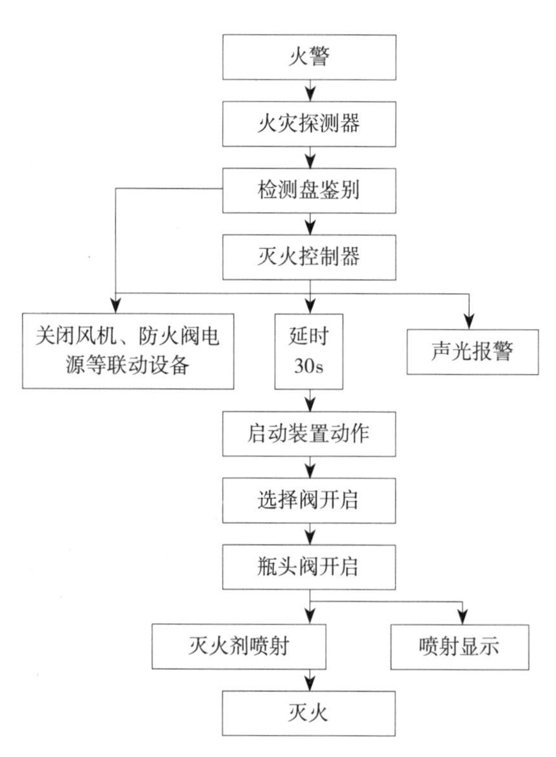


图6-4-14 气体灭火系统自动控制工作原理

在延时时间内，如果发现不需要启动灭火系统，可通过按下停止按钮（如图6-4-15所示）阻止灭火控制器（盘）灭火指令的发出，对于平时无人工作的防护区可设置为无延迟的喷射。

（2）手动控制。手动控制是指人员发现起火或接到火灾自动报警信号，并经确认后启动手动控制按钮，通过灭火控制器操作联动设备和释放灭火剂的操作与控制方式。

采用手动控制时，将灭火控制器（盘）控制方式置于“手动”位置，灭火系统处于手动控制状态。当某防护区发生火情，在接收到报警信号后，经现场人员确认后，通过按下灭火控制器（盘）上的“启动”按钮或设置在防护区附近墙面上的“紧急启动/停止”按钮上的启动键，发出启动指令，打开与该防护区相应的电磁阀，通过电磁阀释放启动气体，从而启动灭火剂灭火的过程。灭火控制器（盘）具有手动优先的功能，即便系统处于自动控制状态，手动控制仍然有效。

图6-4-15　气体灭火系统紧急启停按钮

（3）机械应急操作。机械应急操作是指系统在自动与手动操作均失灵时，人员利用系统所设的机械式启动机构释放灭火剂的操作与控制方式。当某防护区发生火情且灭火控制器不能有效地发出灭火指令时，工作人员拔除对应防护区的启动气体钢瓶电磁瓶头阀上的止动簧片，压下圆头把手，打开电磁阀（如图6-4-16所示），通过电磁阀释放启动气体，从而启动灭火剂灭火的过程。

图6-4-16　气体灭火系统电磁阀

**2.预制气体灭火系统的控制方式**

预制气体灭火系统具有自动和手动两种控制方式，其工作原理和控制逻辑与管网灭火系统基本相同。

## 第五节　防烟排烟系统

几乎所有火灾都会产生大量烟气，而烟气具有多方面的危害性，主要表现在毒害性、窒息性、高温性和减光性等，这些危害性给安全疏散和灭火救援行动带来极大的不利影响。国内外大量火灾实例统计数据表明，火灾事故伤亡者中，大多数是烟气所致。因此，对火灾烟气加以控制是减少火灾损失的重要手段。对烟气进行控制的系统就是防烟排烟系统。

通过对火灾烟气扩散规律的研究表明，发生火灾时的首要任务是把火灾产生的烟气控制在着火区域并迅速将其排至室外。而非着火区域，尤其是疏散通道，首要任务则是防止烟气侵入。在着火区域和非着火区域对烟气进行控制的系统分别是防烟系统和排烟系统。“防烟”是防止烟气进入，是被动方式；而“排烟”则是积极改变烟气流向，使之排出室外，是主动方式，两者互为补充。

## 一、防烟系统

防烟系统主要有自然通风方式的防烟系统和机械加压送风方式的防烟系统两种形式。

### （一）自然通风

自然通风方式的防烟系统是通过热压和风压作用产生压差，由建筑开口形成自然通风，以防止火灾烟气在楼梯间、前室、避难层（间）等空间内积聚。通常采取在防烟楼梯间的前室或合用前室，设置全敞开的阳台或凹廊，或者设置两个及以上不同朝向的符合面积要求的可开启的外窗来实现自然通风。

自然通风具有经济、节能、简便易行、不需要专人管理、无噪声等优点，但自然通风的通风量不受控制，通风效果不稳定。

### （二）机械加压送风

机械加压送风方式的防烟系统是通过送风机送风，使需要加压送风的部位（如防烟楼梯间、消防前室等）压力大于周围环境的压力，以阻止火灾烟气侵入楼梯间、前室、避难层（间）等空间，如图6-5-1所示。

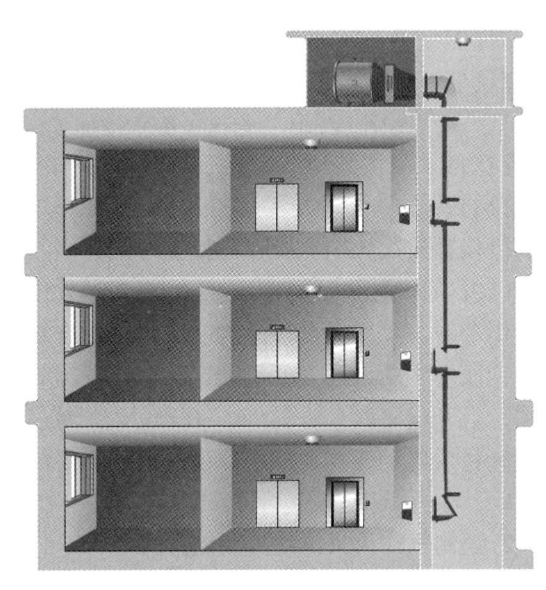

图6-5-1　机械加压送风

机械加压送风方式能够确保疏散通道的安全，即使在某些情况下偶然有少量烟气侵入，但在很短时间内就能被稀释排除，并不因此而降低疏散通道的安全。这一优点已被大量的试验和火灾实践所证实。但这种防烟方式需要进行初期投资，并且还要进行运行中的维护管理。

## 二、排烟系统

排烟系统主要有自然排烟和机械排烟两种形式。

### （一）自然排烟

自然排烟系统是利用火灾产生的热烟气流的浮力和外部风力的作用，通过房间、走道的开口部位把烟气排至室外。

自然排烟方式的优点是不需要专门的排烟设备，不需要外加的动力，构造简单、经济，易操作，投资少，运行维修费用少，且平时可兼作换气用。缺点主要是排烟效果不稳定，对建筑物的结构有特殊要求，以及存在着火灾通过排烟口向紧邻上层蔓延的危险等。

### （二）机械排烟

机械排烟系统是通过排烟机抽吸，使排烟口附近压力下降，形成负压，进而将烟气排出室外。

机械排烟方式的优点是能克服自然排烟受外界气象条件及高层建筑热压作用的影响，排烟效果比较稳定，特别是在火灾初期阶段，能有效地保证非着火区域的安全，但这种排烟方式也存在着不少问题。首先，在火灾猛烈阶段排烟效果可能大大降低。尽管在确定排烟风机的容量时总是留有余量，但火灾的情况错综复杂，某些场合下，火灾进入猛烈发展阶段，烟气大量产生，可能出现烟气的生成量短时内超过风机排烟量的情况，这时排烟风机来不及把生成的烟气完全排除，着火房间形成正压，从而使烟气扩散到非着火区中，因此排烟效果大大降低。其次，机械排烟系统必须能在高温下工作。火灾初期阶段，烟气温度较低，随着火灾的发展，烟气温度逐渐升高，当烟气温度达到280℃时，为避免产生更严重的后果，机械排烟系统应停止工作。最后，机械排烟系统的初期投资和维护费用高。由于机械排烟要求排烟风机和管道具备耐高温性能，而且在超温时有自动保护装置，因此设备的初期投资较高，同时，为了保证系统的稳定可靠，还必须加强维护管理，故运行成本也较高。

## 第六节　消防应急照明和疏散指示系统

火灾发生时，由于产生大量浓烟具有减光作用，导致人员疏散逃生难度增加，因此，我们的建筑消防系统中会设置满足人员疏散和消防作业的各类消防应急灯具，组成了消防应急照明和疏散指示系统。该系统的主要功能是在火灾等紧急情况下，为人员安全疏散和灭火救援行动提供必要的光照条件以及正确的疏散指示信息，它是建筑中不可缺少的重要消防设施。

### 一、消防应急照明和疏散指示系统的分类

应急照明和疏散指示系统按其系统类型可分为自带电源集中控制型、自带电源非集中控制型、集中电源集中控制型和集中电源非集中控制型四种类型，如图6-6-1所示。

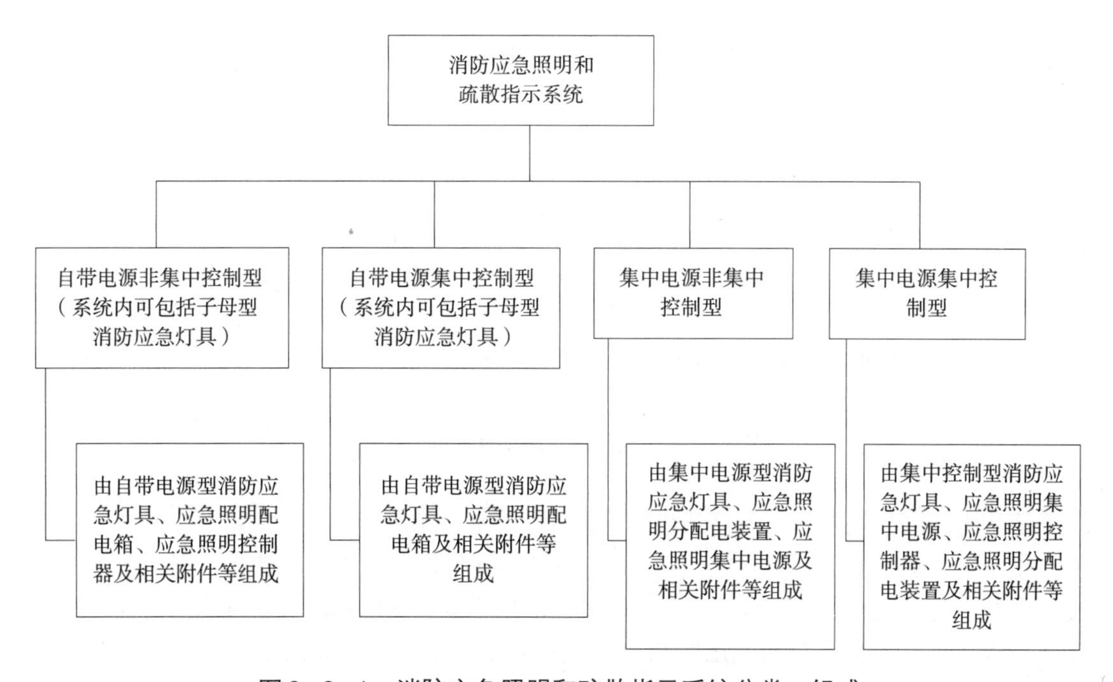


图6-6-1　消防应急照明和疏散指示系统分类、组成

## 二、消防应急照明和疏散指示系统的组成

消防应急照明和疏散指示系统主要由消防应急照明灯具、消防应急标志灯具、应急照明配电箱、应急照明集中电源、应急照明控制器等组成，如图6-6-2所示。

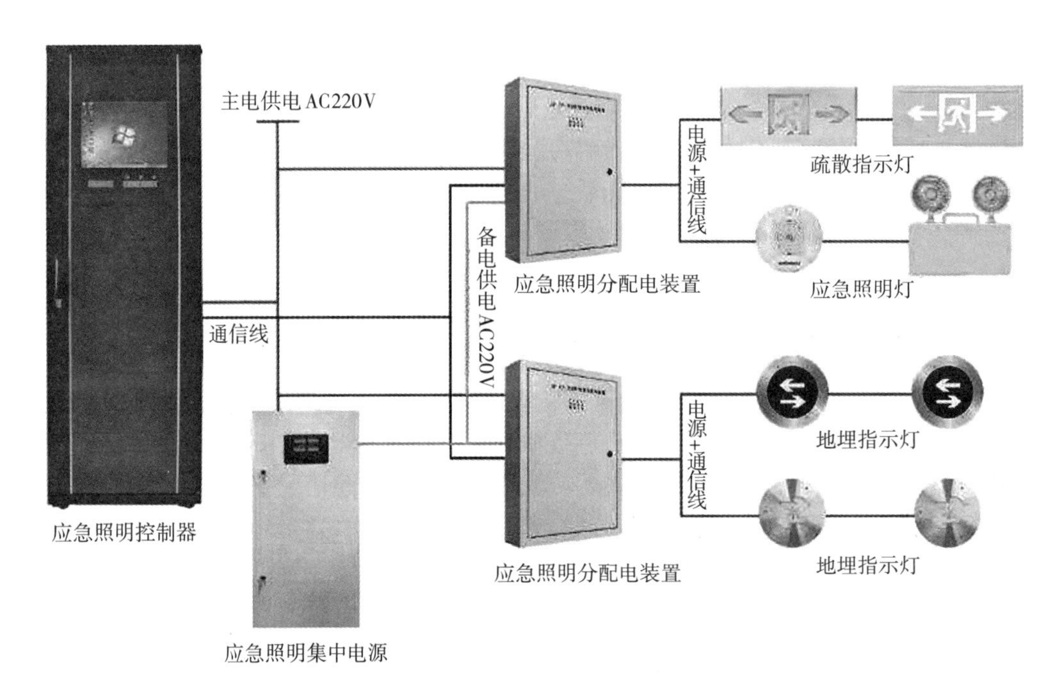


图6-6-2 应急照明和疏散指示系统的组成

## 三、消防应急照明和疏散指示系统的工作原理

集中控制型系统的主要特点是所有消防应急灯具的工作状态都受应急照明集中控制器控制。发生火灾时，火灾报警控制器或消防联动控制器向应急照明集中控制器发出信号，应急照明集中控制器按照预设程序控制各消防应急灯具的工作状态。

集中电源非集中控制型系统在发生火灾时，消防联动控制器联动控制集中电源和应急照明分配电装置的工作状态，然后可控制各路消防应急灯具的工作状态。

自带电源非集中控制型系统在发生火灾时，消防联动控制器联动控制应急照明配电箱的工作状态，然后可控制各路消防应急灯具的工作状态。

# 第七节 消防应急广播系统

消防应急广播系统是火灾自动报警系统的另一张“嘴巴”。在火灾逃生疏散和灭火作战（或者应急演练）时，通过应急广播系统能进行远程指挥。应急广播信息通过音源设备发出，经过功率放大器将信号放大后，切换到广播指定区域的扬声器实现应急广播，通告火灾报警信息、发出人员疏散语音指示，或者发生其他灾害与突发事件时，发布有关指令。其在整个消防控制管理系统中起着极其重要的作用。

## 一、消防应急广播系统的组成

消防应急广播系统主要由消防应急广播主机、功放机、分配盘、输出模块、音频线路及扬声器等组成，如图6-7-1所示。

发生火灾时，消防控制室值班人员打开消防应急广播功放机电源开关，通过操作分配盘或消防联动控制器面板上的按钮选择播送范围，利用麦克风或启动播放器对所选择区域进行广播。广播时，系统自动录音。

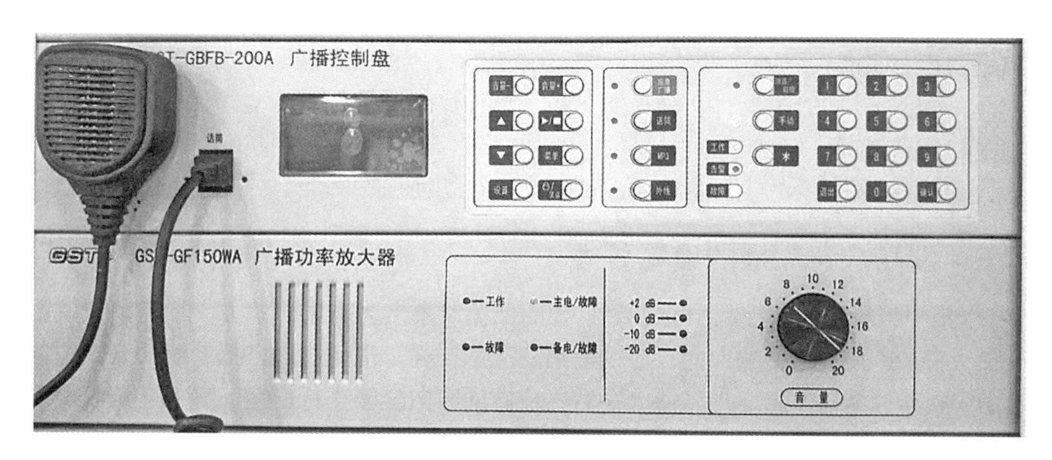


图6-7-1　消防应急广播系统

### （一）消防应急广播主机

消防应急广播主机是进行应急广播的主要设备，非事故情况下也可通过外部输入CD/MP3播放器等音源信号，进行背景音乐广播。消防应急广播主机应设置在消防控制室内，可以组合安装在柜式或琴台式的火灾报警控制柜内。

### （二）消防应急广播功放机

消防应急广播功放机也称消防应急广播功率放大器，是消防应急广播系统的重要组成部分。它接收来自信号源的电信号，并将信号进行放大以驱动扬声器发出声音，使用时需配接CD或MP3播放器。

### （三）消防应急广播分配盘

消防应急广播分配盘可以手动和自动控制应急广播分区，手动操作优先，实现正常广播与应急广播的转换，还能自动巡检广播线断路、短路故障。

### （四）扬声器

扬声器又称“喇叭”，是一种十分常用的电声换能器件，在发声的电子电气设备中都能见到它。它把收到的电信号转变为声信号传播出去。扬声器一般分为吸顶式扬声器和壁挂式扬声器，如图6-7-2所示。

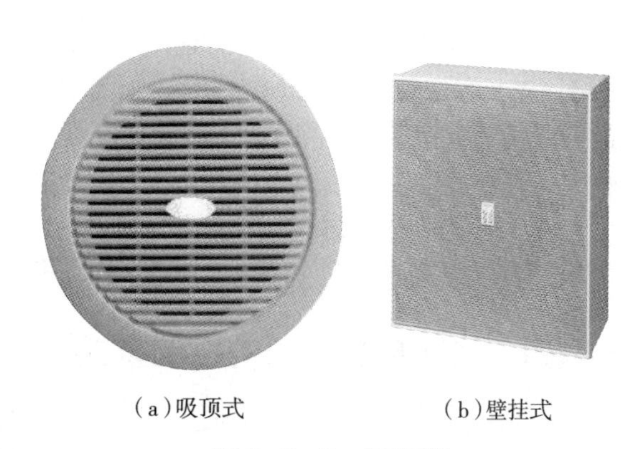

（a）吸顶式　　（b）壁挂式

图6-7-2　扬声器

## 二、应急广播的基本功能

### （一）应急广播功能

按照预先设置的程序向保护区域广播火灾事故有关信息，广播语音清晰，为了便于在各个区域内都能听到广播声，系统对声压级有要求，距扬声器正前方3m处应急广播的声压级不小于65dB，且不大于115dB。

### （二）故障报警功能

应急广播发生故障时，能在100s内发出故障声、光信号进行报警。

### （三）自检功能

能手动检查本机音响器件、面板所有指示灯和显示器的功能。

### （四）电源功能

消防应急广播系统的主、备电源应能自动进行切换。

## 三、消防应急广播的设置要求

（1）集中报警系统和控制中心报警系统的保护对象多为高层建筑或大型民用建筑，人员集中又较多，火灾时影响面大，应设置消防应急广播。消防应急广播系统的联动控制信号由消防联动控制器发出，当确认火灾后，应能同时向全楼进行广播，确保建筑内每个人都能在第一时间得知。

（2）消防应急广播与建筑内普通广播系统合用时，火灾发生后应能在消防控制室将其强制转入消防应急广播状态进行应急广播。

（3）消防应急广播系统与火灾声警报器同为火灾自动报警系统的发声器件，同时发声就会影响传声效果。为了保证信息传递的有效性，要让它俩分时交替循环工作，可采取1次火灾声警报器单次发出火灾警报8～20s后暂停，间歇期间消防应急广播播放1次或2次，单次语音播放时间宜为10～30s，这样交替工作、循环播放，避免互相干扰，保证信息清晰传送。

（4）为了有效指挥建筑内各部位的人员疏散，在消防控制室应能手动或按预设控制逻辑联动控制选择广播分区、启动或停止应急广播系统，并应能监听消防应急广播。在通过传声器进行应急广播时，应自动对广播内容进行录音，用以记录现场应急指挥情况。控制室内应能显示消防应急广播的广播分区的工作状态。

（5）民用建筑内扬声器应设置在走道和大厅等公共场所。每个扬声器的额定功率不应小于3W，客房设置专用扬声器时，因为客房的扬声器一般装在床头柜后墙上，距客人很近，无须过大声，其功率不宜小于1W即可。在环境噪声大于60dB的场所，因背景噪声比较大，扬声器在其播放范围内最远点的播放声压级应高于背景噪声15dB。

（6）扬声器安装应牢固可靠，表面不应有破损。当扬声器采用壁挂方式安装时，其底边距地高度应大于2.2m。

## 四、消防应急广播的控制方式

应急广播的操作分为人工播放和自动播放两种方法。

（1）人工播放设置。当火灾报警后，消防控制室操作人员选定发生火灾的区域，按下广播启动按键，广播进入应急广播状态，优先默认播放预先录制的应急疏散电子语音，可通过按键转换为话筒播放方式，用话筒向选定区域人工播放火警信息。

（2）自动播放设置。当某一区域发生火警，按照事先设定的控制程序，系统自动启动该区域的火灾应急广播，广播系统自动播放预先录制的应急疏散电子语音，可手动终止电子语音，使用话筒播放方式。播报完毕，通过控制器或停动方式恢复到正常状态。

## 第八节　消防电梯

消防电梯是建筑物发生火灾时供消防人员进行灭火与救援使用且具有一定功能的电梯，是消防员进入火灾现场的“高速公路”，可保证消防员以最快的速度进入高层直达火场灭火，抢救疏散受伤或老弱病残人员；避免消防人员通过疏散楼梯登高逆疏散人员而行，时间长，体力消耗大，延误灭火、疏散时机。火灾发生后，消防电梯受联动控制自动返回到指定层（一般是首层），并保持“开门待用”状态，方便消防人员快速使用。

### 一、消防电梯的设置范围

高层建筑设计中，应根据建筑物的重要性、高度、建筑面积、使用性质等情况设置消防电梯。通常设置范围有：

（1）建筑高度大于33m的住宅建筑。

（2）下列公共建筑：

1）一类高层公共建筑。

2）建筑高度大于32m的二类高层公共建筑。

3）建筑层数不小于5层（包括设置在其他建筑内5层及以上楼层）且总建筑面积大于3000$m^2$的老年人照料设施。

（3）下列地下或半地下建筑：

1）设置消防电梯的建筑的地下或半地下室。

2）埋深大于10m且总建筑面积大于3 000$m^2$的地下或半地下建筑。

（4）建筑高度大于32m且设置电梯的高层厂房（仓库），每个防火分区内宜设置1台消防电梯，但符合下列条件的建筑可不设置消防电梯：

1）建筑高度大于32m且设置电梯，任一层工作平台上的人数不大于2人的高层塔架。

2）局部建筑高度大于32m，且局部高出部分每层建筑面积不大于50$m^2$的丁、戊类厂房。

### 二、消防电梯的设置要求

#### （一）设置数量

消防电梯应分别设置在不同防火分区内，且每个防火分区不应少于1台。在火灾初期，消防救援人员能够利用消防电梯快速接近火源实施灭火和搜索营救等任务。符合消防电梯要求的客梯或货梯可兼作消防电梯。

#### （二）前室的设置

前室是具有防火、防烟、缓解疏散压力和方便实施灭火战斗展开的空间。除设置在仓库连廊、冷库穿堂或谷物筒仓工作塔内的消防电梯外，消防电梯应设置前室。

（1）前室不应设置卷帘，应设有防火门，使其具有防火防烟功能，以形成一个独立安全的区域。

（2）前室宜靠外墙设置，这样可利用外墙上开设的窗户进行自然排烟，大量烟雾在前室附近排掉，既能满足消防需要，又能节约投资，并应在首层直通室外或经过长度不大于30m的通道通向室外。

（3）前室的使用面积应符合规范的要求，其作用在于能通行较大型的消防器具和放置救生的担架等。

（4）除前室的出入口、前室内设置的正压送风口和相应的户门外，前室内不应开设其他门、窗、洞口，防止浓烟进入。

（5）消防电梯前室应设置室内消火栓。前室是消防救援人员进入建筑内向起火部位发起进攻的主要场所，利用消火栓便于打开通道，发起进攻。

（6）消防电梯间前室的门口宜设置挡水设施，以阻挡消防水流从此处进入电梯内。

**（三）消防电梯的配置**

（1）消防电梯应能每层停靠，方便火灾时进行灭火救援。

（2）电梯的载重量应考虑8～10名消防队员的重量，不应小于800kg。

（3）在火灾救援时，抢时间就是抢生命。我国规定消防电梯的速度按从首层到顶层的运行时间不超过60s来计算确定（运行时间从消防电梯轿门关闭时开始算起），例如，高度在60m左右的建筑，宜选用速度为1m/s的消防电梯；高度在90m左右的建筑，宜选用速度为1.5m/s的消防电梯。

（4）在首层的消防电梯入口处应设置供消防员专用的操作按钮，按钮设在距消防电梯水平距离2m以内，距地面高度1.8～2.1m的墙面上。消防人员按下按钮，消防电梯能迫降至底层或任一指定的楼层，进入消防状态。

（5）电梯轿厢的内部装修应采用不燃材料。

（6）电梯轿厢内部应设置专用消防对讲电话，消防电梯机房内应设置消防专用电话分机。

**（四）消防电梯的供配电**

消防电源是消防电梯正常运行的可靠保障，消防电梯应有两路电源。除正常电源外，供给消防电梯的专用应急电源应采用专用供电回路，并设有明显标志，使之不受火灾断电影响，其线路敷设应当符合消防用电设备的配电线路规定。如果消防电梯主电源中断，其备用电源能自动投合，保障消防电梯继续运行；电梯的动力与控制电缆、电线、控制面板应采用防水措施。

消防电梯以上方面功能都应达标，一旦建筑内发生火灾，可以用于消防救生。

## 第九节　非消防电源切断系统

建筑发生火灾后，可能会造成电气线路短路和其他设备事故，电气线路可能使火灾蔓延扩大，还可能会因线路漏电，造成触及带电体而伤亡。因此，发生火灾后，消防人员必须是先切断工作电源，然后救火，以保证扑救中的安全。而消防用电设备不能停电，故切断非消防电源时，消防电源不应受到影响，保证扑救工作的正常进行。

## 一、非消防电源切断范围

理论上讲，只要能确认不是供电线路发生的火灾，都可以先不切断电源，尤其是正常照明电源，如果发生火灾时正常照明正处于点亮状态，则应予以保持。因为正常照明的照度较高，有利于人员的疏散。正常照明、生活水泵供电等非消防电源只要在水系统动作前切断，就不会引起触电事故及二次灾害；其他在发生火灾时没必要继续工作的电源，或切断后也不会带来损失的非消防电源，可以在确认火灾后立即切断。火灾时应切断的非消防电源用电设备和不应切断的非消防电源用电设备如下：

（1）火灾时可立即切断的非消防电源有：普通动力负荷、自动扶梯、排污泵、空调用电、康乐设施、厨房设施等。

（2）火灾时不应立即切掉的非消防电源有：正常照明、生活给水泵、安全防范系统设施、地下室排水泵、客梯和Ⅰ～Ⅲ类汽车库作为车辆疏散口的提升机。

关于切断点的位置，原则上应在变电所切断，比较安全。当用电设备采用封闭母线供电时，可在楼层配电小间切断。

## 二、非消防电源切断方式

### （一）正常照明电源

紧急情况下，充足的照明可以让疏散的人员安心，更容易辨明疏散方向。而建筑物中设置的火灾事故应急照明灯、疏散指示标志灯虽然能起到作用，但不管是从照度、数量上都不能与正常照明相比。因此，如果火灾自动报警系统设定为火灾确认后，立即切断照明用电，极易造成疏散人员的心理恐慌，引发混乱，严重影响人员疏散速度。同时，在火灾初期，建筑物内工作人员自行组织灭火时，也需要足够的照明来引导。所以，发生火灾后对正常照明电源不能立即切断，而需在火灾确认后，由消防控制室根据火情发展，灭火战斗需要，手动切断相关区域的应急照明。如自动控制切断，就不能简单地使用单信号自动控制切断正常照明电源，否则在误动作的情况下，会扰乱人们正常的工作生活秩序，甚至会造成其他安全事故；要采用双信号自动控制，第二个信号最好是水系统动作信号。

### （二）空调等其他用电设备电源

像普通动力负荷、自动扶梯、排污泵、新风系统、空调用电、康乐设施、厨房设施这类设备，可在火灾报警后自动切断电源。首先，这类设备的断电，可能会给人们的生活带来一定不便，但不至于引起恐慌和混乱，对灭火救援工作也不会造成什么影响。其次，现在建筑物功能越来越复杂，电力负荷也越来越大。很多建筑物的装修设计与土建设计不同步，不少是验收完后再进行二次设计，造成装修后的电力负荷远远超过原设计负荷。另外，一些业主为降低投资，要求设计人员将变压器容量定的偏小，随着日后用电设备的增加，建筑物内的变压器接近满负荷运转。而且，现在很多设计单位在对建筑物进行负荷计算时，消防用电设备（如消防水泵、防火卷帘、防排烟风机等）的容量一般是不予计算在内的。所以一旦发生火灾，随着消防设备的不断投入运行，建筑物用电负荷的不断增加，超负荷运行的变压器随时可能跳闸停止工作，导致切断消防电源，影响火灾扑救与人员救援。而通过直接切断这类设备的电源，可以有效降低整体用电负荷，确保满足消防设备的用电要求。

# 第七章 火场求生与应急疏散

## 第一节 人在火灾中的心理与行为

消防领域的一切努力，包括消防科学研究、消防产品开发、灭火救援行动、消防安全教育和培训，归根结底，都是为了保护人的生命和财产安全，生命安全尤为重要。在遇到火灾时如何确保生命安全呢？影响人员火场安全求生的因素有很多，其中之一就是了解和掌握大多数人在火灾中的心理变化和行为习惯，在遭遇火灾时能够保持觉知，有意识地避免妨碍自己安全逃生的心理和行为，确保自己和家人能够从火场中安全逃生和求生。

提到心理和行为，大家可能会觉得比较高深复杂，实际上并非如此。我们每一个动作和行为，都是我们心理活动的外在表现。比如，如果内心感到紧张，心跳会加速，过度紧张时大脑会一片空白，声音颤抖，手或者腿会发抖，甚至有时候结巴。具体到火场求生中，人的心理和行为会受到很多因素的影响。它既包括个人因素，比如性别、年龄、身高、体重以及生活经历和受教育程度等；又包括“物对人”的影响，比如疏散设施设计（宽度、长度、数量）、疏散标志和疏散诱导系统设置、火场中烟和热的情况等是否有利于人员的安全疏散；还包括“人对物”的反应，如人们在疏散之前对火灾相关线索（烟气、高温、焦糊味等）的辨识、决策和反应能力，在疏散过程中路径的选择、对疏散指示标志的反应能力以及对烟、热等的耐受能力等。美国就做过一项研究，研究熟睡状态下儿童对火灾报警信号的反应。研究结果表明，轻柔的女声更能唤醒熟睡中的儿童，响亮的报警声的唤醒效果并不佳。

### 一、人在火灾中的行为认识误区

国外发达国家很早就开展了火灾中人的行为研究。20世纪初，美国就有专家进行人的步速研究。20世纪70年代，火灾中人的心理和行为方面的研究在英国、美国和加拿大等国家受到了广泛关注。其后，澳大利亚、新西兰、日本等多个国家的研究机构也不断开展相关研究。在近50年的努力中，研究人员发现，大多数人对火灾中人的行为普遍存在错误的认知。比较常见的错误认知包括：

（1）在火灾情况下非常“恐慌”。

（2）在疏散过程中多数存在“利己”行为。

（3）选择最近出口进行疏散。

（4）一听到报警马上就进行疏散。

（5）疏散演习中人们的行走速度比实际火灾情况下慢。

但是，相关研究结果显示，人们在发现火灾后并不是那么“恐慌”和“利己”，而是去看看是不是真的发生了火灾事故，如果火不大，还会亲自去灭火，或者通知他人、报警等。我们也可以想象一下，如果家里不幸发生火灾，你的第一反应是什么呢？是仓皇逃生还是赶紧灭火？估计大部分人会采取灭火行动。只有觉得自己灭不了了，才会想其他办法。此外，对于报警的声音，很多人并不是很敏感或者熟悉。日常生活中，多数人对救护车、消防车、警车等的声音分不清，对火灾报警的声音也很陌生。听到报警声后，可能只是觉得有不寻常的事情发生，但具体是什么事情，并不是很清楚。所以，一听到火灾报警就马上疏散的人，通常少之又少。因此，在进行相关研究、疏散设计或者培训时，相关依据或者结论不应建立在这种错误的认知基础之上。

## 二、人在火灾中常见的心理与行为

### （一）火灾发生初期的心理与行为

大量的调查资料结果显示，在出现火灾线索后，人们往往会首先确认火灾情况，然后决定接下来的行为。该系列决策过程包括：辨识、确认、分析和评价。

#### 1.辨识

指对火灾线索的辨识，火灾线索主要包括焦糊异味、不正常的声音（如燃烧的噼啪声、喊叫声）、火灾报警器报警、人员的不正常活动（如奔跑）、灯光闪烁或者断电、看到烟气或者火光等。人们在看到、听到或者闻到火灾发生的线索后，如果没有经过消防安全培训或者没有相关经历，很多人对此并不敏感。要么去检查到底发生了什么事情，要么继续自己的工作，这些行为的直接后果就是失去安全逃生的最佳时机。

#### 2.确认

指对火灾线索进行确认的过程，一般是通过询问位于附近的人或者自己亲自去查看来完成，主要是验证自己的判断是否正确。比如，你在办公室内闻到烧焦的气味，你可能会出来看看哪里在烧东西，或者询问同事，看到底是发生了什么，这就是对火灾线索进行确认的过程。

#### 3.分析

在确认火灾后，对面前或者他人描述的火灾情况进行分析判断。如果个人能非常清楚火灾的威胁程度，那他就会根据烟的浓度、火势大小、热辐射强度等分析当前的火灾状况，确定火灾威胁的性质和影响。

#### 4.评价

所谓评价，就是人们对将要采取的行为进行决策的过程，以确定自己下一步的行为，如逃生、灭火、收集个人物品，或者忽略火灾线索等。如果个人经过一系列的决策之后认为有必要立即逃出建筑物，那么他下一步的行为必然是逃生。而如果个人认为火灾威胁不大，形势不是很严峻，那他的下一步行为很可能是采取措施降低风险（特别是在自己家里时），或者报警、寻找亲人、收拾贵重物品，或者帮助他人逃生等。此外，火灾初级阶段人的心理反应对人们随后所采取的疏散方式具有很大的影响，也是人们生死存亡的关键。

### （二）火场求生阶段的心理与行为

从发现火灾线索到采取正式疏散行动之间的一系列心理和行为，比如查看火灾线索、确认火灾事故、分析判断火灾状况等，都是为正式逃生做准备。在火灾情况还模糊不清，或者仍处于初期阶段的时候，人们多数表现得比较冷静和理智。在确认火灾发生及随后采取的逃生行动过程中，会表现出不同的心理和行为。国内外相关研究和调查结果显示，人们逃生过程中的心理和行为主要包括：

**1.漠视火灾**

即使明确知道发生了火灾，很多人的第一选择也不是立即疏散，而是继续完成手头正在做的工作或者正在进行的活动，这是承诺心理的行为表现形式。在某个研讨会中，有位专家播放了某个超市发生火灾后内部顾客的反应的录像。录像显示，火灾发生在超市后部的货架旁，顾客发现火灾后喊来超市工作人员。工作人员看了一眼后离开去找灭火器，而此顾客则继续挑选货物。其他几名顾客也没有大的反应，出口排队结账的人员依然有序地排在那里。此时，已经有轻烟从超市门口飘出，但人们依然继续着正在进行的活动。一位父亲领着儿子来购物，走到超市门口，看到有烟冒出，很平静地领着儿子走了，既没有报警，也没有提醒他人赶紧撤离，好像什么事都没有发生一样。在场专家看了录像后都无奈摇头，竟然对火灾漠视到如此程度。这种对火灾的漠视也说明，人在遇到火灾后会“恐慌”这种说法不是很准确。

**2.盲目跟从**

这是从众心理的行为表现。从众心理是一种普遍存在的心理现象，就是我们平时常说的随大流。在火灾时看到别人往哪儿跑（如图7-1-1所示），自己就跟着往哪儿跑，缺乏自己的判断而盲目跟从他人。觉得人多了可以壮胆，但也增加了逃生过程的盲目性和不确定性；很多人一起涌向同一出口，更容易造成疏散出口堵塞，降低有效疏散速度，从而造成更多人员伤亡。在遇到火灾时，我们应科学判断形势，切忌盲目跟从。

图7-1-1 科学判断形势，切忌盲目跟从

**3.寻找熟悉的出口**

这是熟悉性心理的行为表现。研究发现，火灾发生后，人们并不是全部能够从最近的安全出口逃生，而是寻找自己熟悉的出口，平常很少有人使用的出口在疏散中几乎没有人使用，尤其是在大型商业综合体或者一些人员密集场所，由于对整栋楼的布局并不熟悉，人们往往习惯从哪里进，就从哪里出，因为熟悉会让人心里有安全感。但是，如果火灾发生时熟悉的安全出口离自己所在的位置较远，那么寻找熟悉的出口逃生会耽误宝贵的逃生时间。所以，到某个陌生的场所，首先观察周围环境和确认最近的安全出口非常重要。

**4.重返行为**

是指已经逃离起火区的人重新返回起火区的行为。重返的目的多数是寻找自己还处于危险区的亲人、朋友或者贵重财物。这种行为非常危险，一方面，他（她）的重返会与往外疏散的人流相撞，影响他人尽快疏散。另一方面，重返起火区极有可能会遇到新的危险，很可能是一去不复返。所以，即使有家人或朋友还未能逃出，也不要自己进去寻找，而应请专业救援人员前往营救。

在火场求生过程中，如果遇到不利于快速疏散的情况，可能会出现紧张心理，此时应让自己尽量保持冷静，做好防烟防火等个人防护，尽快想办法逃生。

## 三、出现此类心理与行为的原因

### （一）性别

研究发现，女性对火灾危险比男性敏感。所以女性在发现火灾线索后，其采取的行动很可能是通知他人、立即逃生、寻求帮助或者帮助家人逃生，自己很少去灭火或者采取措施降低火灾风险。而男性则正好相反，他们总觉得自己有责任保护他人，并且灭火也能表现出自己的勇敢和男子汉气概，可获得心理上的满足，所以，面临火灾时更倾向于灭火而不是立即逃生。此外，女性的从众心理较男性强，更容易跟随大家一起逃生。

### （二）承诺心理

是指人们在从事某一特定活动的时候，总是试图完成该项活动，然后注意同时发生的其他事情。比如我们手头正在做一件事情，如果此时其他人让你做另外一件事，你可能会说：稍等一会儿，我先完成这个，这就是承诺心理的表现（如图7-1-2所示）。人的这种承诺意识非常强烈，这种心理也能解释为什么人们即使已经知道发生了火灾也要漠视，继续完成正在进行的活动。

图7-1-2　吃完再走也不迟

### （三）熟悉性

熟悉性包括人与人之间以及人与周围环境之间熟悉的感觉。例如，几个朋友或者一家人一起逛商场，在遇到火灾时，总是趋向于聚集到一起逃生。即使发生火灾时没有跟自己的孩子在一起，那么父母在逃离建筑物之前也总是先去寻找他们的孩子。这个熟悉性概念说明人们在遇到紧急事件的时候，总是趋向于寻找自己熟悉的人，组成一个团体后一起逃生，这是人与人之间的熟悉性。此概念不只限于人与人之间，还指人与其周围的物理环境之间。人们发现火灾线索，做出一系列决策，决定开始疏散之前，总是趋向于寻找自己熟悉的出口，从哪里进来，再从哪里出去。该心理也解释了为什么很多国家研究人员认为“人们总是选择最近出口进行疏散”这一认知是错误的，因为大多数人会选择自己熟悉的出口逃生，这个熟悉的出口可能是离自己最近的安全出口，也可能不是。

### （四）角色

在紧急情况下，外来人员和建筑物的员工所表现出的行为不一样。一般，如果外人看到火灾迹象，他们会认为他们没有责任去管这件事情。例如，某大商场内的一个垃圾桶冒烟。如果是顾客首先发现的，那么他（她）可能直接无视或者仅告诉附近工作人员，然后继续购物。而员工则不同，他（她）熟悉其工作的环境，知道什么是正常现象，什么是不正常现象，并且一旦出现不正常现象，他们也觉得自己有责任去处理。即使自己对处理此事没有把握，他(她)也会及时将问题报告上级，寻求上级的处理意见和建议，这些行为都是由人们所承担的不同角色决定的。

### 四、如何避免影响安全疏散的心理与行为

#### (一)时刻保持警觉

要时刻保持警觉，一旦发现火灾线索，不要盲目乐观，觉得自己可以扑灭火灾或者能够很容易地脱离险境；也不要因好奇而前往查看，而是要立刻做好自我防护，马上撤离。

#### (二)接受消防教育培训

研究发现，接受过消防教育培训的人，一般都比较熟悉人在遇到火灾时可能导致疏散延误或者置自己于危险境地的心理和行为，也清楚如何去避免出现这种有害的心理和行为。因此，在发现火灾线索之后，会马上启动报警器并组织人员进行疏散，同时对火灾线索很敏感，不存在任何侥幸心理，也不会浪费时间亲自去确认或找人打听。他们采取的第一行动就是马上组织逃生。这种行为为自己和他人的安全逃生赢得了宝贵的时间。

#### (三)熟悉周围环境

到达一个陌生环境，首先要熟悉周围环境，确定离自己最近的安全逃生路径或安全出口，避免发生紧急情况后因寻找安全出口而浪费逃生时间，也避免盲目跟随他人逃生。

## 第二节　火场求生

人在遇到火灾时如何确保生命安全呢？除了了解和掌握人在火灾中的心理和行为的相关常识，避免延误疏散，还应掌握科学的逃生、求生知识和技巧。

### 一、火场求生原则

火灾的发展和蔓延非常迅速，初期灭火行动不能持续较长时间。研究发现，起火后3min内的灭火行动最有效。但是，如果发现火焰已窜至天花板，或者是在不熟悉的场所遭遇火灾，应立即疏散。逃生时，应掌握下面八个逃生原则。

#### (一)保持冷静，不要惊慌

不管是初期灭火失败后决定逃生还是在整个逃生过程中，都应沉着冷静。冷静可让你头脑清醒，能够观察和分析当前形势，做出科学判断。即使被大火围困，也要设法寻找求生方法和逃生机会，树立坚定的信念和信心，如图7-2-1所示。

图7-2-1　迅速撤离，冷静有序

### （二）积极寻找出口，切忌乱闯乱撞

图7-2-2　安全出口，救命通道

火灾发生后，在努力保持头脑冷静的基础上，积极寻找逃生出口，不要盲目跟随他人乱跑。现在的建筑物内一般都标有比较明显的安全出口标志。如公共场所墙壁、地面、转弯处设置的“太平门”“紧急出口”“安全通道”“安全出口”等标志，标明逃生方向的箭头、事故照明灯、事故照明标志等（如图7-2-2所示），都可以引导人们疏散到安全区域。对于自己比较熟悉的建筑物，人们较容易找到出口。但对于不熟悉的建筑物，在浓烟中寻找出口比较困难。所以，明智的做法是每到一个陌生的地方，首先要搞清楚离自己最近的安全出口的位置。

积极寻找出口是确保成功逃生的一个重要因素。如果盲目跟随他人乱跑乱撞，不仅会造成疏散堵塞，还有可能会被踩压或者走进死胡同，造成疏散延误和群死群伤事故。

### （三）舍财保命，迅速撤离

图7-2-3　避免重返

火灾发生后，应该迅速撤离现场，切忌贪恋钱财和一些私有物品，它们只能成为逃生的累赘，造成逃生的延误。很多火灾案例证明，在火灾事故的遇难者中，有一部分人就是因为顾及自己的钱财、贵重物品而丧失逃生良机。有的人甚至在逃生后又返回去拿钱包或者其他贵重物品（如图7-2-3所示）。人的生命是最宝贵的，切忌把宝贵的逃生时间浪费在穿衣或寻找、携带贵重物品上。要树立时间就是生命、逃生第一的观念，抓住有利时机，就近利用一切可以利用的工具、物品，想方设法迅速疏散到安全区域。

### （四）注意防烟，切莫哭叫

大量的火灾案例证明，烟气是火场中的第一杀手。烟气中含有大量的一氧化碳等有毒气体，严重威胁人员的生命安全，并且，火灾时特有的高温和缺氧状态会使人处于更加危险的境地。所以，要判断火情，尽量不要穿越浓烟疏散。同时，疏散时要沉着冷静，不要大喊大叫，一定要采取防烟措施，避免吸入有毒烟气。

### （五）互相救助，有序疏散

火灾现场切忌盲目乱跑，互相拥挤、互相踩压会造成疏散速度下降，延长疏散时间，更加不利于人员安全疏散。要自救与互救相结合，当被困人员较多，特别是有老、弱、病、残、妇女、儿童在场时，要积极主动帮助他们首先逃离危险区，有秩序地进行疏散。

图7-2-4 正确求救，设法逃生

### （六）紧急求救，设法逃生

在自己被围困在火场中，无法自救的时候，应该向外界发出求救信号，借助他人的力量求生。火灾现场一般人声嘈杂、混乱、能见度差，被困人员虽然大声呼救，也有可能无济于事，因此要采取有效的方法进行求救。若是白天，可以向窗外晃动鲜艳的头巾或衣物等；若是晚上，可以用手电筒不停地在窗口晃动，或敲击东西，或向外抛掷轻型显眼的东西等，向外界发出求救信号，以利于及时让救援人员发现，如图7-2-4所示。

### （七）利用消防设施，科学避难

如果逃生的路径被烟、火完全封堵，无法安全逃生，那么应充分利用建筑内的设施，如避难层（间）或其他能够在一定时间内不受烟、热影响的安全区域临时避难，等待救援。

### （八）谨慎跳楼，减轻伤亡

火场上切勿盲目跳楼！只有楼层较低（3层及以下）的居民，才可以通过窗户逃生。通过窗户求生也应掌握一些技巧，采取一定措施后，降低伤亡概率，如图7-2-5所示。

图7-2-5 尽量降低离地高度，积极寻找逃生路径

## 二、火场求生方法

### （一）通用火场求生方法

火灾现场情况复杂，火灾发展千变万化。不同场所的建筑类型、结构、火灾荷载以及建筑内人员组成等都存在着相当大的差异。因此，火场逃生的方法和技巧并非千篇一律，不同场所的逃生原则和方法除了具有一定的共性之外，还具有各自的特点。总体来看，一般的火场求生方法可包括如下几点：

#### 1.迅速报警

发生火灾时，在场人员要在进行扑救的同时，及时报警。大家脑中要有一个概念，即消防队灭火是免费的。虽然消防队比较忙，但如果家中不幸着火，一定不要怕麻烦消防队员，应在采取降低火灾蔓延措施的同时，立即报警。正确报警方法如图7–2–6所示。

怎样打火警电话

119

1. 火警电话打通后，应讲清楚着火单位，所在区县、街道、门牌号码等详细地址；

2. 要讲清什么东西着火，火势情况；

3. 要讲清是平房还是楼房，最好能讲清起火部位，燃烧物质和燃烧情况；

4. 报警人要讲清自己姓名、所在单位和电话号码；

5. 报警后要派人在路口等候消防车的到来，指引消防车去火场的道路，以便迅速、准确到达起火点。发现火警应及时报警，这是每个公民的责任。

图7–2–6　正确报警方法

**2. 科学判断，快速处理初期火灾**

如果初期火灾很小，很容易将其扑灭，则应采取有效措施快速灭火。如果火灾开始蔓延，则应果断逃生。逃出时应随手关门，将火灾控制在起火房间内，为自己和他人争取逃生时间，如图7–2–7所示。

**3. 做好防火防烟措施**

无论何种情况，在火场求生过程中，即使看不到烟气，也要采取防烟措施。有时烟气未到，有毒气体可能已经到达。常见的防烟措施包括：低姿行走或者沿地面爬行，可避免头部接触上部烟气；佩戴合格的防毒面具；在烟气不是很浓时用湿毛巾和衣服等织物捂住口鼻。严禁用塑料袋套在头上，一是因为塑料袋可能会影响呼吸，二是因为塑料袋易受热熔化，烫伤脸部皮肤。

图7–2–7　逃出着火房间，莫忘关闭房门

**4. 选择最近且安全的疏散通道和疏散设施逃生**

如果楼房着火，要首选防烟楼梯间或者封闭楼梯间逃生，严禁乘坐普通电梯。除消防电梯外，其他电梯在火灾时会停止运行；电梯井贯穿各个楼层，是烟气和火灾竖向蔓延的通道。同时，电梯受热后极有可能会造成电气线路中断或者电梯变形，人员极易被困其内。消防电梯火灾时转为消防员专用模式，不属于疏散设施，切忌火灾时乘坐电梯逃生，如图7–2–8所示。

**5. 谨慎向上疏散**

烟气垂直蔓延的速度是人逃生移动速度的3～4倍，如果向楼上疏散，很快会被烟气围困，所以应尽量向远离烟火区且以水平疏散为主。

**6. 充分利用各种救生器材或设备**

目前市面上逃生救生器材和设备很多，如缓降器、救生袋、救生绳等，可根据实际情况进行判断，利用救生设备积极逃生。

图7–2–8　火灾时请通过楼梯逃生

### 7.科学避难

如果各种逃生通道都被切断而无法逃生，要及时将门窗打湿，封堵缝隙，防止烟气进入，在阳台等有新鲜空气进入的区域等待救援。在高度超过50m的高层建筑以及医疗建筑内，会设置避难层或避难间。火灾时，可到避难层或避难间临时避难，等候外部救援。如果没有避难层或者避难间，则退回室内等待救援。等待救援时应采取一切可以防烟降温措施，做好自我保护，同时向外界发出求救信号，如向窗外伸出彩色或鲜艳的衣物、发出声响等。

## （二）火场求生举例

### 1.住宅火场求生

（1）绘制家庭逃生计划，标出每个房间的两个逃生口（门、窗户或阳台）。

（2）确保门和窗户都能在紧急情况下快速打开。

（3）如果窗户和阳台装有安全护栏，应在护栏上留出一个逃生口。

（4）充分利用阳台进行有效逃生。

（5）如果住在2楼或者2楼以上，房间里应备好手电筒、救生绳等。

（6）安装感烟探测器，且每月检查一次，每年换一次电池。

（7）睡觉时将房门关闭，万一发生火灾，可以推迟烟气进入卧室的时间。

（8）记住将房门钥匙放在固定地方，以便在紧急情况下容易找到并开门逃生。

（9）如果家里发生火灾，在开门之前用手背试试门把手，如果发热，则千万不要开门，而应利用窗户逃生。

（10）如果室内充满烟气，则用毛巾或者其他织物捂住口鼻，降低姿势，爬向最近出口。

（11）如果被困在室内，则应趴在窗口附近等待救援。

（12）想办法将门缝堵死，减少烟气进入。

（13）用色彩鲜艳的床单、毛巾或者手电筒向外发出求救信号。

（14）充分利用室内可用的东西进行逃生。

（15）一旦离开火场，不应再返回拿东西或者救人。

据统计，大多数住宅火灾发生在晚上8点到早上8点之间。而多数亡人火灾则发生在午夜至凌晨4点之间。夜间火场求生可参考如图7-2-9所示流程。

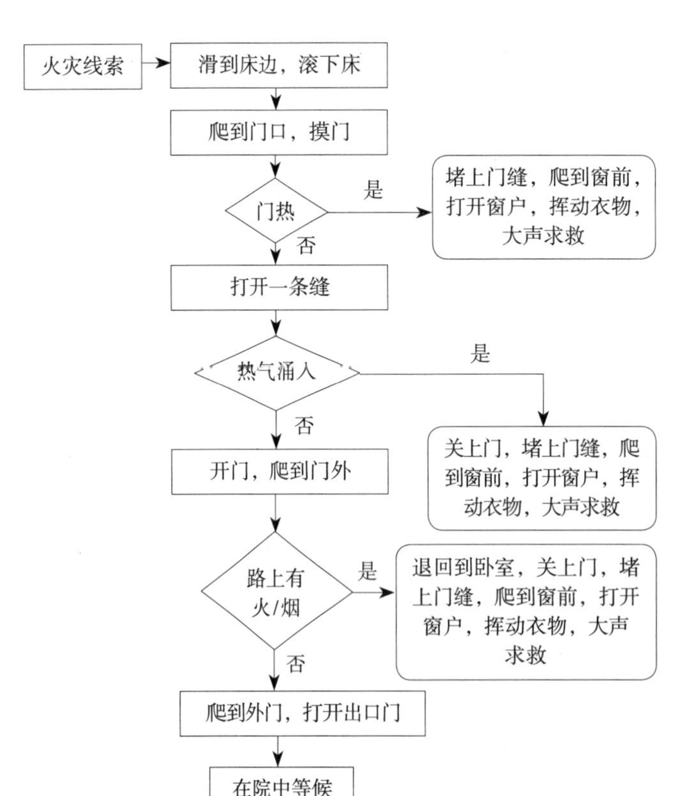


图7-2-9 夜间住宅逃生流程

2.商场、市场火场求生

（1）确认紧急出口和疏散楼梯间位置。确认建筑物的紧急出口和疏散楼梯间位置应该成为人们的行为习惯。不管进入什么建筑物，在进入后的第一件事情应该是确认其紧急出口和疏散楼梯间位置。进入商场更应如此，这里人员密集，可燃物集中，一旦发生火灾，蔓延速度快，还会产生大量的烟和有毒气体。复杂的商场和市场的结构又增加了商场火灾的危险性和疏散难度，极易造成重大人员伤亡。所以，进入商场之后不要立即把注意力集中到琳琅满目的商品上，而应先环顾四周，寻找紧急出口并应记住所在位置。

（2）发现异常情况及时通知附近工作人员。在商场购物时，如果发现有什么异常现象，如垃圾筒冒烟，电线出现电火花等，要及时通知附近工作人员，不要因为怕他人说自己大惊小怪而无动于衷。

（3）积极寻找安全出口。如果在进入商场之后就确认了紧急出口和疏散楼梯间位置，那么在火灾发生后会较容易找到距离自己最近的安全出口，从而节省宝贵的逃生时间。如果没有提前确认，那也不要惊慌，而应按照疏散指示标志（由绿色和白色构成的奔跑着的人形和箭头）寻找疏散楼梯间和紧急出口，如图7-2-10所示。

图7-2-10　安全疏散指示标志

（4）取道楼梯，禁用电梯。严禁乘坐普通电梯。除消防电梯外，其他电梯在火灾时会停止运行；电梯井贯穿各个楼层，是烟气和火灾竖向蔓延的通道。同时，电梯受热后极有可能会造成电气线路中断或者电梯变形，人员极易被困其内。消防电梯火灾时转为消防员专用模式，不属于疏散设施，切忌火灾时乘坐电梯逃生，如图7-2-11所示。

图7-2-11　火灾时勿使用电梯

（5）沉着镇静，不要拥挤。在商场等人员密集场所，发生火灾时，应该尽量保持沉着冷静，让自己保持敏锐的判断力和观察力。在楼梯上疏散时绝对不能你推我挤。一人倒地，其他人会顺势倒下，不仅会造成大量人员被踩伤，还会影响后面的人员尽快疏散。

（6）注意防止烟气损伤。这是火场逃生中非常重要的一条，应该时刻牢记在心。商场内可燃物较多，火灾发生后，火势蔓延快，产烟量大。在商场购物遭遇火灾时，首先应注意防止烟气损伤。在紧急情况下，可利用身边的衣服、领带、毛巾、口罩、纸巾或者其他可利用的东西来捂住口鼻，并尽量降低行走姿势，以免烟气进入呼吸道。

（7）积极利用商场内的商品进行自救。如果在购物时遭遇火灾，应迅速寻找出口逃生。如果火灾形势严峻，无法从出口进行逃生，可利用商场内的部分商品帮助自己逃生。例如，商场内的衣服、毛巾等织物可用来防烟；绳索、床单、窗帘、各种机用皮带、消防水带、电缆线等可做成逃生工具，帮自己滑至地面或者较低楼层；安全帽、摩托车头盔、工作服等可用来避免烧伤或者被坠落物体砸伤。

（8）切忌重返火场。如果在疏散出建筑物之后发现自己的亲人、朋友或者贵重物品还在建筑物之内，不能重新返回，而应告诉消防队员，请求其帮助救援。

## 三、火场求生误区

### （一）手一捂，冲出去

这是很多人，特别是年轻人常常采取的错误逃生行为。其错误性主要表现在两个方面：其一，手不是过滤器，不能滤掉有毒烟气。人们平时在遇到难闻的气味或者沙尘天气时，往往不自觉地用手捂住口鼻，这其实是一种自我安慰的行为，作用不大。所以，在紧急时刻，应采取正确的防止烟气损伤措施，如用毛巾、手帕、衣服、领带等捂住口鼻（有条件的话，应浸湿后再用）。其二，烟火无情，在其面前，人的生命很脆弱。面临火灾时，千万不要低估烟气的危险性。有些年轻人可能会仗着自己身强力壮、动作敏捷，认为不采取任何防护措施冲出烟火区也不会有多大危险。但很多火灾案例表明，很多人就在与“生”只有一步之遥的时候倒下了。

### （二）抢时间，乘电梯

在发生火灾的时候，千万不要乘坐普通电梯，火灾时的普通电梯是最危险的死胡同。主要原因如下：

（1）电梯以电为动力。火灾发生时，切断电源往往是应急措施之一，即使电源不被切断，它的供电系统也极易出现故障，这样就会被困于电梯，陷入无法逃生、无法求救的困境，极有可能遭受烟气的危害而导致窒息死亡。

（2）电梯竖井是烟气、火灾蔓延最自然的通道，而且楼层越高，抽拔力越强。

（3）电梯轿厢受热变形，极易被卡住，不能正常运行。

### （三）找亲朋，一起逃

在遭遇火灾的时候，如果在同一座建筑物内还有自己的亲朋好友，很多人可能会在自己逃生之前先去寻找他们，这也是一种不可取的逃生行为。如果亲人就在跟前，可以拉着他们一起逃生，这是最理想的。跟亲人在一起，可以互相安慰、互相鼓励。而如果亲朋之间离得比较远，就没有必要到处寻找而耽误宝贵的逃生时间。明智的做法是各自逃生，到安全地方之后再查看所缺人员，请求消防队员前去寻找、营救。

### （四）走原路，不变通

当人们身处不熟悉的环境中时，一旦发生火灾，会不自觉地沿着进来的出入口和楼道寻找逃生路径，只有发现道路被阻塞时，才被迫寻找其他的出入口。然而，此时火灾可能已迅速蔓延，并产生大量的有毒气体，从而失去了最佳的逃生时间。因此，当我们进入陌生的建筑中时，一定要首先了解和熟悉周围疏散路径，做到有备无患，防止发生意外。

### （五）无自信，盲跟从

这是火场中被困人员的一种从众心理反应。当人的生命处于危险之中时，极易由于惊慌失措而失去正常的判断思维能力，认为别人的判断是正确的。于是，看到有人往某个方向逃生时，人们本能的第一反应就是盲目紧随其后。为克服这种行为，平时要加强学习和训练，积累一定的防火自救知识与逃生技能，树立自信，方能处危不惊。

### （六）走捷径，急跳楼

火灾发生初期，火场中的人员会立即做出第一反应，这时的反应多数还是比较明智的。但是，在逃生条件不允许时，看到火势越来越大，烟气越来越浓，就很容易失去理智，往往会选择跳楼等不明智之举。实际上，与其采取冒险行为，不如稳定情绪，另谋生路，只要有一线生机，切忌盲目跳楼。根据研究，跳楼只适合于较低楼层，通常情况是3层及以下。即使住在2楼，跳楼逃生前也应尽量做好防护，以减少跳下去后的冲击力，如图7-2-12所示。

图7-2-12 低层楼房跳楼逃生，也要做好防护

## 第三节 火场求生装备

### 一、国外火场求生装备

#### （一）逃生梯

消防逃生梯安装在建筑物外侧，在正常逃生通道无法使用的情况下，可以为建筑内人员提供另一条逃生路径。消防逃生梯一般适用于多层建筑，包括商业、住宅和公寓建筑。

#### （二）平台式救援系统

平台式救援系统获得美国2009年国土安全奖，满足美国消防协会（NFPA）相关标准的规定，主要用于高层建筑火灾时人员的安全疏散。

该救援系统安装在屋顶，如果发生火灾，可自动将五个可折叠的箱体降至地面，救援人员进入箱体，快速上升至楼上救人。每个箱体可容纳30人，150人为一轮。救出300人大约需要8分钟。

#### （三）可控缓降装置

可控缓降装置获得过美国2009年国土安全奖，是美国国土安全部认可的唯一“合格的反恐技术”。可控缓降装置可根据使用者的体重进行调节，保证下降速度为1m/s，下降速度跟电梯差不多。在一个人钻进阻燃逃生袋内开始下降时，另一侧的一个袋子会上升，供另一个人使用。按此顺序重复，直至所有人员疏散出去。该缓降装置包括固定式和移动式两种，既适合低层建筑，也适合高层建筑，适合最高建筑高度可达304.8m（约100层）。

该装置的逃生袋具有较高的阻燃性能，是由用于航空和军用（主要用于防弹）的合成斜纹纤维制成，经过镀铝，可抵御95%的辐射热。缆绳中间的钢缆，外部由氯丁橡胶和聚酯编织套包裹。缆绳连接滑轮，启动可逆齿轮，在一个人利用逃生袋下降时，自动将另一个逃生袋升上去供其他人使用。同时，齿轮启动离心制动系统，使下降速度保持恒定。下降速度随使用人的体重改变而改变。

### （四）托马斯逃生滑槽

托马斯逃生滑槽可用于各类建筑，英国很多宾馆、托儿所、学校等配备此类逃生滑槽。

逃生滑槽用结实的纤维制成，防水、防火，也具有一定的防烟功能。使用时安全、舒适，下降速度约2.1m/s，8～10人能在2分钟内安全下降30m。在下降时，滑槽织物会不断旋转，可有效阻止人的快速下滑。因此，不会出现突然快速坠落的感觉。如果几个人同时使用逃生滑槽，也能保证人们分散并匀速下降。安装后，从建筑物外侧看不到逃生滑槽，只有使用时才会伸出。逃生滑槽长度包括5～20m；21～36m；36～50m；51～65m；66～80m多种规格。

### （五）Jomiro应急逃生系统

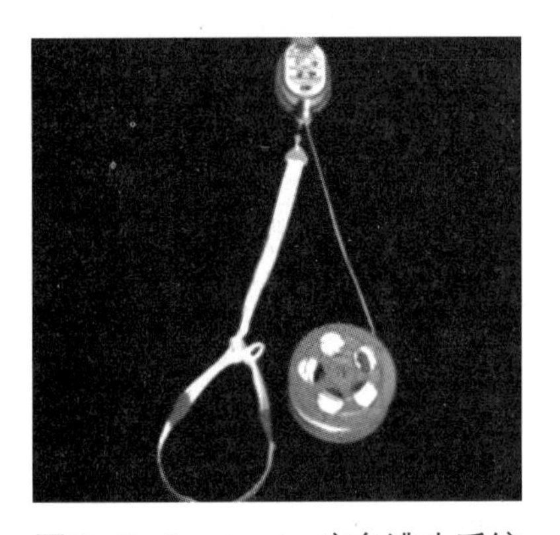

图7-3-1 Jomiro应急逃生系统

Jomiro应急逃生系统适合个人疏散，是通过楼梯等多人逃生方式的有效补充。Jomiro应急逃生系统各构成部件如图7-3-1所示。盒子高32cm，长18cm，宽18cm，重4.6kg，支承件可以安装在任何位置。平时折叠放入美观的钢质盒内，钢盒设计紧凑，占用空间很小。

Jomiro应急逃生系统的核心是速度调控器。其专利设计使Jomiro系统能够在不同体重情况下以相同速度下降，而消除了着陆冲击问题。为了避免灰尘和潮气进入齿轮箱，应将速度调控器密封。该装置不需要润滑、内部清洁或者维修。缆绳芯是直径为3mm的钢丝。外部是编制细密的棉包芯套包裹。成品缆绳的外径为9mm，拉力可达390kg。缆绳两端各配置一个安全带，由三层高质量棉纱织成，强度高、耐久性好。安全带宽5cm，厚3mm，能载重635kg。一人安全着陆后，缆绳另一端的安全带升到上部楼层，可供另一人使用。

### （六）JOMY应急折叠梯

JOMY应急折叠梯很小，能往后折，安装在建筑物外，类似排水管道，可以适用于任何建筑物，甚至可以安装在建筑物的外立面上。折叠梯可根据建筑物的美观需要，喷涂成不同颜色。除用于建筑内部人员逃生外，消防队员也可以通过它从外部进入建筑物，提供救援服务。该折叠梯不需要特殊护理。折叠梯及其打开功能均经过超高温测试，并且在-40℃冷柜内进行不同湿度以及快速冰冻—融化测试。测试结果显示，在这些极端情况下，梯子的打开功能正常。

该折叠梯操作快速简单，在开口部位配置一个直角回转把手，使用时旋转把手，梯子即可全部展开。梯子的打开有不锈钢补偿弹簧控制，同时帮助在使用后将梯子折叠起来。折叠梯外侧安装有侧护板，可以在人员下降时提供保护。此外，折叠梯还可以通过电子驱动方式打开。此类折叠梯在每层都安装有火灾报警和探测系统，一旦探测到火灾，折叠梯会自动打开，也可以用24V永久可充电电池提供动力。

## 二、国内火场求生装备

### （一）缓降器

目前市面上的缓降器种类繁多，但多数缓降器都包括挂钩（或吊环）、速度控制器、绳索及安全带等几个部分。缓降器里缠绕几十米长的钢丝绳，配有腰带，并有特殊的阻尼结构。突发火灾时，居民可将挂钩挂在室内结实的固定物上，将安全带扣在腰间，即可跳出窗外。在零点几秒内，缓降器内的阻尼结构就会产生巨大阻力，让下降速度降低到1～1.5m/s，安全着地。此类产品使用简单，操作方便，如图7-3-2所示。有的缓降器用阻燃套袋替代传统的安全带，这种阻燃套袋可以将逃生人员的全身（包括头部）保护起来，以阻挡热辐射，并降低逃生人员下视地面的恐高心理。

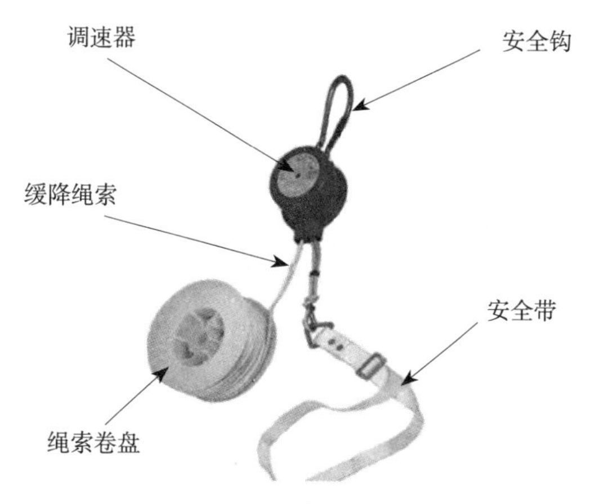


图7-3-2　单人用逃生器

### （二）救生气垫

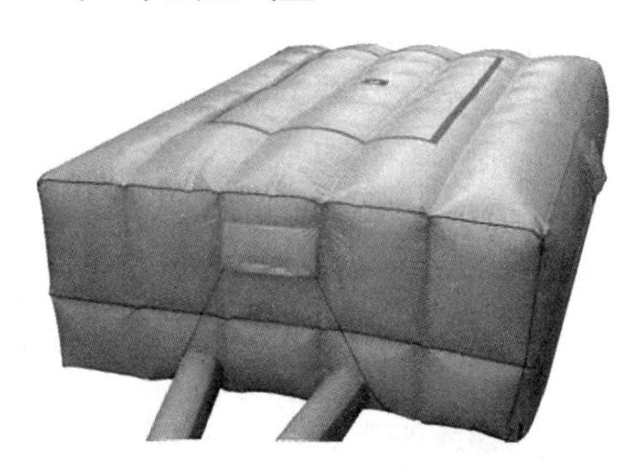

图7-3-3　救生气垫

消防救生气垫是一种利用充气产生缓冲效果的高空救生设备，分普通型和气柱型，可减少下跳人员在着地时所受到的冲击，起到缓冲和保护作用，如图7-3-3所示。救生气垫一般采用高强度纤维材料，经缝纫、粘合制成，其气源一般采用高压气瓶。

跳落时要求人双手高举，双脚向前，重心稍向后，臀部稍后翘。跳下人员应尽量落在承接面的中心点上，气垫上部方框为有效安全范围，落在安全区以外不保证安全！气柱型救生气垫最高限度是16m，随着高度的增加，其缓冲效果、作用面积也将大打折扣，因此应用范围非常有限。

### （三）单人逃生楼顶缓降装置

单人逃生楼顶缓降装置是一种安装于大楼楼顶的缓降装置，其顶端包括一个圆球、一个支架和滑动平台，圆球内垂下一根带着挂钩的钢索，作为危险时刻逃生者的“救命稻草”。工作时，滑动平台需要向外推出约1.2m，这样平台一侧的一个直径约1m的圆洞就被推出了楼顶，被救人员由此圆洞下跳逃生。圆球核心有一个螺旋桨，逃生者在下降的过程中，钢索带动滑轮组，同时就会拉动圆球内的螺旋桨旋转。旋转的螺旋桨会产生一定的空气阻力，给向下运动的钢索一个反作用力，从而使逃生的人能够缓速下降。该装置的各个部件采用不锈钢制成，后期维护需要每半年让装置运行一次，做常规的润滑保养，三年更换一次钢索。该装置一次只能运送一人，而且安装位置固定，一旦装好就不能自由移动，受限较大。

### （四）多人逃生楼顶缓降装置

针对单人逃生缓降装置的缺点，经过进一步改进，研究人员成功研制出一种新型的可往复运行的多人承载的楼顶缓降装置，提高了人员逃生的效率，提高了其安全性。该装置两种箱体上下往复运行，每个箱体内最多可达成6人，逃生效率最高为300人/h。在医院及其他办公场所均有应用，该设备采用空气阻尼技术，完全可以在无电的情况下使用，其缺点是安装位置固定，不能自由移动，由于不用电源，只能从顶层直接下降到一层，中间不能停靠疏散。

### （五）逃生滑梯

逃生滑梯是一种多层和高层建筑快速疏散的系统，可有效解决多、高层建筑人员安全疏散问题，特别是养老院、幼儿园、学校等场所，可大大提高人员的逃生速度和安全性。该逃生滑梯安装在楼梯旁或窗户外，遇到火灾等突发情况，人们顺势滑下，便可逃生。逃生滑梯构造简单，技术含量不高，但可靠实用，可有效解决在紧急情况下的人员安全逃生问题。安装在窗户外的逃生滑梯启动方式很简单，只需要向外推开窗户，事先安装的紧急启动装置就会激活逃生滑梯，室内人员可从窗口通过逃生滑梯滑到地面。

### （六）逃生软梯

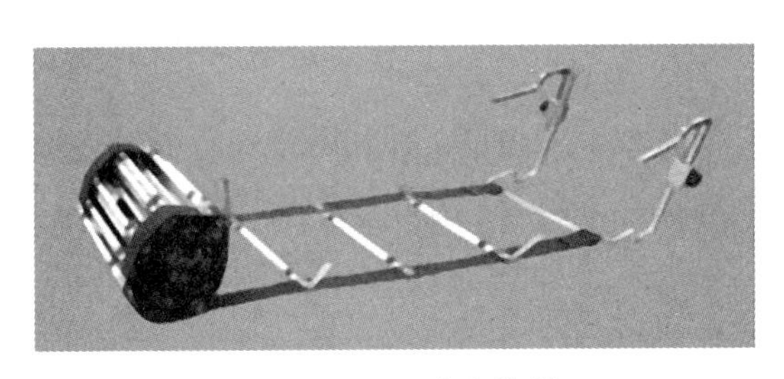

图7-3-4　逃生软梯

逃生软梯（如图7-3-4所示），也叫悬挂式逃生梯，展开后悬挂在建筑物外墙上供使用者自行攀爬逃生，用于营救或撤离人员，平时可收藏在包装袋内。该逃生软梯主要由钢制梯钩、边索、踏板和撑脚组成。梯钩是使软梯固定在建筑物上的金属构件。边索由钢丝绳、钢质链或阻燃型纤维编织带等制成。踏板是具有防滑条纹的圆管或方管。撑脚的作用是使逃生软梯能与墙体保持一定距离。

使用逃生软梯时，应根据楼层高度和实际需要选择主梯或加挂副梯。将窗户打开后，把挂钩安放在窗台上，同时要把两只安全钩挂在附近牢固的物体上，然后将软梯向窗外垂放，即可使用。

### （七）救生网

救生网是接救从火场高处下落人员的网（如图7-3-5所示），下落者接触到网面时，由于弹性原理，缓冲了下落者所受的力量，使下落者免受伤害。其性质和作用与杂技团高空表演时，下面拉起的保护网相同。在火场中，可用于地面接救从建筑物上跳下的受困人员或消防员，也可用于建筑物顶部抢救受困人员或消防员。由于使用场合和方法不同，救生网的结构和要

图7-3-5　救生网

求也有所不同。

目前国内常用的地面接救受困人员的有圆形救生网和正方形救生网。救生网由金属框架和可承受巨大冲击力的弹性网体组成。网的四周装有橡胶手柄，外包皮革保护层。为吸收和减缓冲击力，网上装有32对减震器。

#### （八）柔性救生滑道

柔性救生滑道是一种能使多人顺序地从高处在其内部缓慢滑降的逃生用具，采用摩擦限速原理，达到缓降的目的。其内层的导套具有抗静电性能，可使人体在其内部下滑时，不致由于摩擦生热而灼伤人体，其外罩材料具有防火性能、抗渗水性能和抗辐射性能，最高耐温600℃。人体平均下滑速度不大于3m/s，并能通过肢体形态的变化调整其下滑速度。该装置特点是适用范围广，可包括老、幼、病、残者，但多层入口容易造成人员碰撞和踩踏，这种滑道安装在高层建筑的外墙，长年累月经受风吹日晒雨淋，其材料寿命尚需进一步证实。此外，逃生者衣服上的装饰物、金属物，也可能划伤滑道的内衬。

#### （九）组合式升降装置

组合式升降装置，主要由导轨和升降装置两部分组成，其中导轨事先安装于高层建筑疏散通道窗口的外墙一侧，升降装置由消防部门日常配备和维护，可以在所有安装导轨的高层建筑上通用。当高楼发生火灾时，消防人员赶赴现场将升降装置与导轨快速组合，通过电力驱动和机械阻尼机构使升降装置沿导轨缓慢的上下移动，这时的导轨、升降装置及各个楼层的疏散通道窗口，就可构成一个直通地面的临时应急通道，消防人员可由此通道进入楼内各层实施灭火救援，楼内被困人员也可由此通道及时安全疏散。这种组合式升降装置不受高层建筑的高度限制，一次升降可以承载3～5人，适用于包括老、幼、病、残在内的各类人群，有能力的物业部门也可配备升降装置，在消防救援人员到达现场之前先行组织疏散楼内被困人员。

## 第四节　灭火和应急疏散预案编制

“凡事预则立，不预则废”。灭火和应急疏散预案是机关、团体、企业、事业单位根据本单位的人员、组织机构和消防设施等基本情况，为发生火灾时能够迅速、有序地开展初期灭火和应急疏散，并为消防救援人员提供相关信息支持和支援所制订的行动方案。编制应急预案是为了提前做好人力、物力、信息等相关资源的准备，保证在遇到突发事件时能够应对自如。

### 一、编制原则

灭火和应急疏散预案（以下简称“预案”）的编制应遵循以人为本、依法依规、符合实际、注重实效的原则，明确应急职责、规范应急程序、细化保障措施。编制时注意以下几点：

#### （一）以人为本

编制应急疏散预案的目的归根结底就是能够在火灾时保证建筑内的人员能够安全撤离。因此，编制时应全面考虑和充分分析单位或建筑的火灾风险特性、人员特性，以及应急疏散能力，编制完整的应急疏散预案，尽可能避免或减少生命和财产损失。

### （二）预防为主

深入分析建筑内的火灾荷载、火灾危险性、人员特性等，考虑建筑的空间特性、防火分隔设施、疏散设施以及设置的火灾自动报警系统、灭火系统、排烟系统等，确保其在火灾时能够为人员疏散提供安全保障。

### （三）可操作性

编制的应急疏散预案应与该建筑的实际情况紧密联系，在形成书面文件的同时，配以图、表等表达形式，做到简洁明了，方便使用，可操作性强。比如，根据本单位（建筑）的实际情况，画出安全疏散路线图。

### （四）动态管理

建筑的使用功能会因需要而发生改变。因此，应急疏散预案应根据建筑内部情况以及人员情况的改变进行适时修订，不断补充完善，保证火灾时能够快速疏散内部人员。比如原来建筑的用途是宾馆，现在改成了学校，那么其安全疏散预案应进行及时调整完善。

## 二、预案的分类和分级

### （一）预案的分类

按照单位规模大小、功能及业态划分、管理层次等要素，可分为总预案、分预案和专项预案三类。

### （二）预案的分级

预案根据设定灾情的严重程度和场所的危险性，从低到高依次分为以下五级：

（1）一级预案是针对可能发生无人员伤亡或被困，燃烧面积小的普通建筑火灾的预案。

（2）二级预案是针对可能发生3人以下伤亡或被困，燃烧面积大的普通建筑火灾，燃烧面积较小的高层建筑、地下建筑、人员密集场所、易燃易爆危险品场所、重要场所等特殊场所火灾的预案。

（3）三级预案是针对可能发生3人及以上，10人以下伤亡或被困，燃烧面积小的高层建筑、地下建筑、人员密集场所、易燃易爆危险品场所、重要场所等特殊场所火灾的预案。

（4）四级预案是针对可能发生10人及以上，30人以下伤亡或被困，燃烧面积较大的高层建筑、地下建筑、人员密集场所、易燃易爆危险品场所、重要场所等特殊场所火灾的预案。

（5）五级预案是针对可能发生30人及以上伤亡或被困，燃烧面积大的高层建筑、地下建筑、人员密集场所、易燃易爆危险品场所、重要场所等特殊场所火灾的预案。

### （三）预案实施原则

预案的实施应遵循分级负责、综合协调、动态管理的原则，全员学习培训、定期实战演练、不断修订完善。

## 三、编制方法和步骤

### （一）成立预案编制工作组

针对可能发生的火灾事故，结合本单位部门职能分工，成立以单位主要负责人或分管负责人为组长，单位相关部门人员参加的预案编制工作组，也可以委托专业机构提供技术服务，明确工作职责和任务分工，制订预案编制工作计划，组织开展预案编制工作。

### （二）资料收集与评估

（1）全面分析本单位火灾危险性、危险因素、可能发生的火灾类型及危害程度。

（2）确定消防安全重点部位和火灾危险源，进行火灾风险评估。

（3）客观评价本单位消防安全组织、员工消防技能、消防设施等方面的应急处置能力。

（4）针对火灾危险源和存在问题，提出组织灭火和应急疏散的主要措施。

（5）收集借鉴国内外同行业火灾教训及应急工作经验。

### （三）编写预案

（1）预案应针对可能发生的各种火灾事故和影响范围分级分类编制，科学编写预案文本，明确应急机构人员组成及工作职责、火灾事故的处置程序以及预案的培训和演练要求等。

（2）集团性、连锁性企业应制订预案编制指导意见，对所属下级单位提出明确要求。下级单位应编制符合本单位实际的预案。

（3）单位应编制总预案，单位内各部门应结合岗位火灾危险性编写分预案，消防安全重点部位应编写专项预案。

（4）分班作业的单位或场所应针对不同的班组，分别制订预案和组织演练。

（5）经营单位应针对营业和非营业等不同时间段，分别制订编写预案和组织演练。

（6）多产权、多家使用单位应统一委托消防安全管理部门编制总预案，各单位、业主应根据自身实际制订分预案。

（7）鼓励单位应用建筑信息化管理（BIM）、大数据、移动通信等信息技术，制订数字化预案及应急处置辅助信息系统。

### （四）评审与发布

（1）预案编制完成后，单位主要负责人应组织有关部门和人员，依据国家有关方针政策、法律法规、规章制度以及其他有关文件对预案进行评审。

（2）预案评审通过后，由本单位主要负责人签署发布，以正式文本形式发放到每一名员工。

### （五）适时修订预案

预案修订工作应安排专人负责，根据单位和场所的生产、经营和储存性质、功能分区的改变及日常检查巡查、预案演练和实施过程中发现的问题，及时修订预案，确保预案适应单位的基本情况。

## 四、主要内容

单独制订应急疏散预案时，可包括编制目的、编制依据、适用范围、应急工作原则、单位基本情况、火灾情况设定、组织机构及职责、应急指挥部设置、应急响应、应急保障、应急响应结束、后期处置。

### （一）编制目的

简述预案编制的目的和作用。

### （二）编制依据

简述预案编制所依据的有关法律、法规、规章、规范性文件、技术规范和标准等。

### （三）适用范围

说明预案适用的工作范围和事故类型、级别。

### （四）应急工作原则

说明单位应急工作的原则，内容应简明扼要、明确具体。

### （五）单位基本情况

（1）说明单位名称、地址、使用功能、建筑面积、建筑结构及主要人员等情况，还应包括单位总平面图、分区平面图、立面图、剖面图、疏散示意图等。

（2）说明单位的火灾危险源情况，包括火灾危险源的位置、性质和可能发生的事故，明确危险源区域的操作人员和防护手段，危险品的仓储位置、形式和数量等。

（3）说明单位的消防设施情况，包括设施类型、数量、性能、参数、联动逻辑关系以及产品的规格、型号、生产企业和具体参数等内容。

（4）生产加工企业还应说明生产的主要产品、主要原材料、生产能力、主要生产工艺及处置流程、主要生产设施及装备等内容。

（5）涉及危险化学品的单位还应说明工艺处置技术小组人员情况、危险化学品的品名、性质、数量、存放位置及方式、防护及处置措施，运输车辆情况及主要的运输产品、运量、运地、行车路线和处理危险化学品物质存放处等内容，明确标注不能用水扑救或用水扑救后产生有毒有害物质的危险化学品。

### （六）火灾情况设定

（1）预案应设定和分析可能发生的火灾事故情况，包括常见引火源、可燃物的性质、危及范围、爆炸可能性、泄漏可能性以及蔓延可能性等内容，可能影响预案组织实施的因素、客观条件等均应考虑到位。

（2）预案应明确最有可能发生火灾事故的情况列表，表中含有着火地点、火灾事故性质以及火灾事故影响人员的状况等。

（3）预案应考虑天气因素，分析在大风、雷电、暴雨、高温、寒冬等恶劣气候下对生产工艺、生产设施设备、消防设施设备、人员疏散造成的影响，并制订针对性措施。

（4）对外服务的场所设定火灾事故情况，应将外来人员不熟悉本单位疏散路径的最不利情形考虑在内。

（5）中小学校、幼儿园、托儿所、早教中心、医院、养老院、福利院设定火灾事故情况，应将服务对象人群行动不便的最不利情形考虑在内。

### （七）组织机构及职责

#### 1. 应急组织体系

说明应急组织体系的组织形式、构成部门或人员，并以结构图的形式展现。

#### 2. 组织机构

（1）预案应明确单位的指挥机构，消防安全责任人任总指挥，消防安全管理人任副总指挥，消防工作归口职能部门的负责人参加并具体组织实施。

（2）预案宜建立在单位消防安全责任人或者消防安全管理人不在位的情况下，由当班的单位负责人或第三人替代指挥的梯次指挥体系。

（3）预案应明确通信联络组、灭火行动组、疏散引导组、防护救护组、安全保卫组、后勤保障组等行动机构。

**3.岗位职责**

预案应结合每个组织机构在应急行动中需要动用的资源、涉及的工作环节，按照下列要求，明确每个组织机构及其成员在应急行动中的角色和职责。

### （八）应急指挥部设置

说明单位应急指挥部的选址原则，应急指挥部一般应设在消防控制室，对消防控制室空间较小、没有现场视频传输、未设消防控制室或属室外火灾的，应急指挥部设置应考虑通风条件、足够的安全距离和良好的观察视线。

### （九）应急响应

**1.响应措施**

单位制订的各级预案应与辖区消防机构预案密切配合、无缝衔接，可根据现场火情变化及时变更火警等级，响应措施如下：

（1）一级预案应明确由单位值班带班负责人到场指挥，拨打“119”报告一级火警，组织单位志愿消防队和微型消防站值班人员到场处置，采取有效措施控制火灾扩大。

（2）二级预案应明确由消防安全管理人到场指挥，拨打“119”报告二级火警，调集单位志愿消防队、微型消防站和专业消防力量到场处置，组织疏散人员、扑救初期火灾、抢救伤员、保护财产，控制火势扩大蔓延。

（3）三级以上预案应明确由消防安全责任人到场指挥，拨打“119”报告相应等级火警，同时调集单位所有消防力量到场处置，组织疏散人员、扑救初期火灾、抢救伤员、保护财产，有效控制火灾蔓延扩大，请求周边区域联防单位到场支援。

**2.指挥调度**

（1）预案应明确统一通信方式，统一通信器材。指挥机构负责人应使用统一的通信器材下达指令，行动机构承担任务人员应使用统一的通信器材接受指令和报告动作信息。鼓励统一使用对讲系统。

（2）预案应统一规定灭火疏散行动中各种可能的通信用语，通信用词应清晰、简洁，指令、反馈表达完整、准确。

（3）预案应设计各种火灾处置场景下的指令、反馈环节，确定不同情况下下达的指令和做出的反馈。

（4）预案应要求指挥机构在了解现场火情的情况下，科学下达指令，使到达一线参与灭火行动人员的位置、数量、构成符合灭火行动的需要。

（5）预案应要求指挥机构了解起火部位、危及部位、受威胁人员的分布及数量，科学下达疏散引导行动指令，使到达一线参与疏散引导行动人员的位置、数量、构成符合疏散引导行动的需要。

**3.通信联络**

（1）预案应将应急联络工作中涉及的相关人员、单位的电话号码详列成表，便于使用。

（2）预案应明确要求通信联络组承担任务人员做好信息传递，及时传达各项指令和反馈现场信息。

（3）预案应对通信联络组承担任务人员进行分工，满足各项通知任务同时进行的要求。

（4）预案应明确通信联络组承担任务人员向总指挥、副总指挥、消防部门、区域联防单位等报告火情的基本规范，保证准确传递下列火灾情况信息：

1）起火单位、详细地址。

2）起火建筑结构，起火物，有无存储易燃易爆危险品。

3）起火部位或楼层。

4）人员受困情况。

5）火情大小、火势蔓延情况、水源情况等其他信息。

**4.灭火行动**

（1）设有自动消防设施的单位，预案应要求自动消防设施设置在自动状态，保证一旦发生火灾立即动作；确有特殊原因需要设置在手动状态的，消防控制室值班人员应在火灾确认后立即将其调整到自动状态，并确认设备启动。

（2）预案应规定各类自动消防设施启动的基本原则，明确不同区域启动自动消防设施的先后顺序、启动时机、方法、步骤，提高应急行动的有效性。

（3）预案应明确保障一线灭火行动人员安全的原则，在本单位火灾类别范围下，规定灭火行动组一线人员进入现场扑救火灾的范围、撤离火灾现场的条件、撤离信号和安全防护措施。

（4）预案应根据承担灭火行动任务人员岗位的经常位置，规定灭火行动组在接到通知或指令后立即到达现场的时间。

（5）预案应规定不同性质场所的火灾所使用的灭火方法，并明确一线灭火行动可使用的灭火器、消火栓等消防设施、器材，指出迅速找到消防设施、器材的途径和方法。

（6）预案应明确易燃易爆危险品场所的人员救护、工艺操作、事故控制、灭火等方面的应急处置措施。

（7）对完成灭火任务的，预案应要求一线灭火行动人员检查确认后通过通信器材向指挥机构报告。

**5.疏散引导**

（1）疏散引导行动应与灭火行动同时进行。

（2）预案应明确事故现场人员清点、撤离的方式、方法，非事故现场人员紧急疏散的方式、方法，周边区域的单位、社区人员疏散的方式、方法，疏散引导组完成任务后的报告。对外服务的场所的预案应预见疏散的顾客自行离开的情形，规定有效的清点措施和记录方法。

（3）预案应对同时启用应急广播疏散、智能疏散系统引导疏散、人力引导疏散等多种引导疏散方法提出要求。

（4）有应急广播系统的单位，预案应对启动应急广播的时机、播音内容、语调语速、选用语种等做出规定。

（5）设置有智能应急照明和疏散逃生引导系统的，预案应明确根据火灾现场所处的方位来调整疏散指示标志的引导方向。

（6）预案应根据疏散引导组人员岗位的经常位置，规定疏散引导组在接到通知或指令后立即到达现场的时间。

（7）预案应对疏散引导组人员的站位原则做出规定，对现场指挥疏散的用语分情况进行规范列举，明确需要佩戴、携带的防毒面具、湿毛巾等防护用品，保证疏散引导秩序井然。

（8）预案应对疏散人员导入的安全区域和每个小组完成疏散任务后的站位做出规定。

**6.防护救护**

（1）预案应明确对事故现场受伤人员进行救护救治的方式、方法，应要求及时拨打急救电话“120”，联系医务人员赶赴现场进行救护。

（2）预案应明确实施紧急救护的场地。

（3）预案应对危险区的隔离做出规定，包括危险区的设定，事故现场隔离区的划定方式、方法，事故现场隔离方法等。

**7.与消防队的配合**

（1）预案应明确规定单位时刻保持消防车通道畅通，严禁设置和堆放阻碍消防车通行的障碍物。火灾发生时，安全保卫组人员应在路口迎接消防车，为消防车引导通向起火地点的最短路线、楼内通径、消防电梯等。其他人员应积极协助消防队开展灭火救援工作。

（2）预案应明确单位负责人和熟知情况的人员向到场的消防队提供如下信息：

1）火灾蔓延情况，包括起火地点、燃烧物体及燃烧范围（火焰、烟的扩散情况等）、是否有易燃易爆危险品或其他重要物品、是否有不能用水扑救或用水扑救后产生有毒有害物质的危险化学品以及起火原因等。

2）人员疏散情况，包括是否有人员被困、疏散引导情况以及受伤人员的状况等。

3）初期灭火行动，包括初期灭火情况、防火分隔区域构成情况、单位固定灭火设备（室内消火栓、自动喷水灭火设备和紧急用灭火设备等）的状况等。

4）空调设备使用及排烟设备运行情况，包括空调设备的使用、排烟设备运行、电梯运行情况以及紧急用电的保障情况等。

5）单位平面图、建筑立面图等消防队需要的其他资料。

**8.典型场所的预案**

（1）学校的预案应明确防止疏散中发生踩踏事故的措施，根据学生年龄阶段确定适当数量的疏散引导人员，小学和特殊教育学校应根据需要适当增加引导人员的数量。不提倡将未成年学生作为组织预案实施的人员，不应组织未成年人参与灭火救援行动。

（2）医院、幼儿园、养老院及其他类似场所的预案，应明确危重病人、传染病人、产妇、婴幼儿、无自主能力人员、老人等人员的疏散和安置措施，医院应明确涉及危险化学品的相关处置要求。

（3）大型公共场所的预案，应明确疏散指示标识图和逃生线路示意图，明确防止踩踏事故的措施。

（4）危险化学品生产、储存和经营企业的预案，应符合《危险化学品事故应急救援预案编制导则（单位版）》（安监管危化字〔2004〕43号）的相关规定，安全区域的位置应充分考虑危险化学品的爆炸极限等要素。

### （十）应急保障

**1.通信与信息保障**

制订信息通信系统及维护方案，保障有24h有效的报警装置和有效的内部、外部通信联络手段，确保应急期间信息通畅。

**2.应急队伍保障**

说明应急组织机构管理机制，制订每日值班表，保障应急工作需要。

**3.物资装备保障**

说明单位应急物资和装备的类型、数量、性能、存放位置、运输及使用条件、管理责任人及其联系方式等内容。

**4.其他保障**

说明经费保障、治安保障、技术保障、后勤保障等其他应急工作需求的相关保障措施。

### （十一）应急响应结束

说明现场应急响应结束的基本条件和要求。

### （十二）后期处置

说明火灾现场警戒保护及协助调查、事故信息发布、污染物处理、故障抢修、恢复工作、医疗救治、人员安置等内容。

## 五、家庭火灾应急疏散预案

家是大家心之所属、心之所系的地方。编制家庭火灾应急疏散预案并进行演练，可让家人在遇到火灾时提高自我保护能力和应急疏散能力。编制家庭应急疏散预案时，应包括如下内容：

### （一）制订家庭逃生计划

（1）在家内安装感烟探测器，并确保其状态正常。

（2）跟家人一起确定逃生路线。

（3）保证家人在睡觉时把卧室门关严。实验证明，如果关闭房门，火灾需10～15min才能将木门烧穿，所以，关闭房门可在紧急时刻为家人的逃生赢得宝贵的时间。

（4）应确保每位家庭成员无论在家里的哪个房间、哪个位置，都应至少有两个逃生出口，即门和窗户或阳台。

图7-4-1 防护栏上应留有逃生口

### （二）设计逃生路线

所有家庭成员应一起制订家庭逃生路线，确保每个家庭成员都熟悉从家中安全逃生的两条路线，练习如何快速开门和开窗。有很多家庭为了防盗，装上了防盗门和防护栏，这样不利于紧急情况下的快速逃生。护栏上应留有逃生口，平时也应加强快速开门、开窗的练习，如图7-4-1所示。

### （三）牢记烟气的危害

每个家庭成员都应该牢记在烟层之下疏散的重要性。火灾中的烟气和热气聚集在室内空间的上层，较新鲜凉爽的空气在地面附近。所以，如果室内充满烟气，应做好防烟防护，赶紧趴下，爬到附近出口逃生。

### （四）确定一个安全集合地点

确定一个全家人在逃生之后的集合地点，该地点应比较安全、固定并容易找到。它一方面避免家庭成员在逃出后互相寻找，另一方面能有效避免家庭成员重新冲进火场救人。如果有家人被困室内，应立即告诉消防队员他（她）可能在的位置，家庭成员无论如何都不能重新冲进火场。

### （五）明确需要特别照顾的家庭成员

婴幼儿、残疾人员或者老年人等在逃生过程中需要特殊照顾。所以，在制订家庭疏散预案时，应考虑到这些因素并跟家人共同探讨解决办法。最好是将责任分配给家中比较强壮的固定个人，让大家在紧急情况下都知道自己该做什么。

### （六）疏散演练

有效的家庭疏散预案需要靠演练来完成，所以疏散演练非常重要。找一个全家人员都比较清闲的时间，每年或者每半年进行一次家庭疏散演练。演练时要严格按照预定的疏散预案，明确每人的责任、防护措施、逃生路线、集合地点等，确保疏散演练高质有效。

### （七）从建筑物中安全逃生

此步骤强调的是逃生时的安全问题。不要盲目跳楼，但如果住在二楼，那么采取头上脚下的方式从窗户跳下是可以的，不会造成重伤。家中准备一些火场求生工具或装备，如救生绳、防毒面具等。多层公寓或者高层建筑的居民，千万不要使用电梯，要选择封闭楼梯间。为了让家人熟悉所住建筑物的结构和逃生出口，应率领全家去熟悉建筑物的每个部分和设施，如封闭楼梯间、明显的出口标志、空阔的大厅、自动喷水灭火系统、火灾报警系统以及感烟探测器等，尤其是建筑物的每个出口。

# 第五节　火灾应急疏散演练

应急演练是针对可能发生的事故情况，依据应急预案而模拟开展的应急活动。应急预案编制后必须进行演练，否则，相关人员既不熟悉预案的内容，也不熟悉如何使用和实施，更不确定所编制的应急预案是否科学合理，是否具有可操作性。

## 一、疏散演练目的

### （一）完善预案

通过开展应急疏散预案演练，整理分析演练过程中发现的问题，及时提出纠正和完善措施，确保应急疏散预案能够真正针对本单位（本建筑）的火灾风险特点，适用性高，可操作性强。

### （二）查找漏洞

应急疏散预案演练可帮助查找整个预案存在的漏洞，发现不足时可及时予以调整补充，做好应急准备。

### （三）锻炼人员

增强参加人员对应急疏散预案的熟悉程度，明确各自职责，提高人员应急处置能力。

### （四）协调机制

应急疏散预案是整个应急预案的重要组成部分，只有疏散预案运行通畅，才能与其他应急救援行动协调一致。

### （五）科普宣教

通过开展灭火和应急疏散预案演练，普及消防安全知识，提高公众风险防范意识和自救互救等灾害应对能力。

## 二、疏散演练规划、准备、实施和保障

### （一）演练规划

疏散演练单位根据相关法律法规和应急疏散预案的规定，并结合本单位（或建筑）的实际情况，制订应急疏散演练规划，明确演练的频次、规模、形式、时间和地点等。火灾高危单位应至少每季度组织一次演练，消防安全重点单位应至少每半年组织一次演练，其他单位应至少每年组织一次演练。在火灾多发季节或有重大活动保卫任务的单位，应组织全要素综合演练。单位内的有关部门应结合实际，适时组织专项演练，宜每月组织开展一次疏散演练。

演练要成立领导小组，根据疏散演练的特点和实际需求，成立策划组、保障组和评估组等。策划组主要负责应急疏散演练的策划、方案设计、组织协调、演练评估等；保障组主要负责调集演练所需的物资装备、演练场地、道具、场景设置、现场秩序、人员生活和安全保障等；评估组主要负责演练方案设计和编写演练评估报告，对疏散演练准备、组织、实施等进行全过程评估，及时向领导小组、策划组和保障组提出完善的意见和建议。

### （二）演练准备

演练准备包括制定疏散演练计划和方案、确定演练的评估标准与方法、编写演练方案文件如演练人员手册和评估指南等。演练准备阶段要明确演练的目的、目标以及演练实施的详细工作文件等，做好充足准备，才能保证整个疏散演练的顺利进行，分解如下：

（1）制订实施方案，确定假想起火部位，明确重点检验目标。

（2）可以通知单位员工组织演练的大概时间，但不应告知员工具体的演练时间，实施突击演练，实地检验员工处置突发事件的能力。

（3）设定假想起火部位时，应选择人员集中、火灾危险性较大和重点部位作为演练目标，根据实际情况确定火灾模拟形式。

（4）设置观察岗位，指定专人负责记录演练参与人员的表现，演练结束讲评时做参考。

（5）组织演练前，应在建筑入口等显著位置设置“正在消防演练”的标志牌进行公告。

（6）模拟火灾演练中应落实火源及烟气控制措施，防止造成人员伤害。

（7）疏散路径的楼梯口、转弯处等容易引起摔倒、踩踏的位置应设置引导人员，小学、幼儿园、医院、养老院、福利院等应直接确定每个引导人员的服务对象。

（8）会影响顾客或周边居民的演练，应提前做出有效公告，避免引起不必要的惊慌。

### （三）演练实施

疏散演练实施也就是指疏散演练的整个过程，包括演练启动、执行、结束和终止。启

动仪式宜简短，简单说明疏散演练的目的和目标即可；执行过程一定要按照疏散预案的要求进行，各司其职，做好演练过程控制工作并做好记录（文字、照片、音像等）；疏散演练完毕后，由演练总策划宣布演练终止，并对预案结合实际情况进行总结讲评。

（1）应设定现场发现火情和系统发现火情分别实施的演练，并按照下列要求及时处置：

1）由人员现场发现的火情，发现火情的人应立即通过火灾报警按钮或通信器材向消防控制室或值班室报告火警，使用现场灭火器材进行扑救。

2）消防控制室值班人员通过火灾自动报警系统或视频监控系统发现火情的，应立即通过通信器材通知一线岗位人员到现场，值班人员应立即拨打“119”报警，并向单位应急指挥部报告，同时启动应急程序。

（2）应急指挥部负责人接到报警后，应按照下列要求及时处置：

1）准确做出判断，根据火情，启动相应级别应急预案。

2）通知各行动机构按照职责分工实施灭火和应急疏散行动。

3）将发生火灾情况通知在场所有人员。

4）派相关人员切断发生火灾部位的非消防电源、燃气阀门，停止通风空调，启动消防应急照明和疏散指示系统、消防水泵和防烟排烟风机等一切有利于火灾扑救及人员疏散的设施设备。

（3）从假想火点起火开始至演练结束，均应按预案规定的分工、程序和要求进行。

（4）指挥机构、行动机构及其承担任务人员按照灭火和疏散任务的需要开展工作，对现场实际发展超出预案预期的部分，随时做出调整。

（5）模拟火灾演练中应落实火源及烟气控制措施，加强人员安全防护，防止造成人身伤害。对演练时发生的意外事件，应予妥善处置。

（6）对演练过程进行拍照、摄录，妥善保存演练相关文字、图片、录像等资料。

### （四）演练保障

要完成应急疏散演练，离不开人，即规划、组织人员和参加演练人员；也离不开物，即演练所需的各种材料、物资和器材；更离不开钱，即为完成演练所需的经费预算；当然，除了人、物、钱之外，演练还得有个落地的地方，即演练场地。所有这些准备齐了，疏散演练也就有了保障。

## 三、实施效果评价

对疏散演练实施效果进行评估，是在全面分析演练记录以及相关资料的基础上，对照演练目标要求，对演练组织、准备、实施、保障等整个过程进行的评价。其内容一般包括演练执行情况、应急疏散预案编制的科学合理性以及可操作性、指挥人员的指挥和协调能力、参加人员的处置能力、演练保障的保障能力，是否达到了演练目标，演练的成本效益分析以及如何完善应急疏散预案。

（1）演练结束后应进行现场总结讲评。

（2）总结讲评由消防工作归口职能部门组织，所有承担任务的人员均应参加讲评。

（3）现场总结讲评应就各观察岗位发现的问题进行通报，对表现好的方面予以肯定，并强调实际灭火和疏散行动中的注意事项。

（4）演练结束后，指挥机构应组织相关部门或人员总结讲评会议，全面总结消防演练情况，提出改进意见，形成书面报告，通报全体承担任务人员。总结报告应包括以下内容：

1）通过演练发现的主要问题。

2）对演练准备情况的评价。

3）对预案有关程序、内容的建议和改进意见。

4）对训练、器材设备方面的改进意见。

5）演练的最佳顺序和时间建议。

6）对演练情况设置的意见。

7）对演练指挥机构的意见等。

## 四、家庭应急疏散演练实例

根据第四节介绍的家庭应急疏散预案，组织家人进行应急疏散预案演练。疏散演练可不用像单位演练那样复杂和面面俱到，但几个重要步骤不能省略，家中的爸爸或者妈妈可以担任应急疏散演练的总指挥。家庭疏散演练的步骤可包括：

（1）将家人召集在一起，画出自己家的平面图，在图上标出一般逃生路线和紧急逃生路线（如图7-5-1所示）、门、窗、楼梯、大厅等。

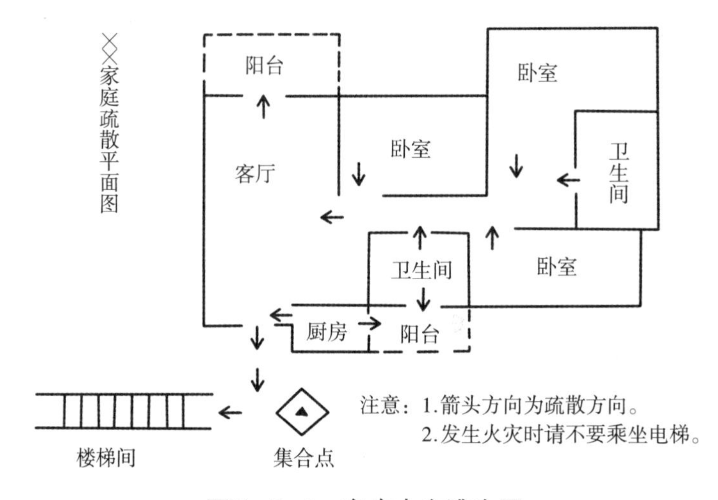


图7-5-1　家庭火灾逃生图

（2）让家庭内每个成员都熟悉逃生时应该做的事情。

（3）让大家都回到自己床上，将灯全部熄灭并启动感烟探测器。

（4）每个家庭成员通过大声喊“着火了”来叫醒其他家庭成员。

（5）家庭成员应根据事先的计划进行逃生（在烟层之下爬行、用手背试门的冷热、在室外指定地点集合等）。

（6）家住公寓建筑或者高层建筑的家庭，除了应该遵循建筑管理人员制订的疏散计划外，还应为家人设计一个适于自己家庭的火场逃生计划。

（7）在指定集合地点等候家人，如果发现有的家庭成员被困在室内，应告诉消防队员

（假装有消防人员在场）他们的确切位置，让消防队员去寻找和救助，自己千万不要重新冲进火场。

在家庭火场疏散演练后，全家人要坐在一起，共同讨论本次演练过程中各自的感想和感悟，看看有哪些步骤需要完善，哪些具体的实施过程需要细化，总结本次疏散演练的经验和教训，并全家一起对家庭疏散预案进行完善。

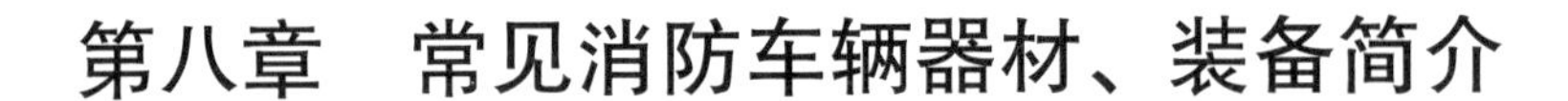

# 第八章　常见消防车辆器材、装备简介

城市消防站担负着扑救火灾和抢险救援的重要任务，是城市消防基础设施的重要组成部分。精良的消防车辆器材、装备是决定灭火战斗成功与否的重要因素；消防车辆器材、装备的先进程度，是消防的窗口，体现了一个国家和地区的经济实力和科技实力。

按照城市消防站建设标准，一级消防站应配备消防车5～7辆，二级消防站应配备消防车2～4辆，特勤站应配备消防车8～11辆；建设标准同时对各级消防站的灭火器材配备、抢险救援器材品种及数量配备、消防员防护装备配备的品种及数量、通信装备的配备等做出明确规定。

消防产品按其用途分为16类，按其功能和特征暂分为69个品种。16类中包含火灾报警类、消防车类、消防装备类、灭火器类、灭火剂类等。消防装备类细分包含消防员防护装备、消防摩托车、消防机器人、抢险救援装备4个品种。本章主要介绍消防救援车辆、消防救援装备、消防员防护装备。

## 第一节　消防救援车辆

消防车是供灭火、辅助灭火或消防救援的机动消防技术装备，根据需要可设计制造成适宜消防队员乘用、装备各类消防器材或灭火剂的车辆。

### 一、消防车分类和型号

#### （一）按照功能分类

消防车按照使用功能分为四类：灭火类消防车、举高类消防车、专勤类消防车和保障类消防车。详细分类和产品示例见表8-1-1。

表8-1-1　消防车分类

| | 根据使用功能分类 | 产品示例 |
|---|---|---|
| 消防车 | 灭火类消防车 | 水罐消防车、供水消防车、泡沫消防车、干粉消防车、干粉泡沫联用消防车、干粉水联用消防车、气体消防车、压缩空气泡沫消防车、泵浦消防车、远程供水泵浦消防车、高倍泡沫消防车、水雾消防车、高压射流消防车、机场消防车、涡喷消防车、干粉枪炮 |

续表8-1-1

| | 根据使用功能分类 | 产品示例 |
|---|---|---|
| 消防车 | 举高类消防车 | 登高平台消防车、云梯消防车、举高喷射消防车、破拆消防车 |
| | 专勤类消防车 | 通信指挥消防车、抢险救援消防车、化学救援消防车、输转消防车、照明消防车、排烟消防车、洗消消防车、侦检消防车、特种底盘消防车 |
| | 保障类消防车 | 器材消防车、供气消防车、供液消防车、自装卸式消防车 |

（1）灭火类消防车。主要装备灭火装置，用于扑灭各类火灾的消防车。

（2）举高类消防车。主要装备举高臂架（梯架）、回转机构等部件，用于高空灭火救援、输送物资及消防员的消防军。

（3）专勤类消防车。主要装备专用消防装置，用于某专项消防技术作业的消防车。

（4）保障类消防车。主要装备各类保障器材设备，为执行任务的消防车辆或消防员提供保障的消防车。

### （二）按照结构分类

消防车按照结构分为三类：罐类消防车、举高类消防车和特种类消防车。

### （三）消防车型号

消防车的产品型号由消防车企业名称代号、消防车类别代号、消防车主参数代号、消防车产品序号、消防车结构特征代号、消防车用途特征代号、消防车分类代号、消防装备主参数代号组成，必要时附加消防车企业自定代号，如图8-1-1所示。

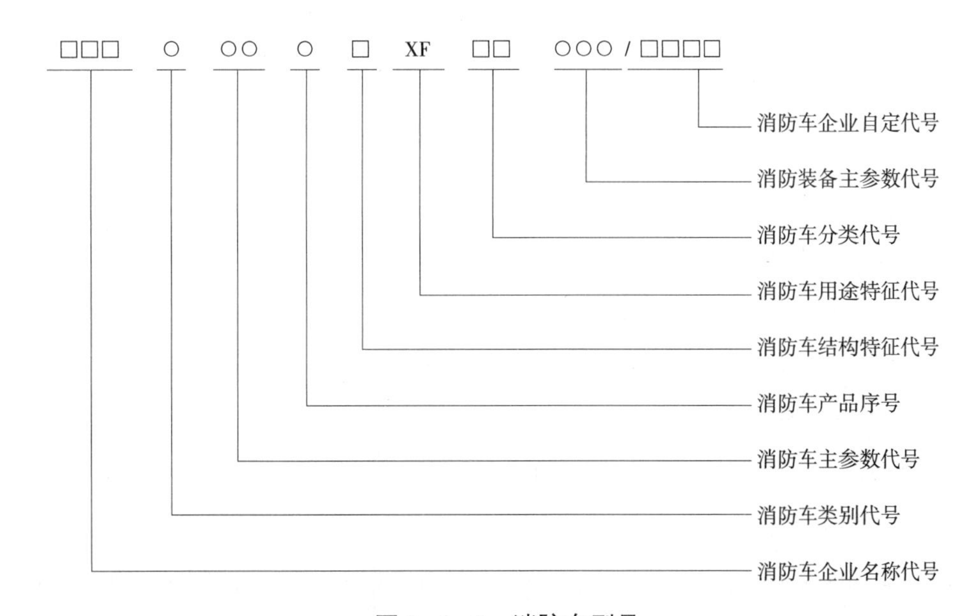


图8-1-1　消防车型号

第1～3位：消防车企业名称代号，用代表企业名称的两个或三个汉语拼音字母表示，其代号由国家汽车行业主管部门给定。

第4位：消防车类别代号，用5表示单车式消防车，或用9表示半挂式消防车。

第5、6位：消防车主参数代号，用两位阿拉伯数字表示，主参数代号为车辆的总质量，单位为吨（t）。

第7位：消防车产品序号，用一位阿拉伯数字0，1，2，……，9顺序使用。

第8位：消防车结构特征代号，用一个汉语拼音字母表示，G代表罐类消防车，J代表举高类消防车，T代表特种类消防车。

第9、10位：消防车用途特征代号，统一用汉语拼音字母“XF”表示。

第11、12位：消防车分类代号，用两个汉语拼音字母表示，其含义见表8-1-2。

第13～15位：消防装备主参数代号，用两位或三位阿拉伯数字表示，其构成和含义见表8-1-2。

消防车型号示例：

（1）SXD5140GXFPM50表示企业代号SXD，总质量14t，载液量5t，没有进行过改动的泡沫消防车。

（2）WSD5251JXFJP30表示企业代号WSD，总质量25t，最大工作高度30m，经过一次改动的举高喷射消防车。

（3）MXF5070TXFHJ100表示企业代号MXF，总质量7t，装载100件化学救援器材，没有进行过改动的化学救援消防车。

**表8-1-2　消防车功能分类、结构特征代号、分类代号、消防装备主参数代号含义**

| 序号 | 消防车名称 | 功能分类 | 结构特征代号 | 分类代号 | 消防装备主参数代号 | |
|---|---|---|---|---|---|---|
| 1 | 水罐消防车 | 灭火类 | G | SG | 额定水装载量 | 100kg |
| 2 | 供水消防车 | | G | GS | 额定水装载量 | 100kg |
| 3 | 泡沫消防车 | | G | PM | 水、泡沫液额定总装载量 | 100kg |
| 4 | 干粉消防车 | | G | GF | 额定干粉装载量 | 100kg |
| 5 | 干粉泡沫联用消防车 | | G | GP | 灭火剂总装载量 | 100kg |
| 6 | 干粉水联用消防车 | | G | GL | 灭火剂总装载量 | 100kg |
| 7 | 气体消防车 | | G | QT | 所载气瓶总容积 | L |
| 8 | 压缩空气泡沫消防车 | | G | AP | 水、泡沫液额定总装载量 | 100kg |
| 9 | 泵浦消防车 | | T | BP | 水泵额定流量 | L/s |
| 10 | 高倍泡沫消防车 | | T | GP | 泡沫液、水额定装载量 | 100kg |
| 11 | 水雾消防车 | | G | PW | 喷雾流量 | L/s |
| 12 | 高压射流消防车 | | G | SL | 射流流量 | L/s |
| 13 | 机场消防车 | | G | JX | 额定灭火剂装载量 | 100kg |

续表8-1-2

| 序号 | 消防车名称 | 功能分类 | 结构特征代号 | 分类代号 | 消防装备主参数代号 | |
|---|---|---|---|---|---|---|
| 14 | 涡喷消防车 | 灭火类 | G | WP | 泡沫液、水额定装载量 | 100kg |
| 15 | 登高平台消防车 | 举高类 | J | DG | 最大工作高度 | m |
| 16 | 云梯消防车 | | J | YT | 最大工作高度 | m |
| 17 | 举高喷射消防车 | | J | JP | 最大工作高度 | m |
| 18 | 通信指挥消防车 | 专勤类 | T | TZ | 通信指挥设备总功率 | W |
| 19 | 抢险救援消防车 | | T | JY | 抢险救援器材数量 | 件 |
| 20 | 化学救援消防车 | | T | HJ | 化学救援器材件数 | 件 |
| 21 | 输转消防车 | | G | SZ | 输转物质装载量 | 100kg |
| 22 | 照明消防车 | | T | ZM | 发电机组额定功率 | kW |
| 23 | 排烟消防车 | | T | PY | 排烟机额定流量 | $m^3/s$ |
| 24 | 洗消消防车 | | T | XX | 洗消液装载量 | 100kg |
| 25 | 侦检消防车 | | T | ZJ | 可侦检的有害物质种类数 | 种 |
| 26 | 隧道消防车 | | G | SD | 泡沫液、水额定装载量 | 100kg |
| 27 | 履带消防车 | | T | LD | 消防载荷 | 100kg |
| 28 | 轨道消防车 | | T | GD | 路轨系统允许载荷 | 100kg |
| 29 | 水陆两用消防车 | | T | SL | 水中航行速度 | km/h |
| 30 | 器材消防车 | 保障类 | T | QC | 消防器材件数 | 件 |
| 31 | 勘察消防车 | | T | KC | 勘察器材的数量 | 件 |
| 32 | 宣传消防车 | | T | XC | 专用设备数 | 套 |
| 33 | 水带敷设消防车 | | T | DF | 携带水带总长度 | m/100 |
| 34 | 供气消防车 | | T | GQ | 充气泵的供气能力 | $m^3/h$ |
| 35 | 供液消防车 | | G | GY | 额定泡沫液装载量 | 100kg |
| 36 | 自装卸式消防车 | | T | ZX | 装载箱总质量 | 100kg |

## 二、灭火类消防车

扑灭火情是消防工作的主要内容，而灭火类消防车也必然成为消防车里的主要作战单位。根据火情性质的不同，灭火类消防车大致可被分为水罐消防车、泡沫消防车、干粉消防车、气体消防车、涡喷消防车、泵浦消防车等。

### （一）水罐消防车

水罐消防车是指车上除了装备消防水泵及器材以外，还设有较大容量的贮水罐及水枪、水炮等。可将水和消防人员输送到火场独立进行扑救火灾。它也可以从水源吸水直接进行扑救，或向其他消防车和灭火喷射装备供水。在缺水地区也可作供水。输水用车适合扑救一般性火灾，是应急管理部消防救援局和企事业专职消防队常备的消防车辆。

#### 1.水罐消防车分类

车用消防泵是车辆的心脏，决定着水罐消防车的技术性能，其重要参数—流量和扬程，是决定能否实现一车多能、一车多用、有效减少大型火灾现场消防车辆数量以及灵活机动使用消防车的关键。根据配置的水泵种类不同，水罐消防车可以分为低压水罐消防车、中低压水罐消防车、高低压水罐消防车。

（1）普通水罐消防车采用单级或双级离心消防泵，扬程可达到110～130m，流量一般在30～60L/s之间。

（2）中低压水罐消防车采用我国独立研制的、适合我国国情的一种消防泵，由二级离心叶轮串联组成，低压扬程为1.0MPa，流量为40L/s，中压扬程为2.0MPa，流量为20L/s，是未来消防救援的主战车辆。

（3）高低压水罐消防车采用引进卢森堡亚技术生产的一种消防泵，该泵由多级离心式叶轮串联组成，前1级叶轮为低压叶轮，后3级叶轮为高压叶轮，低压与高压可以同时喷射，高压扬程可达4.0MPa，流量4 000L/min，低压扬程1.0MPa，流量4 000L/min。

#### 2.水罐消防车吨位

国内水罐消防车，以东风、解放、重汽、庆铃等底盘为主要承载，其吨位主要分为以下几种：东风小霸王水罐消防车2t、小五十铃水罐消防车2t、江铃水罐消防车2t、东风多利卡水罐消防车3t、东风140水罐消防车3.5t、东风145水罐消防车5t、东风153水罐消防车6t、重汽豪沃单桥水罐消防车8t、重汽豪沃双桥水罐消防车15t、大五十铃水罐消防车6t、大五十铃双桥水罐消防车15t、东风前四后八水罐消防车20t。

### （二）泡沫消防车

泡沫消防车专用部分由液罐、泵室、器材箱、动力输出及传动系统、管路系统、电气系统等组成。特别适用于扑救石油等油类火灾，也可以向火场供水和泡沫混合液，是石油化工企业、输油码头、机场以及城市专业消防必备的装备。由于它同时具有水罐消防车的性能，所以，正确使用泡沫消防车对每位火场指挥员来说，都是一个值得重视的问题。

#### 1.泡沫消防车分类

泡沫消防车以扑救可燃易燃液体的泡沫灭火剂为载体，广泛应用于液体罐区火灾扑救，如图8-1-2所示。根据泡沫灭火剂使用场所和特点可分为主要适用于扑救A类火灾的泡沫灭火剂和主要适用于扑救B类火灾的泡沫灭火剂；按泡沫混合器种类不同，泡沫消防车分为负压混合器泡沫车和正压自动混合器泡沫车，负压混合器泡沫车只能单一地喷射泡沫或水，正压自动混合器泡沫车能同时喷射泡沫和水，消防车可分别设置泡沫液罐、空气泡沫比例混合器、压力平衡阀、泡沫液泵和泡沫枪炮等。泡沫比例混合系统用于灭火时，水和泡沫的比例一般为97：3或94：6，并由水泵将混合液体送至泡沫发生装置。未来泡沫消防车将会更多地采用计算机程序控制，让水和泡沫的比例更加精确，以达到更好的灭火效果。

泡沫消防车多次在大型石油储罐火灾扑救以及联合实战演习场上“吞云吐雾”，大显威风，见图8-1-3。

图8-1-2　泡沫消防车

图8-1-3　泡沫消防车（石油储罐火灾扑救联合实战演习）

**2.泡沫消防车的吨位**

目前国内泡沫消防车以东风、解放、重汽、庆铃等底盘为主要承载，其吨位主要分为以下几种：东风多利卡泡沫消防车装水2t、泡沫1t，东风140泡沫消防车装水2.5t、泡沫1t，东风145泡沫消防车装水4t、泡沫1t，东风153泡沫消防车装水5t、泡沫1t，重汽豪沃单桥泡沫消防车装水6t、泡沫2t，重汽豪沃双桥泡沫消防车装水12t、泡沫3t，大五十铃泡沫消防车装水5t、泡沫1t，大五十铃双桥泡沫消防车装水12t、泡沫3t。

## （三）干粉消防车

干粉消防车因为使用少，所以公众了解得较少，显得比较神秘。干粉消防车，如图8-1-4所示，是指主要装备干粉灭火剂罐及整套干粉喷射装置，采用氮气等惰性气体作为驱动气体，将干粉罐内储存的干粉通过干粉炮或干粉枪喷射灭火的消防车。主要用于扑救易燃液体（如油类、液态烃、醇、酯、醚等）、可燃气体（如液化石油气、天然气、煤气等）和电气设备的火灾。有的干粉消防车还装备有水罐或泡沫罐、消防泵和消防炮，组成干粉水联用消防车或干粉泡沫联用消防车，还可扑灭一般物质类火灾或油类、化学类物质火灾。干粉消防车一般由汽车底盘、乘员室、干粉氮气系统、车身、控制操作系统和附加电气系统等主要部分组成，其中干粉氮气系统是干粉消防车的心脏部分，一般由高压氮气瓶、减压阀、干粉罐、安全阀、干粉炮、卷车和干粉枪、吹扫管路、操纵机构必要的球阀、仪表组成。

图8-1-4　干粉消防车

按装载干粉量分类，有轻、中、重型；按结构工作原理分类，有储气瓶式、燃气式（不常用）；按干粉罐形式分类，有立式罐、卧式罐；按类型分有纯干粉消防车、干粉水联用消防车、干粉泡沫联用消防车等；目前我国干粉消防车的载粉量为0.5～0.6t。干粉消防车的工作原理较为简单，目前大多采用手动阀门控制，可减少误操作。目前我国应急管理部消防救援局配备使用的干粉消防车主要是储气瓶式干粉消防车。

干粉消防车的干粉灭火剂具有不导电、不腐蚀、扑救火灾迅速等特点，主要用于扑救可燃气体、易燃液体火灾，也适用于扑救电气设备和可燃固体火灾。

### （四）气体消防车

气体消防车是以二氧化碳或液氮作为灭火剂的一类消防车，主要用于扑灭贵重设备、精密仪器、电气设备（高压电气设备）、重要文物和图书档案以及小面积易燃液体或可熔固体物质的火灾，同样也可扑救一般物资火灾。在气体消防车中，二氧化碳消防车占有主要市场，相比之下液氮消防车的出现时间较晚，并且成本更高，但要比泡沫消防车低。在用途上，二氧化碳消防车与液氮消防车可以相互替代。

### （五）涡喷消防车

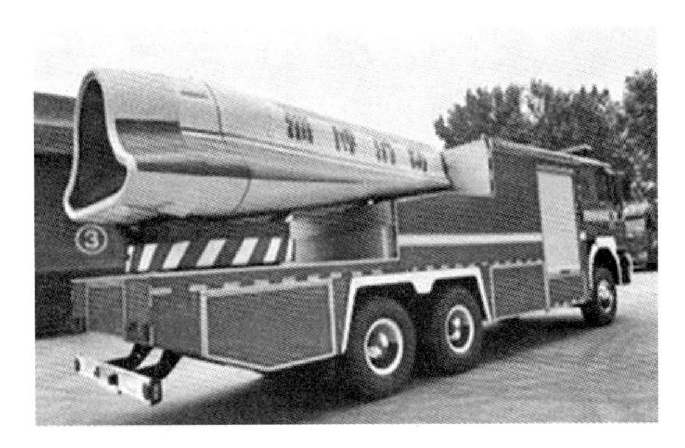

图8-1-5　涡喷消防车

涡喷消防车是20世纪末才发明的新型产品，这种消防车装配了航空级涡轮喷射发动机，利用高速气流推动灭火剂以达到扑灭火情的目的。涡喷消防车能够有效控制火势，主要用于扑救难度较大的火场，例如油田、石化工厂、天然气泵站和机场等，如图8-1-5所示。

涡喷消防车是消防车中喷射功率最大的一个分支，其发动机功率与整车自重比可达到160kW/t，是常规消防车的5倍多。根据灭火剂的不同，涡喷消防车可分为水型、泡沫型、干粉型以及多相流型。涡喷消防车的高速“尾气—雾状水”射流可以对火焰进行切割、破坏，其中雾状水能够快速吸收火场热量，并驱散火焰附近的氧气，以提升其灭火效率。该车除扑灭明火具有超强优势外，还能稀释和消除有毒有害气体，涡轮喷气发动机产生的强大气流和细水雾还可对火场实现正压式通风，从而排除浓烟，降低火场温度，减少“轰燃”的可能。

（1）灭火。涡喷消防车在火灾现场灭火时，涡喷灭火系统将灭火剂大流量、高速度、高强度沿水平方向射入，喷射距离远，穿透火焰中心能力强，大幅度地提高了灭火效率，减少了水渍灾害和环境污染，可达到短时间快速灭火的目的。

（2）冷却。涡喷消防车的冷却效能主要体现在水炮口径大、流量高。灭火剂喷射后呈喇叭形扩散，经实地测试，最大扩散弧度达50m以上，可对需冷却的部位进行全方位、包裹式冷却，特别是针对石油化工火灾对油罐的保护，效果较为明显。

（3）通风、排烟。涡喷消防车对火场实行正压通风，排除浓烟，提高火场的能见度，减少“轰燃”的可能，便于组织消防人员的进攻和掩护撤退。在扑灭火灾后的火场及大型石油化工企业的泄漏现场，可以实行正压送风，能迅速冷却降温，稀释有毒有害气体，保护消防人员和抢救受害人员。

（4）分隔火场。可充分利用涡喷消防车的巨大动能，从着火部位一侧进行喷射，以阻止火势越过喷射区域，有效防止蔓延，对邻近建筑物、构筑物进行保护，避免火灾蔓延造成更大损失。

### （六）泵浦消防车

泵浦消防车，如图8-1-6所示，主要采用吉普型或其他型号的汽车底盘改装而成，除保持原车底盘性能外，车上装备了消防水泵、引水装置、取力装置、水枪及其他消防器材。车上装有消防水泵、器材及乘员座位，将消防人员输送到火场，利用水源直接进行扑救，也可用来向火场其他灭火喷射设备供水。国产泵浦消防车多数为吉普车底盘和BJ130底盘改造，适用于道路狭窄的城市和乡镇，此外，也可兼作火场指挥车使用。

图8-1-6　泵浦消防车

### （七）消防机器人

深圳清水河大爆炸、南京金陵石化火灾、北方东方化工厂罐区火灾、天津滨海新区物流仓库爆炸等特大事故，无一不令人痛心。一旦事故发生，假如没有相应的方法、装备或设施，救援人员便难以获取现场的有效信息，若在无信息支撑的情况下贸然进入，往往容易造成更多的伤亡，付出惨痛的代价。由此，全国各地逐渐响起要求配备消防机器人的呼声，各地出台的消防事业“十三五”规划中也明确将消防机器人列入采购计划。

国际上一般以三个特征划分消防机器人的代别，第一代是程序控制，第二代具有感觉功能，第三代则是智能化。

消防机器人参与的第一次实战灭火在1986年，名为“彩虹5号”的机器人首次在日本的一次灭火中亮相，之后消防机器人在灭火救灾中频频出现，消防机器人的发展迎来了一个黄金时期。目前国外已有多种功能各异的消防机器人，且已经稳步向第三代高端智能化发展。

相对于国外，我国消防机器人起步较晚，研发、生产落后日、美较多，但近几年我国消防机器人产业发展迅速，有望完成追赶甚至反超。2002年，国家“863”项目“履带式、轮式消防灭火机器人”落地并经由国家验收合格，完成验收后该型号消防机器人被全国多个省市陆续配备，之后国内各企业逐渐加入消防机器人的研发队伍，整体研发速度不断加快。近几年发展迅速，前沿企业的技术正向第二、第三代突破。

图8-1-7　消防机器人在危险环境下近距离危化火灾处置

为更好地适应城市经济发展需求，进行多样化灭火救援作战任务，各地市消防救援支队陆续引进消防机器人加入列装队伍，消防机器人目前有防爆消防灭火机器人和防爆消防侦察机器人。消防机器人灵活机动，可贴近火源，执行侦察、灭火任务，可在危险环境下，近距离危化火灾处置，如图8-1-7所示。

防爆消防灭火、侦察机器人采用耐高温履带避震式底盘设计，由机器人主体、消防炮、环境检测装置、遥控箱四部分组成，主要作用是代替消防指战员进入易燃易爆、有毒、缺氧、浓烟等危险灾害事故现场，实施有效的灭火救援、化学检测和火场侦察。产品外观尺寸不尽相同，爬坡度可达40°，侧倾稳定角度45°，越障高度达到300mm、涉水深度可达500mm，牵引力5kN，能够拖动两条充满水的100m80型水带行走，也就是可以拖动200kg的重量；工作压力为1.02MPa时，部分消防机器人射程可以达到88～110m；它的“喷嘴”可以喷出泡沫、水等多种灭火剂；喷嘴正后方是“眼睛”，可以将“看到”的现场情况实时传回后方的指挥中心。消防机器人各种功能测试现场让大家大开眼界，见图8-1-8。

图8-1-8　消防机器人在进行各种测试

图8-1-9中的消防机器人服役于国家能源集团宁夏公司下属的英力特化工公司。机器人长1.24m、宽0.7m、高0.44m，装备有40mm的消防水炮。消防作业时，通过更换不同型号的消防水炮，可形成高压水炮，水幕水带、喷淋喷雾等，水炮的最大射程达60m。机器人还配备了红外夜视装备和远程遥控系统，除应急消防处置外，还可用于事故现场被困人员的搜寻。

图8-1-9　近距离观察消防机器人

消防机器人的列装使用，可实时将现场数据传输到指挥中心和后方终端，为救援决策者提供可靠的决策依据，同时可与无人机、单兵侦察装备配合，实现“三位一体”的消防指挥。随着经济的高速发展，各地将加强机器人应用研究，强化消防机器人科目及多装备合成科目训练，确保在大型灾害事故处置中发挥最佳效能。

## 三、举高类消防车

举高消防车是指装备有支撑系统、回转盘、举高臂架和灭火装置，可以进行登高灭火和救援的消防车，通常根据举高消防车臂架系统结构的不同和用途上的差异，将其分为云梯消防车、登高平台消防车和举高喷射消防车三种。举高消防车的发展已经有100多年的历史，近年来随着实战的需要和制造工艺技术的进步，衍生出在云梯车前端加装可折弯前臂的直曲臂登高车，登高平台车在臂架一侧加装附梯、举高喷射消防车上加挂工作平台、在大型举高消防车上加装水罐、消防泵等复合类举高车，在灭火抢险救援中发挥着更大的作用。

### （一）云梯消防车

云梯消防车是指装备伸缩式云梯（可带有升降斗）、转台及灭火装置的举高消防车

（也是我们通常说的直臂云梯消防车），适用于楼层建筑火灾扑救和营救被困人员，或高空救援、水域横跨救援及社会救助中使用（如图8-1-10所示）。云梯消防车采用伸缩式臂架结构，其优点是重量较轻，动作迅速，操作简便，到达目标直接，一个部位有多人被困时，不用移动、旋转就可快速营救。其缺点一是作业高度相对较低，平台载重较低，工作臂最大展开角较低（75°），云梯消防车的最高高度为56m，因其制造工艺限制，高度难有更大的突破。二是云梯消防车为减少车辆伸缩臂重量，部分采用固定管路（即最上层一节梯子安装水管，灭火作业前先通过固定管路连接水带），平台承载相对较小，大概能容纳2人（270～320kg）、水炮流量相对较低（1 800～3 800L/min）。部分云梯消防车装配了水罐、水泵或泡沫系统，部分云梯车只留有水炮和水带接口，不装配水罐和水泵。常见云梯消防车的技术参数见表8-1-3。

图8-1-10　云梯消防车

**表8-1-3　常见云梯消防车主要性能参数**

| 车型 | ALP325 | ALP420 | ALP540 |
| --- | --- | --- | --- |
| 底盘型号 | IVECO180E28 | IVECO380E44 | IVECO410T44 |
| 载荷总重/kg | 17 000 | 31 000 | 35 000 |
| 最大承载/kg | 18 000 | 38 000 | 41 000 |
| 最大工作高度/m | 32 | 42 | 54 |
| 最低工作高度/m | -5 | -4.5 | -4.5 |
| 旋转角度/° | 360 | 360 | 360 |
| 最大工作半径/m（工作斗承载120kg） | 21 | 23 | 22.5 |
| 最大工作半径/m（工作斗承载400kg） | 19 | 22 | 21.5 |
| 伸缩臂举升到最大工作角度所需时间/s | 约55 | 约60 | 约70 |
| 小臂完全展开到最大工作角度所需时间/s | 约50 | 约55 | 约55 |
| 伸缩臂伸展到最大长度所需时间/s | 约30 | 约60 | 约95 |
| 臂从行驶位置到最大工作高度并旋转90° 所需时间/s | 约130 | 约160 | 约170 |

图8-1-11　登高平台消防车

### （二）登高平台消防车

登高平台消防车又名油压升降台车，装备折叠式或折叠与伸缩组合式臂架、载人平台、转台及灭火装置的举高消防车，因其采用曲臂结构又俗称曲臂车（如图8-1-11所示）。20世纪90年代，随着制造工艺的进步也有直臂伸缩臂结构，其特点是机动灵活，工作平稳，工作跨度大，范围广，工作平台面积大、工作平台承重相对较高，便于开展灭火救援工作，甚至抢救贵重物资。其工作平台可与缓降器、液压绞车或救生滑道联用，实现灭火的同时进行救人。缺点是营救被困人员只能通过工作平台（一般只能乘坐1～4人）、反复升降伸缩臂架运送被困人员，救援效率低（建议在实际作战中，应结合周边环境，可将被困人员先转移至毗邻建筑的楼顶，以便减少升降伸缩臂架的时间）。

上海消防总队测试了12种型号登高消防车的支脚伸展时间、梯段架升时间及升高高度，结果见表8-1-4。

**表8-1-4　进口举高消防车操作时间汇总表**

| 序号 | 车辆品牌 | 类型 | 升高高度/m | 停稳后支脚伸展时间/s | 梯段升起时间/s | 总时间/s |
|---|---|---|---|---|---|---|
| 1 | 森田 | 云梯 | 25 | 45 | 20 | 65 |
| 2 | 麦茨L27 | 云梯 | 27 | 50 | 50 | 100 |
| 3 | 麦茨 | 云梯 | 53 | 30 | 150 | 180 |
| 4 | 奔驰 | 云梯 | 30 | 60 | 120 | 180 |
| 5 | 奔驰 | 云梯 | 53 | 30 | 150 | 180 |
| 6 | 奔驰3340 | 云梯 | 54 | 120 | 240 | 360 |
| 7 | 卢森堡 | 云梯 | 32 | 60 | 90 | 150 |
| 8 | 马基罗斯 | 云梯 | 37 | 60 | 50 | 110 |
| 9 | 马基罗斯 | 云梯 | 50 | 90 | 260 | 350 |
| 10 | 五十铃 | 曲臂 | 27 | 90 | 90 | 180 |
| 11 | 斯太尔 | 曲臂 | 30 | 90 | 90 | 180 |
| 12 | 沃尔沃 | 曲臂 | 33 | 90 | 90 | 180 |

表8-1-4是在理想状态下举高消防车到达现场后的操作时间，由于在火灾现场举高消防车的操作受各种因素影响，例如道路行驶条件、到达现场后选择停靠地点等，因此实际操作时间往往会比理想时间多得多。

### （三）举高喷射消防车

举高喷射消防车是指装备折叠式或折叠与伸缩组合式臂架、转台及灭火装置的举高消防车。消防救援人员可在地面遥控操作臂架及顶端的灭火喷射装置，从而实现在空中最佳的灭火角度进行喷射，适用于石油化工火灾和高层建筑外墙火灾以及需要从外部进攻的建筑火灾。此类消防车暂时没有再进一步的分类划分，通常情况下，都装配有普通泡沫消防车的相关装置，水泵的性能（压力和流量）相对较好，部分举高喷射消防车还装配了干粉系统，实现多种灭火剂同时喷射的效果（就是我们常说的“三项”射流消防车，包含水、干粉和灭火添加剂）。近年来举高喷射消防车向多功能发展，如在臂架顶端安装穿刺式喷头，以液压缸动力，通过遥控操作装置，可使破拆器具动作，以破坏玻璃窗、胶合板，甚至砖混建筑的屋顶，使水流可以直接喷入室内等功能。

图8-1-12中，举高喷射消防车集水罐车、泡沫车、高喷车功能于一身，配置符合国五排放标准的进口8×4底盘，额定功率≥397kW，选用进口消防泵及消防水炮，作业高度≥61m，最大作业幅度35m，装载8t消防液，上车360°连续回转；各运动机构均采用电气控制液压驱动的方式，计算机可编程逻辑控制器，使该车具有操作简便、动作灵活、安全可靠、实用性强等特点，整车设有齐全的安全保护装置、百米无线远控、火场实时监视系统等先进功能。举高喷射消防车多次在罐区灭火中大显身手。

图8-1-12　举高喷射消防车

## 四、专勤类消防车

专勤类消防车是指担负除灭火之外的某专项消防技术作业的消防车。有通信指挥消防车、照明消防车、抢险救援消防车、供气消防车、勘察消防车、宣传消防车、排烟消防车等。

### （一）通信指挥消防车

通信指挥消防车，主要装备无线通信、发电、照明、火场录像、扩音等设备，用于火场和灾害救援现场指挥和通信联络的专勤消防车（如图8-1-13所示）。与各消防总队、支队建设的固定消防指挥中心相对应，通信指挥消防车是移动的消防指挥中心，不仅是火场和灾害救援现场指挥员及参谋人员行使调度指挥职能的重

图8-1-13　通信指挥消防车

要场所，而且是火场、灾害救援现场前沿与固定消防指挥中心相互进行信息传递的重要工具。

### （二）抢险救援消防车

抢险救援消防车主要装备抢险救援器材、随车吊或具有起吊功能的随车叉车、绞盘和照明系统，用于在灾害现场实施抢险救援的消防车。根据配备器材的功能和通用性不同，可将抢险救援消防车分为一般事故抢险救援车和化学事故抢险救援车。一般事故抢险救援车主要配备救助器材、生命探测器材、破拆器具、登高器材、消防员防护装备、排烟设备、照明设备、牵引装置、起吊装置等装备，可用于火灾及倒塌事故、交通事故、地震灾害、山体滑坡、泥石流、风灾等场所进行各种抢险救援作业；化学事故抢险救援车主要装备侦检器材、防化防毒服装、堵漏器材、转输设备、洗消设备等，用于化学事故、生化袭击及核泄漏事故现场的侦检、防护、处置、救助、洗消等救援作业，如图8-1-14所示。

图8-1-14 抢险救援消防车

### （三）化学救援消防车

化学救援消防车主要装备化学事故的处置器材和装备，用于处置化学灾害事故的消防车。实物照片见图8-1-15。

图8-1-15 化学救援消防车

### （四）照明消防车

照明消防车主要装备固定照明灯、移动照明灯和发电机，用于灾害现场照明的消防车（如图8-1-16所示）。为夜间灭火、救援工作提供了照明，并兼作火场；临时电源供通信、广播宣传和作破拆器具的动力。照明消防车一般是在面包车或运输车底盘的基础上装加发电设备、照明设备和液压举升设备等，也有少数是在抢险救援车的基础上附加发电设备和照明设备。

图8-1-16 照明消防车

### （五）排烟消防车

排烟消防车是配备了机械排烟系统或高倍数发泡系统的专勤消防车，主要用于地下工程、高层建筑及隧道等火灾场所。当这些场所发生火灾时，由于充满高温、浓烟和有毒气体，人和车辆难以接近或进入，致使消防活动难以展开，这时必须使用排烟消防车进行排烟排毒，降低火场温度、增大火场能见度，帮助消防队员进入现场，进行侦察、抢救、疏散、灭火等工作，如图

8-1-17所示。

排烟消防车的形式主要有两种，一种配备了机械排烟系统，如LLS5090TXFPY6型、SJD5050TXFPY73型；另一种既配备了机械排烟系统，又配备了高倍数泡沫发生系统，使之更加机动灵活，如LLS5090TXFPG2型。大多数排烟车为第一种形式，仅具有排烟功能，而少部分排烟车为第二种形式，配备有高倍数发泡系统，除具有排烟功能外还具有灭火功能。

图8-1-17　排烟消防车

### （六）洗消消防车

洗消消防车主要装备水泵、水加热装置和冲洗、中和、消毒的药剂，对被化学品、毒剂等污染的人员、地面、楼房、设备、车辆等实施冲洗和消毒的消防车。

### （七）勘察消防车

勘察消防车上装备了勘察柜、勘察箱、破拆工具柜，装有气体、液体、声响等探测器与分析仪器，也可根据用户要求装备电台、对讲机、录像机、录音机和开（闭）路电视，是一种适用于公安、司法和消防系统特殊用途的勘察消防车。勘察消防车可用于火灾现场、刑事犯罪现场及其他现场的勘察，还适用于大专院校、厂矿企业、科研部门和地质勘察等单位。

### （八）输转消防车

输转消防车主要装备真空泵和储存罐，具有抽吸、排放和储存能力，用于事故现场输转危险物品的消防车。

## 五、常见消防车技术参数

通过以上介绍，大家对消防车的功能和性能有了大概了解，因消防车型号较多，技术参数也不完全一致，表8-1-5仅列举一部分常见消防车的技术参数，未列出的请以厂家的说明书为准。

表8-1-5　常见消防车的技术参数汇总表

| 序号 | 车辆类型 | 灭火剂储量/t | | | 长×宽×高/m | 额定总重量/t | 最大工作高度/m |
|---|---|---|---|---|---|---|---|
| | | 泡沫 | 水 | 干粉 | | | |
| 1 | 豪沃16m高喷消防车 | 4 | 8 | — | 9 655×2 500×3 690 | 30 | 16 |
| 2 | 北方奔驰32m高喷消防车 | 3 | 3 | — | 10 900×2 500×3 865 | 25 | 32 |

续表8-1-5

| 序号 | 车辆类型 | 灭火剂储量/t | | | 长×宽×高/m | 额定总重量/t | 最大工作高度/m |
|---|---|---|---|---|---|---|---|
| | | 泡沫 | 水 | 干粉 | | | |
| 3 | 沃尔沃56m高喷消防车 | 3 | 7 | — | 13 365×2 500×4 000 | 41.7 | 56 |
| 4 | 奔驰72m高喷消防车 | 2 | 5 | — | 13 800×2 500×4 000 | 52.7 | 72 |
| 5 | 奔驰44m高喷消防车 | 3.5 | 2 | — | 11 390×2 500×3 950 | 36.85 | 44 |
| 6 | 豪沃水罐消防车 | — | 7.5 | — | 7 990×2 496×2 958 | 16 | — |
| 7 | 奔驰泡沫消防车 | 6 | 6 | — | 10 500×2 500×3 650 | 33 | — |
| 8 | 奔驰泡沫消防车 | 6 | 6 | — | 9 500×2 500×3 750 | 33 | — |
| 9 | 奔驰泡沫消防车 | 4 | 8 | — | 9 930×2 500×3 750 | 28.5 | — |
| 10 | 北方奔驰泡沫消防车 | 6 | 8 | — | 10 035×2 500×3 500 | 31 | — |
| 11 | 现代泡沫消防车 | 3 | 9 | — | 9 970×2 500×3 500 | 25 | — |
| 12 | 豪沃泡沫消防车 | 2.5 | 5 | — | 8 400×2 500×3 425 | 16 | — |
| 13 | 豪沃泡沫消防车 | 6 | 6 | — | 10 400×3 650×2 500 | 31.9 | — |
| 14 | 五十铃干粉消防车 | — | — | 3 | 7 520×2 465×2 810 | 15.75 | — |
| 15 | 豪沃水/干粉联用消防车 | — | 7 | 3 | 9 540×2 490×3 520 | 26.6 | — |

续表8-1-5

| 序号 | 车辆类型 | 灭火剂储量/t | | | 长×宽×高/m | 额定总重量/t | 最大工作高度/m |
|---|---|---|---|---|---|---|---|
| | | 泡沫 | 水 | 干粉 | | | |
| 16 | 青年曼<br>涡喷消防车 | — | 6 | — | 10 500×2 500×3 650 | 27.2 | — |
| 17 | 三一重工<br>举高喷射消防车 | 2 | 3 | — | 12 000×2 500×4 000 | 42.45 | 47.5 |
| 18 | 奔驰42米<br>曲臂云梯消防车 | 3 | 2 | — | 11 800×2 500×3 900 | 41 | 42 |
| 19 | 五十铃<br>抢险装备消防车 | — | — | — | 8 215×2 500×3 430 | 15.75 | 10.9 |
| 20 | 考斯特<br>气防抢险消防车 | — | — | — | 6 990×2 040×2 640 | 5.55 | — |
| 21 | 通信指挥车 | — | — | — | 10 125×2 480×3 760 | 13.6 | 8.5 |
| 22 | 应急通信车 | — | — | — | 6 000×2 080×3 100 | 4.45 | — |

## 第二节　消防救援装备

根据《消防产品分类及型号编制导则》XF/T 1250—2015规定，消防装备分类见表8-2-1，本节主要介绍常用的抢险救援装备：破拆工具、侦检器材、空中救援装备、水域救援装备、灭火装备。

**表8-2-1　消防装备分类**

| | 品种 | 产品示例 |
|---|---|---|
| 消防装备 | 消防员防护装备 | 消防头盔、消防员灭火防护头套、消防手套、消防员灭火防护靴、抢险救援靴、消防指挥服、消防员灭火防护服、消防员避火服、消防员隔热防护服、消防员化学防护服、消防员降温背心、消防用防坠落装备、消防员呼救器、正压式消防空气呼吸器、正压式消防氧气呼吸器、消防员接触式送受话器、消防员方位灯、消防员配戴式防爆照明灯、消防腰斧 |
| | 消防摩托车 | 二轮消防摩托车、三轮消防摩托车 |

续表8-2-1

| | 品种 | 产 品 示 例 |
|---|---|---|
| 消防装备 | 消防机器人 | 灭火机器人、排烟机器人、侦察机器人、洗消机器人、照明机器人、救援机器人 |
| | 抢险救援装备 | 手动破拆工具、液压破拆工具、破拆机具、消防救生气垫、消防梯、消防移动式照明装置、消防救生照明线、消防用红外热像仪、消防用生命探测器、移动式消防排烟机、消防腰斧、消防用开门器、救生抛投器、消防救援支架、移动式消防储水装置 |

## 一、破拆工具

破拆工具是消防人员在灭火或救人时强行地开启门窗、拆毁建筑物，开辟消防通道，清除阴燃余火及清理火场时的常用装备。破拆工具有手动破拆工具、液压破拆工具、机动破拆器具、气动破拆器具、电动破拆工具、化学破拆器具等。

### （一）手动破拆工具

手动破拆工具有撬斧、撞门器、消防腰斧、镐、锹、刀、斧等，主要以操作者自身的力量来完成救援工作。优点是不需要任何能源，适合迫切性小的事故救援；缺点是力量小，效率慢。

#### 1.消防腰斧

图8-2-1 消防腰斧

消防腰斧是一种清理着火或易燃材料，切断火势蔓延的工具，还可以劈开被烧变形的门窗，解救被困的人。它的主要形状类似于斧子，所以叫消防腰斧，如图8-2-1所示；消防腰斧有尖斧和平斧两种。

#### 2.消防钩

消防钩是传统的灭火救援工具，一般配在消防车上。最常见的用途是利用前端的铁钩扒掘开燃烧物、障碍物、覆盖物等，当然也可根据灭火救援现场的实际情况使用，如救援、牵引等，但不可用作固定攀爬，因为其铁钩与木杆是嵌入式连接，并不是非常牢固，不足以支撑人体和重物。举个实例：草垛火灾在表面明火被扑灭后，其内部由于空气供应不足，但温度极高，所以会长期保持阴燃，一旦遇到空气或被大风等外力掀开，就会立即转变为明火燃烧，所以消防员就要用火钩将草垛扒开、钩散，再浇水把火彻底熄灭。消防钩是消防人员在火场上拆除危险建筑物和简易屋顶、天花板、草棚、竹篱笆以及开辟防火通道、分离火区、防止火势蔓延的常用工具之一，一般安放在消防车上供消防人员使用，分为消防尖钩和消防爪钩，如图8-2-2所示。

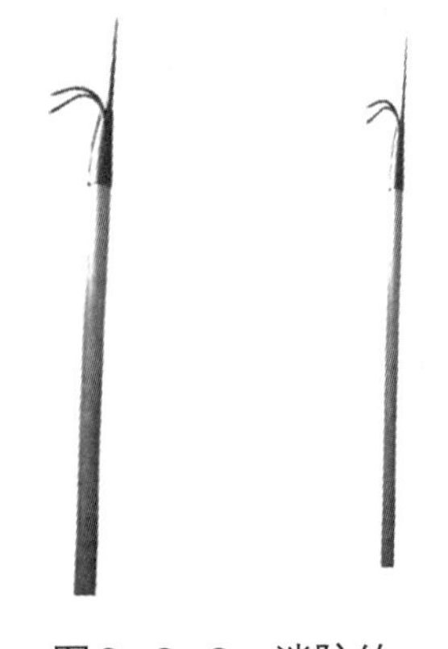

图8-2-2 消防钩

### 3.消防铁铤

消防铁铤是火场破拆工具之一，供消防人员在扑救火灾中撬拆木板、开启门窗、开辟消防通道以及撬开地下消火栓等使用，如图8-2-3所示。

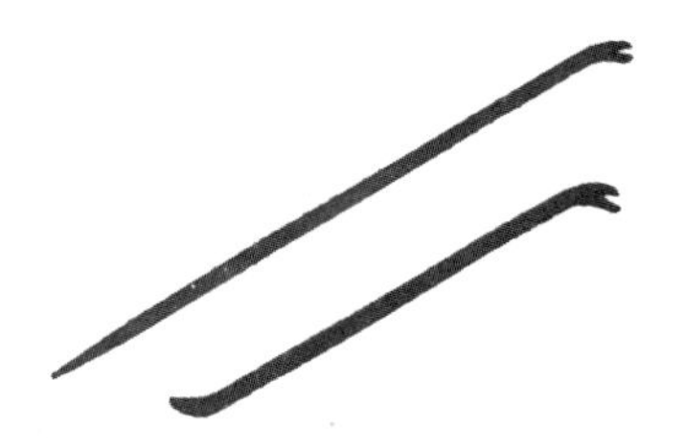

图8-2-3　消防铁铤

### 4.消防绝缘剪

消防绝缘剪，如图8-2-4所示，用于切断灾害现场5 000V以上电压的电源，避免易燃易爆物品发生二次事故。

### 5.消防铁锹

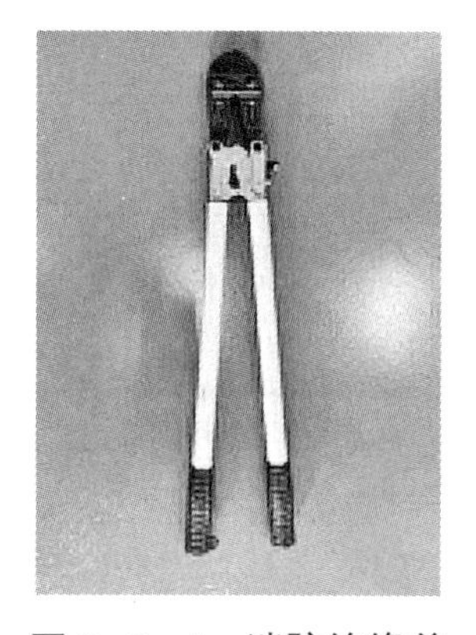

图8-2-4　消防绝缘剪

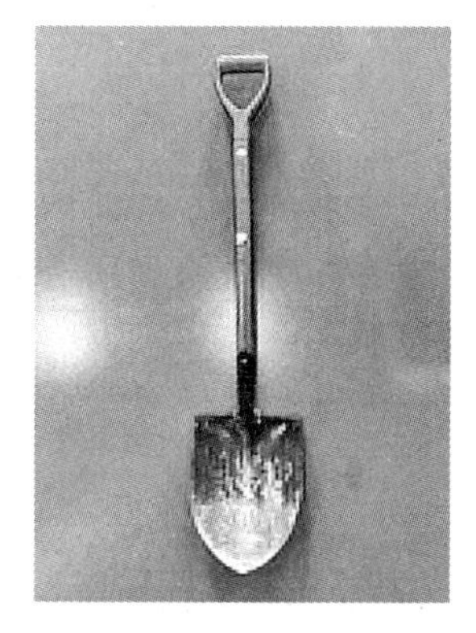

图8-2-5　消防铁锹（铲）

消防铁锹手柄刷红色消防漆，主要用于铲消防沙扑救火灾、清除障碍物、清理现场及易燃物，铲沙扑救流淌火，破拆一般的结构，拍打小火等（如图8-2-5所示）。消防铁锹应储存在干燥、通风、无腐蚀性化学物品的场所。

## （二）液压破拆工具

液压破拆工具有液压剪切器具、液压扩张器、液压顶杆等。主要以高压能量转换为机械能进行破拆、升举。优点是能量大、工作效率快；缺点是设备笨重，质量不稳定。

### 1.液压剪切器具

液压剪切器具用于发生事故时，剪断门框、汽车框架结构或非金属结构，以救援被夹持或被锁于危险环境中的受害者。液压剪切器主要由剪切刀片、中心锁轴锁头、双向液压锁、手控双向阀及手轮、工作油缸、油缸盖、高压软管及操作手柄等部件构成。

### 2.液压扩张器

液压扩张器是液压驱动的大型破拆器具，在发生事故时，用于支起重物，分离开金属和非金属结构，具有扩张、支撑和牵拉等功能。液压扩张器主要由扩张头、扩张臂、中心锁轴锁头、双向液压锁、手控双向阀及手轮、工作油缸、油缸盖、高压软管及操作手柄等部件构成，如图8-2-6所示。

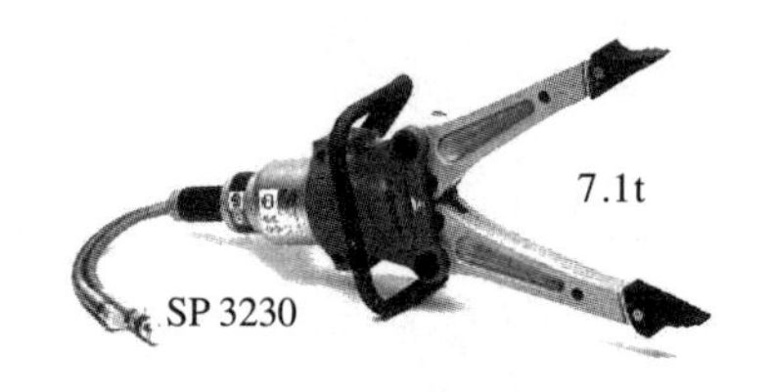



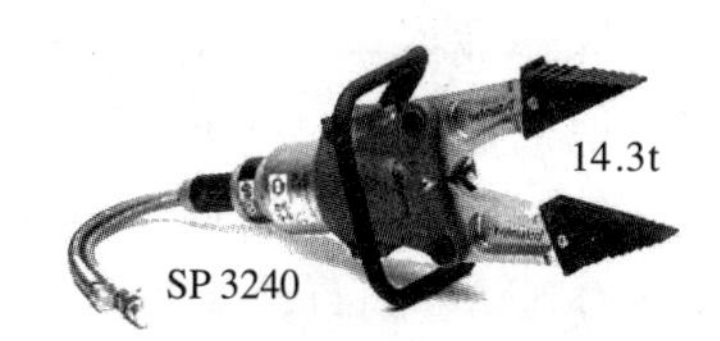



图8-2-6　液压扩张器

### 3.液压顶杆

液压顶杆是一种专用救援抢险器械，用于开起或撑起金属和非金属结构，解救被困于危险环境中的受害者。液压顶杆用于支起重物，支撑力及支撑距离比扩张器大，但支撑对象空间应大于顶杆的闭合距离。

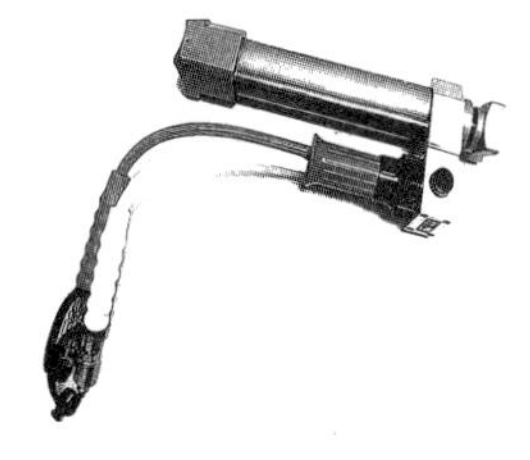

图8-2-7 液压顶杆

液压顶杆主要由固定支撑、移动支撑、双向液压锁、手控双向阀、工作油缸、油缸盖、高压软管及操作手柄等部件构成，如图8-2-7所示。它的工作原理是：在高压液压油的推动下，活塞杆伸出，从而使带防滑齿的移动支撑和固定支撑将撑顶对象顶开或撑起。

## （三）机动破拆器具

机动破拆器具由发动机和切割刀具组成。机动破拆器具有机动锯、机动镐、铲车、挖掘机等。主要以燃料为动力转换机械能实施破拆清障。优点是工作效率快，不受电源影响；缺点是设备大、不便于携带。

### 1.无齿锯

无齿锯以汽油发动机为动力源，通过锯片的高速旋转，主要切割钢架、铁轨、水管、钢筋、铁板、岩石、钢筋混凝土、石棉等，如图8-2-8所示。无齿锯刀片有磨砂刀片和金刚石刀片，各种刀片的适用范围见表8-2-2。

图8-2-8 无齿锯

表8-2-2 刀片的适用范围

| 刀片类型 | 用途 |
|---|---|
| 混凝土 | 混凝土、沥青、石块、砖、铸铁、铝、铜、黄铜、电缆、橡胶等 |
| 金属 | 钢、合金钢、其他硬金属 |
| 金刚石 | 任何砖料、强化混凝土、其他非金属材料；不适合金属 |

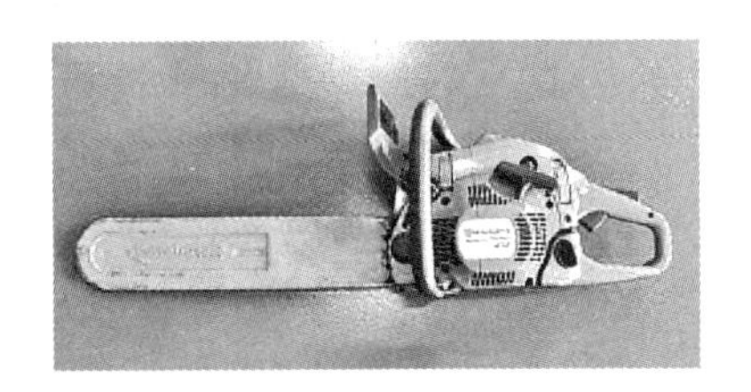

图8-2-9 机动链锯

### 2.机动链锯

机动链锯由汽油发动机、链锯条、导板以及锯把等组成传给锯切机构，见图8-2-9。发动机输出的动力通过离合器主要用于切割非金属材料。

## （四）气动破拆器具

气动破拆器具有气动切割刀、气动镐、气垫等。主要靠高压空气转换机械能工作，具有设备小的优点。

### 1.气动破拆工具组

气动破拆工具组用于灾害事故现场，破拆切割门、窗、地下室窗户、汽车、防火门、栏杆等，可根据不同情况，使用不同形状的破拆刀头，由汽油动力空气压缩机、CCS40气动金刚石链条锯、CDS125气动圆盘锯、PH-20气动破碎镐等组成，如图8-2-10所示，具有切、割、破碎

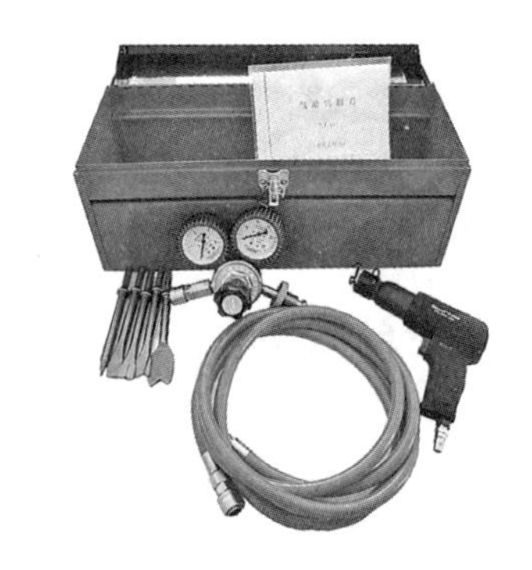

图8-2-10 气动破拆工具组

等功能，适用于消防、地震、电力、武警、民防等紧急情况。

**2.起重气垫**

起重气垫适用于抢救被重物压陷的人员、地震后的救灾与营救工作、交通事故救援、狭窄空间救援等场合，如图8-2-11所示。具备抗静电、抗裂、耐磨抗油、抗老化等性能。由凯夫拉材料制成，由气源（高压气瓶或脚踏空气充填泵）提供动力。采用最先进的芳族聚酰胺增强材料，柔韧性高，耐腐蚀性强；超薄型设计（2.5cm），有2.5cm的缝隙便可插入气垫，表面防滑网纹、边缘加厚设计、耐磨。

图8-2-11　起重气垫

高压气瓶通过压力调节器（减压阀）的减压，将25MPa的高压空气降低到0.8MPa低压空气，0.8MPa低压空气通过双向控制器连接两个气垫或两个气囊，可完成两组起重操作。控制器有双向控制器和单向控制器两种类型，顾名思义，双向控制器可连接2个气垫或2个气囊，单向控制器可连接1个气垫或1个气囊，气囊起重力小，起重高度高，气垫刚好相反。

**（五）电动破拆工具**

电动破拆工具有电锯、电钻、电焊机等，以电能转换为机械能，实现切割、打孔、清障的目的。优点是工作效率快；缺点是灾难事故停电或野外作业时无电源可取（如图8-2-12所示）。

图8-2-12　电动破拆工具

**（六）化学破拆器具**

常见的化学破拆器具有丙烷切割器和氧气切割器。

**1.丙烷切割器**

丙烷切割器主要由丙烷气瓶、氧气瓶、减压器、丙烷气管、氧气管、割矩等组成，如图8-2-13所示。点燃丙烷对切割物预热，接着按下快风门，高压高速氧单独喷出，使金属氧化并吹走，用于切割低碳钢、低合金的钢构件。

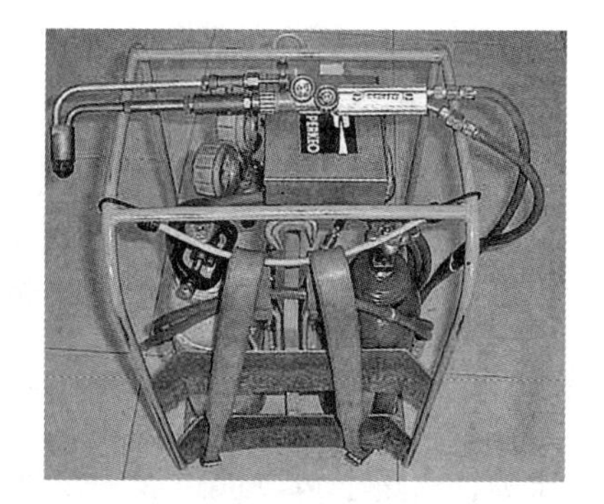

图8-2-13　丙烷切割器

**2.氧气切割器**

氧气切割器由氧气瓶、气压表、电池、焊条、切割枪、防护眼镜和手套等组成，如图8-2-14所示。具有体积小、重量轻、快捷安全和低噪声的特点，单用氧气，切割温度达5 500℃，能熔化大部分物质，对生铁、不锈钢、混凝土、花岗石、镍、钛及铝同时有效。

图8-2-14　氧气切割器

## 二、侦检器材

火场上需要借助某些器材确定深层火源或被困对

象，进一步施救；火场侦检器材根据功能不同分为火源探测器材，生命探测仪，有毒、易燃气体检测器材，消防机器人。

### （一）火源探测器材

任何绝对零度以上的物体都会向外发射红外线，红外线的强度与温度成正比，这就是火源探测器材的工作依据；常用的火源探测器材有热成像仪、红外测温仪等。

红外火源探测仪主要由光系统、红外光敏元件、电子电路、发声器件、外壳等几部分组成。其工作原理是：当热源发出红外线，光学系统聚焦照射到红外光敏元件上，红外光敏元件接收并将其变为电信号，电子电路将信号放大并变换成音响信号，发声器件将音响信号变换成声响。

#### 1.热成像仪

热成像仪是一种将不同温度的物体发出的不可见红外线转变成可视图像的设备。其原理是通过红外摄像机将物体发出的红外线转变为可视黑白图像，物体之间相对温度的差别在其探测所得的黑白图像上体现为不同的灰度，物体温度高则相对较明亮，反之则较暗。

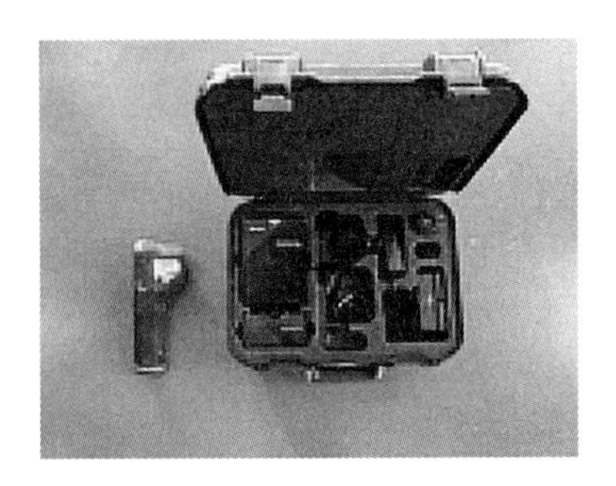

图8-2-15　热成像仪

红外热成像仪是功能强大的救援型热成像仪，如图8-2-15所示，应用于火场搜救、火场评估、现场被破坏前获取关键证据、火灾预防勘察、探测夹壁墙、地板和天花板内暗藏火种、消防训练以及现场评估技巧、烟雾环境区域导航、识别火源和扩展趋势等，在黑暗、浓烟条件下观测火源及火势蔓延方向，寻找被困人员，监测异常高温及余火，观测消防员进入现场情况。AG-4438型烟雾视像仪，有效监测距离80m，可视角55°，精度0.5℃，波长0～14μm。

#### 2.测温仪

测温仪利用红外探测原理，测量物体表面温度，可用于测量火场上建筑物、受辐射的液化石油气储灌、油罐及其他化工装置的温度，如图8-2-16所示。

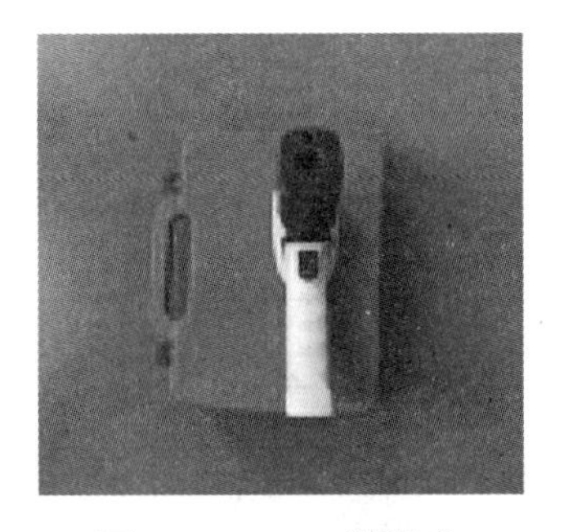

图8-2-16　测温仪

### （二）生命探测仪

人体特征有形体、声音、心脏跳动、人体温度、人体气味等，火场上可以通过探测仪器来探测人的生命特征，搜寻救护对象。生命探测器材根据工作原理不同，分为声波生命探测仪、光学声波生命探测仪、超低频电磁波生命探测仪、红外热成像仪、搜救犬等。

生命探测仪装配有高度灵敏的震动传感器和声音探测器，可以捕捉到幸存者发出的微弱的声音。对被压废墟下的幸存者进行搜寻并实现快速定位的救援装备。生命探测仪具有强抗干扰性，设备内部配备可调整滤波器，可有效降低救援现场其他机器干扰声造成的影响，例如，气源、钻头、卡车等，适用于建筑物倒塌现场的生命寻找救援。常用的生命探测仪有红外生命探测仪、音频生命探测仪、雷达生命探测仪、可视生命探测器。

### 1.红外生命探测仪

自然界中的一切物体，无论是北极冰川，还是火焰、人体，甚至极寒冷的宇宙深空，只要它们的温度高于绝对零度-273℃，都会有红外辐射，这是由于物体内部分子热运动的结果，波长为2～1 000 μm的部分称为热红外线。人体的温度一般是高于36℃的，在晚上的时候，一般来说人体是比空气热的，这样用热红外成像，就能看得出人体与周边环境会明显不同。红外生命探测仪就是利用它们之间的差别，以成像的方式把要搜索的目标与背景分开。人体的红外辐射能量较集中的中心波长为9.4 μm，人体皮肤的红外辐射范围为3～50 μm，其中8～14 μm占全部人体辐射能量的46%，这个波长是设计人体红外探测仪的重要技术参数。

红外生命探测仪能经受救援现场的恶劣条件，可在地震后的浓烟、大火和黑暗的环境中搜寻生命。红外生命探测仪探测出遇难者身体的热量，光学系统将接收到的人体热辐射能量聚焦在红外传感器上后转变成电信号，处理后经监视器显示红外热像图，从而帮助救援人员确定遇难者的位置，如图8-2-17所示。操作者在两个不同方向侦测，并锁定目标，两个方向的交叉点即是目标正确的位置。

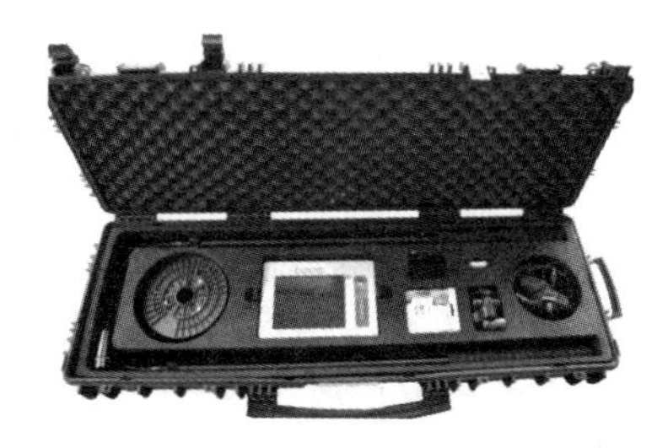

图8-2-17　红外生命探测仪

### 2.音频生命探测仪

音频生命探测仪应用了声波及震动波的原理，采用先进的微电子处理器和声音/振动传感器，进行全方位的振动信息收集，可探测以空气为载体的各种声波和以其他媒体为载体的振动，并将非目标的噪声波和其他生命探测仪背景干扰波过滤，进而迅速确定被困者的位置，如图8-2-18所示。高灵敏度的音频生命探测仪采用两级放大技术，探头内置频率放大器，接收频率范围为1～4 000Hz，主机收到目标信号后再次升级放大。这样，它通过探测地下微弱的诸如被困者呻吟、呼喊、爬动、敲打等产生的音频声波和振动波，就可以判断生命是否存在。

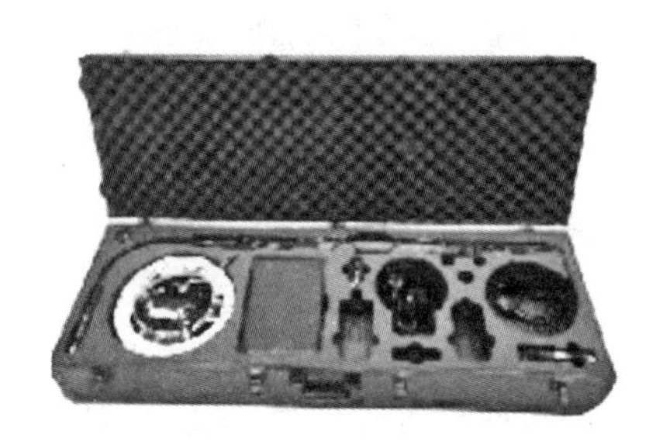

图8-2-18　音频生命探测仪

### 3.雷达生命探测仪

雷达生命探测仪是融合雷达技术、生物医学工程技术于一体的生命探测设备。它主要利用电磁波的反射原理制成，通过检测人体生命活动所引起的各种微动，从这些微动中得到呼吸、心跳的有关信息，从而辨识有无生命，外形如图8-2-19所示。雷达生命探测仪是世界上最先进的生命探测仪，它主动探测的方式使其不易受到温度、湿度、噪声、现场地形等因素的影响，电磁信号连续发射机制更增加了其区域性侦测的功能。

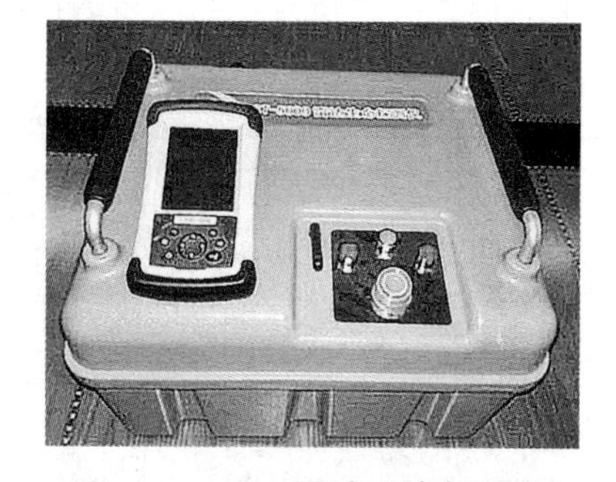

图8-2-19　雷达生命探测仪

### 4.可视生命探测器

可视生命探测器是一种在坍塌建筑和类似的狭窄空间中快速、精确地确定受害人

图8-2-20 可视生命探测器

位置的仪器，如图8-2-20所示。利用摄像镜头通过光缆将现场实况反馈到显示器上，适用于有限空间及常规方法救援人员难以接近的救援工作；如反馈塌陷建筑物、深井、矿井等有限空间里被困者情况；变形的汽车里，飞机、火车、轮船的失事及肉眼难以看到的地方；下水管线、矿井、地下位置寻找失踪人员，并可以在水下使用。

## （三）有毒、易燃气体检测器材

气体检测器材用于事故现场的可燃气体、毒性气体等气体的侦检工作，根据检测情况划定危险警戒区。根据功能不同主要分为可燃气体检测器材和有毒气体检测器材。

可燃气体检测器材通电后，可燃气体扩散到检测元件，在催化剂的作用下发生燃烧反应，检测元件的温度升高，电阻发生变化，通过电子电路感知变化，并与设定的可燃气体爆炸下限浓度数据进行比较，以液晶数字显示浓度，当超过25%LEL（爆炸下限气体浓度）后，发出报警信号。

有毒气体探测仪是一种便携式智能型有毒气体检测仪器，内有若干个电化学探头，分别探测不同有毒气体，传感器（探头）内有电极和适量的电解液。在电极间加以电压后，使传感器对某一气体具有响应特性，气体以扩散方式或气泵抽入传感器，电极间的电压发生变化，通过电子电路感应并与储存的浓度信息比较后，直接显示浓度读数，超过设定值后，发出报警信号，如图8-2-21所示。

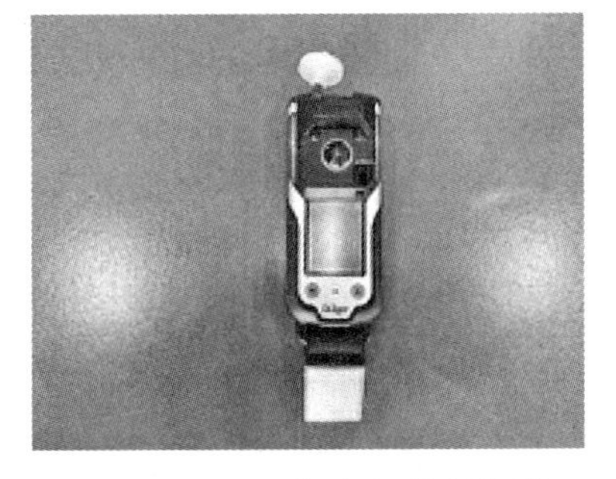
图8-2-21 有毒气体探测仪

## （四）消防机器人

消防机器人可代替消防救援人员进入易燃易爆、有毒、缺氧、浓烟等危险灾害事故现场，进行探测、搜救、灭火，具有远程多向遥控、喷射流量大、射程远等优点，能有效解决消防人员在上述场所面临的人身安全、数据信息采集不足等问题。

防爆消防侦察机器人，采用锂电池电源作为动力源，可使用于各种大型石油化工企业，隧道、地铁等不断增多的油品燃气、毒气泄漏爆炸、隧道、地铁坍塌等灾害隐患多发地，具备音视频侦察、有毒有害气体侦察、灾区环境侦察等功能，主要作用是人员搜救及环境检测，可检测二氧化碳、甲烷、氯气、硫化氢、氨气等10种不同气体的浓度（如图8-2-22所示）。

图8-2-22 消防侦察机器人

根据工作原理和用途不同，检测器材还有军事毒气侦检仪、放射性射线检测仪、电子气象仪、电子酸碱仪、激光测距仪、消防火情风速仪（森林消防死灰火险检测仪）、侦测及灭火多任务救援无人机等，因篇幅所限，本书不一一介绍。

## 三、空中救援装备

“工欲善其事，必先利其器”，空中救援装备、无人机与常规的消防装备相比，消防无人机是一种可以实现空中作业的产品，能够代替人深入现场，从而有效节省人力，同时降低人员伤亡率。

### （一）消防无人机

无人机在懵懂孩童或者试图找回童真的成人手里或许只是个玩具，但在专业人士手上，无人机则成了能极大提升工作效率的一柄利器。例如，随着科技的发展，消防无人机在空中侦察、消防救援、引导疏散、高空救援通信、高空人员物资转运、抢险救灾等方面的运用已经逐渐成为一种趋势，极大地强化了消防救援技术能力，同时，消防无人机还可以与其他设备联动，实现更强大的功能，见图8-2-23。

图8-2-23　消防无人机

当灾害发生时，使用无人机进行灾情侦查，一是可以无视地形和环境，做到机动灵活开展侦查，特别是一些急难险重的灾害现场，侦查小组无法开展侦查的情况，无人机能够迅速展开侦查；二是通过无人机侦查能够有效提升侦查的效率，第一时间查明灾害事故的关键因素，以便指挥员做出正确决策；三是能够有效规避人员伤亡，既能避免人进入有毒、易燃易爆等危险环境中，又能全面、细致掌握现场情况；四是集成侦检模块进行检测。比如集成可燃气体探测仪和有毒气体探测仪，对易燃易爆、化学事故灾害现场的相关气体浓度进行远程检测，从而得到危险部位的关键信息。

夜间环境，由无人机搭载照明指示灯和广播引导系统，直接引导高层建筑内的人员向正确的楼层疏散，如果是疏散地面的群众，还可以由无人机搭载摄像系统，全面宏观地协调整个疏散工作。在灭火救援领域，无人机可代替人员进行物资转运、无人机还可以在急难险重危险地区代替救生抛投器的作用，在灾害现场携带引导绳往返于被困者和施救者之间，建立坚固稳定的救援系统。另外，在一些急难险重的洪涝灾害事故救援中，无人机还可以携带救生设备，代替救援人员进行定点抛投，快速营救遇险群众。

无人机可与其他消防力量实现联动，例如为举高类车辆的准确定位提供依据，在大型破拆现场进行建筑结构评估，当建筑结构发生较大位移改变时进行报警等。同时，在危险搜索救援现场，无人机还可与搜救犬配合工作，发布指令，传递信息等，进一步保障救援人员自身的生命安全。

### （二）水陆两栖飞机

2018年10月，中国自主研制的大型水陆两栖飞机——“鲲龙”AG600，在湖北荆门漳河机场成功实现水上首飞，至此，中国大飞机终于迈出了“上天入海”的完整步伐。

“鲲龙”AG600既是一艘能飞起来的船，也是一架能游泳的飞机，见图8-2-24；水陆两栖飞机是我国为满足森林灭火和水上救援的迫切需要，首

图8-2-24　水陆两栖飞机

次研制的大型特种用途民用飞机，是国家应急救援体系建设急需的重大航空装备。“鲲龙”AG600可在水源与火场之间多次往返投水灭火，只需要20s就可汲水12t，可在距离树梢30～50m高度投水。单次投水可对4 000m$^2$场进行有效扑灭。此外，“鲲龙”还可以在不低于2m海浪的海况下，执行着水救援任务。“鲲龙”AG600在满足森林灭火和水上救援要求的同时，通过系列化发展和改进改型，还可满足执行海洋环境监测与保护、资源探测、岛礁运输等任务需要以及提供海上航行安全保障和紧急支援等任务的需要。

## 四、水域救援装备

相比较于陆地的消防救援，水上消防救援的及时性、机动性和解决问题的能力要求更高。传统的水上消防救援装备主要有水面漂浮救生绳、水面抛绳包、水面救援拖板、水上救援担架、救生艇、救生衣（救生圈）及冲锋舟等；但是随着信息技术的进步和机器人技术的发展，水下机器人正逐步走进消防救援领域，成为水下救援兵器库中的一个得力装备，改善了水下消防救援的效果。

### （一）救生艇

在《1974年国际海上人命安全公约》（SOLAS公约）1983年修正案中规定：“每一名船员每月至少参加一次弃船演习和一次消防演习。”救生艇属于船上重要的应急救生设备，是港口国监督检查和国内安全检查的重点。一般来说，此种船只在大型船只上有专门的存放地点，当事故发生时，可以将其直接抛到水里，此救生船只可以自动地充气，变成船只的模样，此时遇险人员就可以坐进去逃离险境。救生艇应为刚性艇体，且为阻燃或不燃材料，应具有足够的强度，利用划桨、驶帆、动力机等推进，当船舶在平静水中以5km/h的航速前进时，能降落水中并被拖带。

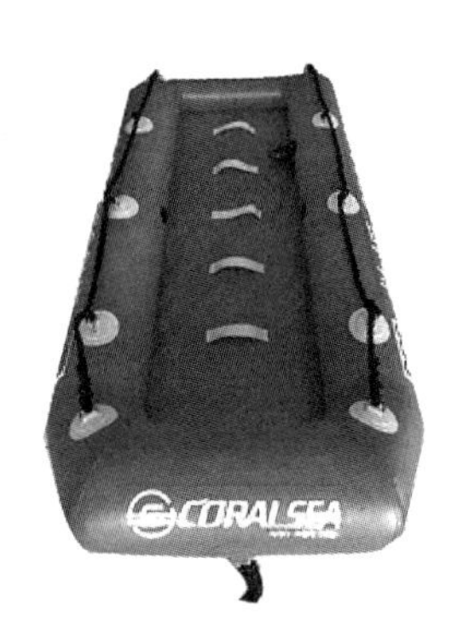

图8-2-25 救生艇

救生艇可根据其结构形式分为开敞式救生艇（如图8-2-25所示）、部分封闭式救生艇、全封闭式救生艇。

### （二）冲锋舟

冲锋舟分为三种形式展现，玻璃钢的冲锋舟、充气橡皮艇的冲锋舟（如图8-2-26所示），以及海帕伦材质的冲锋舟，现代充气冲锋舟主要用于政府机构执行海事任务的比较多，方便运输、简易安装，海帕伦式的冲锋舟主要用于武警、部队等执行重要的任务时使用。

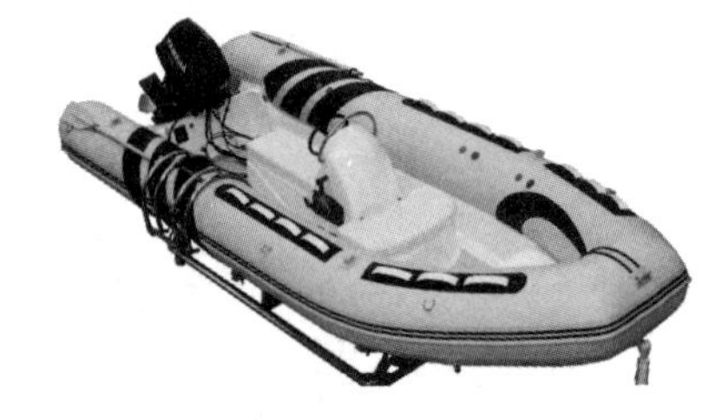
图8-2-26 充气式冲锋舟

### （三）水面救援拖板

水面救援拖板，用于单人救援及伤员运输，板体为聚丙烯材料填充，板体扶手为聚乙烯材料制成，拖板底部及上表面为ABS塑料。扶手贯穿全拖板，表面防滑。水面救援时由船拖行到遇难者身旁，遇难者可抓住救援拖板的扶手并被迅速带离危险水域。水面救援拖板可同时对多个遇难者实施救援。

### （四）救生圈

救生圈是指水上救生设备的一种，通常由软木、泡沫塑料或其他比重较小的轻型材料制成，外面包上帆布、塑料等，表面光滑耐用。救生圈配置救生尼龙绳，有效加大安全救生效果，如图8-2-27所示，四个醒目救生带便于溺水者有效及时找到救生圈救援。

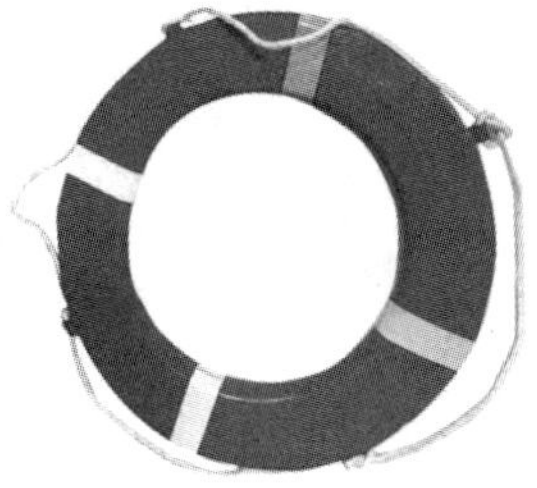

图8-2-27　救生圈

### （五）水面漂浮救生绳

图8-2-28　水面漂浮救生绳

水面漂浮救生绳，又称漂浮救援绳、水上救生绳等。采用高强轻质纤维制成，强度高、延伸率小、抗击性能好、可漂浮水面、标识明显，该漂浮绳能于黑暗中的陆地、海上、水面均可使用，功能独特，既能用于救生又能导向探寻，一绳多用，常用于水上娱乐场所，湖海水上救援以及洪水自然灾害抢险等。水上救生绳常配有浮环、浮球等用于抢险救灾事故中，如图8-2-28所示。

### （六）水面漂浮救援担架

水面漂浮救援担架主要用于水上救急受伤者，可以固定伤者的头部和肢体，由脊髓板头部固定器绑带组成，如图8-2-29所示。

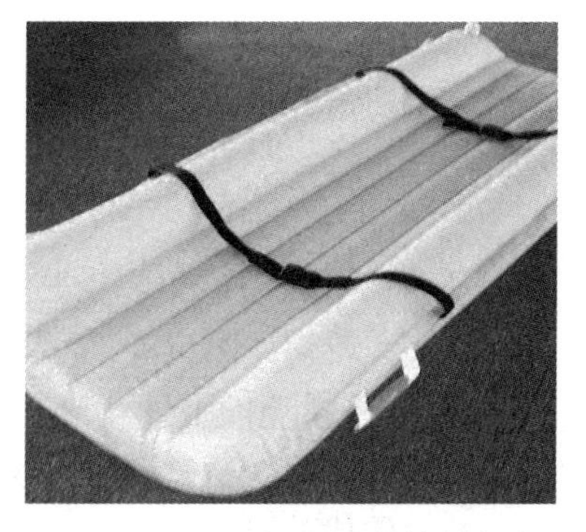

图8-2-29　水面漂浮救援担架

### （七）水面抛绳包

在涉水紧急救援过程中，施救人员需要向被困人员传递抛绳以帮助被困人员脱离险境。在对水情和地理环境等情况不够熟悉时，抛绳可能会挂到水草或被大型水生动物咬住，此时则需要快速将抛绳与施救人员或被困人员分离。救援抛绳包，包括救援抛绳包主体、固定装置和脱卸装置（如图8-2-30所示）。救援抛绳包主体包括抛绳和容纳所述抛绳的包囊；固定装置包括将所述包囊挂在用户身上的挂带和连接所述挂带的扣具；脱卸装置包括可拆卸的脱卸扣和脱卸绳（连接所述包囊和挂带）。

### （八）水上救援机器人

水上救援机器人采用抗腐蚀和抗紫外线的HDPE材质，韧性高、耐撞击，应用于水上搜救、消防救生、牵引拖拽、救援运输等领域。水上救援机器人，如图8-2-31所示，可采用遥控器/本机双模式控制，其内置北斗、GPS双定位技术，续航时间达1小时，救

图8-2-30　水面抛绳包

图8-2-31　水上救援机器人

生范围大，最远可达1 000m。智能辅助修正航线，并拥有红外智能人体检测、一键返航、失控返航、倒挡等实用功能，是政府应急、民间各类水上救援组织的标准救援设备，适用于大海、水库、江河、湖泊等水上救援应用场景，同时也是船舶标准的救援设备，并能满足军方等特定救援任务时的系统化功能定制。

## 第三节　消防员防护装备

防护装备对消防员来说是重要的装备品之一，它们不仅仅是救援现场不可少的必备品，也是保护消防员身体不受伤害的用具。消防员个人防护装备应能保护消防员在灭火救援作业或训练时有效抵御有害物质和外力对人体的伤害。

消防员个人防护装备按照防护功能，分为消防员躯体防护类装备、呼吸保护类装备和随身携带类装备三类。消防员个人防护装备配备种类及配备数量需要满足《消防员个人防护装备配备标准》XF 621—2013的最低要求。

消防员躯体防护类装备包含消防头盔、消防员灭火防护头套、消防手套、消防员灭火防护靴、抢险救援靴、消防指挥服、消防员灭火防护服、消防员避火服、消防员隔热防护服、消防员化学防护服、消防员降温背心等；消防员呼吸保护类装备包含正压式消防空气呼吸器、正压式消防氧气呼吸器等；消防员随身携带类装备包含消防员呼救器、消防员方位灯、消防员配戴式防爆照明灯、消防腰斧、消防用防坠落装备等。

### 一、消防防护服装

消防员个人防护服装主要指避免消防队员受到高温、毒品及其他有害环境伤害的服装、头盔、靴帽、眼镜等，可分为普通防护服和特种防护服。

#### （一）普通防护服

普通防护服主要包括消防战斗服（灭火防护服）、消防救援服。

##### 1.消防战斗服

消防员平时和战斗时穿着是不一样的。灭火战斗时他们穿消防员战斗服，包括头盔、腰带、一套隔热性能较好的衣服，还有耐刺穿的消防胶靴。同时还会有各种配件，比如消防腰斧、空气呼吸器、耐火绳等一套消防员装备。

消防战斗服是消防员进入一般火场进行灭火战斗时，为保护自身而穿着的防护服装，由外层、防水层、隔热层三层结构组合，具有防火耐热、防水透气、抗静电等性能，如图8-3-1所示，适宜在火场的“常规”状态中使用。消防战斗服分八五式和九七式。八五式消防战斗服分为冬服、夏服、防火防水服及长型消防服四种类型，适用于一般的灭火战斗，不适用于近火作业和抢险救援；九七式战斗服是一种较新材料制作的消防战斗服，具有防火、阻燃、隔热、防毒等功能，适用于火灾扑救和部分抢险救援工作，目前消防救援队广泛使用的为九七式消防战斗服。

##### 2.消防救援服

消防救援服是保护活跃在消防第一线的消防人员人身安全的重要装备之一，它不仅是火灾救护现场的必备品，也是保护消防救援人员免受伤害的防火用具，因此，穿着适应火灾现场救助活动的消防救援服是尤为重要的。

消防队员的服装大致可以分为两种：一种是上下一体的，另一种是上下分身的（上衣和裤子）。上下分身的消防服的优点是安全性高（含下半身防护、全身的防护性高）、容易活动、不易沾湿、防水性好、耐寒性好、功能和外观好；缺点是散热性差，体热不易排出、造价高、衣体重。上下连体型消防救援服的优点是散热性好、体热容易排出、造价低；缺点是安全性差、活动不便、衣体重。

消防救援服采用阻燃隔热材质，具备阻燃、耐磨、轻便、抗拉力强、颜色及标识醒目、方便携带抢险救援工具等性能。魔术贴袖口、换色反光条，在昏暗的光线下更容易被发现，可用作灭火战斗的普通防护服装，也可用于建筑倒塌、狭窄空间及攀登等救援现场的身体防护用服装，见图8-3-2。

图8-3-1　消防战斗服图

图8-3-2　九七式消防救援服及其配套器具

3.配套器具

（1）消防头盔。消防头盔主要用来保护消防员的头部免受掉落物砸击和辐射热危害，具有防震、防水、防热辐射、防酸碱化学药品等性能。其结构由帽壳、佩带装置及附件组成。

（2）消防靴。消防靴用来保护消防员的脚和下肢，要求有防水、防刺、防寒、防化学药品及绝缘等性能。消防靴有普通消防靴、消防皮靴和长筒隔热胶靴三种。制作消防靴的材料有氯丁橡胶和丁基橡胶，以及金属。橡胶具有隔热、防酸碱、防化学毒品等功能，金属部件保护脚趾、脚掌，防砸伤、刺穿。

（3）消防手套。消防手套有防水手套、防火隔热手套、防割耐火手套等，用凯夫拉纤维长丝制成的手套，其断裂强度比钢材高5倍，可耐500℃高温，可以从火场抓取高温燃烧物，耐酸、耐碱、耐油及其他化学品。

## （二）特种防护服

1.简易防化服

简易防化服适用于短时间的轻度污染场所，可以防止液态化学品喷射污染和粉尘污染。简易防化服由拉伸性极强、厚度为150 μm的高强度聚乙烯制成，如图8-3-3所示。

2.隔热服

隔热服也叫耐高温隔热服，是重要的个体防护装备，指在接触火焰及炙热物体后能阻止本身被点燃、有焰燃烧和阴燃，保护人体不受各种伤害的防护服，分为石油、化工、冶金、玻璃等行业高温炉前作业的防护服装和用于消防、森林防火的消防服。隔热服具备耐高温、防热辐射、质轻、防水等性能，可以临近火场高温区作业，如图8-3-4所示。隔热服的材质为铝箔复合阻燃织物，其结构可分为头罩、上衣、背带裤、手套、护脚。

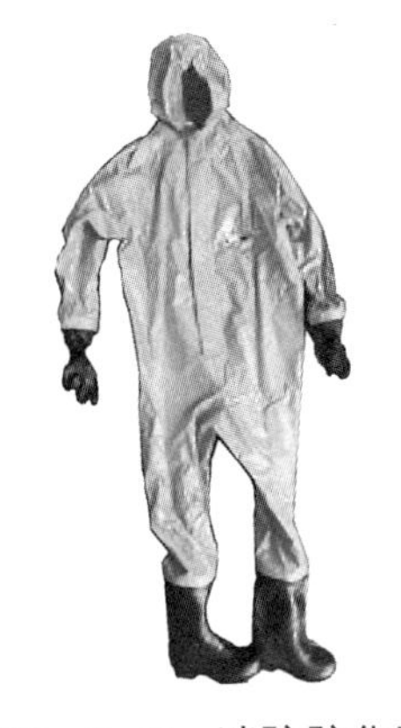

图8-3-3 消防防化服

图8-3-4 消防隔热服

3.避火服

消防员避火防护服是消防员进入火场、短时间穿越火区或短时间在火焰区进行灭火战斗的防护服，是消防员特种防护装备之一；采用分体式结构，由头罩、带呼吸器背囊的防护上衣、防护裤子、防护手套和靴子等五部分组成，是消防员进入火场内扑救恶性火灾和抢险救援时穿着的防护服装，如图8-3-5所示。消防避火服具有良好的耐火焰、隔热性能，并具有材质轻、柔软等优点。该服装不仅适用于消防员在火场的火焰区进行灭火战斗和抢险救援，如用于石油化工厂、油库、飞机等火灾时，接近火源进行扑救，具有防止热辐射、耐老化和防水等性能，可短时间进入火焰中；也可作为玻璃、水泥、陶瓷等行业中的高温抢修时的穿着。

图8-3-5 避火服

避火服和隔热服的区别如下：

（1）隔热服不能碰触火焰，否则将破损，避火服可以抵御火焰灼烧。

（2）隔热服不能进入火场，避火服可以进入并穿越火场。

（3）耐辐射热温度，隔热服一般为1 000℃，避火服一般为1 800℃。

（4）避火服的材料通常为3层以上结构，外层和中层都具有耐火焰能力。隔热服材料不具有耐火能力，更加注重中间隔热层的能力。

4.消防员降温背心

图8-3-6 消防员降温背心

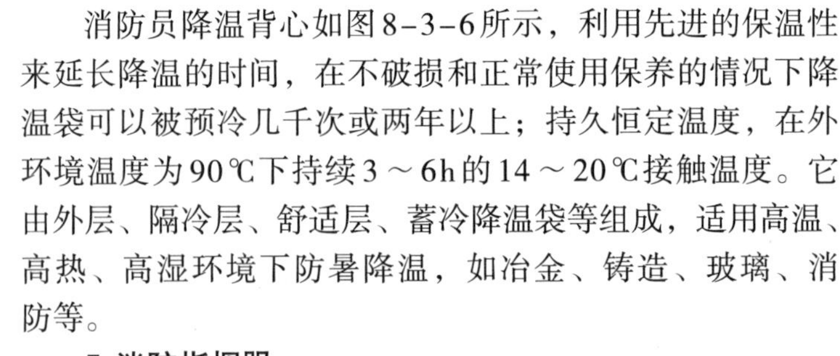

消防员降温背心如图8-3-6所示，利用先进的保温性来延长降温的时间，在不破损和正常使用保养的情况下降温袋可以被预冷几千次或两年以上；持久恒定温度，在外环境温度为90℃下持续3～6h的14～20℃接触温度。它由外层、隔冷层、舒适层、蓄冷降温袋等组成，适用高温、高热、高湿环境下防暑降温，如冶金、铸造、玻璃、消防等。

5.消防指挥服

消防员灭火指挥服用于指挥员在灭火现场指挥消防员灭火战斗时穿着的新式多功能防护服装，服装整体外观形状为风衣式，在肩部、风衣下摆、袖口等部位有反光标志，

360° 全方位能看清楚，反光带可阻燃、耐洗涤，使用进口3M公司反光条，如图8-3-7所示。防护服面料分为外层、防水透气层、隔热层、舒适层，具有优良的防火、防水、隔热、透气等性能，其款式新颖、结构合理、反光效果明显，是消防指挥员新一代的防护装备之一。

图8-3-7　消防指挥服

6.防蜂服

防蜂服是消防员在执行摧毁蜂巢任务时，为保障自身安全而穿着的防护服装，也可以作为化学防护训练服，以代替化学防护服进行日常的防化训练。主要防止蜂蜇及蜂类毒液侵袭，还可防止硬物刮擦、切割、撕破等危险危害因素对消防员造成的损伤。防蜂服由多层面料组成，连体式设计，密封性好。防蜂服包括头罩、护目镜、服装、手套、靴子，如图8-3-8所示。服装上有挂钩及口袋等设计，可方便消防员随身携带一些小型作业工具。头罩面网由成型不锈钢网制成，具有耐折、耐压、回弹性好、通透舒适等特点，能很好地保护穿着者的面部。

7.防爆服

防爆服是排爆人员人工拆除爆炸装置时穿着的用于保障自身安全的个人防护服装。安全性能高，使用灵活方便，对排爆警员提供最大限度的防护，可有效防护因意外爆炸时产生的碎片、冲击波及热浪对排爆人员的伤害，抗高温高压，是较高等级的防护装备。完整的防爆服包括排爆头盔、高性能防护面罩、排爆上衣、排爆裤、颈部护板、胸部护板、腹部护板、排爆鞋套，如图8-3-9所示。

8.防静电服

防静电服是消防员在易燃易爆事故现场进行抢险救援作业时穿的防止静电积聚放电的全身外层防护服装。由专用的防静电洁净面料制作，具有高效的防静电、防尘性能，如图8-3-10所示。

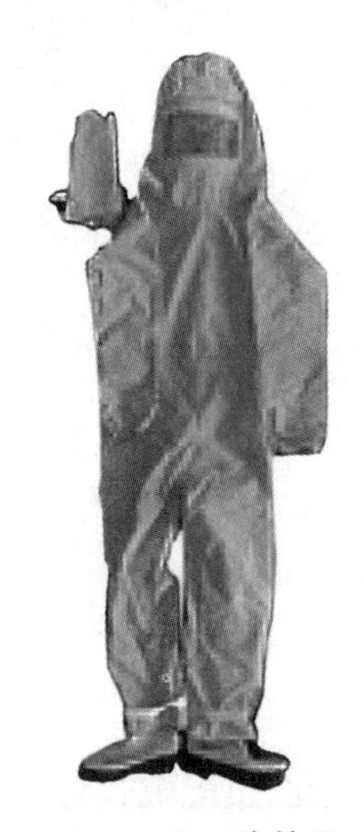

图8-3-8　防蜂服

图8-3-9　防爆服

图8-3-10　防静电服

## 二、呼吸保护器具

在有浓烟、毒气、刺激性气体或严重缺氧的火灾现场，呼吸保护器具对于顺利地完成火情侦察、救人及灭火等任务具有重要的意义。

目前我国应急管理部消防救援局配备使用的呼吸保护器主要有空气呼吸器、过滤式防毒面具、氧气呼吸器三种。

### （一）空气呼吸器

空气呼吸器的空气气源经济方便、呼吸阻力小、空气新鲜、流量充足、呼吸舒畅、佩戴舒适，大多数人都能适应；操作使用和维护保养简便、视野开阔、传声较好、不易发生事故、安全性好；尤其是正压式空气呼吸器，面罩内始终保持正压，毒气不易进入面罩，使用更加安全，如图8-3-11所示。

### （二）过滤式防毒面具

过滤式防毒面具结构简单、重量轻、携带使用方便，对佩戴者有一定的呼吸保护作用，如图8-3-12所示。其不足之处是，使用环境的一氧化碳浓度不能大于2%，氧气浓度不能低于18%；且呼吸阻力大；一种滤毒罐只能过滤一种或几种毒气，其选择性强。因此，在火场环境中遇到一氧化碳浓度高、烟雾浓重、严重缺氧或不能正确判断火场中的毒气成分时，其使用安全性就存在一定的问题。

### （三）氧气呼吸器

氧气呼吸器使用范围较为广泛，因气源系纯氧，故气瓶体积小、重量轻、便于携带，且有效使用时间长，如图8-3-13所示。其不足之处是：这种呼吸器结构复杂，维修保养技术要求高；部分人员对高浓度氧（含量大于21%）呼吸适应性差；泄漏氧气有助燃作用，安全性差；再生后的氧气温度高，使用受到环境温度限制，一般不超过60℃；氧气来源不易，成本高。

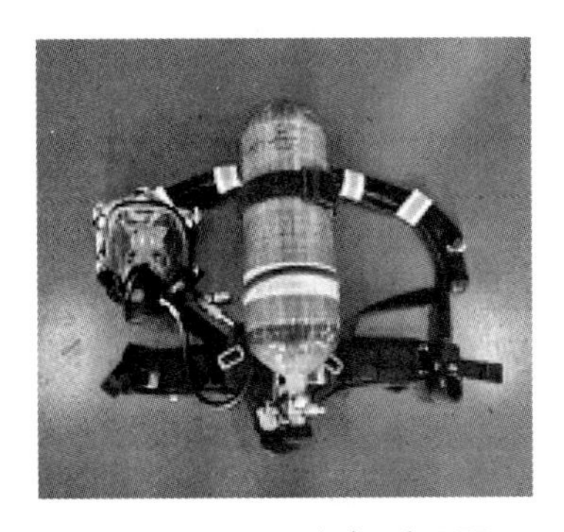

图8-3-11 空气呼吸器

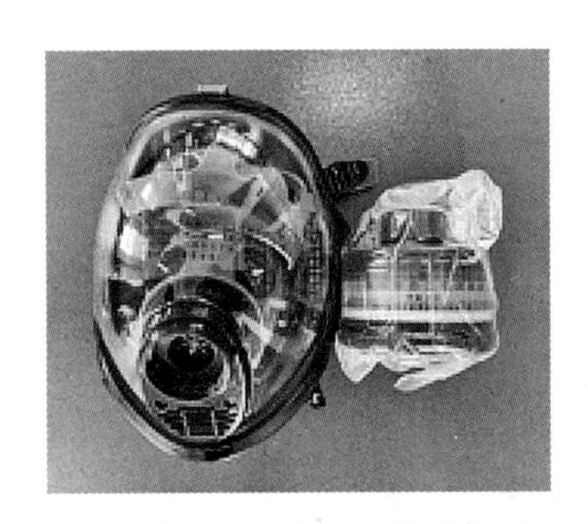

图8-3-12 过滤式防毒面具

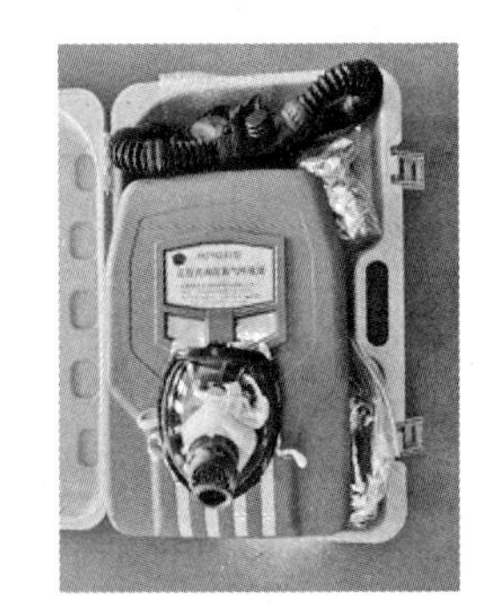

图8-3-13 氧气呼吸器

## 三、消防员随身携带类装备

最常用的消防员随身携带类装备有消防员呼救器、消防员方位灯、消防员配戴式防爆照明灯、消防腰斧、消防用防坠落装备等。

### （一）消防员呼救器

消防员呼救器，如图8-3-14所示，主要用于消防救援、矿山抢险、地震抢险、船舶救援及各种抢险救护现场，适用于抢险救援和危险工作岗位人员的自身保护及报警。消防员呼救器具有预报警、强报警、手动报警、方位灯长亮模式、LED照明功能、温度报警、空气呼吸器配套声光报警、自动巡检、低电量检测及声光提示功能等多种功能。

图8-3-14　消防员呼救器

### （二）方位灯

方位灯是冶金、铁路、电力、公安、石化等企业在各种特殊危险场所被用作警示标志，也适合消防救护、抢险工作人员作信号联络和方位指示之用，如图8-3-15所示。

图8-3-15　方位灯

### （三）消防腰斧

详见本章第二节。

### （四）消防安全钩

消防安全钩分普通式和弹簧钩两种，外形呈“8”字形，如图8-3-16所示。弹簧式在活瓣的一端装有弹簧，普通式不装弹簧。使用时与安全绳配合。安全绳的两端各连接安全钩，一端的安全钩挂钩在消防安全带上的半圆环上，另一端的安全钩在登高后，挂钩在其他固定的建筑物上。

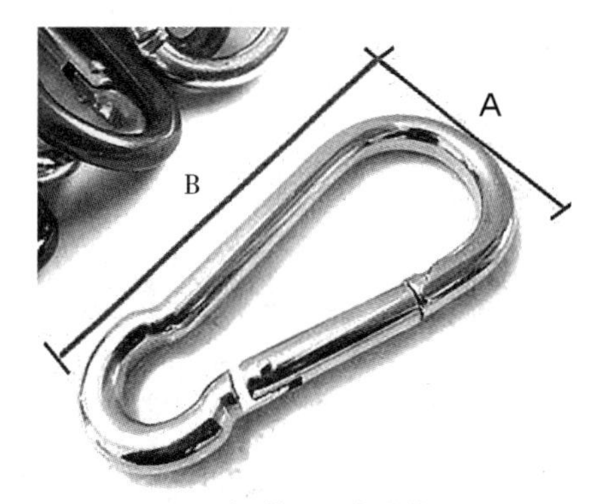


图8-3-16　消防安全钩

### （五）消防用防坠落装备

消防用防坠落装备一般采用全身安全带，是坠落防护系统中主要的一个组件，设计配有带子，固定在使用人员身上，目的是将坠落制动力分配给大腿、骨盆、胸部和肩部，使冲击力分配到全身，减少对某单个部位的伤害，如图8-3-17所示。

图8-3-17　消防用防坠落装备

### （六）消防员防护类装备配备要求

根据《消防员个人防护装备配备标准》XF 621—2013消防员防护类装备配备要达到以下基本要求：消防员躯体防护类装备配备表见表8-3-1；消防员呼吸保护类装备配备表见表8-3-2；消防员随身携带类装备配备表见表8-3-3。

**表8-3-1 消防员躯体防护类装备配备表**

| 序号 | 名称 | 主要用途及性能 | 一级普通消防站 | | 二级普通消防站 | | 特勤消防站 | | 备注 |
|---|---|---|---|---|---|---|---|---|---|
| | | | 配备 | 备份比 | 配备 | 备份比 | 配备 | 备份比 | |
| 1 | 消防头盔 | 用于头部、面部及颈部的安全防护。技术性能符合《消防头盔》XF 44—2015的要求 | 2顶/人 | 4∶1 | 2顶/人 | 4∶1 | 2顶/人 | 2∶1 | — |
| 2 | 消防员灭火防护服 | 用于灭火救援时的身体防护。技术性能符合《消防员灭火防护服》XF 10—2014的要求 | 2套/人 | 1∶1 | 2套/人 | 1∶1 | 2套/人 | 1∶1 | — |
| 3 | 消防手套 | 用于手部及腕部防护。技术性能不低于《消防手套》XF 7—2004中1类消防手套的要求 | 4副/人 | 1∶1 | 4副/人 | 1∶1 | 4副/人 | 1∶1 | 可根据需要选择配备2类或3类消防手套 |
| 4 | 消防安全腰带 | 用于登高作业和逃生自救。技术性能符合《消防用防坠落装备》XF 494—2004的要求 | 1根/人 | 4∶1 | 1根/人 | 4∶1 | 1根/人 | 4∶1 | — |
| 5 | 消防员灭火防护靴 | 用于小腿部和足部防护。技术性能符合GA 6的要求 | 2双/人 | 1∶1 | 2双/人 | 1∶1 | 2双/人 | 1∶1 | — |
| 6 | 消防员隔热防护服 | 用于强热辐射场所的全身防护。技术性能符合《消防员隔热防护服》XF 634—2015的要求 | 4套/班 | 4∶1 | 4套/班 | 4∶1 | 4套/班 | 2∶1 | 优先配备带有空气呼吸器背囊的消防员隔热防护服 |
| 7 | 消防员避火防护服 | 用于进入火焰区域短时间灭火或关阀作业时的全身防护 | 2套/站 | — | 2套/站 | — | 3套/站 | — | — |

续表8-3-1

| 序号 | 名称 | 主要用途及性能 | 一级普通消防站 | | 二级普通消防站 | | 特勤消防站 | | 备注 |
|---|---|---|---|---|---|---|---|---|---|
| | | | 配备 | 备份比 | 配备 | 备份比 | 配备 | 备份比 | |
| 8 | 二级化学防护服 | 用于化学灾害现场处置挥发性化学固体、液体时的躯体防护。技术性能符合《消防员化学防护服装》XF 770—2008的要求 | 6套/站 | — | 4套/站 | — | 1套/人 | 4∶1 | 原名消防防化服或消防员普通化学防护服。应配备相应的训练用服装 |
| 9 | 一级化学防护服 | 用于化学灾害现场处置高浓度、强渗透性气体时的全身防护。具有气密性，对强酸强碱的防护时间不低于1h。应符合《消防员化学防护服装》XF 770—2008的要求 | 2套/站 | — | 2套/站 | — | 6套/站 | — | 原名重型防化服或全密封消防员化学防护服。应配备相应的训练用服装 |
| 10 | 特级化学防护服 | 用于化学灾害现场或生化恐怖袭击现场处置生化毒剂时的全身防护。具有气密性，对军用芥子气、沙林、强酸强碱和工业苯的防护时间不低于1h | △ | — | △ | — | 2套/站 | — | 可替代一级化学防护服使用。应配备相应的训练用服装 |
| 11 | 核沾染防护服 | 用于处置核事故时，防止放射性沾染伤害 | △ | — | △ | — | △ | — | 原名防核防化服。距离核设施及相关研究、使用单位较近的消防站宜优先配备 |
| 12 | 防蜂服 | 用于防蜂类等昆虫侵袭的专用防护 | △ | — | △ | — | 2套/站 | — | 有任务需要的普通消防站配备数量不宜低于2套/站 |
| 13 | 防爆服 | 用于爆炸场所排爆作业的专用防护 | △ | — | △ | — | △ | — | 承担防爆任务的消防站配备数量不宜低于2套/站 |

续表8-3-1

| 序号 | 名称 | 主要用途及性能 | 一级普通消防站 | | 二级普通消防站 | | 特勤消防站 | | 备注 |
|---|---|---|---|---|---|---|---|---|---|
| | | | 配备 | 备份比 | 配备 | 备份比 | 配备 | 备份比 | |
| 14 | 电绝缘装具 | 用于高电压场所作业时的全身防护。技术性能符合《带电作业用屏蔽服装》GB/T 6568—2008的要求 | 2套/站 | — | 2套/站 | — | 3套/站 | — | — |
| 15 | 防静电服 | 用于可燃气体、粉尘、蒸汽等易燃易爆场所作业时的全身外层防护。技术性能符合《防护服装 防静电服》GB 12014—2019的要求 | 6套/站 | — | 4套/站 | — | 12套/站 | — | — |
| 16 | 内置纯棉手套 | 用于应急救援时的手部内层防护 | 6副/站 | — | 4副/站 | — | 12副/站 | — | — |
| 17 | 消防员灭火防护头套 | 用于灭火救援时的头面部和颈部防护。技术性能符合《消防员灭火防护头套》XF 869—2010的要求 | 2个/人 | 4：1 | 2个/人 | 4：1 | 2个/人 | 4：1 | 原名阻燃头套 |
| 18 | 防静电内衣 | 用于可燃气体、粉尘、蒸汽等易燃易爆场所作业时的躯体内层防护 | 2套/人 | — | 2套/人 | — | 3套/人 | — | — |
| 19 | 消防阻燃毛衣 | 用于冬季或低温场所作业时的内层防护 | △ | — | △ | — | 1件/人 | 4：1 | — |
| 20 | 防高温手套 | 用于高温作业时的手部和腕部防护 | 4副/站 | — | 4副/站 | — | 6副/站 | — | — |
| 21 | 防化手套 | 用于化学灾害事故现场作业时的手部和腕部防护 | 4副/站 | — | 4副/站 | — | 6副/站 | — | — |
| 22 | 消防护目镜 | 用于抢险救援时的眼部防护 | 1个/人 | 4：1 | 1个/人 | 4：1 | 1个/人 | 4：1 | — |

续表8-3-1

| 序号 | 名称 | 主要用途及性能 | 一级普通消防站 | | 二级普通消防站 | | 特勤消防站 | | 备注 |
|---|---|---|---|---|---|---|---|---|---|
| | | | 配备 | 备份比 | 配备 | 备份比 | 配备 | 备份比 | |
| 23 | 抢险救援头盔 | 用于抢险救援时的头部防护。技术性能符合《消防员抢险救援防护服装》XF 633—2006的要求 | 1顶/人 | 4：1 | 1顶/人 | 4：1 | 1顶/人 | 4：1 | — |
| 24 | 抢险救援手套 | 用于抢险救援时的手部防护。技术性能符合《消防员抢险救援防护服装》XF 633—2006的要求 | 2副/人 | 4：1 | 2副/人 | 4：1 | 2副/人 | 4：1 | — |
| 25 | 抢险救援服 | 用于抢险救援时的身体防护。技术性能符合《消防员抢险救援防护服装》XF 633—2006的要求 | 2套/人 | 4：1 | 2套/人 | 4：1 | 2套/人 | 4：1 | — |
| 26 | 抢险救援靴 | 用于抢险救援时的小腿部及足部防护。技术性能符合《消防员抢险救援防护服装》XF 633—2006的要求 | 2双/人 | 4：1 | 2双/人 | 4：1 | 2双/人 | 2：1 | — |
| 27 | 潜水装具 | 用于水下救援作业时的专用防护 | △ | — | △ | — | 4套/站 | — | 承担水域救援任务的普通消防站配备数量不宜低于4套/站 |
| 28 | 消防专用救生衣 | 用于水上救援作业时的专用防护。具有两种复合浮力配置方式，常态时浮力能保证单人作业，救人时最大浮力可同时承载2个成年人，浮力大于或等于140kg | △ | — | △ | — | 1件/2人 | 2：1 | 承担水域救生应急救援任务的普通消防站配备数量不宜低于1件/2人 |
| 29 | 消防员降温背心 | 用于降低体温，防止中暑。使用时间不应低于2h | 4件/站 | — | 4件/站 | — | 4件/班 | — | — |

注：“△”表示可选配；“—”表示可无要求。表8-3-2、表8-3-3同。

**表8-3-2 消防员呼吸保护类装备配备表**

| 序号 | 名称 | 主要用途及性能 | 一级普通消防站 | | 二级普通消防站 | | 特勤消防站 | | 备注 |
|---|---|---|---|---|---|---|---|---|---|
| | | | 配备 | 备份比 | 配备 | 备份比 | 配备 | 备份比 | |
| 1 | 正压式消防空气呼吸器 | 用于缺氧或有毒现场作业时的呼吸防护。技术性能符合《正压式消防空气呼吸器》XF 124—2013的要求 | 1具/人 | 5：1 | 1具/人 | 5：1 | 1具/人 | 4：1 | 可根据需要选择配备6.8L、9L或双6.8L气瓶，并选配他救接口。备用气瓶按照正压式空气呼吸器总量的1：1备份 |
| 2 | 移动供气源 | 用于狭小空间和长时间作业时的呼吸保护 | 1套/站 | — | 1套/站 | — | 2套/站 | — | — |
| 3 | 正压式消防氧气呼吸器 | 用于高原、地下、隧道以及高层建筑等场所长时间作业时的呼吸保护。技术性能符合《正压式消防氧气呼吸器》XF 632—2006的要求 | △ | — | △ | — | 4具/站 | 2：1 | 承担高层、地铁、隧道或在高原地区承担灭火救援任务的普通消防站配备数量不宜低于2具/站 |
| 4 | 强制送风呼吸器 | 用于开放空间有毒环境中作业时的呼吸保护 | △ | — | △ | — | 2套/站 | — | — |
| 5 | 消防过滤式综合防毒面具 | 用于开放空间有毒环境中作业时的呼吸保护 | △ | — | △ | — | 1套/2人 | 4：1 | 滤毒罐按照消防过滤式综合防毒面具总量的1：2备份 |

**表8-3-3　消防员随身携带类装备配备表**

| 序号 | 名称 | 主要用途及性能 | 一级普通消防站 | | 二级普通消防站 | | 特勤消防站 | | 备注 |
|---|---|---|---|---|---|---|---|---|---|
| | | | 配备 | 备份比 | 配备 | 备份比 | 配备 | 备份比 | |
| 1 | 佩戴式防爆照明灯 | 用于消防员单人作业时的照明 | 1个/人 | 5：1 | 1个/人 | 5：1 | 1个/人 | 5：1 | — |
| 2 | 消防员呼救器 | 用于呼救报警。技术性能符合《消防员呼救器》GB 27900—2011的要求 | 1个/人 | 4：1 | 1个/人 | 4：1 | 1个/人 | 4：1 | 配备具有方位灯功能的消防员呼救器，可不配方位灯 |
| 3 | 方位灯 | 用于消防员在黑暗或浓烟等环境中的位置标识 | 1个/人 | 5：1 | 1个/人 | 5：1 | 1个/人 | 5：1 | — |
| 4 | 消防轻型安全绳 | 用于消防员自救和逃生。技术性能符合《消防用防坠落装备》XF 494—2004的要求 | 1根/人 | 4：1 | 1根/人 | 4：1 | 1根/人 | 4：1 | — |
| 5 | 消防腰斧 | 用于灭火救援时手动破拆非带电障碍物。技术性能符合《消防腰斧》XF 630—2006的要求 | 1把/人 | 5：1 | 1把/人 | 5：1 | 1把/人 | 5：1 | 优先配备多功能消防腰斧 |
| 6 | 消防通用安全绳 | 用于消防员救援作业。技术性能符合《消防用防坠落装备》XF 494—2004的要求 | 2根/班 | 2：1 | 4套/班 | 2：1 | 4套/班 | 2：1 | — |
| 7 | 消防Ⅰ类安全吊带 | 用于消防员逃生和自救。技术性能符合《消防用防坠落装备》XF 494—2004的要求 | △ | — | △ | — | 4根/班 | 2：1 | — |

续表8-3-3

| 序号 | 名称 | 主要用途及性能 | 一级普通消防站 | | 二级普通消防站 | | 特勤消防站 | | 备注 |
|---|---|---|---|---|---|---|---|---|---|
| | | | 配备 | 备份比 | 配备 | 备份比 | 配备 | 备份比 | |
| 8 | 消防Ⅱ类安全吊带 | 用于消防员救援作业。技术性能符合《消防用防坠落装备》XF 494—2004的要求 | 2根/班 | 2∶1 | 2根/班 | 2∶1 | 4根/班 | 2∶1 | 可根据需要选择配备消防Ⅱ类安全吊带和消防Ⅲ类安全吊带中的1种或2种 |
| 9 | 消防Ⅲ类安全吊带 | 用于消防员救援作业。技术性能符合《消防用防坠落装备》XF 494—2004的要求 | 2根/班 | 2∶1 | 2根/班 | 2∶1 | 4根/班 | 2∶1 | |
| 10 | 消防防坠落辅助部件 | 与安全绳和安全吊带、安全腰带配套使用的承载部件。包括8字环、D形钩、安全钩、上升器、下降器、抓绳器、便携式固定装置和滑轮装置等部件。技术性能符合《消防用防坠落装备》XF 494—2004的要求 | 2套/班 | 3∶1 | 2套/班 | 3∶1 | 2套/班 | 3∶1 | 可根据需要选择配备轻型或通用型消防防坠落辅助部件 |
| 11 | 手提式强光照明灯 | 用于灭火救援现场作业时的照明。具有防爆性能 | 3具/班 | 2∶1 | 3具/班 | 2∶1 | 3具/班 | 2∶1 | — |
| 12 | 消防用荧光棒 | 黑暗或烟雾环境中一次性照明和标识使用 | 4根/人 | — | 4根/人 | — | 4根/人 | — | — |
| 13 | 消防员呼救器后场接收装置 | 用于接收火场消防员呼救器的无线报警信号，可声光报警。至少能够同时接收8个呼救器的无线报警信号 | △ | — | △ | — | △ | — | 若配备具有无线报警功能的消防员呼救器，则每站至少应配备1套 |

续表8-3-3

| 序号 | 名称 | 主要用途及性能 | 一级普通消防站 | | 二级普通消防站 | | 特勤消防站 | | 备注 |
|---|---|---|---|---|---|---|---|---|---|
| | | | 配备 | 备份比 | 配备 | 备份比 | 配备 | 备份比 | |
| 14 | 头骨振动式通信装置 | 用于消防员间以及与指挥员间的无线通信，距离不应低于1 000m，可配信号中继器 | 4个/站 | — | 4个/站 | — | 8个/站 | — | — |
| 15 | 防爆手持电台 | 用于消防员间以及与指挥员间的无线通信，距离不应低于1 000m | 4个/站 | — | 4个/站 | — | 8个/站 | — | — |
| 16 | 消防员单兵定位装置 | 用于实时标定和传输消防员在灾害现场的位置和运动轨迹 | △ | — | △ | — | △ | — | 每套消防员单兵定位装置至少包含1个主机和多个终端 |

# 第九章　火灾现场医疗急救

## 第一节　火灾对人体健康的危害

### 一、缺氧对人体的危害

#### （一）氧气的重要性

**1. 氧是维持生命最重要的能源**

俗话说“人活一口气”，这里的“气”便可指为氧气（$O_2$），它是维持生命存在的最重要能源。氧气同水和食物一样，是人类生存并维持身体健康的根本要素之一。

**2. 氧是维持肌体免疫功能活力的关键物质**

“缺氧乃万病之源”，人体只有在充足的氧环境下才能将食入的各类营养物质氧化并转化为能量，从而供给人体的组织器官，保证免疫系统的正常“运转”。

**3. 氧对人体代谢起着关键作用**

氧决定了人体代谢的速度和质量。人体动脉中的血氧浓度过低，导致缺少足够的氧气来维持有氧代谢，此时有氧代谢便会转变为无氧代谢，非但不能产生足够的能量支持生命活动，亦会产生多种酸性物质，进而导致人体酸中毒，严重损害细胞的结构和功能。

#### （二）火灾现场产生缺氧现象的原因

火灾现场由于各种物质的充分燃烧会造成着火区域内$CO_2$的含量急剧上升，$O_2$的含量明显下降。这种低氧环境使得被困者难以从空气中获得足够的$O_2$供应，进而加剧人体的缺氧风险。

#### （三）人体缺氧的危害

医学证明：没有氧气，人的生命活动便会停止；缺少氧气，就会造成人的器质性病变。

**1. 损伤脑组织**

人的大脑和心脏这类重要器官对氧气依赖性较大，故而对缺氧环境也较为敏感，如人的大脑细胞缺氧4～6min便会造成脑细胞的损伤，一旦缺氧时间超过10min，便会对脑组织造成不可逆的损伤。

**2. 肌肉活力下降**

当空气中的$O_2$含量低于15%时，人的肌肉活动能力便会明显下降。

**3.四肢无力、判断力减退**

当空气中的$O_2$含量下降至10%～14%，人虽然有知觉，但四肢无力、判断力明显减退（伤员自己并不知道），并且很快感觉疲劳。

**4.致死**

当空气中的$O_2$含量低至6%时，人的大脑失去知觉，5min便可致人死亡，而火灾现场的$O_2$含量最低可至3%。

## 二、高温对人体的危害

人体体温的相对恒定是机体产热与散热保持动态平衡的结果。当环境温度高于一定界限时，便会限制人体内热量的散发，导致人体体温升高，并伴随环境温度的增加达到或超过人体的忍耐极限，最终引发一系列危害（如神经系统功能迟钝，水盐代谢、心脏功能障碍，消化、泌尿系统功能变化等），甚至死亡。

（1）火场烟气温度在短时间内即可达几百摄氏度，密闭性高的空间内（如地下室）烟气温度可高达上千摄氏度。

（2）火场温度达41～44℃时，人体皮肤组织便会感到灼痛感，且伴随温度的升高使皮肤基础组织受到伤害，如局部烫伤、全身性烫伤。

（3）火场温度达49～50℃时，能迅速降低人体血压，导致循环系统衰竭。

（4）吸入气体温度超过70℃时，可导致气管、支气管内黏膜充血起水泡，组织坏死，引发肺水肿至窒息死亡。

（5）人对高温烟气的忍耐是有限的。

1）65℃时，可短时忍受。

2）120℃时，15min内可产生不可恢复的损伤。

3）140℃时，可忍受5min。

4）170℃时，可忍受1min。

5）温度再高些，便1min也无法忍受，并伴随有强烈疼痛感，心率加快，肌肉痉挛，出现休克，以致不能及时逃离火场被烧死或因其他因素致死。

## 三、烟尘对人体的危害

火场上的热烟尘是由燃烧中析出的碳粒子、焦油状液滴，以及房屋倒塌时扬弃的灰尘等组成，这些物质伴随热空气一起流动，被人体吸入呼吸系统，进而堵塞、刺激内黏膜，甚至威胁生命。

### （一）具体危害

烟尘颗粒的粒径是影响其在呼吸系统中的分布及所引发危害的重要因素。研究表明，烟尘颗粒对呼吸系统的伤害概率及粒子穿透度随粒径的减小而增加。

（1）烟尘粒径>10μm时，烟尘颗粒可被鼻毛和呼吸道黏液挡住而停留于鼻腔内。

（2）烟尘粒径<10μm时，由于无法被人体呼吸系统过滤掉，烟尘颗粒可伴随呼吸作用穿过上呼吸道（鼻子和嘴），进入下呼吸道，对呼吸系统产生危害，主要表现为阻止气体交换、炎症反应以及引起液体渗出等。

（3）烟尘粒径<0.5μm时，烟尘颗粒可进入肺间隙，进而引发肺间质水肿。

### （二）其他危害

（1）减光性。高浓度烟尘能够遮挡被困人员视线，使被困人员迷失方向。

（2）恐怖性。大量烟尘会造成被困人员的心理恐慌，阻碍逃生。

## 四、毒性气体对人体的危害

火灾事故中有毒气体致死率要远高于其他伤害的致死率，约80%的遇难者都是受烟雾影响，吸入有毒气体昏迷后致死的。

### （一）火灾烟雾中的有毒气体

火灾烟雾中的有毒气体通常可分为以下三类：

（1）窒息性或麻醉性气体，如HCN、CO。

（2）感觉或肺刺激剂，如NO、$NO_2$、HCl。

（3）其他类气体，如$CO_2$。

但在实际火灾现场里，只有足够浓度的一氧化碳（CO）和氰化氢（HCN）才会引起明显的急性毒性反应或致死现象。

### （二）一氧化碳（CO）的危害

CO是可燃物燃烧不充分的产物，多存在于空气不充足或湿度较大的起火区域内，是一种无色、无臭、无味、具有强烈毒性的气体。

#### 1. 中毒原理

CO与血液内血红蛋白的亲和力要远大于$O_2$与血红蛋白的亲和力，约为240倍，一旦人体吸入CO气体，便会立即与血红蛋白结合形成稳定性强的碳氧血红蛋白，减弱红细胞的携氧能力，造成组织缺氧。人体血液中碳氧血红蛋白含量达50%时便可导致窒息死亡。

#### 2. 中毒程度

人体CO中毒程度取决于血液中CO血红蛋白在血红蛋白总量中所占的比率，即CO饱和度。

（1）饱和度为20%时，中毒者呈现头痛、无力的症状。

（2）饱和度为40%时，中毒者便会昏迷至死亡。

（3）火灾中遇难者的CO饱和度一般会达到50%。

#### 3. 具体危害

救火人员若不慎吸入CO，会影响其中枢神经系统、视觉机能、呼吸系统以及造成肺功能紊乱。

### （三）氰化氢（HCN）的危害

HCN是一种具有苦杏仁特殊气味的急性剧毒气体，也是火灾的产物之一。

#### 1. 中毒原理

HCN可通过抑制人体内呼吸酶的功能使组织无法从血液中获得氧气，从而导致窒息。

#### 2. 具体危害

微量HCN便会对人体造成十分严重的危害。

（1）HCN浓度为20～50ppm时，人员暴露于该环境2～4h便会产生晕眩、头痛、恶心、呕吐等症状。

（2）HCN浓度为100～200ppm时，人员暴露于该环境中30～60min便会导致死亡。

（3）HCN浓度为300ppm时，暴露人员立即死亡，而CO的即刻死亡浓度则超过了10 000ppm，是HCN即刻死亡浓度的3倍。

注：ppm——百万分比浓度，$1ppm=1 \times 10^{-6}mol/m^3$。

# 第二节　火灾现场常见伤害处置

## 一、烧烫伤

烧烫伤是火灾现场一种常见的损伤，包括烧伤与烫伤，二者异同点详见表9-2-1。

表9-2-1　烧伤与烫伤异同点

| 类别 | 烧伤 | 烫　伤 |
|---|---|---|
| 不同点 | 明火等高温对人体的灼伤 | 高温液体等对人体的灼伤，严重者会引起休克、全身感染或器官衰竭 |
| 相同点 | 对身体皮肤造成的损伤性质和处置方案基本相同 | |

烧烫伤的严重程度取决于致伤温度、接触面积、接触部位、接触时间等。

### （一）烧烫伤严重程度

（1）轻度。皮肤泛红、肿胀，感觉疼痛，有火辣辣的感觉。

（2）中度。皮肤有水泡，水泡破后，会有剧烈疼痛，较严重者还有少量渗液，皮肤感觉木木的，比较迟钝。

（3）重度。皮肤坏死，伤口呈现白色或黑色的炭化皮革样，皮肤几乎没有痛感（如图9-2-1所示）。

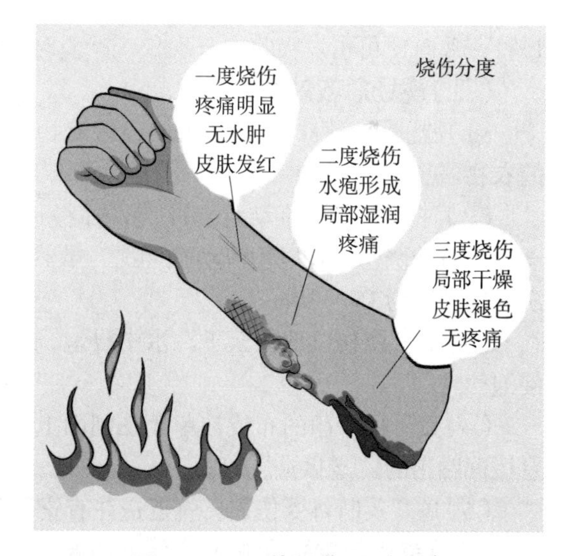


图9-2-1　烧烫伤严重程度

### （二）现场急救六字诀

（1）离。立即脱离热源，可就地打滚、用湿衣覆盖、用水浇灭。

（2）降。创面尽快降温。对轻度、中度的烧烫伤可用流动的自来水冲洗30min，切忌使用冰水以免冻伤或引发感染。

（3）护。包扎、保护创面。

（4）补。严重口渴者应适当补充液体，可少量多次口服淡盐水或牛奶。

（5）救。检伤分类，针对性处理。将窒息者摆成昏迷体位，对心跳骤停者进行心肺复苏，大出血者应及时止血，骨折者进行临时固定。

（6）送。大面积烧烫伤和严重烧烫伤者应快速转送医院。

### （三）烧烫伤自我处理五步骤

（1）冲。受伤后应立即脱离热源并用流动的冷水冲洗伤面，降低伤面温度，减轻高温渗透所造成的组织损伤加重。

（2）脱。边冲边脱。被烫伤处的衣物仍残留有较高的余温，应当立即脱去衣服以脱离热源，避免伤情加重。

（3）泡。脱下衣物后应继续把伤口泡在冷水中，持续降温，避免起泡或加重病情。如若出现小水泡，注意不要弄破，交由医生处理。

（4）盖。送医院之前用清洁的纱布或毛巾覆盖在伤口上，切忌滥涂抹“药膏”。

（5）送。送医就诊，寻求医生救助。

## 二、化学性灼伤

化学性皮肤灼伤是常温或高温化学物接触到皮肤后，对皮肤产生刺激、腐蚀作用及化学反应热所引起的急性皮肤损害，多见于化工厂、实验室类的火灾现场。

一旦发生化学性灼伤，应当立即进行现场急救和处理。

### （一）化学性灼伤的特点

（1）持续性。一旦发生化学性灼伤，损伤过程会持续至所接触到的化学物质被完全反应完才会终止。

（2）吸收性。有些化学物质如氢氟酸、黄磷、重铬酸盐等可被人体皮肤吸收，产生化学中毒症状。

（3）毒害性。化学性灼伤如氢氟酸、重铬酸钠、黄磷、氯乙酸等，烧伤面积仅为1%～5%时便可引发吸收中毒现象，严重时可导致死亡。

### （二）现场急救处理

（1）脱。迅速脱掉被化学物沾染的衣物、鞋袜等，必要时可用剪刀剪去附着在身体上的衣物。

（2）冲。立刻用流动清水冲洗，稀释化学物浓度，从而降低对人体产生的伤害。注意，浓硫酸烧伤也可以用流动水冲洗，虽然浓硫酸遇水后会放热，但是不会加重损伤，冲洗时间一般为15～30min。

（3）泡。将伤口部位至于冷水中浸泡，根据现场的实际情况和条件，也可跳进河水中浸泡。

（4）盖。用干净的布或被单盖在创面上，将创面保护起来，切忌涂抹红药水、紫药水及民间常用的“老鼠油”等。

（5）送。及时将受伤人员就近送往有资质条件的医院进行治疗。

### （三）常见腐蚀物品触及皮肤时的急救方法

（1）硫酸、发烟硫酸、硝酸、发烟硝酸、氢氟酸、氢氧化钠、氢氧化钾、氢化钙、氢碘酸、氢溴酸、氯磺酸触及皮肤时，应立即用清水冲洗。若皮肤已经腐烂，应立即用清水冲洗20min以上，再送医院治疗。

（2）三氯化磷、三溴化磷、五氯化磷、五溴化磷、溴触及皮肤时，应立即用清水冲洗15min以上，再送往医院救治。磷烧伤可用湿毛巾包裹，禁用油质敷料，以防磷吸收引起中毒。

（3）盐酸、磷酸、偏磷酸、焦磷酸、乙酸、乙酸酐、氢氧化铵、次磷酸、氟硅酸、亚磷酸、煤焦酚触及皮肤时，应立即用清水冲洗。

（4）无水三氯化铝、无水三溴硝化铝触及皮肤时，需先干拭，然后用大量清水冲洗。

（5）甲醛触及皮肤时，要先用水冲洗，再用酒精擦洗，最后涂以甘油。

（6）碘触及皮肤时，可用淀粉质（米饭等）涂擦，既可减轻疼痛，也可褪色。

## 三、窒息和中毒（吸入有毒气体和气体中毒）

据统计，80%的火灾致死是由于被浓烟所“呛”，即吸入CO等有毒气体中毒，或是缺氧窒息死亡。

### （一）窒息

由于某种原因导致人体正常呼吸受阻或异常，从而引发的组织细胞代谢障碍、功能紊乱以及形态结构损伤的病理状态称为窒息。

#### 1.窒息的快速判断

（1）患者双手抓住喉咙。

（2）无法说话。

（3）呼吸困难或呼吸中混有噪声。

（4）无法有力咳嗽。

（5）皮肤、嘴唇或指甲变青或暗淡。

（6）患者失去知觉。

#### 2.火灾现场窒息的分类

（1）化学窒息死亡。吸入一氧化碳、硫化氢及氰化物后会出现化学窒息死亡。

（2）单纯窒息死亡。火灾现场$CO_2$含量会迅速升高，从而导致含氧量降低，且一旦低于6%，短时间内便可致使被困人员因缺氧而窒息死亡。

（3）烟尘堵塞窒息死亡。火灾现场产生的大量烟尘进入人体后，可黏附在鼻腔、口腔和气管内，甚至扩散进入肺部黏附在肺泡上，严重时可堵塞鼻腔和气管致使肺通气不足，进而使人窒息死亡。

（4）热力损伤窒息死亡。火灾现场人体吸进的高温烟气流，在经鼻腔、咽喉、气管进入肺部的过程中可能会将其灼伤，从而导致黏膜组织出现水泡、水肿或充血等现象，进而使人窒息死亡。

（5）黏膜刺激窒息死亡。有些燃烧产物会对人的喉、气管、支气管和肺产生强烈的刺激作用，使人不能正常呼吸而窒息死亡。

#### 3.火灾现场避免窒息的方法

（1）用湿毛巾或其他湿棉制品捂住口鼻，从而过滤部分烟气，降低对口腔的伤害（如图9-2-2所示）。

（2）尽量采用低姿势逃生，以免吸入浓烟或有毒气体，爬行时将手、肘、膝盖紧靠地面，并沿着墙壁边缘逃生。

（3）逃生过程中要尽量保持清醒镇定，切忌慌乱，以免逃错方向。

（4）若人员不幸被困于建筑物或一定空间内，应首先将门窗关紧浇湿，用湿毛巾或湿棉被等堵住烟道缝隙，并不断淋水，以降低被困空间内的烟气浓度；同时将自己全身衣物淋湿，有条件的可在浴缸中注满水，并将身体浸泡其中，只留鼻孔出于水面，盖上湿毛巾呼吸，等待救援。

**4.窒息的抢救措施**

（1）口对口或（鼻）吹气法。具体操作步骤及注意事项见本章第三节的心肺复苏术部分。

（2）胸外心脏按压。具体操作步骤及注意事项见本章第三节的心肺复苏术部分。

## （二）中毒

火灾现场的气体中毒主要可分为以下几类，一氧化碳中毒、二氧化碳吸入过多以及氧化物中毒。

**1.一氧化碳中毒**

（1）快速判断。

1）轻度中毒：出现头痛、头晕、耳鸣、恶心、呕吐、四肢无力、心悸、短暂晕厥等症状，如迅速脱离环境，可于数小时恢复。

2）中度中毒：出现面色潮红、口唇呈樱桃红色、脉快、多汗、烦躁、嗜睡或昏迷等症状，应迅速脱离有毒环境并及时治疗。

3）重度中毒：出现昏迷、体温降低、呼吸短促、皮肤青紫、唇色樱红、大小便失禁等症状，若抢救不及时，会危及生命，应立即呼叫救护车，送医院抢救。

图9-2-2　一氧化碳中毒，迅速打开门窗

（2）急救。

1）若发现人员CO中毒，应迅速打开门窗（如图9-2-2所示），并将伤员抬至空气新鲜且流通的地方静息，尽量远离火源。同时解开衣服、裤带，放低头部（冬天脱离中毒现场后要注意伤员保暖）。

2）若发现伤员呼吸停止，应立即进行口对口人工呼吸、胸外心脏按压以复苏其心肺功能；也可采用掐压人中、针刺穴位等促醒。

3）CO中毒症状较轻的伤员，可喝少量食醋或泡菜水，使其迅速清醒；严重者应迅速送专业机构救治，以挽救生命，防止严重并发症和后遗症的发生。

**2.二氧化碳吸入过多急救**

迅速将中毒者拖出中毒现场，置于空气新鲜流通处，立即进行人工呼吸和胸外心脏按压。有条件的可送至高压氧舱治疗。

注意事项：抢救者在进入现场时应佩戴供氧防毒面罩，或至少使用压缩空气的情况下进入现场，以保证自身安全。

**3.氧化物中毒急救**

立即将中毒者脱离火灾现场，对于呼吸停止者应进行人工呼吸和胸外心脏按压。

冬春季节要注意保暖，并迅速送医院抢救。

## 四、骨折

骨折也是火灾现场的常见损伤之一。

### （一）火灾现场骨折的原因

逃生过程中人群的碰撞和踩踏是造成火灾现场人员骨折的重要原因。

### （二）骨折的自我判断

（1）骨摩擦音。伤者能够听到碎骨之间相互摩擦的声音。

（2）剧烈疼痛。患处存在剧烈的疼痛且不能忍受，移动时疼痛程度会加剧，还会出现红肿或淤血。

（3）不能移动。伤者自身存在移动障碍。

（4）畸形。患处表现出畸形或变短的状况。

（5）压痛或镇痛。轻轻按压患处或在远离患处进行轻轻地振动均会感受到患处疼痛。

（6）摩擦音以及假关节活动。在发生骨折后移动时，骨折处会产生摩擦音，当处于完全骨折时局部可出现类似关节的活动。

### （三）常见骨折分类

按照不同的分类标准，常见骨折分类如表9-2-2所示。

**表9-2-2　常见骨折分类表**

<table>
<tr><td rowspan="2">根据骨折处是否与外界相通分类</td><td colspan="2">闭合性骨折</td></tr>
<tr><td colspan="2">开放性骨折</td></tr>
<tr><td rowspan="11">根据骨折的程度和形态分类</td><td rowspan="2">不完全骨折</td><td>裂缝骨折</td></tr>
<tr><td>青枝骨折</td></tr>
<tr><td rowspan="9">完全骨折</td><td>横形骨折</td></tr>
<tr><td>斜形骨折</td></tr>
<tr><td>螺旋形骨折</td></tr>
<tr><td>粉碎性骨折</td></tr>
<tr><td>嵌插骨折</td></tr>
<tr><td>压缩性骨折</td></tr>
<tr><td>凹陷性骨折</td></tr>
<tr><td>骨骺分离</td></tr>
<tr><td>不稳定性骨折</td></tr>
</table>

#### （四）骨折现场救援的原则

**1.抢救生命**

严重创伤现场急救的首要原则是抢救生命。如发现伤员心跳、呼吸已经停止或濒于停止，应立即进行胸外心脏按压和人工呼吸；昏迷病人应保持其呼吸道通畅，及时清除其口咽部的异物；病人有意识障碍者可针刺其人中、百会等穴位；开放性骨折伤员伤口处若有大量出血，一般可用敷料加压包扎止血。严重出血者若使用止血带止血，一定要记录开始使用止血带的时间，应每隔30min放松1次（每次30～60s），以防肢体缺血坏死。如遇以上有生命危险的骨折病人，应快速运往医院救治。

**2.伤口处理**

开放性伤口的处理除应及时恰当地止血外，还应立即用消毒纱布或干净布包扎伤口，以防伤口继续被污染。伤口表面的异物要取掉，外露的骨折端切勿推入伤口，以免污染深层组织。有条件者最好用高锰酸钾等消毒液冲洗伤口后再包扎、固定。

**3.简单固定**

现场急救时及时正确地固定断肢，可减轻伤员的疼痛，避免周围组织继续损伤，同时也便于伤员的搬运和转送。由于急救时的固定是暂时的，故应力求简单而有效，不要求对骨折准确复位；开放性骨折有骨端外露者更不宜复位，而应原位固定。急救现场可就地取材，如木棍、板条、树枝、枪支、刺刀、手杖或硬纸板等都可作为固定器材，其长短以固定住骨折处上下两个关节为准。如找不到固定的硬物，也可用布带直接将伤肢绑在身上，骨折的上肢可固定在胸壁上，使前臂悬于胸前；骨折的下肢可同健肢固定在一起。

**4.必要的止痛**

严重外伤后，强烈的疼痛刺激可引起休克，因此，应给予必要的止痛药，如口服止痛片，也可根据患者具体情况注射止痛剂。

**5.安全转运**

经以上现场救护后，应将伤员迅速、安全地转运到医院救治。转运途中要注意动作轻稳，防止振动和碰坏伤肢，以减少伤员的疼痛；注意其保暖和适当的活动。

#### （五）骨折的现场处置技术

具体操作步骤及注意事项见本章第三节现场固定与搬运部分。

## 第三节　火灾现场常用急救技术

### 一、止血

由于建筑物倒塌、碰撞等，火灾现场可能造成人员的外部损伤。出血是外伤后的常见症状，在进行急救时，及时、有效地止血往往是抢救伤员生命的关键。

止血方法较多，现场应用时要根据实际情况选用。现场止血处理程序如下：

（1）确定破损的血管类型。

1）毛细血管出血，浸润型，小出血。

2）静脉血管出血，以“流”的方式出现，且血流不止。

3）动脉血管出血，以“喷”的方式出现，颜色鲜红。

（2）根据出血类型明确止血位置。一般来说，毛细血管出血只需在出血处直接进行止血处理，静脉血管出血应在出血处远离心脏的一端（远心端）处理，动脉血管出血应在出血处的近心端处理，如图9-3-1所示。

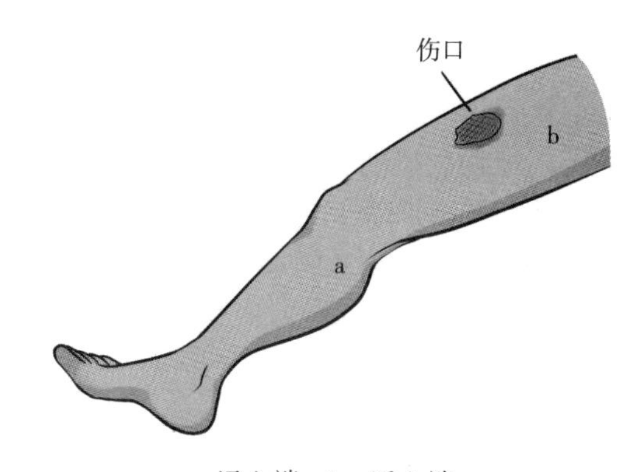

a—远心端；b—近心端。

图9-3-1　止血位置

## （一）直接压迫止血法

用无菌敷料覆盖在伤口局部，再用绷带或三角巾施加一定压力包扎，这是急救中最常用的止血方法，适用于一般伤口出血，如小静脉出血、毛细血管出血和细小动脉出血。

（1）当敷料渗透时，不需要拆除更换，可增加敷料覆盖，压迫包扎。

（2）在没有消毒敷料的情况下，可用清洁的棉布或衣物等代替。

（3）紧急情况下，也可用手直接压迫出血部位。

## （二）间接指压止血法

用拇指或手掌根部用力压迫伤口上方供血动脉，将血管压在附近骨头上，使血管闭塞，阻断血流，从而达到止血效果。这种压迫止血尤其对上肢和股动脉部位出血比较有效。

在动脉走向中，最易压住的部位为压迫点，也是压迫的位置。现就常见动脉压迫点介绍如下：

（1）面动脉压迫点。用拇指压迫一侧或双侧下颌骨角并压向颌骨，可止住同侧面部出血，如图9-3-2（a）所示。

（2）颈总动脉压迫点。用拇指或其他四指在颈总动脉处，压向颈椎方向，可止住一侧头面部出血，如图9-3-2（b）所示。

（3）颞部压迫点。用拇指压迫耳前下颌关节骨上方的颞动脉，可止住头前部、头顶部出血，如图9-3-2（c）所示。

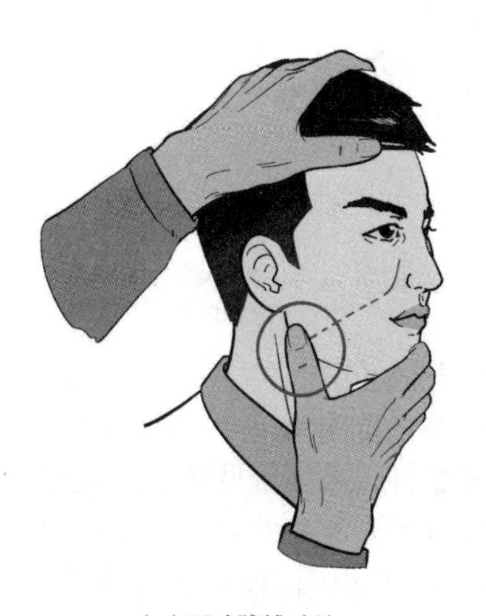
（a）面动脉搏动处

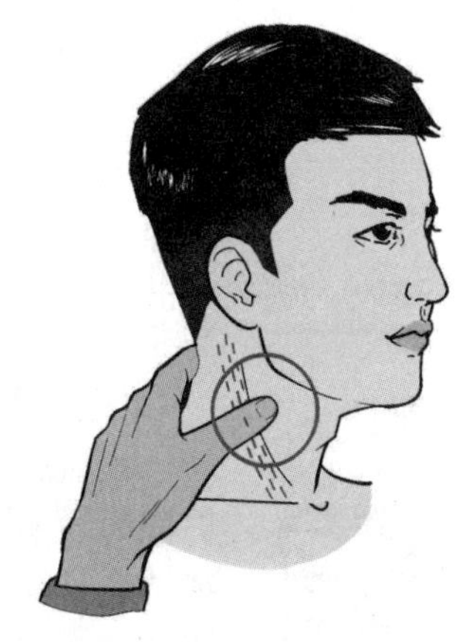
（b）颈总动脉搏动处

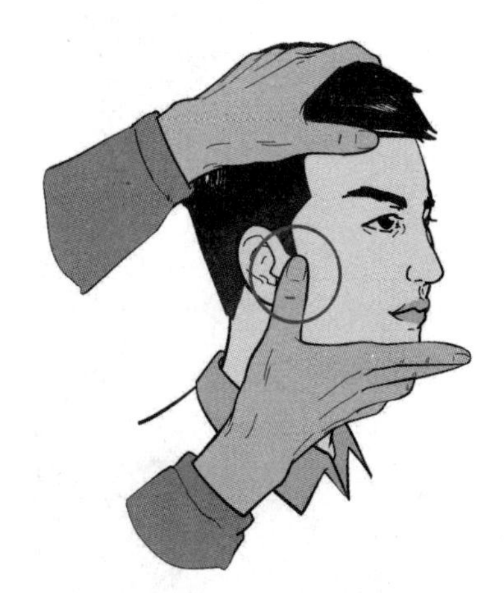
（c）颞浅动脉搏动穴

图9-3-2　间接指压止血法（一）

（4）肱动脉压迫点。在上臂内侧中点处，摸及动脉搏动后压向肱骨，可止住前臂、手的出血，如图9-3-3（a）所示。

（5）桡、尺动脉压迫点。在掌侧腕部触及动脉搏动后，用两手拇指在腕部两侧将搏动的动脉分别压向桡、尺骨，可止住手部出血，如图9-3-3（b）所示。

（6）指固有动脉压迫点。在手指两侧将动脉压向指骨，可止住手指出血，如图9-3-3（c）所示。

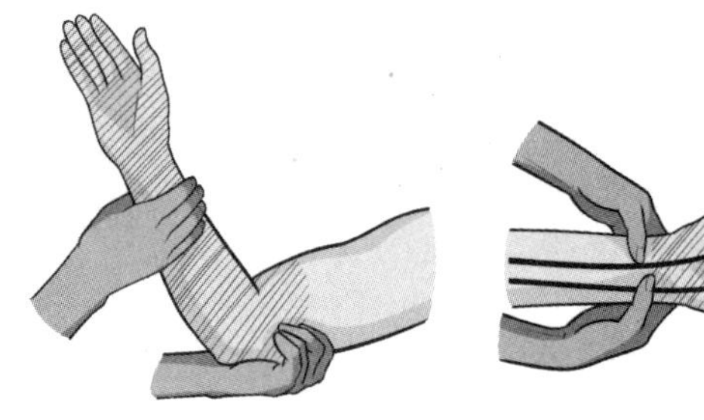

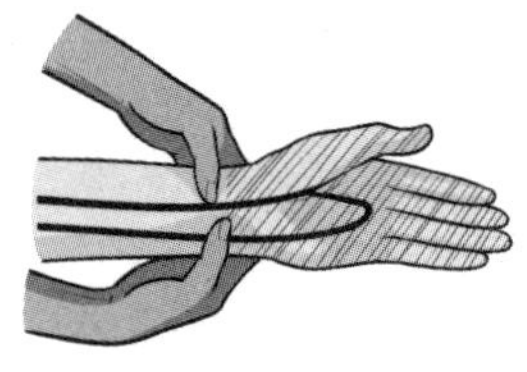

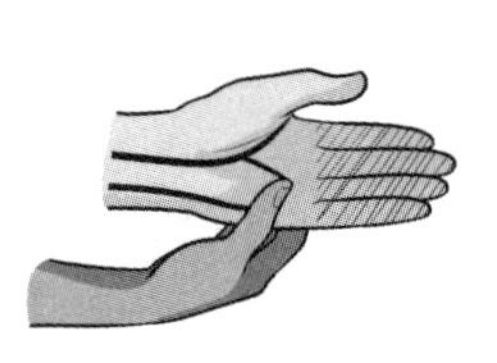

（a）肱动脉压迫点　（b）桡、尺动脉压迫点　（c）指固有动脉压迫点

图9-3-3　间接指压止血法（二）

（7）股动脉压迫点。在腹股沟中点稍下，触及动脉搏动后，用拇指重叠加压或用手掌部向下压向股骨，可止住同侧下肢出血，如图9-3-4（a）所示。

（8）胫前、后动脉压迫点。在内踝前后处将胫前、后动脉压向附近骨面上，可止住足部出血，如图9-3-4（b）所示。

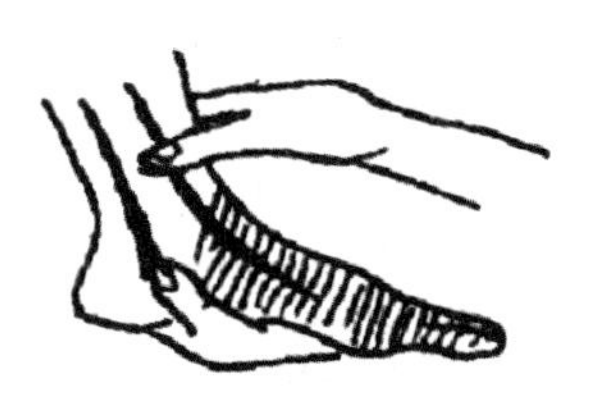

（a）股动脉压迫点　（b）胫前、后动脉压迫点

图9-3-4　间接指压止血法（三）

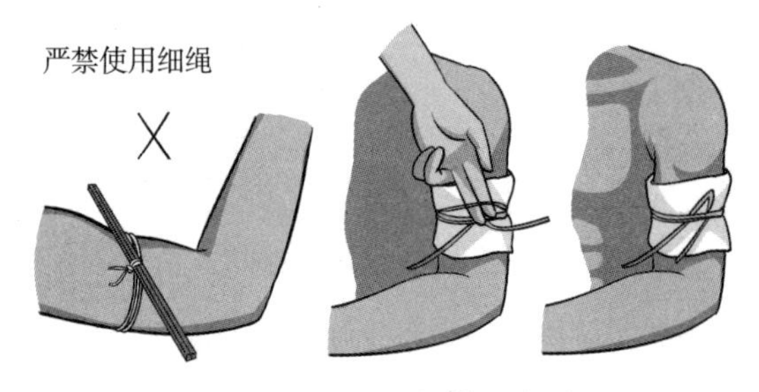


图9-3-5　止血带止血法

### （三）止血带止血法

止血带止血法能有效止住四肢出血，但同时也有可能引起或加重肢体缺血性坏死、急性肾功能不全等并发症，故使用时要注意，止血带应选用橡皮带或橡皮管，较宽的布条或绷带，不可以用细绳、电线等物品，如图9-3-5所示。

（1）使用止血带前应先在绑扎处垫上1层或2层布或平整的衣服，以保护皮肤。

（2）止血带的位置应接近伤口（减少缺血组织范围）。上臂止血带不应绑在中下1/3处，以免损伤桡神经。前臂和小腿因有两根长骨，用止血带可使血流阻断不全，故不宜使用。

（3）止血带时间越短越好，连续阻断血流一般不得超过1h。如需延长，则应按时间止血，上肢20～30min，下肢30～60min，而后松解2～3min，或见组织有新鲜渗血时再扎上。

（4）松解时动作要轻缓，在一个部位缚扎1～2h后，应移置较原部位高2～3cm处重新缚扎。使用止血带总时长最好不超过5h。

（5）使用止血带的伤员及部位必须做出显著标志，注明开始使用止血带的时间，并优先转送。

（6）使用止血带的肢体应妥善固定，注意保暖。

## 二、包扎

伤口包扎在急救中应用范围较广，可起到保护创面、固定敷料、防止污染和止血、止痛作用，有利于伤口早期愈合。常用的包扎材料是绷带和三角巾，也可将衣裤、被单等剪开用来包扎。

### （一）包扎前处理

（1）首先抢救生命。优先解决危及生命的损伤，仔细寻找较隐蔽的损伤。

（2）充分暴露伤口。在暴露伤口时，如衣服已粘在伤口上，不要强行撕下，必要时可将伤口周围衣服剪开，然后包扎。

（3）预处理。表浅伤口的处理，伤口周围用肥皂水（有条件时用生理盐水）擦洗或用75%酒精消毒后用无菌敷料包扎；较深伤口的处理，用双氧水冲洗后包扎，而后送医院。

### （二）包扎方法

#### 1.头部包扎

（1）头部风帽式包扎法。将三角巾顶角和底边中央各打一结，形似风帽，顶角结放于前额，底边结放于枕骨下方，然后将底角拉紧，包绕下颌，至枕后打结固定，如图9-3-6所示。

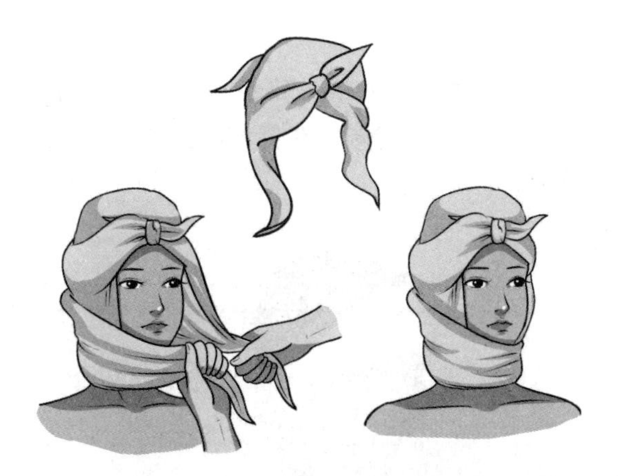

图9-3-6　头部风帽式包扎法

（2）航空帽式包扎法。将三角巾底边中央打结，放于前额正中，将两底角向颌下拉紧，反折向上约三到四指宽包绕下颌，拉至耳后打结。再将顶角反折至前额固定于底边结上。

（3）帽式包扎法。将三角巾底边折叠约两指宽，放于前额眉上，顶角拉至枕后，左右两底角沿两耳上方往后拉至枕骨下方交叉，并压紧顶角然后再绕至前额上方打结。顶角拉紧并向上反折，将角塞进两底角交叉处，如图9-3-7所示。

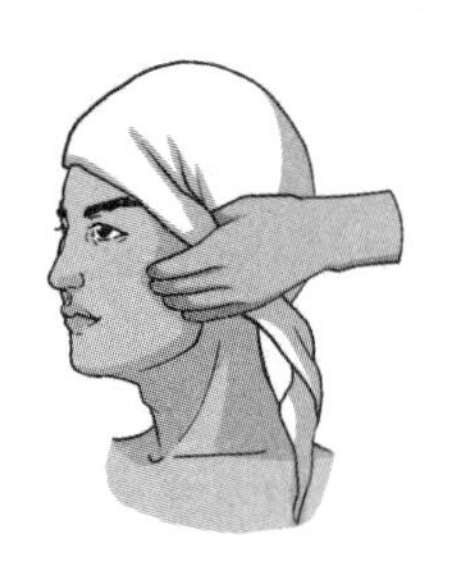
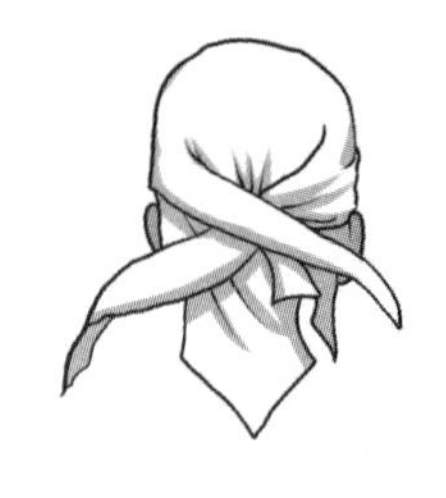

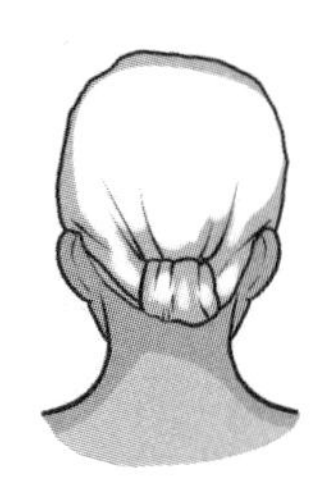

图9-3-7 帽式包扎法

**2.面部包扎法**

（1）面部三角巾剪洞法。把三角巾一折二，在顶角处打结，顶角对准伤者中指至腕横纹，折成一条线；从折叠处对准伤者中指二节，再折成一条线；从折叠处对准伤者中指一节，最后把第二、第三条线折成两角，对准第一线，用剪刀剪成圆形，即留出口、眼、鼻。把三角巾一折二，顶角打结放于头顶中部，套住面部，两手把底边两角拉向枕后交叉，在前额打结固定（如图9-3-8所示）。

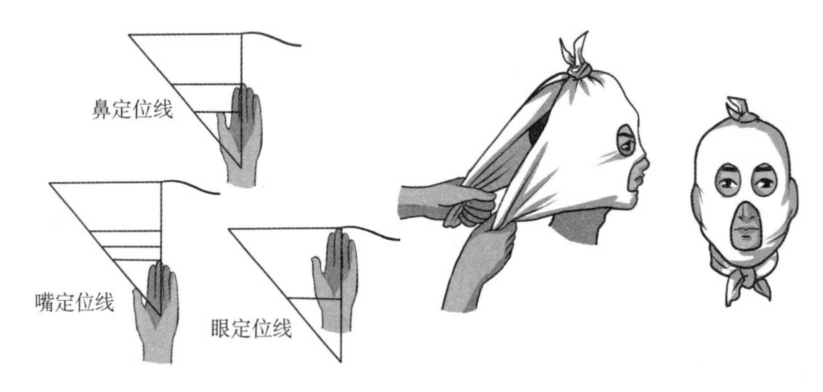


图9-3-8 面部三角巾剪洞法

（2）单眼包扎法。将三角巾折成三指宽的带形，以上1/3处盖住伤眼，下2/3从耳下端绕向脑后至健侧，在健侧眼上方前额处反折后，转向伤侧耳上打结固定，如图9-3-9所示。

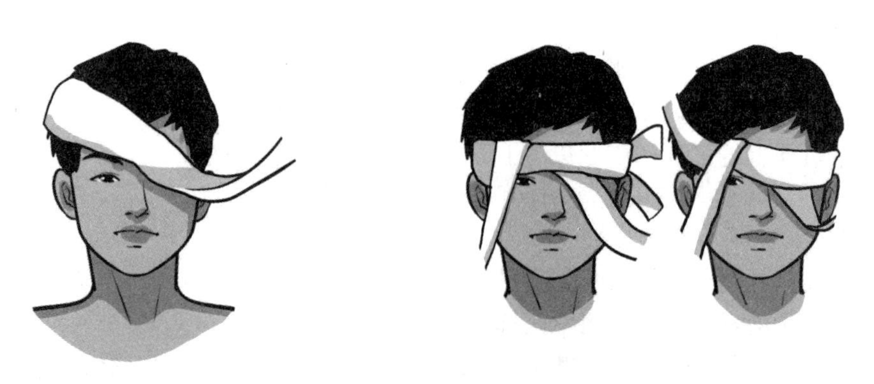

图9-3-9 单眼包扎法

（3）双眼包扎法。将三角巾折成三指宽带形，从枕后部拉向双眼交叉，再绕向枕下部打结固定，如图9-3-10所示。

（4）下颌包扎法。将三角巾折成三指宽带形，留出系带一端从颈后包住下颌部，与另一端在颊侧面交叉反折，转回颌下，伸向头顶部在两耳交叉打结固定，如图9-3-11所示。

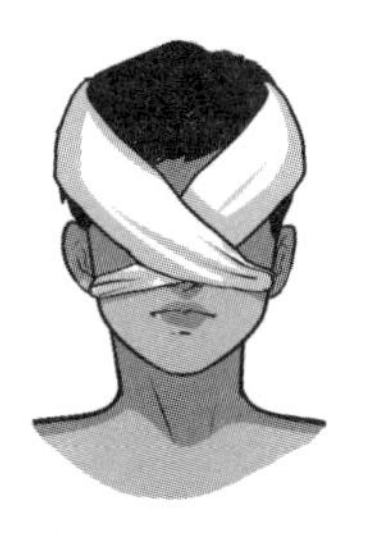

图9-3-10　双眼包扎法

图9-3-11　下颌包扎法

**3.胸部包扎**

（1）单胸部包扎法。将三角巾的顶角放于伤侧的肩上，使三角巾的底边正中位于伤部下侧，将底边两端绕下胸部至背后打结，然后将巾顶角的系带穿过三角底边与其固定打结，如图9-3-12所示。

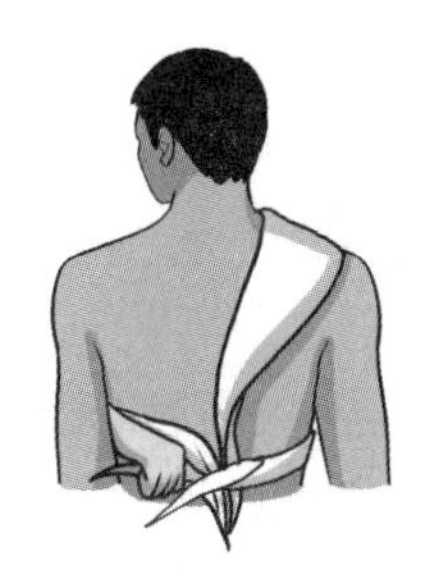
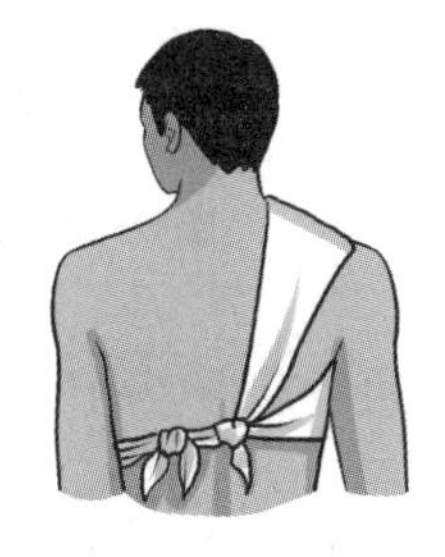
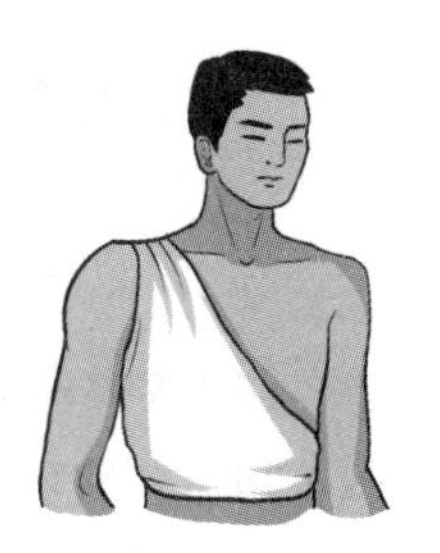

图9-3-12　单胸部包扎法

（2）双胸包扎法。将三角巾一底角对准肩部，顶角系带围腰在对侧底边中央打结，上翻另一个底角盖住胸部，在背后V形打结固定，如图9-3-13所示。

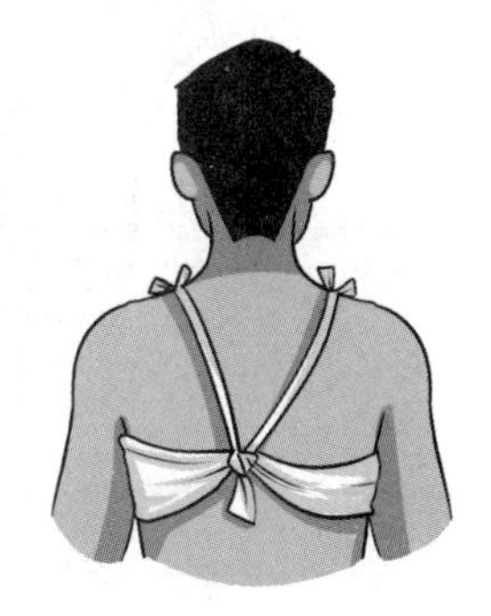

图9-3-13　双胸包扎法

**4.腹部燕尾式包扎**

腹部伤口处先用碗罩住，然后将三角巾从顶角到底边中点（稍偏左或偏右）打折，折成燕尾式，前面一尾比另一尾稍大，然后燕尾朝下，把三角巾贴在腹部；折成燕尾，将底边的一角与顶角在腰部打结；再将大燕尾从两腿中间向后拉紧，绕过大腿，与小燕尾在大腿侧打结，无碗时应加压包扎，如图9-3-14所示。

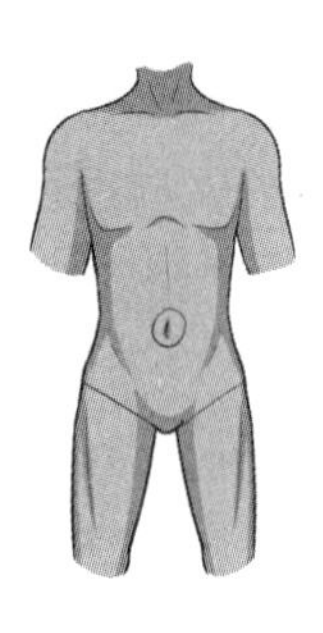
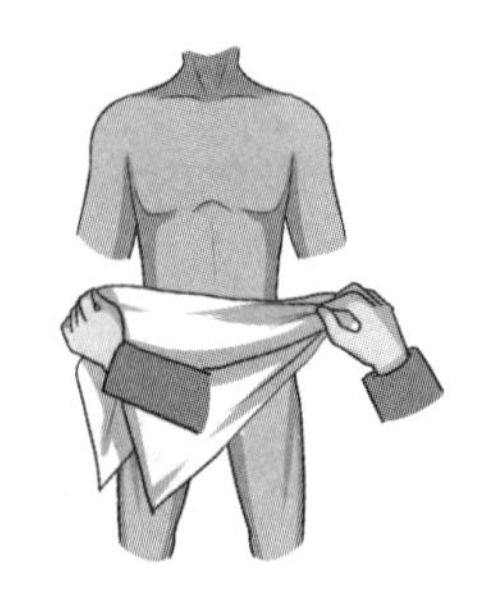

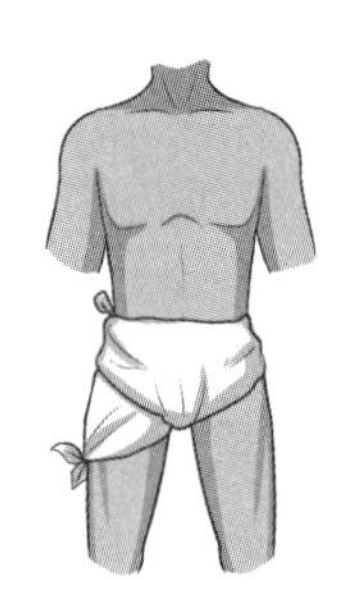

图9-3-14 腹部燕尾式包扎

### 5.臀部包扎

（1）单臀包扎法。将三角巾顶角盖住臀部，顶角系带在裤袋底处围腿绕住，下侧底角上翻至对侧腰部和另一底角在健侧髂上打结固定，如图9-3-15所示。

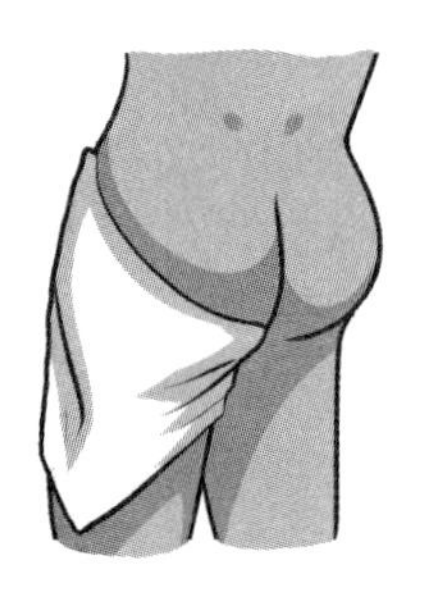
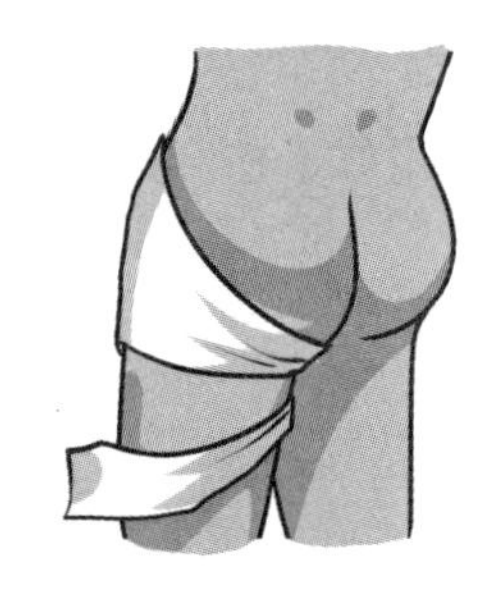
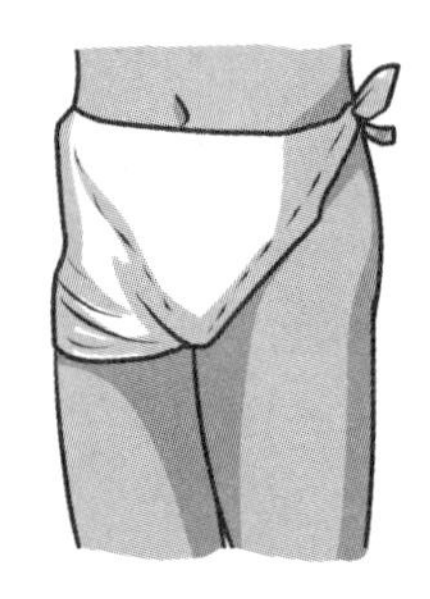

图9-3-15 单臀包扎法

（2）双臀包扎法。将两条三角巾的顶角连结一起，放在双臀缝的稍上方，然后把上面两底角由背后绕到腹前打结，下面两底角分别从大腿内侧向前拉，在腹股沟部与三角巾的底边做一个假扣结上，该包扎方法有利于伤员大小便，如图9-3-16所示。

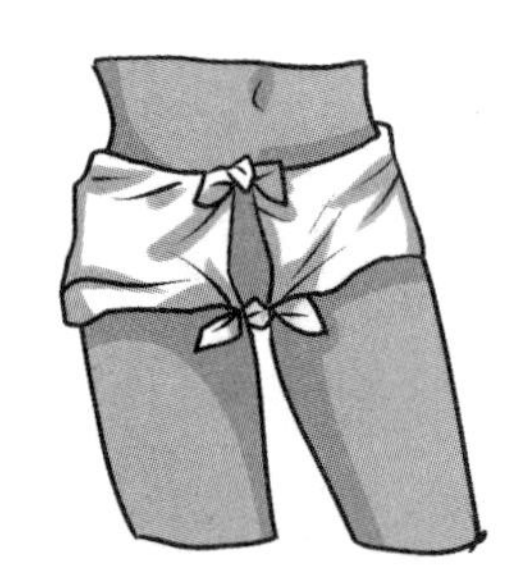
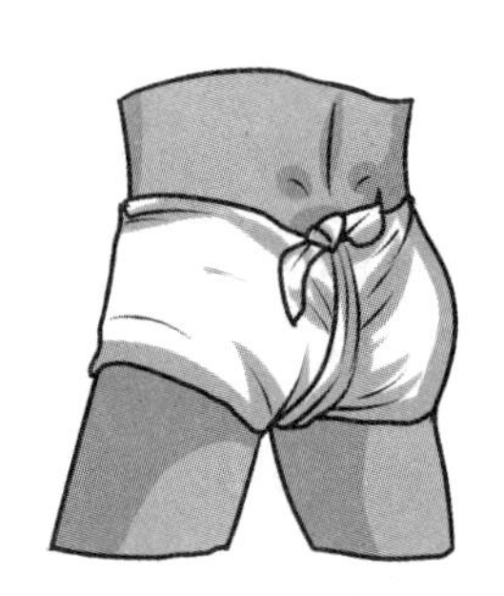

图9-3-16 双臀包扎法

### 6.四肢包扎

（1）膝（肘）关节包扎法。将三角巾折成四指宽，盖住膝关节，在膝（肘）窝处交叉后，两端返绕膝（肘）关节，在外侧打结，如图9-3-17所示。

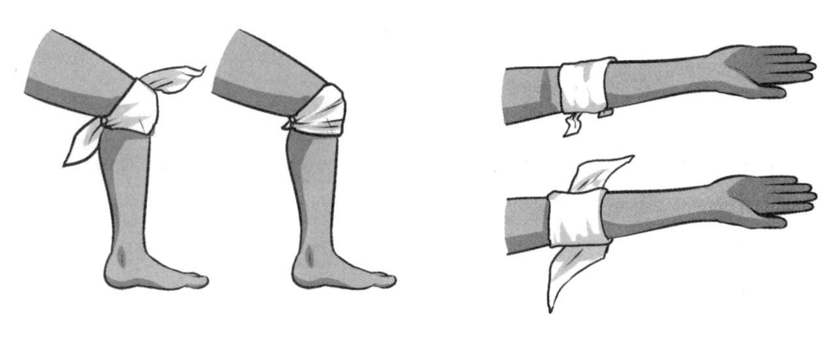

图9-3-17　膝（肘）关节包扎法

（2）手部包扎法。将三角巾一折二，手放在中间，中指对准顶角，把顶角上翻盖住手背，然后两角在手背交叉，围绕腕关节在手背上打结，如图9-3-18所示。

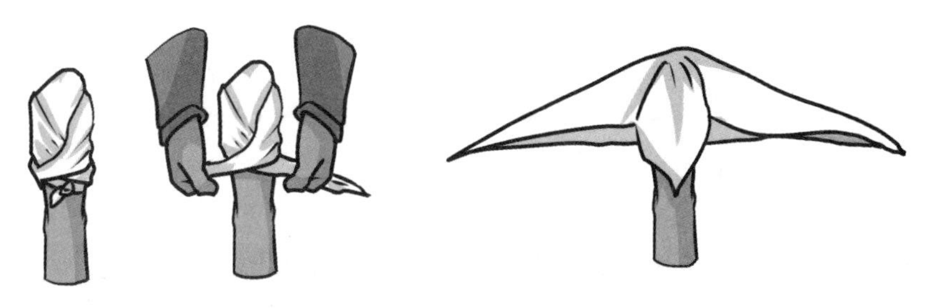

图9-3-18　手部包扎法

（3）四肢绷带螺旋形包扎。适用于上下肢除关节部位以外的外伤，先在伤口敷料上用绷带环绕两圈，然后从肢体远端绕向近端，每缠一圈盖住前一圈的1/3～2/3成螺旋状，最后剪掉多余的绷带，用胶布固定好，如图9-3-19所示。

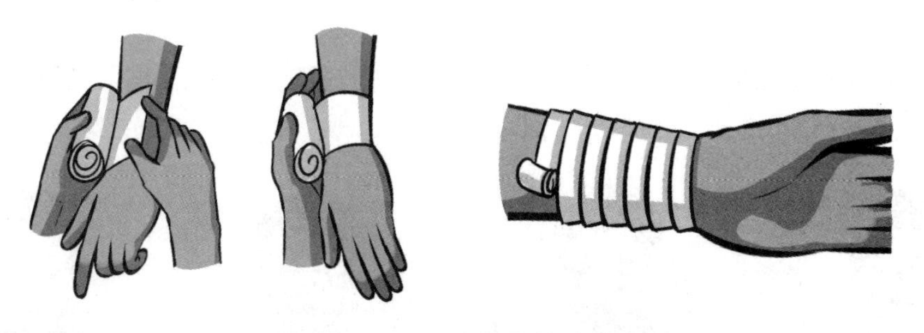

图9-3-19　四肢绷带螺旋形包扎

### （三）包扎时的注意事项

（1）包扎动作要轻柔、迅速、准确、牢靠、松紧适宜。

（2）尽量用无菌敷料接触伤口，不要乱用外用药及随便取出伤口内的异物。

（3）四肢部位的包扎要露出指（趾）末端，以便观察末梢血运情况。

（4）三角巾包扎时，角要拉紧、边要固定，对准敷料，打结要避开伤口。

（5）绷带包扎要从远心端缠向近心端，绷带圈与圈应重叠1/2或2/3，绷带头要固定好。

## 三、固定

现场固定是在火灾现场对骨折部位临时固定，主要是为了防止骨折端活动刺伤血管、神经等周围组织而造成继发性损伤，减少疼痛，便于移动。现场骨折固定时，常常就地取材，如2～3cm厚的板状物（木板、竹竿、树枝、木棍、硬纸板、枪支、刺刀等），均可作为固定代用品，若找不到固定物，如大腿骨折可用健肢来固定。

注意事项：固定材料不能与伤员的皮肤直接接触，可借助棉花等较为柔软的物品固定好，尤其是骨突出部与夹板两头要处理好。

### （一）固定的原则

（1）先止血，后包扎，再固定。

（2）夹板长短与肢体长短相对称。

（3）骨折突出部位要加垫。

（4）先固定骨折上下端，后固定两关节。

（5）四肢固定时露指（趾）尖，胸前挂标志。

### （二）常见骨折的固定

#### 1.四肢骨折固定

（1）前臂骨折固定法。夹板放置骨折前臂外侧，骨折突出部分要加垫，然后固定腕肘两关节，用三角巾将前臂屈曲悬胸前，再用三角巾将伤肢固定于伤员胸廓，如图9–3–20所示。

（2）无夹板前臂三角巾固定法。使用三角巾将伤肢悬挂胸前，然后用三角巾将伤肢固定于胸廓，如图9–3–21所示。

（3）上臂骨折固定法。夹板放置骨折上臂外侧，骨折突出部分要加垫，然后固定肘、肩两关节，用三角巾将上臂屈曲悬胸前，再用三角巾将伤肢固定于伤员胸廓，如图9–3–22所示。

（4）无夹板上臂三角巾固定法。先用三角巾将伤肢固定于胸廓，再用三角巾将伤肢悬挂胸前，如图9–3–23所示。

图9–3–20　前臂骨折固定法

图9–3–21　无夹板前臂三角巾固定法

图9–3–22　上臂骨折固定法

图9–3–23　无夹板上臂三角巾固定法

**2.锁骨骨折固定**

（1）丁字夹板固定法。丁字夹板放置背后肩胛骨上，骨折处垫上棉垫，然后用三角巾绕肩两周结在板上，夹板端用三角巾固定好，如图9-3-24所示。

（2）三角巾无夹板固定法。挺胸，双肩向后，两侧腋下放置棉垫，用两块三角巾分别绕肩两周打结，然后将三角结在一起，前臂屈曲用三角巾固定于胸前，如图9-3-25所示。

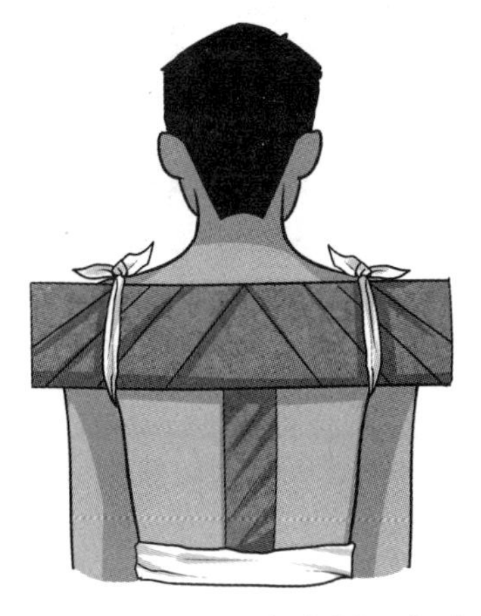

图9-3-24　丁字夹板固定法

图9-3-25　三角巾无夹板固定法

**3.下肢骨折固定**

（1）小腿骨折固定法。将夹板放置于骨折小腿外侧，骨折突出部分要加垫，然后固定伤口上、下两端和膝、踝关节，夹板顶端再固定，如图9-3-26所示。

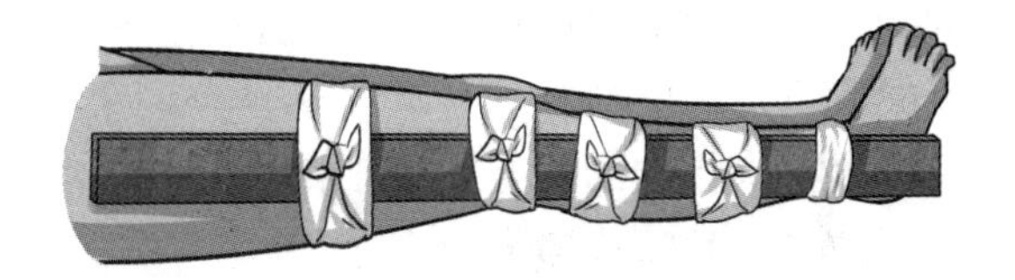

图9-3-26　小腿骨折固定法

（2）大腿骨折固定法。将夹板放置于骨折大腿外侧，骨折突出部分要加垫，然后固定伤口上、下两端和踝、膝关节，最后固定腰、髂部，如图9-3-27所示。

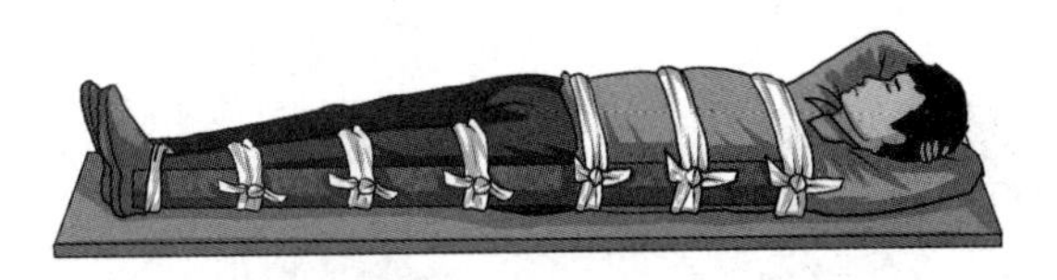

图9-3-27　大腿骨折固定法

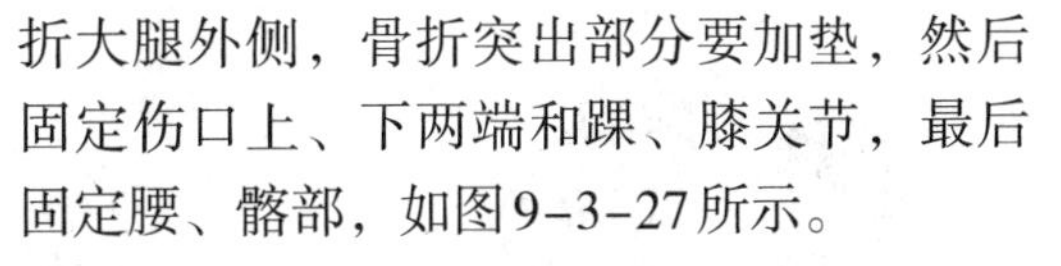

（3）下肢自体固定法。将患者两下肢合并，在膝关节处，膝关节上、下和踝关节处及大腿根部各扎一条三角巾，在下肢健侧打结，踝关节处“8”字形固定，如图9-3-28所示。

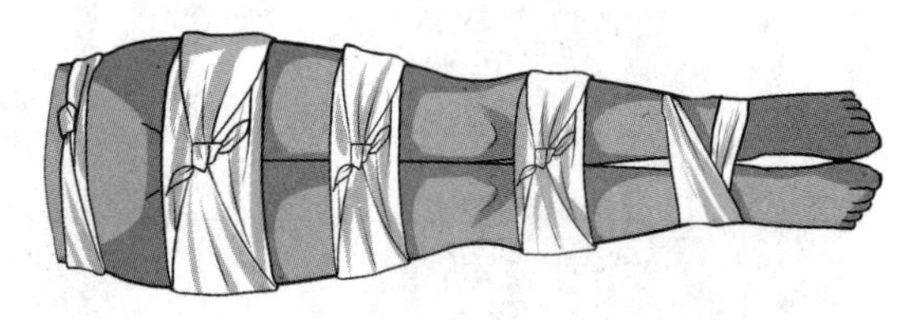

图9-3-28　下肢自体固定法

**4.脊柱骨折固定**

（1）颈椎骨折固定法。伤员仰卧在木板上，颈下、肩部两侧要加垫，头部两侧用棉垫固定，防止左右摇晃，然后用绷带（三角巾）将额、下巴尖、胸固定于木板上，如图9-3-29所示。

（2）脊椎骨折固定法。伤员仰卧在木板上，用绷带将伤员胸、腹、髂、膝、踝部固定于木板上，如图9-3-30所示。

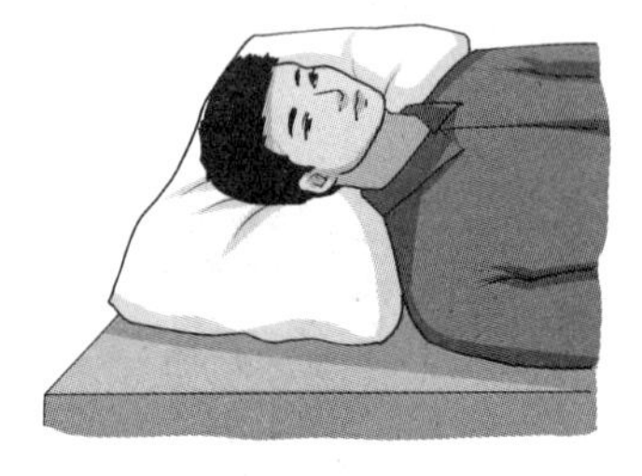

图9-3-29 颈椎骨折固定法

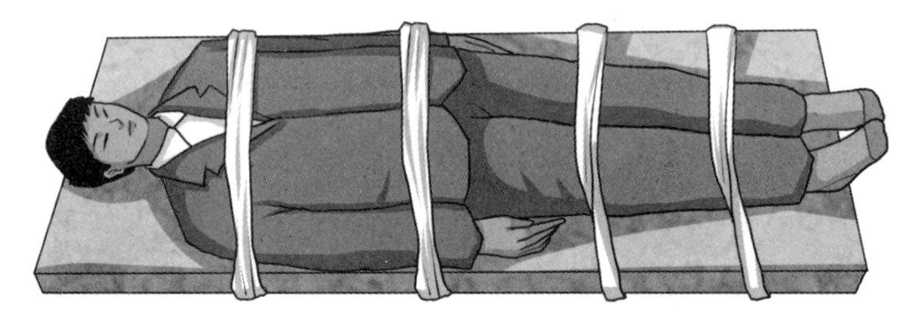

图9-3-30 脊椎骨折固定法

## 四、搬运

搬运是指用人工或简单的工具将伤病员从发病现场移动到能够治疗的场所，或把经过现场救治的伤员移动到运输工具上。

### （一）一般要求

（1）搬运前应先进行初步的急救处理。

（2）搬运时要根据伤情灵活地选用不同的搬运工具和搬运方法。

（3）按伤情不同，注意搬运的体位和方法，动作要轻而迅速，避免振动，尽量减少伤员痛苦，并争取在短时间内将伤员送往医院进行抢救治疗。

### （二）就地取材

在没有担架的情况下，可采用简易的工具代替担架，如椅子、门板、毯子、衣服、大衣、绳子、竹竿或梯子等。

### （三）常用方法

#### 1.单人搬运方法（如图9-3-31所示）

图9-3-31 单人搬运方法

2.双人搬运方法（如图9-3-32所示）

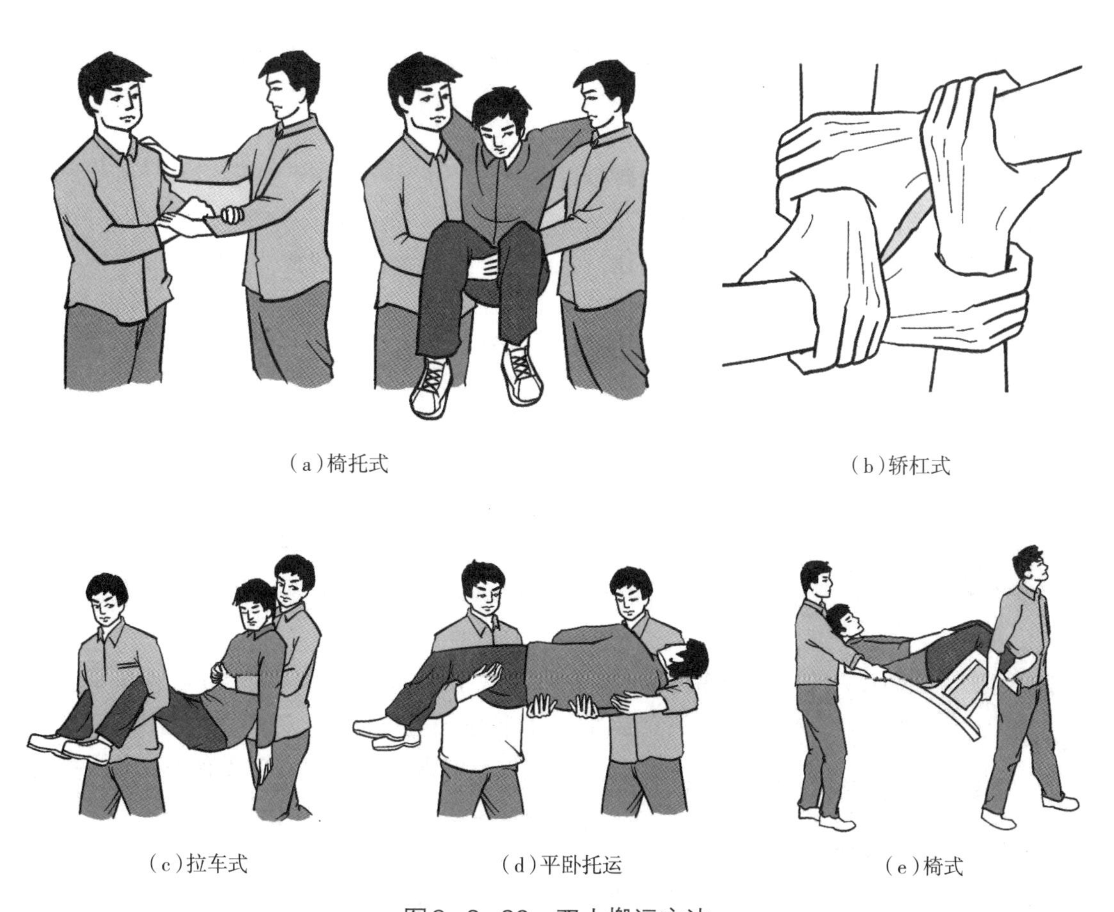

（a）椅托式　（b）轿杠式

（c）拉车式　（d）平卧托运　（e）椅式

图9-3-32　双人搬运方法

**3.抬担架方法**

担架员在伤员一侧，将伤员抱上担架，然后将伤员固定在担架上；担架员行走时要交叉走步，即前者先跨左脚，后者先跨右脚；上坡头在前，下坡头在后；冬季要保暖，夏季要防暑；时刻观察伤员情况，如图9-3-33所示。

图9-3-33　抬担架方法

### （四）特殊损伤部位伤员的搬运方法

**1.颅脑伤员的搬运**

（1）搬运伤员时应采取半伏卧位或侧卧位，使其保持呼吸道的通畅，以利于呼吸道的分泌物排出。

（2）要对暴露的脑组织加以保护。

（3）用衣物将伤员的头部垫好，以减少振动。

**2.开放性气胸伤员的搬运**

（1）搬运前应迅速严密包扎，封闭伤口，避免空气继续进出胸腔。

（2）搬运时伤员应采取坐位或半卧位。

（3）以坐椅式双人搬运法或单人抱扶搬运法搬运为宜。

**3.脊柱脊髓伤的搬运**

（1）应有3人或4人搬运。

（2）一人托住肩胛部，另一人扶住腰部和臀部，还有一人扶住伸直而并拢的两个下肢，同时行动把伤员“滚”到（或抬到）硬质担架床上；如用仰卧位输送，则在胸、腰部垫一个高约10cm的小垫，以保持腰部的过伸位。

图9-3-34 脊柱脊髓伤的搬运

（3）在输送中要注明禁止扶伤员坐起或自行翻转身体标志，以免脊髓损伤。

（4）颈椎骨折患者，要有一人专门稳定患者的头颈部，如图9-3-34所示。

### （五）搬运注意事项

（1）搬运时，应当使用硬质硬板担架，避免帆布等软式担架。

（2）严禁一人抱胸、一人抬腿等搬动方式，以防造成脊髓损伤而致终身截瘫。

（3）不要生拉硬拽，保持缓慢移动，动作轻稳，防止振动和碰坏伤肢。

## 五、心肺复苏术

现场心肺复苏适用于心脏病、电击、淹溺、创伤、过度疲劳等各种原因造成的心脏骤停。

### （一）掌握现场心肺复苏技术的必要性

（1）80%以上的心脏骤停发生在医院外。

（2）40%以上的心脏骤停患者在15min后死亡。

（3）专业急救人员到达现场的时间难以保障。

### （二）现场心肺复苏实施

实施心肺复苏前，应将患者水平仰卧于硬地（板）上，解开颈部纽扣，具体步骤如下：

（1）判断意识。用双手轻拍病人双肩，大声询问：“喂，你怎么了？”无意识进入下一步。

（2）检查呼吸。观察病人胸部起伏5～10s（默数1001、1002、1003、1004、1005），

若无呼吸进行下一步。

（3）呼救。“来人啊”“喊医生”“拨打120急救电话”。

（4）判断是否有颈动脉搏动。用右手的中指和食指从气管正中喉结处划向一侧（如图9-3-35所示），判断颈动脉是否搏动（默数1001，1002，1003，1004，…，1010，判断5s以上，10s以下），若无搏动进行下一步。

图9-3-35　判断是否有颈动脉搏动

（5）松解患者衣领及裤带。

（6）胸外心脏按压。按压两乳头连线中点（即胸骨中下1/3处），用左手掌跟紧贴病人的胸部，两手重叠，左手五指翘起，双臂伸直，用上身力量用力按压30次（约18s，按压频率保持在至少100～120次/min，按压深度至少5cm，但不要超过6cm），如图9-3-36所示。

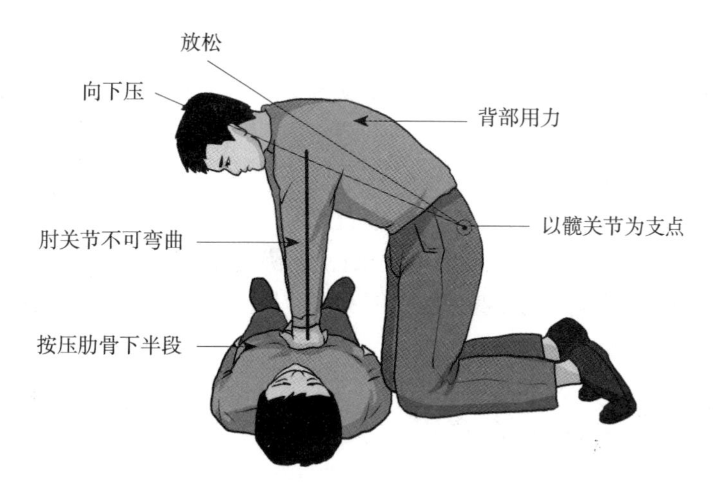


图9-3-36　胸外心脏按压

注意事项：

（1）按压时伤员不宜躺卧在帆布、绳索担架或在钢丝床上，否则达不到按压效果。

（2）正确使用按压力量。按压不宜过重、过猛，以免造成肋骨骨折，也不宜过轻，会导致效果不好。若为小孩按压，则用单手按压；若为婴幼儿按压，则一个指头按压。

（3）按压放松时手掌不要离开原部位。

（4）婴幼儿心脏位置较高，应按压胸骨中部。

（5）为检查心跳和呼吸是否恢复，允许操作暂停5min。若搬运伤员，按压中断时间不超过30s。

（7）打开气道。施救者站于患者的右侧，用左手扶住患者的额头使其向后仰，用右手托住下颏向上抬起，如图9-3-37所示，确保患者口腔无分泌物，无假牙。

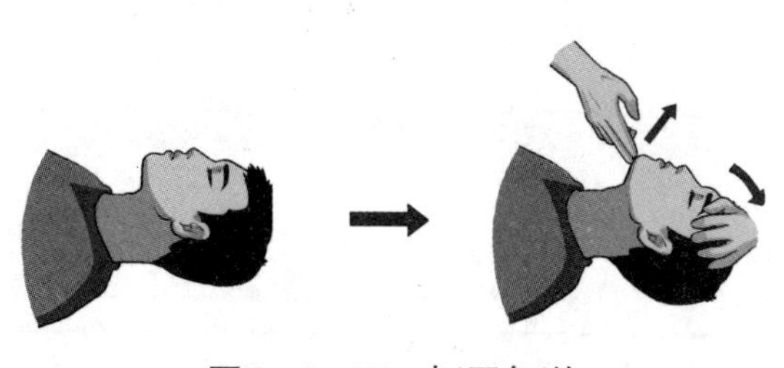

图9-3-37　打开气道

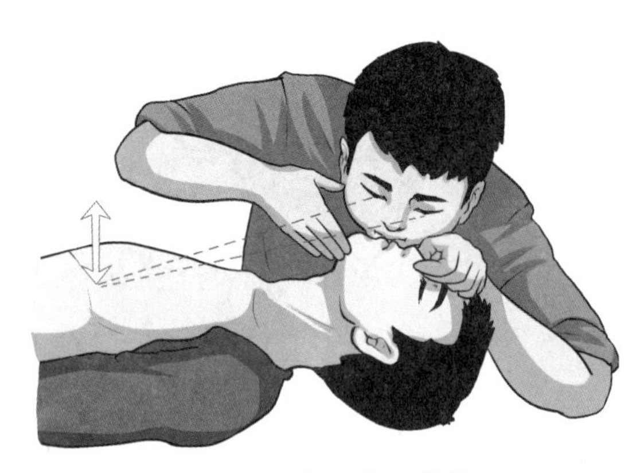

图9-3-38 人工呼吸

（8）人工呼吸。

1）施救者用拇指与食指夹住患者的鼻翼使其紧闭。

2）施救者在抢救前需先缓缓吹两口气，以检验开放气道的效果。

3）深吸一口气，用自己的双唇包绕封住患者的嘴外部，形成不透气的密闭状态，再用力吹气，如图9-3-38所示。

4）吹气完毕后，应立即与患者的口部脱离，在吸入新鲜空气的同时，放开捏鼻的手，以便患者从鼻孔呼气。

注意事项：

（1）吹气以患者胸部轻轻隆起为适度。

（2）吹气频率约为每18s连续吹气两次。

（3）每次吹气应该持续2s以上。

（4）口对口人工呼吸法必须坚持四原则：迅速、就地、正确、坚持。

（9）持续2min的高效率“按压-人工呼吸”循环。以心脏按压：人工呼吸=30：2的比例进行，操作5个周期（心脏按压送气结束）。

（10）判断复苏是否有效。按前述方法检查呼吸和脉搏是否恢复。若心跳和呼吸未恢复，务必继续“按压-人工呼吸”，绝不能中断，等待专业人员到来。

（11）整理病人，等待进一步的专业救治。

# 第十章　火灾后心理应激与康复

## 第一节　常见的火灾后应激障碍

### 一、火灾后的心理反应

当身处火场时，我们的反应如何呢？脑科学告诉我们，当面临极度的惊吓和哀伤时，位于大脑基底部的下丘脑与垂体腺，会释放出压力荷尔蒙，包括肾上腺皮质素以及可的松，使心跳和呼吸加快，血液会增加流向脑部和肌肉，就像我们的司令部和军区一样，组织并指挥我们以应对危险，包括去战斗或者逃跑。但这些激素同时会刺激负责记忆、情感的海马体、杏仁核和大脑皮层等，让这段记忆和情感牢牢地印在脑海里，以便在未来更好地躲避类似的危险，这就是应激反应系统。应激反应系统原本是自然生存机制的一部分，但这一生命体的自我保护机制一旦运作过度，就会将这种特定记忆和情感反应扣得太紧，使之过于弥漫和持久，产生应激障碍，反而影响到正常的生活。

当重大火灾威胁到人们的生命财产安全，在事件发生后的初期，主要是火灾发生后第2天至4周以内，不少个体会出现一些典型的应激反应：①在情绪上，主要表现为惊慌、恐惧和担心、无助、悲伤、内疚、愤怒、焦虑等，同时还伴随对生活和自身的失望和内疚。②在身体上，可能会出现疲倦、喉咙及胸部梗塞、晕眩、头昏眼花、反胃、恶心、拉肚子、心跳加快、呼吸急促和困难、失眠、做噩梦、心神不宁等。③在认知上，对火灾场景中相关的火光黑烟、烧焦气味、爆炸声音过于敏感；某些感知觉（如味觉）功能则减退，甚至麻木；常会出现可怕的火灾画面（即闪回），有时控制不住自己不去想那些情景，而对近期的事情记忆力下降，注意力不集中，如图10-1-1所示。

图10-1-1 应激下的心身反应表现

## 二、心理危机的发生

心理危机有两个含义，一是指突发事件，出乎人们意料发生的，比如火灾；二是指人所处的紧急状态。火灾的发生使个体感到难以解决、难以把握时，平衡就会打破，正常的生活受到干扰，内心的紧张不断积蓄，继而出现无所适从甚至思维和行为的紊乱，进入一种失衡状态，这就是危机状态。危机意味着平衡稳定的破坏，引起混乱、不安。

危机出现是因为个体意识到某一事件和情景超过了自己的应对能力，而不是个体经历的事件本身。所以我们评价个体是否处在危机中，不是只看火有多大、灾有多重，而是关注火灾对个体产生了什么影响。

科学家对火灾后的人群调查发现，30%～40%的人反映没有出现明显的症状，这其中也有不少人反映，在火灾发生后的短期内出现了情绪、身体上的反应，但持续时间不长，症状慢慢缓解或消失。经历灾难场面不等于会发生心理问题或心理危机，需要区分正常的和不正常的心理反应，特别是识别个体的心理危机。

当然在调查中，我们也可以看到另外60%～70%出现心理危机问题，包括适应障碍、急性应激障碍（ASD）、创伤后应激障碍（PTSD），有些人还会出现抑郁、焦虑、恐惧、心身反应、药物滥用、进食障碍、性心理障碍，甚至人格障碍。这些心理危机，需要专业的精神及心理医生的诊断、治疗，需要一定时间干预与康复。就医的过程道阻且长，预防危机的发生，才是解决问题的关键。这就需要我们有一定的识别能力，同时学会心理调节的一些方法，在平时提高心理抗压能力，在受灾时远离应激来源，疏解心理危机，解除心理疲劳，有意识地寻求社会支持与心理调适。

## 三、心理危机干预的五级人群

火灾不但造成了严重的人员伤亡和财产损失，其惨烈的灾情也会让经历和目睹的人群心理受到严重创伤。适度对这些人进行心理危机干预，可以帮助他们尽快回到正常的生活轨道。

第一级人群是直接卷入火灾灾难的人员、死难者及伤员。

第二级人群是与第一级人群有密切联系的个人和家属，可能有严重的悲哀和内疚反应，需要缓解继发的应激反应。另外还有现场救护人员，包括消防、武警官兵，救护人员以及灾难幸存者。这一人群是发生心理危机的高危人群，是干预工作的重点，如不进行心理干预，其中部分人员可能发生长期、严重的心理障碍。

第三级人群是从事救援或搜寻的非现场工作人员、帮助进行火灾灾难后重建或康复工作的人员或志愿者。

第四级人群是向受灾者提供物资与援助的火灾以外的社区成员，以及对灾难可能负有一定责任的组织。

第五级人群是在临近灾难场景时心理失控的个体。这类人群易感性高，可能表现心理病态的征象。

# 第二节　科学评估

不同破坏程度的火灾，对受灾人群、幸存者的心理冲击和持续时间不一样，产生问题的严重性不同，所提供灾后心理干预服务的内容和数量也不一样。正因如此，火灾后的心理评估作为整个灾后医疗卫生评估的主要内容之一，显得尤为重要。当然，这种评估不只是在灾难发生后的早期，而应动态地体现在整个心理卫生服务的过程中，并在一定程度上影响着心理干预整体的成败。

## 一、评估的目的和基本原则

### （一）评估的目的

面对火灾事件，每个经历灾难的个体都会产生应激反应，但这种应激反应具有明显的阶段性及个体差异性，并不是每个人都需要干预，也不是每个人都需要相同的干预措施。个体应激程度和性质、阶段及差异性等问题的确定必须通过及时而准确的评估来完成，所以评估是心理干预中的一个不可或缺的工作环节，其目的如下：

（1）分类。通过心理评估对受灾人群，根据灾害经历、受灾程度、社会支持、需求状况等特点进行分类，最大限度地有效利用有限的人力资源，有针对性为受灾人群提供心理帮助。

（2）筛查。即在受灾人群中通过心理评估筛查出需要进行心理干预的高危人群。

（3）判定。即通过对重点人群中的个体进行心理评估，确定其问题的性质和程度，以便制订有针对性的干预措施。

（4）追踪。在干预的不同时间点上进行阶段性心理评估，了解前期干预的效果，并为下一阶段的干预提供依据。

### （二）评估的基本原则

火灾后心理干预中的评估是在非常环境、非常时期进行，与平时的评估有所不同，需要强调以下几个原则：

（1）尊重的原则。即尊重评估对象，不能强制进行评估，一定要征得评估对象的自愿和知情同意，对评估对象无条件地接纳、共情。恪守职业道德，承诺对评估过程中获得的评估对象的个人资料予以保密，不随便向无关人员透露。

（2）针对性的原则。要根据不同的人群、不同的评估目的，选择更加有效的评估方法，如使用简明的调查表可协助受灾人员分类；使用特定的心理健康筛查工具以筛查高危人员；采用精神障碍诊断标准对可能出现精神障碍的人员协助做出确诊。

（3）与干预相结合的原则。心理干预中对有关人群实施评估的目的是更有针对性地实施干预，仅仅实施评估，可能会对处于灾难应激反应中的个体造成二次伤害，所以评估一定要与心理干预相结合，必须在保证能进行心理援助的前提下进行评估。

## 二、火灾后心理评估的实施

### （一）急性期心理干预中评估的实施

急性期心理干预是指灾难后约一个月内进行的心理干预，这个时期是灾难幸存者完成生命救助，生命安全得到基本保证，但心理处于混乱，孤立绝望，产生各种急性心理应激反应的时期。急性期心理干预旨在减轻灾难所造成的初始悲恸和急性应激反应程度，培育短期和长期的适应性功能和应对技能，减少心理障碍的发生。急性期评估的主要内容包括：收集救援对象有关信息，识别其目前的需要和担忧，以制定个体化的心理干预措施；筛查识别有急性应激障碍、持续恐惧、焦虑等情绪问题的人群作为心理干预的重点人群。

#### 1.针对救援对象需要收集信息

由于火灾破坏了救援对象正常生活的方方面面，他们的许多情绪反应都来自火灾所造成的生活问题，因此刚开始的许多问题和需要都是即刻、实际且个体化的。在火灾后的最初心理救援中，干预措施的制订、实施和调整是根据救援对象的需要来进行的，所以应该针对救援对象的需要和担忧，收集和确认足够多的信息，以便优化干预措施，从而满足他们的需要，稳定情绪。尤其要通过信息收集，识别出处于特殊风险中的个体，主动跟进。

信息收集和评估可以围绕以下问题进行：

（1）火灾中经历创伤的严重程度。

（2）是否有亲人遇难。

（3）是否存在对火灾后当前处境和持续存在的威胁担忧。

（4）是否担心与亲人分离或亲人的安危。

（5）有无身体或精神疾病的救治需要。

（6）火灾是否造成家庭、事业、财产等方面的重大损失。

（7）是否为亲人的死亡、为自己在火灾中没能做得更多而感到内疚和羞愧。

（8）有无自伤或伤害他人的念头。

（9）有无有效的家庭、朋友、社区等社会支持。

（10）有无饮酒史或药物滥用史。

（11）有无创伤史或丧失史。

（12）其他有可能影响救援对象痛苦反应及恢复的个体化信息。

在操作实践中把上述内容制成统一的调查表格方便记录和查阅。这样的信息收集一般是通过个别访谈的方式进行的，特别需要注意以下几点：

（1）尊重救援对象，不要强迫他们访谈，注意提问的语气和方式。

（2）不要盘问灾难过程的过多细节，以免造成二次创伤。

（3）不要轻易滥贴症状标签和做病理性归因。

（4）对评估内容要记录、存档和管理。

**2.针对高危人群进行筛查和评估**

快速有效地筛查识别有急性应激障碍，持续恐惧、焦虑、抑郁、绝望等情绪问题的高危人员，一是通过线索调查，即通过向知情人如安置点的管理人员、医务人员、家人等了解情况，对识别出的高危人员主动跟进；二是通过团体问卷调查的方式进行筛查，需注意的是要选择具有针对性的调查问卷。

急性应激障碍（acute stress disorder，ASD）是常见的灾后特定精神障碍。常用的急性应激障碍的评估工具包括以下几种：

（1）急性应激障碍晤谈（acute stress disorder interview，ASDI）。供医务人员、评估人员使用的结构化临床访谈问卷，由19个评定项目组成，包括分离症状（5项）、再体验症状（4项）、回避症状（4项）和警觉症状（6项），研究表明该问卷有良好的信效度。

（2）急性应激障碍量表（acute stress disorder scale，ASDS）。ASDS是在ASDI的基础上开发的自评量表，该量表采用5级评分，可对项目逐一进行程度评定。

（3）斯坦福急性应激反应问卷（stanford acute stress reaction questionnaire，SASRQ）。SASRQ是一个包含30个项目的5级评分自评量表，主要用于急性应激反应症状的评定。需要注意的是，ASDS和SASRQ属于自评量表，都可用于对急性应激反应症状的筛查。

（4）应激反应自评问卷（self-rating questionnaire，SRQ）是由世界卫生组织开发，用于在目标人群中筛查心理危机干预重点关注人群的评定工具。SRQ以评估焦虑、恐惧、抑郁等情绪以及躯体症状为主要内容。

### （二）恢复期心理干预中的心理评估的实施

恢复期心理干预是指长期的心理干预，着眼于灾难后3个月、6个月、1年和2年。在恢复期，大多数火灾经历者的应激反应及症状随着时间而减缓，生活逐渐恢复正常，但也会有一些个体持续存在各种心理症状，有明显的心理问题甚至精神障碍。恢复期心理干预的一个主要内容就是对有明显心理问题或精神障碍的个体，通过针对性的、系统性的心理治疗减轻他们的痛苦，恢复社会功能。所以恢复期心理干预中的心理评估主要是在了解受灾人群的整体心理健康状况的基础上，对上述心理问题或精神障碍进行评估诊断，为针对性的心理干预提供依据，并在不同时间点上进行阶段性随访评估，检验心理干预的效果，调整心理干预的措施。

**1.创伤后应激障碍的评估**

创伤后应激障碍是灾难事件发生1个月后最为常见的精神障碍。PTSD的评估工具很多，包括专业人员使用的他评工具和患者使用的自评工具。临床医生用PTSD量表是建立在《精神疾病诊断与统计手册》DSM-Ⅳ基础上的结构化访谈工具。内容包含了PTSD的17个核心症状（反复体验、回避、警觉性增高等）严重性程度和频度的评定，同时还对抑郁、焦虑、自杀可能、社会职能、职业影响状况等进行综合考量。CAPS被称为PTSD的“黄金标准”评估工具。

事件影响量表修订版（IES-R）包含闯入、过度警觉、回避三个维度，共由22个项目组成。我国有学者已经对IES-R完成了初步的修订和适用，显示具有良好的信效度。

创伤后应激障碍检查表平民版是美国创伤后应激障碍研究中心行为科学分部，于1994年11月，根据美国《精神障碍诊断统计手册》DSM-Ⅳ有关PTSD诊断标准编制的。该量表共包括17个条目，分别评定创伤再体验、麻木和回避、警觉性增高3个核心症状群。

创伤后应激障碍自评量表（PTSD-SS）是由我国学者刘贤臣等以DSM-Ⅳ和《中国精神疾病分类方案与诊断标准》第二版修订版（CCMD-2R）中PTSD诊断标准为理论依据筛选条目而编制的。该量表共包括24个条目，概括为3个因子，即重现/回避症状、心理障碍/功能受损、情感麻木/紧张敏感。每个条目按1～5级评定，得分越高应激障碍越重，PTSD-SS是一个信效度较好的心理创伤后应激障碍评定工具。

**2.其他问题及风险因素的评估**

火灾作为一个重大的应激源，会增加相关人群罹患抑郁症的风险，抑郁症被认为是灾难后排第二位的常见精神障碍，也是灾难后PTSD主要共病之一。火灾造成人们财产损失、亲人丧失、资源匮乏、其他躯体健康问题，还有PTSD和抑郁症等精神障碍的发生，都会成为自杀的诱因，所以，自杀行为是危险评估和预防也是火灾后长期心理干预中的一个重要方面。

另外，不仅要对心理问题及症状本身进行评估和诊断，必要时也需对个体的个人史、家族史、人格特征、社会支持状况及应对风格等进行评估，以便全面了解问题产生的影响因素以及制订更有针对性的干预措施。

火灾心理干预中的评估，是在非常环境、非常时期所进行的工作。实施时一定要明确目的，遵循基本原则。特别强调的是，要选择可行的评估方法以及更有针对性的评估工具，只有这样，才能准确获取信息，做到科学判断，为有效的心理干预提供可靠依据。除了评估服务需求，还要评估不适宜的心理干预可能对受灾群众所造成的再次伤害，这一点很重要。比如在火灾后早期，并不强调受灾群众一定要讲出受灾的细节和情绪表述，只是对那些有能力去处置自己情绪的人，可以鼓励为之，对一些个体而言，观察性等待是一种不错的方法。对于部分人群或者儿童，可采用心理沙盘（如图10-2-1所示）等操作形式进行评估。

图10-2-1 心理沙盘

# 第三节　心理干预与康复

## 一、干预体系建设

首先，当地政府应根据灾难的级别，组织相应的人员快速进入灾区进行心理危机干预。根据灾难所造成的社会危害范围和程度，将灾难分成由轻到重的不同级别，召集心理危机干预专家进入受灾现场，对灾难引发的心理危机进行综合评估，提出总体的方案和对策。

其次，对心理危机干预的对象进行分类，针对不同的群体采用不同的心理危机干预方法。尤其是青少年儿童和老人作为特殊群体，由于其身心的特殊性，应提供相应的心理危机干预方法。由于重大灾难发生后，受灾群众数量多、分布广，应积极启动团体心理危机干预。通过团体内人与人之间的交往和相互作用，促使人们能更快地从灾难中恢复过来。

最后，建立心理危机干预人员的评估机制，在每天工作结束后，进行经验分享和总结。一方面，可以让心理危机干预人员互相学习经验、吸取教训，能更好地工作；另一方面，可以舒缓心理危机干预人员的消极情绪，避免受到悲伤情绪的干扰。

心理危机干预不是一蹴而就的，需要经过漫长的干预过程，因此，应制订长期的心理危机干预计划。重大灾难后的心理危机干预的艰巨性远远大于家园的重建。重视灾后“心理重建”，由心理危机自身的特征所决定，一方面重大灾难造成的严重后果，使得广泛受灾群众心理危机四伏；另一方面心理危机的程度不仅因人而异，而且具有潜伏性和突发性，有些心理危机会随着时间的流逝而渐渐消失，但灾难的场景会在很多受灾群众的脑海里留下深刻记忆。当今后有类似的事件或者情景出现时，大脑就会立刻唤醒这段回忆，产生惊恐、紧张、失眠等身心反应。

### （一）建立长期心理援助平台

在火灾或其他灾难发生的地方，建立长期的心理援助平台，既可以是一个固定的心理救助平台，也可以通过与社区合作，共同建立心理援助中心。尤其应建立针对孤残儿童、失去子女的老人等特殊群体的心理恢复基地。其主要目的是通过选拔、培训、督导等步骤培养当地的心理援助人员，将心理危机干预活动由点到面的带动起来，最终能做到依靠当地资源和力量解决受灾群众的心理危机问题。

### （二）建立心理援助热线

当今社会信息化高速发展，在重大灾难发生后，及时建立心理援助热线等心理援助平台，对于长期心理重建具有重要意义。他们可以打破时间和空间的限制，及时地为受灾群众和目击者提供心理健康常识和心理危机干预。

## 二、干预方案

完善的心理危机干预方案是重大灾难中心理危机干预的重要依据，是对可能发生的重大灾难制订的应急处理方案，能保证在发生突发灾难时及时有效地开展心理危机干预活动。完善的应急预案能最大限度地降低灾难带来的损失，避免心理危机干预活动中出现人员混乱与组织无序等场面。

### （一）制订不同时段不同人群的心理危机干预的应急预案

应从理论的角度，将心理危机划分为不同的阶段，然后根据不同的阶段制订相应的心理危机干预计划。例如，在心理危机早期，干预的主要任务是安抚受灾人员，给他们建立安全的氛围，针对不同的受灾群众应采取不同的干预方式。每个人的心理承受能力和遭受灾难的打击程度不同，对于心理承受能力强、受灾程度轻的人们应鼓励其自我治愈；相反，则应进行专门的心理危机干预。同时，应加强特殊群体，如儿童、老人和孕妇等的心理危机干预方法，研究他们的身心特征，做出适合其自身的干预方案。

### （二）建立合理的心理危机干预人员系统

突发的重大灾难往往使人措手不及，很多专家和志愿者在灾后无序涌入灾区，反而让受灾群众产生抵触情绪，不能很好地配合心理危机干预。因此，应根据灾难发生的等级建立不同的人力资源方案，当灾难发生时，紧急启动应急预案中的人才配备，才能更好地利用人力资源系统并有效地进行危机干预。

### （三）调整好人力资源的统筹调配

心理危机干预是一项专业性的活动，在危机干预过程中，专家和志愿者长时间接触受灾群众，倾听他们悲惨的遭遇，很容易使自身感染上悲观的情绪，导致有的专家和志愿者陷入痛苦中无法自拔。心理危机干预专家和志愿者应采取分批的形式，才能更好地、保质保量地完成心理救援工作。

## 三、干预技术和形式

### （一）确定干预目标人群及数量

对于火灾造成的心理受灾人群大致分为五级人群。重点干预目标从第一级人群开始，一般性干预和宣传较为广泛，可覆盖五级人群。

### （二）根据目标人群和干预队成员人数，排出工作日程表

干预要科学进行，需要在专业人员的指导下，根据专业的评估，结合受干预人群的群体（或个体）特点，背景资源等具体情况做出科学的干预计划，并排出工作日程表。

### （三）确定并提供干预技术

ABC法：A——心理急救，稳定情绪；B——行为调整，放松训练，晤谈技术；C——认知调整，晤谈技术、眼动脱敏信息再加工技术。

首先要取得受伤人员的信任，建立良好的沟通关系；提供疏泄机会，鼓励他们把自己的内心情感表达出来；对访谈者提供心理危机及危机干预知识的宣教、解释心理危机的发展过程，使他们理解目前的处境，理解他人的感情，建立自信，提高对生理和心理应激的应对与适应能力；根据不同个体对事件的反应，采取不同的心理干预方法，如积极处理急性应激反应，开展心理疏导、支持性心理治疗、认知矫正、放松训练、晤谈技术（CISD）等，以改善焦虑、抑郁和恐惧情绪，减少过激行为的发生，必要时适当使用镇静药物；除常规应用以上技术进行心理干预外，引入规范的程式化心理干预方法——眼动脱敏信息再加工技术（EMDR）；调动和发挥社会支持系统（如家庭、社区等）的作用，鼓励多与家人、亲友、同事接触和联系，减少孤独和隔离。心理支持环境如图10-3-1、图10-3-2所示。

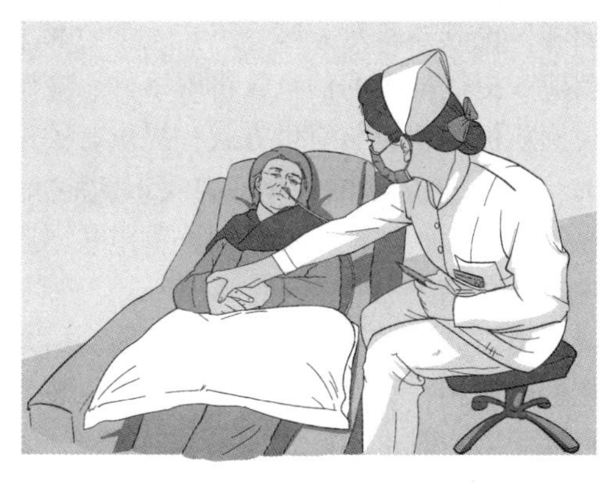

图10-3-1　心理支持环境（一）

图10-3-2　心理支持环境（二）

### （四）干预技术要点

（1）心理急救。①接触和参与：倾听与理解。应答幸存者，或者以非强迫性的、富有同情心的、助人的方式开始与幸存者接触。②安全确认：增进当前的和今后的安全感，提供实际的和情绪的放松。③稳定情绪：使在情绪上被压垮或定向力失调的幸存者得到心理平静、恢复定向。④释疑解惑：识别出立即需要给予关切和解释的问题，立即给予可能的解释和确认。⑤实际协助：给幸存者提供实际的帮助，比如询问目前实际生活中还有什么困难，协助幸存者调整和接受因灾难改变了的生活环境及状态，以处理现实的需要和关切，包括向他们提供解决问题的技术。⑥联系支持：帮助幸存者与主要的支持者或其他的支持来源，包括家庭成员、朋友、社区的帮助资源等建立短暂的或长期的联系。⑦提供信息：提供关于应激反应的信息、关于正确应对来减少苦恼和促进适应性功能的信息。⑧联系其他服务部门：帮助幸存者联系目前需要的或者即将需要的且可得到的服务。

（2）心理晤谈，通过系统的交谈来减轻压力的方法，个别或者集体进行，自愿参加。可以按不同的人群分组进行集体晤谈。

心理晤谈的目标：公开讨论内心感受；支持和安慰；资源动员；帮助当事人在心理上（认知上和感情上）消化创伤的体验。

集体晤谈时限，灾难发生后24～48h是理想的帮助时间，6周后效果将大为减弱。正规的集体晤谈，通常由合格的心理专业人员指导，事件发生后24～48h实施，指导者必须对小组帮助有广泛了解，指导者必须对应激反应综合征有广泛了解，在事件发生后24h内不进行集体晤谈。事件中涉及的所有人员都必须参加集体晤谈。

正规的晤谈过程分为6期，非常场合操作时可以把第2期、第3期、第4期合并进行。整个过程需2h左右。严重事件后数周或数月内进行随访。①介绍期：指导者进行自我介绍，介绍集体晤谈的规则，仔细解释保密问题。②事实期：请参加者描述火灾事件发生过程中他们自己及事件本身的一些实际情况；询问参加者在这些严重事件过程中的所在、所闻、所见、所嗅和所为；每一参加者都必须发言，然后参加者会感到整个事件由此而真相大白。③感受期：询问有关感受的问题，事件发生时您有何感受？您目前有何感受？以前您有过类似感受吗？④症状期：请参加者描述自己的应激反应综合征症状，如失眠，食欲不振，脑子不停地闪出事件的影子，注意力不集中，记忆力下降，决策和解决问题的能力减退，易发脾气，易受惊吓等；询问灾难发生过程中参加者有何不寻常的体验，目前有何不寻常体验，事件发生后，生活有何改变。请参加者讨论其体验对家庭、工作、学习和生活造成什么影响和改变。⑤辅导期：介绍正常的反应；提供准确的信息，讲解事件、应激反应模式；应激反应的常态化；强调适应能力；讨论积极的适应与应付方式；提供有关进一步服务的信息；提醒可能的并存问题（如酗酒）；给出减轻应激的策略；自我识别症状。⑥恢复期：拾遗收尾；总结晤谈过程；回答问题；提供保证；讨论行动计划；重申共同反应；强调小组成员的相互支持；可利用的资源；主持人总结。

晤谈注意事项：①对那些处于抑郁状态的人或以消极方式看待晤谈的人，可能会给其他参加者添加负面影响。②鉴于晤谈与特定的文化性建议相一致，有时文化仪式可以替代晤谈。③对于急性悲伤的人，并不适宜参加集体晤谈。因为时机不好，如果参与晤谈，受到高度创伤者可能为晤谈中的其他人带来更具灾难性的创伤。④不支持只在受害者中单次实施。⑤受害者晤谈结束后，干预团队要组织队员进行团队晤谈，缓解干预人员的压力。⑥不要强迫叙述灾难细节。

图10-3-3 身心反馈训练系统

松弛技术：除了那些分离反应明显者，对所有被干预者教会一种放松技术，如呼吸放松、肌肉放松、想象放松等。有条件的地方，还可以采用设备，如身心反馈训练系统（如图10-3-3所示），进行松弛训练。

### （五）放松训练介绍

#### 1.呼吸放松训练

体位：卧位、坐位。

首先找一个放松舒服的姿势，坐位或者卧位，脊椎一定要挺直，不要弯腰驼背、蜷缩，吸气的时候需要5～10s，呼气也是5～10s，呼吸之间的停顿，3～5s就可以了。

一只手放在腹部，用鼻子慢慢吸气（5～10s），深深地吸入腹部，把腹部空间打开。此时会感觉你的肚子，像气球一样微微的充气起来，去感受腹部随着呼吸起伏，停顿（3～5s）；用嘴慢慢呼气（5～10s），想象腹部随着呼气时又瘪了下去。想象所有的焦虑和烦恼都随着呼吸带走了。在呼吸时，留意身体的感觉，体会肺/胸腔/腹部被空气充盈，感觉座位、躺卧之处承受的体重，随着每一次呼吸，感觉身体不断地放松，如图10-3-4和图10-3-5所示。

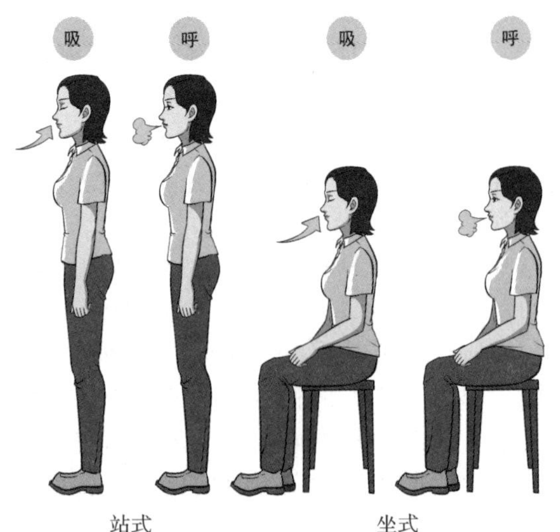


图10-3-4 呼吸训练（一）

当训练者开始走神，发现自己在想其他事，把自己拉回到数呼吸上。不要因被干扰而自责，保持缓慢腹式呼吸。

1组完整的腹式呼吸放松训练至少要10次，每天早上和睡前各做2组。

**2.渐进式肌肉放松训练**

体位：卧位、坐位。按以下步骤并配合指导语进行训练。

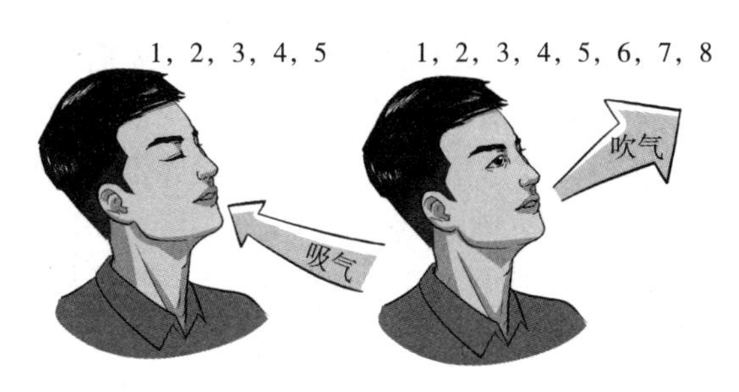


图10-3-5　呼吸训练（二）

第一步：

“深吸一口气，保持一会儿。”（停10s）

“好，请慢慢地把气呼出来，慢慢地把气呼出来。”（停5s）

“现在我们再做一次。请你深深吸进一口气，保持一会，保持一会儿。”（停10s）

第二步：（前臂）

“现在，请伸出你的前臂，握紧拳头，用力握紧，体验你手上的感觉。”（停10s）

“好，请放松，尽力放松双手，体验放松后的感觉。你可能感到沉重、轻松、温暖，这些都是放松的感觉，请你体验这种感觉。”（停5s）

“我们现在再做一次。”（同上）

第三步：（双臂）

“现在弯曲你的双臂，用力绷紧双臂的肌肉，保持一会儿，体验双臂肌肉紧张的感觉。”（停10s）

“好，现在放松，彻底放松你的双臂，体验放松后的感觉。”（停5s）

“我们现在再做一次。”（同上）

第四步：（双脚）

“好，紧张你的双脚，脚趾用力绷紧，用力绷紧，保持一会儿。”（停10s）

“好，放松，彻底放松你的双脚，体验放松后的感觉。”

“我们现在再做一次。”（同上）

第五步：（小腿）

“现在开始放松小腿部肌肉。”（停5s）

“请将脚尖用劲向上翘，脚跟向下向后紧压，绷紧小腿部肌肉，保持一会儿，保持一会儿。”（停10s）

“好，放松，彻底放松，体验放松后的感觉。”（停5s）

“我们现在再做一次。”（同上）

第六步：（大腿）

“现在开始放松大腿部肌肉。”（停5s）

“请用脚跟向前向下紧压，绷紧大腿肌肉，保持一会儿，保持一会儿。”（停10s）

“好，放松，彻底放松，体验放松后的感觉。”（停5s）

“我们现在再做一次。”（同上）

第七步：（头部）

“现在开始注意头部肌肉。”（停5s）

“请皱紧额部的肌肉，皱紧，保持一会儿，保持一会儿。”（停10s）

“好，放松，彻底放松，体验放松后的感觉。”（停5s）

“现在，请紧闭双眼，用力紧闭，保持一会儿，保持一会儿。”（停10s）

“好，放松，彻底放松，体验放松后的感觉。”（停5s）

“现在，转动你的眼球，从上，到左，到下，到右，加快速度；好，现在从相反方向转动你的眼球，加快速度；好，停下来，放松，彻底放松，体验放松后的感觉。”（停10s）

“现在，咬紧你的牙齿，用力咬紧，保持一会儿，保持一会儿。”（停10s）

“好，放松，彻底放松，体验放松后的感觉。”（停5s）

“现在，用舌头使劲顶住上腭，保持一会儿，保持一会儿。”（停10s）

“好，放松，彻底放松，体验放松后的感觉。”（停5s）

“现在，请用力将头向后压，用力，保持一会儿，保持一会儿。”（停10s）

“好，放松，彻底放松，体验放松后的感觉。”（停5s）

“现在，收紧你的下巴，用颈向内收紧，保持一会儿，保持一会儿。”（停10s）

“好，放松，彻底放松，体验放松后的感觉。”（停5s）

“我们现在再做一次。”（同上）

渐进式肌肉放松训练如图10-3-6和图10-3-7所示。

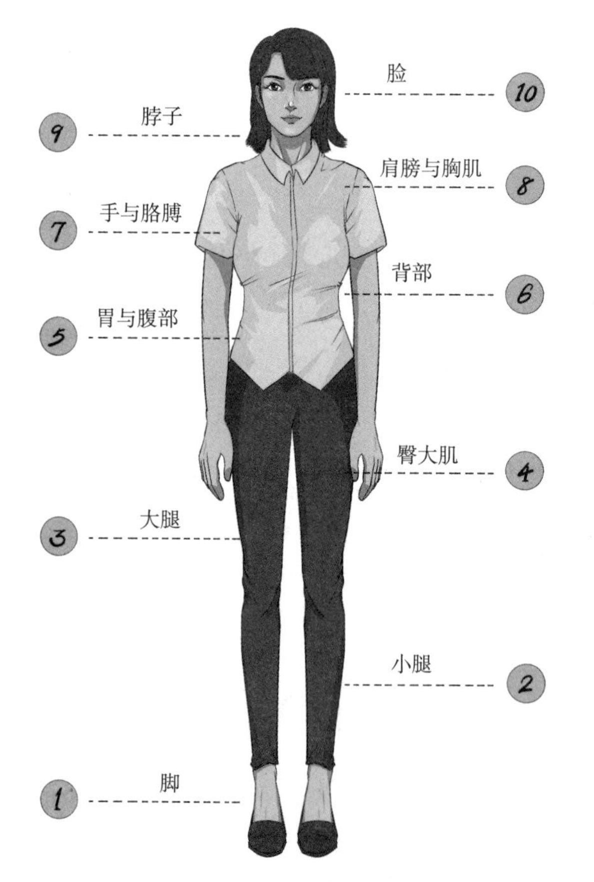


图10-3-6 渐进式肌肉放松

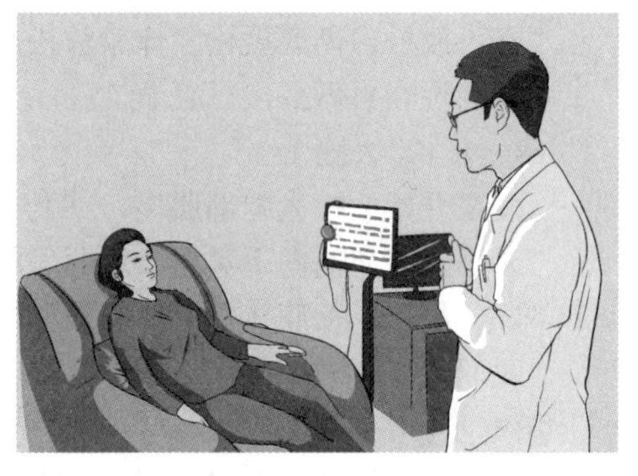

图10-3-7 身心放松训练

第二部分

# 不同场所典型火灾案例

# 案例一　住宅

## 郑州西关虎屯新区居民楼火灾

### 1.火灾基本情况

（1）概况：2015年6月25日，郑州市金水区西关虎屯新区小区4号楼2单元1层楼梯间用户接线箱内电气线路单相接地短路，引燃箱内存放的纸张等可燃物造成火灾事故。此起火灾共造成15人死亡，1人重伤，1人轻伤，直接经济损失9 967 929元。

（2）事故发生经过：2015年6月25日2时47分许，郑州市金水区西关虎屯新区4号楼2单元1层楼梯间用户接线箱内起火冒烟，2时48分接线箱内出现火苗并报警。火苗引燃箱内存放的纸张，火势通过接线箱上方间隙，燃着了原电表箱内存放的可燃物，烟气、火势从箱体缝隙和孔洞突破，向上作用于1层至2层转角平台孔洞处导线束，引燃烧毁绝缘皮，导致线路短路、熔断；向外作用于箱下方的可燃物。同时，导线束短路喷溅的熔珠和燃烧掉落的绝缘层引燃下方的可燃物，楼梯间内放置的电动自行车、自行车、座椅等被引燃后，产生大量高温有毒烟气，沿楼梯间向上蔓延。7层西户集体宿舍居住人员获知火情后，在着火过程中相继逃向楼顶，1人烧伤后逃出至楼顶，16人未能逃离起火建筑。事故造成15人死亡，2人受伤。

（3）应急处置情况：6月25日2时50分12秒，郑州市119指挥中心接到报警后，先后调集特勤二中队、经五路中队，共8辆消防车，40名官兵到场处置。3时8分，特勤二中队到达现场，发现4号楼2单元1层楼梯间用户接线箱、电动自行车及其他物品等正在燃烧。由于消防通道被占用，消防车无法进入小区。救援人员铺设140m水带灭火时，发现用户接线箱线路带电伴有打火现象，随即改用点射扑救，并组织现场警戒保护。3时18分，明火被扑灭，搜救组逐层搜救被困人员。郑州消防支队全勤指挥部到达现场后，将官兵编为7个搜救组，先后在楼梯间1层搜救出1人，在1层至2层楼梯转角平台处搜救出7人，在2层至3层楼梯转角平台处搜救出4人，在4层至5层楼梯转角平台处搜救出2人，在6层至7层楼梯处搜救出1人，在7层屋面平台搜救出1人，共搜救出16名被困人员，由120急救车送往医院救治。

（4）事故直接原因：楼梯间用户接线箱内电气线路单相接地短路，引燃箱内存放的纸张等可燃物造成此次火灾事故。

### 2.火灾教训

（1）楼梯间违规存放可燃物，导致火灾发生后楼梯间充满高温有毒烟气。

（2）楼梯间火灾发生后，人员盲目跑入楼梯间逃生，导致重大伤亡。

# 案例二　宿舍

## 台州玉环县回迁宿舍火灾

### 1.火灾基本情况

（1）概述：2015年1月14日，浙江省台州市玉环县一栋回迁宿舍楼发生火灾，导致8人死亡，多人受伤。

（2）火灾经过：2015年1月14日凌晨3时48分许，浙江省台州市玉环县解放塘社区新民小区1号楼东楼梯东侧停车棚内一辆正在充电的电动自行车发生电气线路故障，引燃电动自行车附近的可燃物，火势迅速向两侧蔓延扩大。因停车棚沿建筑外墙连续设置，在1号楼楼梯一层出口处未设置防火、防烟分隔措施，导致热烟气顺着楼道形成烟囱效应，火势迅速沿敞开楼梯向上层蔓延。

（3）灭火救援经过：同日4时1分许，住户方某发现火势并率先报警。4时10分许，玉环县消防大队立即出动7车共38名指战员赶赴现场，迅速开展扑救工作。4时11分许，消防官兵到场后发现起火地点为楼外电动车停车棚，现场指挥员立即组织成立2个攻坚组，8名消防员进入建筑内部疏散人群，组织灭火。4时30分火灾被扑灭。

（4）火灾伤亡及损失：事故中，因浓烟向楼道蔓延，造成往楼道逃生的8名人员死亡。

（5）责任追究情况：火灾发生后，该宿舍楼的管理人员陈某甲、陈某乙、虞某甲3人被追究刑事责任。

### 2.火灾教训

（1）火灾中人员盲目通过有烟的楼梯间疏散，是导致死亡和受伤的主要原因。

（2）在车棚设置中，应有避免烟气进入楼梯间的措施。

# 案例三　办公场所

## 天津君谊大厦1号楼火灾事故

### 1.火灾基本情况

（1）概述：2017年12月1日凌晨4时许，位于天津市河西区友谊路35号的君谊大厦1号楼38层发生火灾。经现场反复清理检查，共有10人死亡，5人轻伤。

（2）建筑情况：起火建筑君谊大厦1号楼泰禾“金某府”项目，位于天津市河西区友谊路35号，总计38层，含地下3层、地上35层［楼层标称为39层（无13层、14层、24层、34层）］，建筑高度137.65m，总建筑面积39 925.2m$^2$。

（3）事故经过：12月1日凌晨4时许，位于天津市河西区友谊路与平江道交口的君谊大厦38层发生火灾。12月1日3时55分，38层消防电梯前室感烟探测器首次报警；3时56分，38层北楼梯间、南侧走道、楼梯前室，39层南楼梯间、电梯前室、楼梯前室、南侧走道等部位烟感探测器火警后续报警；3时57分，38层电梯前室、弱电井，39层布草间、消防电梯前室、南强电井，顶层南楼梯间等部位烟感探测器火警后续报警；3时58分，38层南楼梯间烟感探测器火警后续报警；4时01分，37层弱电井烟感探测器火警后续报警。4时许，居住在起火建筑3907室的星河公司技术员刘某起床后闻到烟味，便打开房间入户门，发现外面烟很大，便用手机拨打“119”火警电话报警。

（4）应急救援过程：4时01分40秒，天津市消防总队119作战指挥中心接到报警电话后，立即调派辖区中队、增援中队等12个中队、34辆消防车以及170余名消防官兵赶赴现场。经全体参战官兵的顽强奋战，从君谊大厦1号楼泰禾“金某府”38、39层搜救被困人员26人。6时40分大火全部扑灭。

（5）火灾原因：直接原因为烟蒂等遗留火源引燃大厦1号楼的泰禾“金某府”项目38层消防电梯前室内存放的可燃物。间接原因为施工企业为施工方便，擅自放空消防水箱储存用水，致使消防设施未能发挥作用，火势迅速扩大；企业施工人员违规在施工现场住宿。

（6）责任追究：事发后，包括泰禾锦辉公司总经理林某在内的14人，因涉嫌重大责任事故罪被公安机关执行逮捕或取保候审。百合公司员工邵某等3人，因涉嫌失火罪被公安机关取保候审。

**2.火灾教训**

（1）现场火源管理不规范，导致火灾发生。

（2）在消防设施停用后，未采取相应的措施以确保消防安全。

# 案例四　学校

## （一）江西南昌广电幼儿园火灾

**1.火灾基本情况**

（1）概述：2001年6月5日凌晨，江西广播电视发展中心艺术幼儿园发生火灾，过火面积43.2m$^2$，直接财产损失13 463元，13名儿童在火灾事故中死亡，1名儿童轻伤。

（2）起火建筑情况：该幼儿园为单体多层“回”字形通廊式建筑，该建筑地上三层，框架结构，楼（屋）面现浇，耐火等级为二级。建筑高度11.6m，总建筑面积6 863.07m$^2$，其中底层3 037.19m$^2$（含底层半室内幼儿游艺场所447.12m$^2$），第二层2 303.99m$^2$，第三层1 521.89m$^2$。

（3）起火经过：6月4日晚21时许，小六班幼儿就寝。21时10分许，小六班班主任杨某（女，26岁）点燃三盘蚊香，分别放置在床铺之间南北向的三条走道地板上。22时10分许，杨某上三楼教师寝室睡觉。临走时，告诉当晚值班的保育员吴某（女，25岁）“点了蚊香，注意一下。”23时10分许，幼儿园保教主任倪某（女，53岁，当晚值班领导）和值班保健医生厥某（女，56岁）对全园的学生寝室进行巡视时到达小六班，发现该班点了蚊香。当时倪某问厥某：“点蚊香对幼儿有何影响？”厥某回答说：“对幼儿呼吸道有影响。”倪某便让吴某将寝室窗户打开，保持空气流通。吴某回答“窗户已经打开了。”随后倪某、厥某二人离去。23时30分许，小六班保育员吴某离开小六班寝室到卫生间洗澡、洗衣服等，尔后在学习活动室给幼儿的毛巾编号，约有45min时间未进寝室巡视。5日0时15分左右，吴某在活动室听到寝室内噼啪响，随即进入幼儿寝室，发现16号床的棉被和14号床的枕头起火，吴某随即将16号床小朋友抱出寝室，并到小六班外呼救，然后又从小六班寝室内救出3名儿童。此时，寝室内的火和烟都很大，随后赶来的驻广播电视局武警中队官兵和幼儿园工作人员用脸盆到盥洗室取水灭火，同时使用室内消火栓出水扑救。

（4）消防灭火救援：凌晨0时20分01秒，南昌市公安消防支队调度指挥中心接到省广播电视局物业中心付某报警后，立即调集特勤大队二中队3台消防车赶赴火场扑救。0时20分57秒，广电局幼儿园曾某向市消防指挥中心报警，说室内有20余人被困。支队领导接到报告后，全部赶赴火场组织扑救，同时又调动特勤大队一中队1辆抢险救援车增援，至此，共调集4辆消防车、60余名官兵前往救援。0时25分许，首批车辆到达火场后，经询问侦察得知，火灾发生后，驻广播电视局武警中队官兵和该幼儿园工作人员利用室内消火栓和灭火器进行施救，消防人员到达火场时，火已基本扑灭。火场指挥员立即下令抢救火场被困人员，但火场中已无生还者。消防人员先后从小六班寝室搜救出13具幼儿尸体。

（5）火灾直接原因：由于16号床边过道上点燃的蚊香引燃搭落在床架上的棉被所致。

（6）责任处理：保育员吴某、班主任杨某因失火罪分别被判处有期徒刑5年和3年，保教主任倪某、园长刘某因国有企业、事业单位人员失职罪分别被判处有期徒刑3年。

**2.火灾教训**

（1）在幼儿园休息区域使用火源，未加强管理。

（2）幼儿在休息时，值班人员长时间未进行巡查。

## （二）上海商学院学生宿舍火灾

**1.火灾基本情况**

（1）概述：2008年11月14日早晨6时10分左右，上海商学院徐汇校区宿舍楼602室女生寝室失火，过火面积约20m$^2$。因室内火势过大，4名女大学生从6楼寝室阳台跳楼逃生，不幸当场死亡。经消防部门扑救，6时30分将火全部扑灭。

（2）上海商学院宿舍情况：上海商学院由两栋大楼组成，一栋是综合楼，另一栋为宿舍楼。学生宿舍一共7层，其中1层为学生食堂，2～4层为男生宿舍，5、6层为女生宿舍，7层为简易工房。

在该宿舍楼内，女生宿舍和男生宿舍有不同出入口，由两名宿舍管理员分别管理。在3层通往4层的楼梯口，有一扇伸缩铁门阻隔。而且，即便通过这道铁门，6层通往逃生通道的木门依然紧锁。防火专家表示，出于治安方面的考虑，学校安装了这扇伸缩铁门，却阻止了逃生通道的畅通。除此之外，该宿舍楼顶搭建的简易工房，也可能影响到学生向楼顶疏散。

宿舍楼内有消防栓，2个灭火器，但经校方证实，灭火器已过期。起火大楼内部及公用卫生间内无自动喷淋器。

（3）火灾经过：2008年11月14日早晨6时10分左右，602室冒出浓烟，随后又蹿起火苗，屋内6名女生被惊醒，离门较近的2名女生拿起脸盆冲出门外到公共水房取水，另外4名女生则留在房中灭火。然而，当取水的女生回来后，却发现寝室门打不开了。这是因为火场温度高，木制的寝室门被烧得变了形，被火场的气流牢牢吸住了。火势发展很快，4名穿着睡衣的女生被浓烟逼到阳台上。蹿起的火苗不断扑来，吓得她们惊声尖叫。隔壁宿舍女生见状，忙将蘸过水的湿毛巾从阳台上扔过去，想让被困者蒙住口鼻，争取营救时间。宿舍楼下，大批被紧急疏散的学生纷纷往楼上喊话，鼓励4名女生不要慌乱，等待消防队员前来救援。可在凶猛的火魔面前，4名女生逐渐失去了信心。在一团火苗蹿出后，一名女生的睡衣被烧着了，惊慌失措的她大叫一声，从6楼阳台跳下，摔在底层的水泥地上。看到同伴跳楼求生，另两名女生也等不及了，顾不得楼下同学们“不要跳，不要冲动”的提醒，也随之纵身跳下。3名同伴先后跳楼，让最后一名女生没了主意。她在阳台上来回转了好几圈后，决定翻出阳台跳到5楼逃生。可她刚拉住阳台外栏杆，还没找准跳下的位置，双臂已支撑不住，一头掉了下去。与此同时，滚滚浓烟灌进了隔壁601寝室，将屋内3名女生困在阳台上。所幸消防队员接警后及时赶到，强行踹开宿舍门，将女生们救了出来。此时，距4名女生跳楼求生不过几分钟时间。

（4）灭火救援经过：14日早晨6时12分，上海市公安局110指挥中心接报，后迅速调派消防队前往处置，6时30分火灾被扑灭。

（5）火灾直接原因：宿舍违规使用“热得快”，造成电气故障，引发火灾。

**2.火灾教训**

（1）学生宿舍违规使用大功率电器，并且使用不规范。

（2）在发现火灾后，现场人员未在第一时间全部撤离着火区域。

## （三）北京交通大学市政与环境工程实验室爆炸火灾

**1.火灾基本情况**

（1）概述：2018年12月26日，北京交通大学市政与环境工程实验室发生爆炸燃烧，事故造成3人死亡。

（2）事故发生经过：2018年2月至11月期间，老师李某先后开展垃圾渗滤液硝化载体相关试验50余次。11月30日，事发项目所用镁粉运至环境实验室，存放于综合实验室西北侧；12月14日，磷酸和过硫酸钠运至环境实验室，存放于模型室东北侧；12月17日，搅拌机被运送至环境实验室，放置于模型室北侧中部。12月23日12时18分至17时23分，李某带领刘某辉、刘某轶、胡某翠等7名学生在模型室地面上，对镁粉和磷酸进行搅拌反应，未达到试验目的。12月24日14时09分至18时22分，李某带领上述7名学生尝试使用搅拌机对镁粉和磷酸进行搅拌，生成了镁与磷酸镁的混合物。因第一次搅拌过程中搅拌机料斗内镁粉粉尘向外扬出，李某安排学生用实验室工作服封盖搅拌机顶部活动盖板处的缝隙。当天消耗约3～4桶（每桶约33kg）镁粉。12月25日12时42分至18时02分，李某带领其中6名学生将24日生成的混合物加入其他化学成分混合后，制成圆形颗粒，并放置在一层综合实验室实验台上晾干。其间，两桶镁粉被搬运至模型室。12月26日上午9时许，刘某辉、刘某轶、胡某翠等6名学生按照李某安排陆续进入实验室，准备重复24日下午的操作。经视频监控录像反映，当日9时27分45秒，刘某辉、刘某轶、胡某翠进入一层模型室；9时33分21秒，模型室内出现强烈闪光；9时33分25秒，模型室内再次出现强烈闪光，并伴有大量火焰，随即视频监控中断。事故发生后，爆炸及爆炸引发的燃烧造成一层模型室、综合实验室和二层水质工程学Ⅰ、Ⅱ实验室受损。其中，一层模型室受损程度最重，模型室外（南侧）邻近放置的集装箱均不同程度过火。

（3）事故救援处置情况：2018年12月26日9时33分，北京市消防总队119指挥中心接到北京交通大学东校区东教2号楼发生爆炸起火的报警。报警人称现场实验室内有镁粉等物质，并有人员被困。119指挥中心接警后，共调集11个消防救援站、38辆消防车、280余名指战员赶赴现场处置。9时43分，西直门、双榆树消防站先后到场。经侦察，实验室爆炸起火并引燃室内物品，现场有3名学生失联，实验室内存放大量镁粉。现场指挥员第一时间组织两个搜救组分别从东西两侧楼梯间出入口进入建筑内搜救被困人员，并成立两个灭火组，设置保护阵地堵截实验室东西两侧蔓延的火势。9时50分，搜救组在模型室与综合实验室连接门东侧约1～2m处发现第一具尸体，随后在模型室的中间部位发现第二具尸体，在模型室与综合实验室连接门西侧约1m处发现第三具尸体。救援过程中，实验室内存放的镁粉等化学品连续发生爆炸，现场指挥部进行安全评估后，下达了搜救组人员全部撤出的命令。同时，在实验室南北两侧各设置4个保护阵地，使用沙土、压缩空气干泡沫对实验室内部进行灭火降温，并在外围控制火势向二楼蔓延。11时45分，现场排除复燃复爆危险后，救援人员进入建筑内部开展搜索清理，抬出三具尸体移交医疗部门，并用沙土、压缩空气干泡沫清理现场残火。18时，现场清理完毕，双榆树消防站留守现场看护，其余消防救援力量返回。

（4）事故直接原因为：在使用搅拌机对镁粉和磷酸搅拌、反应过程中，料斗内产生的氢气被搅拌机转轴处金属摩擦、碰撞产生的火花点燃爆炸，继而引发镁粉粉尘云爆炸，爆炸引起周边镁粉和其他可燃物燃烧，造成现场3名学生烧死。

（5）事故责任追究：对李某、张某依法追究刑事责任。

**2.火灾教训**

（1）在实验室违规存放大量易燃易爆物品。

（2）高校对实验室管理存在漏洞。

# 案例五　商业场所

## （一）北京喜隆多商场火灾事故

### 1.火灾基本情况

（1）概述：2013年10月11日凌晨2时59分，位于北京市石景山区苹果园南路的喜隆多商场发生火灾，大火燃烧了8个多小时，直到上午11时才被扑灭，过火面积约1 500m²。北京市公安局指挥中心共计调派了15个消防中队的63辆消防车、300余名官兵，会同石景山分局相关部门赶赴现场处置。由于火灾发生在凌晨，大厦工作人员及商户无人员伤亡，但2名参与救火的消防官兵不幸牺牲。

（2）起火经过：2013年10月11日凌晨2时49分36秒，商场内部麦当劳餐厅一角起火，麦当劳的一名女员工从里面惊慌跑出，自行离去。随着烟雾越来越大，留在餐厅里的顾客们才开始陆续逃离餐厅。不到两分钟时间，整个餐厅已经完全被浓烟笼罩，2时51分30秒，监控画面成雪花状，很快全屏转黑，监控探头已经被火烧到。2时52分54秒，消防控制室接报麦当劳火警，值班人员起身按下消音（键），转身坐下继续玩游戏。2min后，报警器再次响起，显示火情已经蔓延到另外一处，该值班人员又起身按下消音，转身又坐下。3时01分，突然大面积报警灯都闪烁起来，这时该值班人员才停下手中的游戏，查找说明书，从始至终未能启动消防灭火等相关系统。

（3）灭火救援经过：10月11日凌晨2时59分，119指挥中心接到报警后相继调派15个中队的49辆消防车赶往现场进行处置。3时13分，第一批救援力量到达现场，整座楼已经形成从内到外，自下而上的立体燃烧状态。9时，火情已被控制，15个消防攻坚组进入商场内部进行内攻灭火。11时许，火被扑灭。

（4）事故直接原因：麦当劳杨庄餐厅甜品操作间内一电动自行车蓄电池在充电过程中发生电气故障，引起火灾。

（5）责任处理：关于这场大火的刑事部分于2016年12月宣判。法院判决涉案的2名麦当劳门店负责人和3名喜隆多购物中心相关负责人犯重大责任事故罪，分别判处5人有期徒刑2年至3年6个月不等。之后被告提起上诉。

2017年11月20日上午，北京一中院二审驳回上诉，维持原判，即麦当劳公司、喜隆多公司、农工商公司对火灾事故分别承担45%、45%和10%的赔偿责任。

### 2.火灾教训

（1）现场员工火灾应急能力太差，在发现火灾后，未使用灭火器、消火栓灭火，也未进行人员疏散。

（2）消防控制室值班员不具备实际操作能力，导致火灾失控。

## （二）吉林市中百商场“2·15”特大火灾事故

### 1.火灾基本情况

（1）概述：2004年2月15日，吉林省吉林市中百商厦发生特大火灾事故，导致54人死亡，70人受伤，过火面积2 040m$^2$，直接经济损失426万元。

（2）起火单位介绍：中百商厦全称为中百商厦长春路批发市场，位于吉林市长春路53号，坐北朝南正向建设，面向长春路。该建筑1993年3月兴建，1995年1月竣工投入使用；整体四层，其中一层层高6m，在中间3m处设有一圈回廊（设置摊位）；长53.3m，一层宽20.3m，高20.65m，总面积4 328m$^2$；框架结构，耐火等级为二级；设有两部疏散楼梯，每个楼梯净宽为3.3m，总疏散宽度为6.6m；一层设有安全出口3个，直通室外。楼内安装墙壁消火栓8个，一层至三层有火灾自动报警器，配备有疏散指示标志7个（现场残存）和应急照明5个（现场残存）、干粉灭火器各部位共配备36个（另在后院铁笼内外存有23个报废的）、10樘防火卷帘及1个90m$^3$的消防水池等消防设施设备，并制订了消防安全应急预案。该商厦属国有商业企业，隶属于吉林市商委，有在册职工200人，在岗职工20人，采取出租铺面方式经营。一层（含回廊）、二层为商场，主要经营食品、日杂、五金、家电、钟表、鞋帽、文体用品、化妆品、箱包、针织、服装、布匹、床上用品、工艺品、小百货等；三层为洗浴；四层为舞厅和台球厅，共有业户146户（其中有档案合同的132户，无档案合同的14户），发生火灾的楼内有业主150人，中百职工7人。

（3）起火经过：2月15日11时许，中百商厦北侧锅炉房锅炉工李某发现毗邻的中百商厦搭建的3号库房向外冒烟，于是便找来该库房的租用人——中百商厦伟业电器行业主焦某的雇员于某用钥匙打开门锁，发现仓库着火。他们便通过用锹铲雪和喊人从商场几个楼层取来干粉灭火器等方式进行扑救，未能控制火势。火灾突破该库房与商厦之间的窗户蔓延到营业厅。此时营业厅内人员只顾救火和逃生，没人向消防队报警。据吉林市消防调度指挥中心计算机记录证实，直到11时28分，消防队才第一次接到报警（经查，报警人系吉林勘测设计院员工吕某，他路过中百商厦南面的长春路时，看到中百商厦着火了，便用手机拨打119电话报警）。

（4）救援过程：11时28分，吉林市消防指挥中心接到报警后调派4个中队出警。距离火灾现场最近的长春路消防中队5辆消防车行至途中，看到整个中百商厦已被浓烟笼罩，当即向支队调度室报告。支队立即命令市区所有11个消防执勤中队和支队机关全体人员以及中油吉化集团公司消防支队赶赴火场，并同时报告市公安局指挥中心和120急救中心。从11时32分首批5辆车到达现场展开救援开始，到11时50分左右，相继共有63辆消防车、320名消防指战员到达现场。在部署力量、控制火势向上和周围蔓延的同时，采用9m、15m拉梯，挂钩梯连挂，救生绳、举高车和云梯车等工具强行内攻，并组织消防队员冒着烟火登楼疏散和奋力抢救受困人员，共抢救出190多人（包括死伤人员）。与此同时，有500多名公安干警、100多名医护人员和24辆救护车，参加了救援行动。现场组成了扑救组、救护组、秩序维护组、现场调查组、信息综合组。市委、市政府、市公安局领导亲临现场组织救援工作。经过各方全力奋战，火灾于15时30分被彻底扑灭。之后，又反复认真细致地对现场进行了清理。

（5）事故直接原因：中百商厦伟业电器行雇员于某不慎将吸剩的烟头掉落在仓库内，在并未确认烟头是否被踩灭的情况下离开了仓库。烟头引燃仓库地面上的纸板、纸屑等可燃物后，引发火灾。

（6）责任处理：2004年7月10日，吉林省吉林市船营区人民法院对吉林市“2·15”特大火灾案做出审判决。被告人于某犯失火罪，被判处有期徒刑7年；被告人刘某、赵某、马某犯消防责任事故罪，分别被判处有期徒刑6年、5年和4年；被告人陈某、曹某犯重大责任事故罪，分别被判处有期徒刑3年6个月和3年；被告人李某犯重大责任事故罪，但鉴于其犯罪情节轻微，依法免予刑事处罚。

2.火灾教训

（1）对火源管理不善，人员在仓库违规吸烟引发火灾。

（2）火灾后应急不力，未能及时疏散受火灾烟气威胁的人员。

# 案例六　文博馆

## 吉林市博物馆火灾

### 1.火灾基本情况

（1）概况：1994年11月15日，吉林省吉林市银都夜总会（在市博物馆楼内，由博物馆租给吉林省建设开发集团公司，与台商合资开办）发生火灾，造成2人死亡，直接财产损失671万元。

（2）博物馆损失情况：烧毁市博物馆和图书馆6 800m$^2$，烧毁古文物32 239件，世界早期邮票11 000枚，黑龙江省送展的7 000万年前的大型恐龙化石（长11m、高6.5m）一具，文物价值难以计算。

（3）火灾原因：人为纵火。

### 2.火灾教训

（1）在博物馆内设置夜总会。

（2）火灾发生后，应急处置不力，导致火灾延烧到博物馆和图书馆。

# 案例七　宾馆、招待所

## 哈尔滨北龙汤泉酒店火灾

### 1.火灾基本情况

（1）概述：2018年8月25日4时12分许，哈尔滨市松北区哈尔滨北龙汤泉休闲酒店有限公司（以下简称北龙汤泉酒店）发生重大火灾事故，过火面积约400m$^2$，造成20人死亡，23人受伤，直接经济损失2 504.8万元。

（2）起火建筑基本情况：起火建筑位于哈尔滨市松北区太阳岛风景区内，主体建筑分A、B、C、D、E区及一、二期温泉区。A、B、C、D、E区为砖混结构，加高接层改扩建部分为彩钢板结构。一、二期温泉区为钢结构彩钢板顶棚。整体建筑按功能分为住宿、洗浴、游泳、餐饮、娱乐等区域。A区位于建筑群南侧，西侧3层，东侧4层，主要为客房、餐饮包房，4层局部为厨房。B区位于建筑群东南侧，共3层，主要为客房。C区位于建筑群东侧中部，共3层，1层为餐饮包房，2层为会议室和库房，3层为客房。D区位于建筑群东侧北部，共3层，主要为客房。E区位于建筑群西北侧，共4层，主要为客房和自助餐厅。一期温泉区位于A区、E区建筑合围区，二期温泉区位于C区、D区、E区建筑合围区，均为利用建筑之间空地采用钢屋架彩钢板结构搭建。二期温泉区阳光大厅地面设有多个温泉池，墙体包覆大量塑料绿植装饰材料，阳光大厅北侧部分区域为2层平台，3层为餐饮和会议厅。B区、C区之间及C区、D区之间为室外温泉和休息区。改扩建建筑内设有火灾自动报警系统、室内外消火栓系统、湿式自动喷水灭火系统、消防水池及稳压设备等。由于日常检修维护不到位，事发时整个消防系统不能正常启动，处于瘫痪状态。

（3）火灾经过：2018年8月25日4时20分左右，北龙汤泉酒店锅炉工陈某给室外汤泉加完水，走出E区北门便闻到烧焦气味，观察发现二期温泉二楼平台有火光后立即进行呼救，并电话向工程部经理巩某报告。保安员宋某听到陈某呼喊后，电话通知了保安队长张某。张某接到电话后，先跑到E区北门观察，确认发生火情后，到消控室通知消控员吕某。火灾发生后，消控员吕某试图启动消防水系统实施自动灭火，但由于消防控制室主机存在总线故障，与消防水泵无法联动，无法实施自动灭火。吕某又到水泵房试图手动启动灭火系统，但喷淋系统和消火栓内均无水，消防灭火系统完全处于瘫痪状态，使得初期火灾未得到有效控制。当班保安员利用灭火器自发进行灭火，因火场内部烟雾较大、火势猛烈，未能抵近起火点，灭火自救未能成功。

（4）救援经过：4时29分10秒，哈尔滨市消防指挥中心接到报警后调派太阳岛消防中队赶赴现场实施救援，并陆续增派邻近的世贸、爱建、利民、道外消防中队增援。4时27分51秒，市公安局110指挥中心接到报警后，于4时30分15秒将火警通报给市消防指挥中心，4时31分26秒向太阳岛派出所下达出警指令，并陆续增派松北公安分局、松北交警大队迅速赶赴现场维持秩序，保障应急救援工作有序开展。4时54分，哈尔滨市120急救中心调派松北分中心救护车赶赴火灾现场开展医疗急救。随着伤员人数增加，又相继调派市第一医院、市红十字中心医院分中心和应急小分队救护车，赶赴现场抢救和转运伤员。5时53分，太阳岛风景区管理局调集人员赶赴现场开展协助救援，共疏散安置被救出人员63名。4时56分，太阳岛消防中队第一个到达火灾事故现场，并组织攻坚组深入楼内强行内攻，疏散、搜救被困人员，并及时向消防支队全勤指挥部反馈火场形势。5时13分，世贸、爱建中队增援力量相继到达现场，展开灭火搜救。5时25分，消防支队全勤指挥部及道外、利民中队也到达火灾现场。经全力扑救，火势于6时30分得到有效控制，7时50分大火被彻底扑灭，共抢救疏散遇险群众80余人，搜救被困人员20人、遇难人员19人。在火灾扑救中，消防部门共出动8个中队、1个战勤保障大队，40辆消防车，148名指战员，6只搜救犬到场实施救援。

（5）起火直接原因：二期温泉区二层平台靠近西墙北侧顶棚悬挂的风机盘管机组的电气线路短路，形成高温电弧，引燃周围塑料绿植装饰材料并蔓延成灾。

**2.火灾教训**

（1）对火源的管理措施不够完善。

（2）发现火灾后，现场人员的火灾应急能力不够，灭火、疏散、报警行动迟缓。

（3）消防设施瘫痪，消防控制室值班人员对情况掌握不够。

# 案例八　餐饮场所

## 杭州桐庐野鱼馆“7·21”燃气爆燃事故

**1.火灾基本情况**

（1）概述：2017年7月21日上午8时32分，位于杭州市西湖区古墩路与灯彩街交界路口南侧的桐庐野鱼馆因液化石油气泄漏发生爆燃事故，共造成3人死亡、44人受伤，直接经济损失700余万元。

（2）营业场所结构布局情况：桐庐野鱼馆所在建筑系2层砖混结构的沿街商铺，西面为新世纪花苑小区内院，东面大门正对沿街道路，南北两侧与其他沿街商铺相连。餐馆营业场所由租赁的5间店铺组成，分上下两层，建筑面积350m$^2$。其中，1层主要为点菜区、卡座、厨房、储物间等，2层为包厢。该餐馆利用1至2层楼梯下的空间专门隔出一小间，用于存放液化石油气钢瓶和醇基液体燃料储罐，储存间内的液化石油气钢瓶通过输气管连接汽化器，再从汽化器连接至灶台。储存间内未设置可燃气体浓度报警装置。

（3）事故发生经过：7月20日晚桐庐野鱼馆停止营业后，店主盛某于23时左右最后锁门离开，其时餐馆内的制冷机、冰箱、冰柜，以及液化石油气汽化器等电气设备均处于通电或开启状态。7月21日上午8时左右，与桐庐野鱼馆北侧贴邻的台州名小吃店内，李某在厨房做面皮时闻到一股煤气味。8时20分左右，李某走到厨房外闻到更浓的煤气味。8时32分，桐庐野鱼馆内发生爆炸（事发时餐馆处于非营业状态），导致餐馆内储存的醇基燃料储罐破裂，泄漏油品被高热气体引燃形成大火，并在店铺内蔓延。8时51分，餐馆内一只50kg液化石油气钢瓶受烘烤发生爆裂（二次爆炸），爆炸气浪将室内火焰带出，导致整个商铺剧烈大火。第一次爆炸产生的冲击波造成沿街多处商铺、事发时经过现场的B2公交车、出租车、私家车、电瓶车等不同程度受损和人员伤亡（2人当场死亡、45人受伤，其中1名伤员于8月3日因抢救无效死亡）。事故共造成3人死亡、44人受伤。

（4）救援过程：8时34分，杭州市公安局110指挥中心接警后，立即调动公安、消防及社会专业力量开展现场救援处置工作。8时42分，消防祥符中队4辆消防车首先到达现场控制火势，随后蒋村、大关、康桥、良渚等消防中队陆续赶到现场，共有5个中队、12辆消防车、72名消防队员参与扑救。8时51分，在消防队员施救过程中，现场发生二次爆炸，由于处置得当，未造成新的人员伤亡。9时10分，明火基本扑灭，45名伤员分别被送往省立同德、市二医院等省市医院，通过绿色通道第一时间进行救治。9时左右，杭州港华燃气有限公司专业人员赶到现场，将位于事故建筑西侧的天然气管道上下游阀门关闭，并对地下管网进行保压查漏。10时50分，杭州市液化气抢修平台与浙江中天煤气公司应急小分队赶到现场，将爆炸现场剩余液化石油气瓶转移到浙江中天煤气公司封存。12时58分，现场救援基本结束。

（5）事故直接原因：桐庐野鱼馆内一只连接汽化器的50kg液化石油气钢瓶瓶阀处于开启状态，在持续高温天气情况下，连接液化石油气灶具与二次减压阀的橡胶软管老化，且连接不牢固致软管脱落，使气体持续泄漏，在厨房、气瓶间、备餐间这一连通的相对封闭区域形成爆炸性气体环境。达到爆炸极限后由冰箱压缩机启动时产生的电火花点燃而引发爆炸。爆炸产生的冲击波导致醇基燃料储存供应系统、液化石油气储存供应系统物理结构破坏，醇基燃料及现场其他可燃物质发生剧烈燃烧，导致临近的一只50kg液化石油气钢瓶受高温烘烤而超压爆裂，发生第二次爆炸（物理爆炸），整个餐馆持续大火。

**2.火灾教训**

（1）火源管理措施不完善，液化气钢瓶软管老化，未使用时，阀门未关闭。

（2）大型液化气钢瓶未单独设置在储瓶间内。

# 案例九　医院

## 辽源市中心医院火灾

**1.火灾基本情况**

（1）概述：2005年12月15日，辽源市中心医院发生特大火灾事故，造成37人死亡、95人受伤，直接经济损失821.9万元。

（2）建筑情况：辽源市中心医院位于辽源市龙山区东吉大路，占地面积61 630m$^2$，建筑面积26 063m$^2$，分为1至5个区域和一处综合楼。其中1至3区始建于1962年，为3层砖木结构，建筑面积10 323m$^2$；4区为住院部，始建于1987年，为4层砖混结构，建筑面积3 600m$^2$，有床位568张，15日登记住院病人为245人；5区为环廊园林门诊房，建于2002年，钢结构，面积5 340m$^2$；综合楼6 800m$^2$，9层。此次火灾使辽源市中心医院1至4区大部分建筑过火。

（3）事故经过：2005年12月25日，该院第一次因主电源供电电缆短路，导致全院停电的时间是16时10分许，当值班电工将配电室切换装置手动切换到备用电源并恢复供电约5min左右，即发现配电室电缆沟内传出爆鸣声，并随即从电缆沟内蹿出浓烟、火焰，配电室内切换柜、主受柜、负载配电柜、电容柜都相继起火燃烧，火势迅速经门窗蹿向走廊和上面楼层。

（4）救援经过：16时57分55秒，辽源市公安消防支队119调度指挥中心接到报警电话后，立即调派市区龙山、特勤、西安、电厂公安消防中队、辽源矿务局专职消防队、东辽和东丰两县公安消防中队共26辆消防车、123名指战员赶赴现场进行扑救。

（5）火灾直接原因：大火是因为辽源市中心医院配电室内供电电缆短路引燃可燃物所致。

2.火灾教训

（1）使用劣质电缆，导致短路发生火灾。

（2）火灾发生初期，未及时报告火警，导致消防队接警晚。

（3）火灾现场应急能力不足，导致大量人员伤亡。

# 案例十　养老院

## 河南平顶山鲁山县康乐园老年公寓火灾

1.火灾基本情况

（1）概述：2015年5月25日，河南省平顶山市鲁山县康乐园老年公寓发生特别重大火灾事故，造成39人死亡、6人受伤，过火面积745.8m$^2$，直接经济损失2 064.5万元。

（2）起火建筑：起火建筑长56.5m、宽13.2m，建筑面积745.8m$^2$，2013年2月建设，当年7月安排不能自理的老人入住。发生火灾时住有人员51个。

（3）起火经过：5月25日19时30分许，康乐园老年公寓不能自理区女护工赵某、龚某在起火建筑西门口外聊天，突然听到西北角屋内传出异常声响，两人迅速进屋，发现建筑内西墙处的立式空调以上墙面及顶棚区域已经起火燃烧。

（4）单位自救经过：赵某立即大声呼喊救火并进入房间拉起西墙侧轮椅上的两位老人往室外跑，再次返回救人时，火势已大，自己被烧伤，龚某向外呼喊求助。由于大火燃烧迅猛，并产生大量有毒有害烟雾，老人不能自主行动，无法快速自救，导致重大人员伤亡、不能自理区全部烧毁。不能自理区男护工石某、常某、马某，消防主管孔某和半自理区女护工石某等听到呼喊求救后，先后到场施救，从起火建筑内救出13名老人，范某组织其他区域人员疏散。在此期间，范某、孔某发现起火后先后拨打119电话报警。

（5）消防灭火救援：19时34分04秒，鲁山县消防大队接到报警后，调集5辆消防车、20名官兵赶赴现场，19时45分消防车到达现场，起火建筑已处于猛烈燃烧状态，并发生部分坍塌。消防大队指挥员及时通知辖区两个企业专职消防队2辆水罐消防车、14名队员到达火灾现场协助救援。现场成立4个灭火组压制火势、控制蔓延、掩护救人，2个搜救组搜救被困人员。20时10分现场火势得到控制，同时指挥员向平顶山市消防支队指挥中心报告火灾情况。20时20分明火被扑灭。截至5月26日6时10分，指挥部先后组织7次对现场细致搜救，在确认搜救到的人数与有关部门提供现场被困人数相吻合的情况下，结束现场救援。

（6）火灾直接原因：老年公寓不能自理区西北角房间西墙及其对应吊顶内，给电视机供电的电器线路接触不良发热，高温引燃周围的电线绝缘层、聚苯乙烯泡沫、吊顶木龙骨等易燃可燃材料，造成火灾。

（7）责任追究：事后，司法机关对31人进行了刑事责任追究，对27人给予党纪政纪处分。

**2.火灾教训**

（1）失能人员的火灾预防工作要放在格外重要的位置。

（2）建筑物大量使用聚苯乙烯夹芯彩钢板（聚苯乙烯夹芯材料燃烧的滴落物具有引燃性）易导致火势迅速蔓延并猛烈燃烧，不可用于人员活动场所。

# 案例十一　公共娱乐场所

## 浙江台州天台县足馨堂火灾

**1.火灾基本情况**

（1）概述：2017年2月5日17时20分许，浙江省台州市天台县赤城街道春晓路60号春晓花园5幢5-1号天台县足馨堂足浴中心发生火灾，事故共造成18人死亡，18人受伤。

（2）建筑结构和使用布局：起火建筑为六层砖混结构商住楼，坐东朝西，东面为小区空地，南面紧挨其他商铺，西面为春晓路，北面为赤城西苑巷。该建筑高度为18.85m，二级耐火等级，占地面积546m$^2$，总建筑面积约2 500m$^2$。其中，一层至二层为足馨堂经营场所，面积约1 000m$^2$；三层至六层为住宅，面积约1 500m$^2$。建筑的商铺、住宅分别设有独立的疏散楼梯。

起火场所足馨堂一层设有3间汗蒸房、2间淋浴房、2间SPA房、2间足浴房、2间棋牌房等；二层设有20间足浴房、1间员工休息室、1间厨房等。该场所设有灭火器、应急照明和疏散指示标识等，内部有3部楼梯，其中1部在场所中部，南北两侧尽头各有1部。起火的汗蒸房为足馨堂一层2号（从北侧数第二间）汗蒸房，南北宽3.8m，东西进深2.56m，门位于西侧墙，朝外开启。

（3）事故发生经过：2017年2月5日下午，足馨堂正常营业中，场所内共有78人，其中，工作人员30人、顾客48人。17时24分许，在一层休闲大厅休息的一位顾客发现汗蒸房部位冒烟起火，便立即呼喊救火。在吧台工作的经理熊某听到呼救后，使用灭火器进行扑救，见火势无法控制，便逃至店外呼喊二层人员逃生。17时26分，逃离店外的顾客许某拨通电话报警。随后，店内顾客与员工分别从一层正门、西侧、北侧出口，以及从二层厨房和员工休息室窗口跳楼逃生自救。其中，18人（足馨堂员工2人、顾客16人）因逃生不及时不幸遇难，18人（足馨堂员工13人、顾客5人）逃生时受伤。

（4）救援情况：17时26分，天台县公安局110指挥中心接到火灾报警电话，县公安消防大队于17时27分接到110指挥中心出动指令，立即调派天台、平桥公安消防中队8车35名官兵及白鹤、坦头专职队2车10名消防员共计10车45人赶赴现场救援。当地政府立即启动应急处置预案，天台县人民医院、县中医院全体医护人员到岗，共出动救护车20车次。17时36分台州消防支队全勤指挥部立即遂行出动。17时33分，天台中队首先到达现场开展火灾扑救、人员搜救以及3层以上住户疏散等工作。平桥中队、坦头专职队、白鹤专职队陆续赶到参与救援。经消防官兵奋战扑救，17时46分，火势得到控制。19时05分，火势基本扑灭。20时45分，火灾现场清理完毕，过火面积约500m$^2$，共发现遇难者遗体8具，现场搜救出10人送医院救治无效死亡。

（5）火灾直接原因：足馨堂2号汗蒸房西北角墙面的电热膜导电部分出现故障，产生局部过热，电热膜被聚苯乙烯保温层、铝箔反射膜及木质装修材料包敷，导致散热不良，热量积聚，温度持续升高，引燃周围可燃物蔓延成灾。

造成火势迅速蔓延和重大人员伤亡的主要原因是：汗蒸房密封良好，热量极易积聚；2号汗蒸房无人使用，起火后未被及时发现，当火势冲破房门后便形成猛烈燃烧；汗蒸房内壁敷设竹帘、木龙骨等可燃材料，经长期烘烤的各构件材料十分干燥，燃烧迅速，短时间形成轰燃。同时，汗蒸房内的电热膜和保温材料聚苯乙烯泡沫塑料（XPS）为高分子材料，燃烧时产生高温有毒烟气，加之现场人员普遍缺乏逃生自救知识和技能，选择逃生路线、方法不当，造成大量人员无法及时逃生。

**2.火灾教训**

（1）对火源的管理措施不够有效。

（2）火灾发生后，现场应急不足，未及时疏散一楼和二楼相关人员，导致大量伤亡。

# 案例十二　体育场馆

## 韩国体育中心火灾事故

**1.火灾基本情况**

（1）概述：2017年12月21日15点53分，韩国庆尚北道堤川市下所洞一栋8层体育设施建筑突发大火，事故造成29人死亡。

（2）事故处置：消防部门在接到报警后出动49辆消防和急救车辆、2架直升机以及494名消防人员参与救援。2017年12月26日，韩国警方表示，21日堤川市发生建筑大火的房屋业主及大楼经理两人被捕。警方称，该名业主被指控违反消防安全条例和过失杀人，大楼经理则被控犯有过失杀人罪。

（3）事故原因：火灾由停放在一层停车场的汽车引发，之后蔓延至整栋建筑。

2.火灾教训

火灾现场的消防设施瘫痪，火灾未受到有效控制，现场存有大量易燃易爆物品，导致火灾蔓延迅速。

# 案例十三　金融交易场所

## 西安南大街建设银行大楼火灾

1.火灾基本情况

（1）事故经过：2018年6月21日20时许，陕西省西安市南大街建设银行大楼起火，现场火光冲天并伴有大量黑烟。

（2）火灾扑救情况：西安119指挥中心接警后，支队立即调派4个消防中队、共14辆消防车、62名官兵赶赴现场处置。中队到场经侦查汇报，现场为西安市南大街建设银行门口搭建的脚手架发生火灾，火势较大，参战官兵立即堵截火势防止蔓延。20时43分，现场外围脚手架明火被扑灭，4楼至6楼内部还有明火。21时44分，内部明火扑灭。

（3）人员伤亡情况：2018年6月22日，中国建设银行陕西省分行发布通告称，火灾现场发现的1名被困员工经抢救无效离世，死者系建设银行42岁男性职工。

（4）火灾原因：起火原因系大楼外立面维修电焊作业引起，过火面积近300$m^2$。

2.火灾教训

（1）电焊操作违反安全规定，导致火灾发生。

（2）火灾发生后，人员应急存在问题，导致1人死亡。

# 案例十四　科研试验场所

## 东莞华为团泊洼某在建实验室

1.火灾基本情况

（1）概述：2020年9月25日15时许，位于广东省东莞市松山湖高新技术产业开发区的华为团泊洼项目某在建实验室内发生火灾事故，事故造成3人死亡，直接经济损失约3 945万元。

（2）事故经过：2020年9月25日14时40分许，大连中山化工的施工现场负责人葛某在G2栋一楼巡查时，闻到疑似吸波材料燃烧的味道，立即组织现场施工人员寻找火源，后来发现暗室顶棚一灯箱处冒出浓烟，葛某等人用干粉灭火器扑救无果后，赶紧疏散现场人员离开。15时05分05秒，暗室顶棚有明火出现，消防控制室的火灾自动报警系统发出火灾警报信号。15时06分，万科物业保安张某进入现场，15时09分，万科物业消防工程师刘某进入现场，15时12分，万科物业消防监督员何某甲进入现场，现场施工人员陆续离开现场。15时13分，暗室内出现大片火光。15时14分许，火势蔓延到暗室门外。15时14分03秒，孔某、祁某等10多名保安工作人员拿灭火器等工具进入办公区，开始疏散人员，现场出现浓烟。15时14分17秒，何某乙等人在暗室通道处的消火栓拿出水带进行扑救火灾。15时14分21秒，松山湖公安分局指挥中心拨打119报警电话。15时14分31秒，彭某等人手持灭火器和防毒面具进入北侧疏散楼梯。随后，万科物业组织有关人员进行疏散和开展灭火工作。15时18分，松山湖消防救援大队到达火灾现场进行处置。

（3）应急救援情况：15时14分接到报警后，松山湖公安分局立即通知路面警力赶往现场，配合消防部门开展现场救援，疏散群众及维护现场秩序。接报后，松山湖应急管理分局立即将初步了解的情况向市应急管理局值班室和管委会值班室报告。园区党工委领导负责同志和应急管理分局、城市建设局领导立即率领工作人员赶赴现场，开展应急处置工作。

市消防救援支队指挥中心调派松山湖、特勤、常平、寮步等15个单位，35辆消防车，150名指战员赶赴现场救援。至16时50分，救援人员将可见明火扑灭。17时许，火场已无阴燃和冒烟现象。18时许，现场指挥部接到物业管理方的报告，有3人失联，疑似被困火场。19时许，救援人员在G2栋4楼北面检修走廊搜索发现3名遇难人员，随即用担架抬出。在外待命的松山湖社区卫生服务中心和东华医院松山湖园区医护人员立即检查，发现3人已无生命体征，确认已经死亡。经现场勘查，暗室顶棚和四周的屏蔽钢结构已整体坍塌。

（4）火灾原因。起火部位为G2栋内暗室顶棚东北角（距离暗室北墙约1m，距离暗室东墙约25m范围），起火原因为电焊工李某在暗室顶棚上东北角进行电焊作业，高温焊渣引燃暗室内顶棚的环保型装饰胶、微波吸收材料（聚氨酯材料）等物质引发火灾。

**2.火灾教训**

（1）违规电焊引起火灾，在动火作业时无证操作，现场监护不够。

（2）人员冒险灭火，在不具备灭火能力的情况下，3人进入现场实施灭火，导致身亡。

# 案例十五　广播电视中心

## 央视配楼火灾

**1.火灾基本情况**

（1）概述：2010年2月9日，位于北京市朝阳区光华路的中央电视台新址园区文化中心（以下简称“央视新址”）发生火灾。大火持续燃烧了6h，事故造成1名消防队员因吸入过量毒气牺牲，另有6名消防队员、2名施工人员因吸入高温烟气导致呼吸道吸入性损伤。建筑物过火过烟面积21 333m²（其中过火面积8 490m²），直接经济损失16 383.93万元。

（2）起火经过：2009年2月9日晚20时，启动了央视新址烟花燃放活动。大约15min之后，现场有人看到北配楼顶楼冒起了烟。20时15分左右，文化中心顶层的门式造型顶部呈冒烟至初期明火形态。

（3）消防救援情况：20时27分，北京市公安局消防局119指挥中心接到火灾报警，先后共调集了27个消防中队、85辆消防车、595名消防官兵前往央视新址进行扑救。至当日23时58分，起火的文化中心外部明火被基本扑灭。到次日凌晨2时许，大火才被彻底扑灭。火灾扑救过程中，共抢救疏散现场及周边群众800余人，事故造成1名消防队员因吸入过量毒气牺牲，另有6名消防队员、2名施工人员因吸入高温烟气导致呼吸道吸入性损伤。

（4）火灾直接原因：央视新址办违反烟花爆竹安全管理相关规定，未经有关部门许可，在施工工地内违法组织大型礼花焰火燃放活动，在安全距离明显不足的情况下，礼花弹爆炸后的高温碎片落入文化中心主体建筑顶部擦窗机检修孔内，引燃检修通道内壁裸露的易燃材料引发火灾。

（5）责任追究：国务院认定这是一起由于建设单位违反规定、组织大型礼花焰火燃放活动、施工单位使用不合格材料、监理单位监理不力、有关政府职能部门监管不力导致的责任事故，71名事故责任人受到责任追究。其中，中央电视台副总工程师、央视新址办主任徐某等44人被移送司法机关追究刑事责任，对新台址建设工程办公室罚款300万元。

**2.火灾教训**

（1）在存在可燃物的现场违规燃放烟花。

（2）建筑外墙材料可燃，导致火灾迅速蔓延扩大。

# 案例十六　邮电通信场所

## “4·19”上海电信大楼火灾

**1.火灾基本情况**

（1）概述：2011年4月19日下午，上海武胜路电信大楼发生火灾，空置机房过火面积为30m²，4人在火灾事故中丧生。

（2）火灾经过：13点32分，上海武胜路电信大楼13层一个空置机房在施工中发生火灾，火灾发生后上海电信第一时间报警并有效控制火势。

（3）救援经过：上海公安消防部门接警后调派12辆消防车灭火，明火于13时50分扑灭。

（4）火灾直接原因：起火原因系装修工人切割施工作业时引燃风管保温材料所致。

**2.火灾教训**

（1）违规电焊引发火灾。

（2）火灾发生后，人员未能及时有效应急，导致人员死亡。

# 案例十七　文物古建筑

## 香格里拉独克宗古城火灾事故

**1.火灾基本情况**

（1）概述：2014年1月11日1时10分许，云南省迪庆州香格里拉县独克宗古城仓房社区池廊硕8号如意客栈经营者唐某，在卧室内使用取暖器不当，引燃可燃物，引发火灾，造成烧损、拆除房屋面积59 980.66m$^2$，烧损（含拆除）房屋直接损失8 983.93万元（不含室内物品和装饰费用），无人员伤亡。

（2）独克宗古城情况：在《香格里拉县城市总体规划（2010—2030）》中确定的独克宗古城保护的中心主题为："保护独克宗古城的空间形态、山体水系、建筑群体环境、地方历史建筑和传统民居以及具有民族特色的人文景观和民族文化"。古城以大龟山为中心，呈放射状扩展布局，面积36.9hm$^2$。辖北门、仓房、金龙3个社区办事处，9个村民小组，主要交通道路4条，巷道23条，最宽处5.2m，最窄处3.3m。共有传统民居515幢，非传统民居105幢，新建民居83幢，民居1 682户。常住人口8 287人，流动人口4 521人。

（3）火灾经过：1月10日，独克宗古城仓房社区池廊硕8号如意客栈经营者唐某，从吃晚饭开始，先后3次大量饮酒至23时20分左右，回到客栈的卧室躺下睡着了。11日凌晨1时左右，唐某醒后发现其房间里小客厅西北角电脑桌处起火，遂先后两次用水和灭火器灭火，但没有扑灭。于是唐某让小工和某报警并跑到一楼配电房拉下电闸，用手机再一次报警，并从餐厅跑出。

（4）救援经过：1月11日1时22分，迪庆州消防支队接到火灾报警后，迅速调集支队特勤中队奔赴火灾现场。1时37分，特勤中队首战力量到达古城火灾事故现场，1时41分，出水控火，经15min扑救后，火势被控制在起火建筑如意客栈范围。之后，参战部队连续开启附近4个室外消火栓（古城专用消防系统消火栓）进行补水，但均无水，便迅速调整车辆到距离现场1.5km外的龙潭河进行远距离供水，同时，组织力量从市政消火栓运水供水。此时，火势开始蔓延。

香格里拉县公安局110指挥中心接到报警后，及时指令县消防大队和建塘派出所出警处置，1时40分将警情上报至州公安局指挥中心。与此同时，正在执行城区巡逻防控工作的西片区巡控组发现火情，立即用对讲机向城区巡控工作办公室通报，办公室紧急指令另6个巡控组火速赶赴现场开展救援。1时41分许，建塘派出所4名民警到达现场，1时43分许，巡控组共110名警力赶到火灾现场、特警大队城区主干道巡逻组14名警力赶到现场。

从2时20分起至4时，公安民警、消防、武警及军分区官兵先后分5批到达现场。共计1 600余人，全面投入救援中。5时许，挖掘机等大型机械设备陆续到场。6时许，州开发区中队、维西中队5车17人的增援力量抵达现场。7时许，在全体救援力量的共同努力下，火势得到有效控制。7时50分，丽江、大理支队18车95人的增援力量到场。9时45分，省消防总队灭火指挥部11人，昆明支队33人携相关设备到达现场。当日10时50分许，明火基本扑灭，对余火进行清理，防止死灰复燃。

（5）火灾事故直接原因：客栈经营者唐某在卧室内使用取暖器不当，入睡前未关闭电源，取暖器引燃可燃物引发火灾。

**2.火灾教训**

（1）古城的火源管理不善，对人员教育不足。

（2）火灾发生后，现场的火灾应急处置不力。

# 案例十八　宗教场所

## 法国巴黎圣母院火灾

**1.火灾基本情况**

（1）概述：当地时间2019年4月15日18点50分左右，法国巴黎圣母院发生火灾，整座建筑损毁严重。

（2）火灾发生及处置经过：当地时间2019年4月15日18点20分左右，巴黎圣母院的火灾警铃首次响起，但去查看火灾的工作人员没有发现任何火情。有消息称当第一个警报响起时，计算机定位给出了错误的位置。18点43分左右，另一声警报响起，有两名安全员发现天花板上出现火焰，当时火焰大约有9英尺（约2.74m）高。18点50分左右，当地消防部门收到消息，称巴黎圣母院大教堂屋顶上冒出火焰和烟雾。19点07分左右，一名路透社记者从远处看到巴黎圣母院的烟雾和火焰。19点40分，火势蔓延到巴黎圣母院大教堂的尖顶上。事情得到法国总统马克龙的关注。19点53分，巴黎圣母院中部的尖塔坍塌。20点07分，路透社现场记者报道称，巴黎圣母院的整个屋顶倒塌了。20点25分，巴黎圣母院附近区域被警方疏散。21点，大火仍然没有被扑灭，夜幕下的巴黎圣母院主体建筑不断冒出白色烟雾，空气中弥漫着刺鼻的气味。22点20分，法国内政部的一名官员表示，有400名消防员已在火灾现场，但他们可能无法拯救巴黎圣母院。22点50分，巴黎市长表示，为了防止火势蔓延，居住在巴黎圣母院附近的人们已经被疏散。23点05分，一名法国消防官员表示，巴黎圣母院的标志性长方形塔楼已从火灾中抢救出来。23点15

分，巴黎检方称，调查人员对巴黎圣母院着火区域进行灭火。4月16日0点35分，大火仍在继续燃烧。4月16日3点30分左右公布了巴黎圣母院大火救援的最新进展，称火情已“全部得到有效控制，并已部分扑灭”。10点，巴黎圣母院大火被全部扑灭。屋顶和塔尖被烧毁，主体建筑得以保存，圣母院中的主要文物“耶稣荆棘冠”和“圣路易祭服”等没有受损。火灾进入调查和损失评估阶段。

（3）火灾原因：火灾发生后，巴黎市检察机关在第一时间宣布启动调查，调查方向初步定为“过失引发火灾导致损毁”。

**2.火灾教训**

（1）宗教场所的火源管理应得到关注，并采取扎实措施。

（2）高大空间建筑的灭火，应配置相应的灭火设备和器材。

# 案例十九　物资仓储场所

## “1·2”哈尔滨仓库火灾

**1.火灾基本情况**

（1）概述：2015年1月2日13时14分，位于黑龙江省哈尔滨市道外区太古头道街的北方南勋陶瓷大市场的三层仓库起火，过火面积1.1万$m^2$。发生火灾的仓库位于一栋总层高11层的居民楼，其中1～3层为仓库，4～11层为居民楼。火灾扑救过程中，起火建筑多次坍塌，坍塌面积3 000$m^2$，造成5名消防员牺牲、14人受伤。火灾直接损失达5 913万元。

（2）事故过程：当天，红日百货批发部员工戴某在4号库房取货时，发现4号库房东南角分线盒处正在冒烟、打火，与分线盒连接的一段电源线绝缘层烧焦了，就让同事谢某将电闸关掉。电闸关闭后，两人却没有检查通往1号库房的电线及电线上用电设备运行情况。戴某在没有电工职业资格的情况下，对分线盒处烧焦的电源线路进行了更换。收拾工具时，发现1号库房一层和二层中间的彩条布着火了，立即喊人灭火，后续到场人员拨打了119电话报警。

（3）消防救援：哈尔滨市公安消防支队指挥中心接到报警后，在黑龙江省公安消防总队的指挥下，先后调集哈尔滨市以及大庆、绥化等地27支消防部队、152辆消防车、642名指战员赴现场实施灭火救援。

火灾发生后，哈尔滨市市委、市政府和道外区委、区政府立即启动火灾抢险救灾应急预案，组织公安、消防、安监、行政执法等部门及辖区3个街道办事处1 000余名干警和工作人员，维护火灾现场秩序，有序组织人员疏散，共组织疏散居民752户2 731人，商户272户，群众无伤亡。

（4）火灾直接原因：私接电线、违章使用电暖器引发火灾。

（5）责任追究：涉嫌失火罪1人，提请检察机关批准逮捕；涉嫌消防责任事故罪8人，被检察机关批准逮捕。

**2.火灾教训**

（1）火源管理措施不够完善。

（2）建筑耐火等级存在问题，火灾荷载大。

# 案例二十　厂房

## 宁波锐奇日用品有限公司火灾

**1.火灾基本情况**

（1）概述：2019年9月29日13时10分许，位于浙江省宁海县梅林街道梅林南路195号的宁波锐奇日用品有限公司（以下简称“锐奇公司”）发生重大火灾事故，事故造成19人死亡，3人受伤（2重伤，1轻伤），其中1名重伤人员一个月后抢救无效死亡，过火总面积约1 100$m^2$，直接经济损失约2 380.4万元。

（2）火灾经过：2019年9月29日13时10分许，锐奇公司员工孙某在厂房西侧一层灌装车间，用电磁炉加热制作香水的原料异构烷烃混合物，在将加热后的混合物倒入塑料桶时，因静电放电引起可燃蒸气起火燃烧。孙某未就近取用灭火器灭火，而是采用用纸板扑打、覆盖塑料桶等方法灭火，持续4min以上，灭火未成功。火势渐大并烧熔塑料桶，引燃周边易燃可燃物，一层车间迅速进入全面燃烧状态并发生了数次爆炸。13时16分许，燃烧产生的大量一氧化碳等有毒物质和高温烟气向周边区域蔓延扩大，迅速通过楼梯向上蔓延，引燃二层、三层成品包装车间可燃物。13时27分许，整个厂房处于立体燃烧状态。

（3）消防救援：13时14分，宁海县消防救援大队接到报警后，第一时间调集力量赶赴现场处置。宁波市、宁海县人民政府接到报告后，迅速启动应急预案，主要负责同志立即赶赴现场，调动消防、公安、应急管理等有关单位参加应急救援，共出动消防车25辆、消防救援人员115人。现场明火于15时许被扑灭。因西侧建筑随时可能发生爆炸，且建筑物燃烧导致楼板坍塌或变形，随时可能形成二次坍塌，经建筑结构专家安全评估，不宜立即采取内攻搜救。风险排除后，9月30日凌晨3时20分许，搜救人员进入西侧建筑三层包装车间，在西南角发现18名遇难人员；4时10分许，在西侧建筑一层灌装车间南侧又发现1名遇难人员，事故遇难的19人均被发现。截至9月30日傍晚，事故现场残存化学品储存罐体全部处置完毕，由宁波市北仑环保固废有限公司运往北仑区进行专业处置。

（4）火灾直接原因：该起事故的直接原因是锐奇公司员工孙某将加热后的异构烷烃混合物倒入塑料桶时，因静电放电引起可燃蒸气起火并蔓延成灾。

（5）责任追究：锐奇公司股东葛某，涉嫌重大责任事故罪；宁海县裕亮文具厂法定代表人林某，涉嫌重大劳动安全事故罪，被公安机关采取刑事强制措施。

**2.火灾教训**

（1）员工未经消防安全培训，在火灾发生后不会采取应急措施，导致大量人员伤亡。

（2）单位生产过程中的火灾危险防范措施不够完善。

# 案例二十一 汽车库、停车场

## 东营港经济开发区坤德停车场火灾

**1.火灾基本情况**

（1）概述：2020年7月15日15时30分许，山东省东营市东营港经济开发区坤德停车场发生危险货物道路运输车罐体泄漏火灾事故，造成8人受伤、36辆危险货物道路运输车烧毁，直接经济损失约792万元。

（2）事故发生经过：2020年7月15日00时56分许，滕某驾驶装载汽油（实载30.17t，核载33.5t）的危险货物道路运输车A，从位于河北省沧州黄骅市的充装单位（河北新启元能源技术开发股份有限公司）出发，先后途经滨州市无棣县、沾化县和东营市河口区，于15时10分许驶入东营港经济开发区坤德停车场停车。在运输途中及坤德停车场停车时，罐体顶部呼吸阀与罐体间阀门处于关闭状态。15时21分许，滕某爬上该车辆罐顶，打开罐顶2个呼吸阀下面的阀门放气。15时30分许，滕某手持长棍撬开该车前部、罐体顶部的紧急泄放装置，罐内油气瞬间喷出，40s后滕某将该紧急泄放装置关闭，喷出的油气快速蔓延扩散，在周边空气中形成可燃爆气体。紧急泄放装置关闭17s后，距离该车西北方向的危险货物道路运输车的驾驶人于某欲驶离时启动车辆，引发爆燃。

（3）应急处置情况：15时32分，指挥部组织安兴路消防救援站出动13辆消防车、25名消防指战员，并调集附近广悦化工、天弘化学等公司9支专职消防队的19辆消防车、4台消防机器人、79名专职消防队员到达现场，进行先期处置。根据火情，指挥部采取冷却抑爆、重点疏散、分段推进、逐个消灭、合围夹击的措施进行处置，最大限度地将事故损失和影响降到最低。现场火点于22时15分全部扑灭。

（4）人员伤亡、经济损失：该事故共造成停车场内危险货物道路运输车驾驶人、押运人员8人受伤，共造成直接经济损失约792万元。

（5）火灾原因：危险货物道路运输车A罐体顶部呼吸阀与罐体间阀门关闭，加之长途运输、天气高温等原因致使车辆罐体内压力升高；危险货物道路运输车A驾驶人滕某强行打开罐体顶部紧急泄放装置导致油气喷出；危险货物道路运输车B驾驶人于某发现危险货物道路运输车A罐体油气泄漏后，欲驾驶危险货物道路运输车B驶离，启动该车时产生点火源，从而引发可燃气体爆燃。

2.火灾教训

(1)违规锁闭化学品罐车的紧急泄放阀门，导致罐内超压。

(2)在发生泄漏后，现场人员应急能力差，处置不当。

# 案例二十二 石油化工企业

## 临沂金誉石化有限公司“6·5”罐车泄漏重大爆炸着火事故

1.火灾基本情况

(1)概述：2017年6月5日凌晨1时左右，山东省临沂市金誉石化有限公司储运部装卸区的一辆液化石油气运输罐车在卸车作业过程中发生液化气泄漏，引起重大爆炸着火事故，造成10人死亡，9人受伤，直接经济损失4 468万元。

(2)事故发生经过：2017年6月5日0时58分，临沂金誉物流有限公司驾驶员唐某驾驶豫J90700液化气运输罐车经过长途奔波、连续作业后，驾车驶入临沂金誉石化有限公司并停在10号卸车位准备卸车。

唐某下车后先后将10号装卸臂气相、液相快接管口与车辆卸车口连接，并打开气相阀门对罐体进行加压，车辆罐体压力从0.6MPa上升至0.8MPa以上。0时59分10秒，唐某打开罐体液相阀门一半时，液相连接管口突然脱开，大量液化气喷出并急剧气化扩散。正在值班的临沂金誉石化有限公司韩某等现场作业人员未能有效处置，致液化气泄漏长达2min10s，很快与空气形成爆炸性混合气体，遇到点火源发生爆炸，造成事故车及其他车辆罐体相继爆炸，罐体残骸、飞火等飞溅物接连导致1 000m$^3$液化气球罐区、异辛烷罐区、废弃槽罐车、厂内管廊、控制室、值班室、化验室等区域先后起火燃烧。现场10名人员撤离不及当场遇难，9名人员受伤。

(3)应急处置情况：事故发生后，企业员工立即拨打119、120报警、救援，迅速开展自救互救，疏散撤离厂区人员，紧急关闭装卸物料的储罐阀门、切断气源等。省消防总队共调集了8个消防支队，组成13个石油化工编组和23个灭火冷却供水编队，动用189辆消防车、7套远程供水系统、76门移动遥控炮、244t泡沫液、958名官兵到场处置，经过15个小时的救援，罐区明火被扑灭。

(4)直接原因：肇事罐车驾驶员长途奔波、连续作业，在午夜进行液化气卸车作业时，没有严格执行卸车规程，出现严重操作失误，致使快接接口与罐车液相卸料管未能可靠连接，在开启罐车液相球阀瞬间发生脱离，造成罐体内液化气大量泄漏。现场人员未能有效处置，泄漏后的液化气急剧气化、迅速扩散，与空气形成爆炸性混合气体达到爆炸极限，遇点火源发生爆炸燃烧。液化气泄漏区域的持续燃烧，先后导致泄漏车辆罐体、装卸区内停放的其他运输车辆罐体发生爆炸。爆炸飞溅物击中周边设施、储罐等，致使2个液化气球罐发生泄漏燃烧，2个异辛烷储罐发生燃烧爆炸。

据调查事故车辆行驶的GPS记录，肇事罐车驾驶员唐某从6月3日17时到6月4日23时37分，近32h的驾驶过程中只休息4h，期间等候装卸车2h50min，其余24h均在驾车行驶和装卸车作业。押运员陈某没有驾驶证，行驶过程都是唐某在驾驶车辆。6月5日凌晨0时57分，车辆抵达临沂金誉石化有限公司后，唐某安排陈某回家休息，自己实施卸车作业。在极度疲惫状态下，操作出现严重失误，装卸臂快接口两个定位锁止扳把没有闭合，致使快接接口与罐车液相卸料管未能可靠连接。

据分析，引发第一次爆炸可能的点火源是临沂金誉石化有限公司生产值班室内在用的非防爆电器产生的电火花。

**2.火灾教训**

（1）违章操作，未严格执行危险品道路运输车辆行驶消防安全要求中对于驾驶员与押运员的相关要求。

（2）泄漏发生后，现场人员应急处置不当，扩大了伤亡。

# 案例二十三　交通工具

## 韩国大邱地铁火灾

**1.火灾基本情况**

（1）概况：韩国大邱地铁火灾发生于2003年2月18日，当时一辆在韩国大邱市的地铁列车被纵火，并波及另一辆列车，最终导致198名乘客死亡、147人受伤。

（2）火灾经过：金某搭乘往大邱站方向的大邱广域市地下铁公社1079号列车时，在中央路站一段区间利用盛满汽油的牛奶瓶纵火。由于列车座位采用易燃物料，再加上火灾发生时正好有对头列车（1080号）驶近，火势一发不可收拾。整个中央路站陷入一片火海，导致198名乘客死亡，其中大部分都是搭乘1080号列车的乘客，他们被大火烧死或被浓烟呛死。另有147名乘客受伤。

（3）事故后续：金某被判无期徒刑，大邱地铁中央路车站整修2个月后重新开放。

**2.火灾教训**

（1）地铁列车的消防管理中，对纵火防范措施不够严格。

（2）地铁发生火灾后的灭火应急和人员疏散保护措施不够完善。

# 案例二十四　建筑工地

## 上海静安教师公寓大楼火灾事故

### 1.火灾基本情况

（1）概述：2010年11月15日，上海市静安区胶州路728号公寓大楼发生一起因企业违规造成的特别重大火灾事故，造成58人死亡、71人受伤，建筑物过火面积12 000m$^2$，直接经济损失1.58亿元。

（2）事故基本情况：上海市静安区胶州路728号公寓大楼所在的胶州路教师公寓小区于2010年9月24日开始实施节能综合改造项目施工，建设单位为上海市静安区建设和交通委员会，总承包单位为上海市静安区建设总公司，设计单位为上海静安置业设计有限公司，监理单位为上海市静安建设工程监理有限公司。施工内容主要包括外立面搭设脚手架、外墙喷涂聚氨酯保温材料、更换外窗等。

（3）居民自救：部分受灾人果断关闭电源和煤气，用湿毛巾掩面；不少人都是发现火情后直接跑到楼外脚手架上以求逃生；有人从楼上跳下去；有人跑到楼顶呼救；有人留在原地等待救援。

（4）消防救援：14时05分左右楼层发生火灾；14时16分，接到火警报警电话；火警之后的第18分钟，有消防车辆出现在火灾现场进行救援。紧接着救护车赶到，消防员利用水枪救火，并冲入大楼救人；14时40分许，警用直升机赶赴现场；15时30分，利用高架云梯和高压水枪开始控制火势；15时50分，三架警用直升机已经飞抵着火大楼的顶部，实施索降救援被困在楼顶的居民；16时，警用直升机飞离顶楼；18时30分，火势基本扑火后，消防人员及时进入火灾现场，逐层收拾残火，仔细搜救各楼层的居民，200名官兵挨家挨户搜救；45个消防中队、122辆消防车出动，救出100余人。

（5）事故的直接原因：在胶州路728号公寓大楼节能综合改造项目施工过程中，施工人员违规在10层电梯前室北窗外进行电焊作业，电焊溅落的金属熔融物，引燃下方9层位置脚手架防护平台上堆积的聚氨酯保温材料碎块、碎屑，引发火灾。

（6）责任追究：对54名事故责任人做出严肃处理，其中26人被移送司法机关依法追究刑事责任，28人受到党纪、政纪处分。

### 2.火灾教训

（1）在从事电焊作业时未能做好防护措施。

（2）建筑外墙保温材料为易燃物质，导致火灾在全楼蔓延扩大。

# 案例二十五　三合一、多合一场所

## （一）河南周口多合一门店火灾

### 1.火灾基本情况

（1）时间：2020年7月30日5时38分（119接警时间）。

（2）地点：河南省周口市鹿邑县高集乡如意床垫店。

（3）消防灭火救援和亡人情况：当地宣传部门通报，明火是6时55分左右扑灭的，随后进行了搜救，发现有5人死亡。

（4）建筑情况：违规搭建的聚苯乙烯泡沫夹芯彩钢板屋顶房，分东西两部分，东部是门面房，用于销售和住宿；西部用于生产、展厅和厨房，共170m$^2$。东部有三个卷帘门作为出口，西部也有出口。

（5）火灾原因：建筑东部彩钢板内部电线故障起火。

（6）其他：起火后，有附近居民拨打了119电话，还有人协助派出所民警破门，并用洒水车灭火，目击者介绍，失火门店主要是制作、销售床垫、窗帘等生活用品。

### 2.火灾教训

（1）建筑违规使用夹芯彩钢板，住人部位与其他部位未做分隔。

（2）发现火灾晚，人员无法通过安全出口（卷帘门）逃生。

（3）现场存有大量易燃物，并产生大量有毒烟气。

## （二）湖南浏阳某超市火灾

### 1.火灾基本情况

（1）概述：2019年10月1日凌晨1点44分，浏阳市某超市突发大火，过火面积约120m$^2$，造成2人死亡。

（2）起火单位概况：起火超市面积约120m$^2$，层高4.3m，超市经营者为夫妻二人，在装修超市时在后门高约2.3m处违规搭建阁楼，并堆放货物及设置卧室，晚上便在阁楼休息，集经营、仓储、生活为一体。

（3）起火经过：2019年9月30日晚11点20分，超市关门停止营业，丈夫洗澡前随手将没有熄灭的香烟放在了浴室门口的纸箱上，洗澡后忘记将烟头熄灭。夫妻在洗完澡后都上阁楼的卧室休息，没有注意到放在纸箱上面的烟头还没有熄灭。20min后，烟头便引燃了纸箱，并不断向纸箱四周阴燃、蔓延。2h后，三个堆放起来的纸箱也已经发生阴燃。到10月1日凌晨1点40分，阴燃的纸箱引燃了周边的可燃物，火势瞬间飞快蔓延。到凌晨

1点48分，引燃了阁楼的楼板，瞬间整个超市被大火吞噬，而在阁楼睡觉的夫妻俩发现起火时已经被大火包围，不幸遇难。

（4）救援过程：10月1日凌晨1点44分，消防指挥中心接到报警称：浏阳市某超市突发大火，夫妻俩被困在超市里生死不明。附近居民发现火情后立即拨打了报警电话，同时撬开卷闸门试图救人。打开卷闸门后，火势已经十分猛烈，浓烟弥漫。关口中队的消防队员到达现场后立即出水灭火，同时另一组队员进入火场搜寻被困人员，很快消防队员在超市阁楼发现了倒在地上的两人。但遗憾的是，经检查发现两人都已没有了生命体征。

（5）火灾直接原因：死者随意将没有熄灭的香烟放在了可燃的纸箱上，之后忘记将烟头熄灭。未熄灭的烟头使纸箱发生阴燃，而后引燃了附近可燃物起火。

**2.火灾教训**

（1）对烟头的阴燃性能认识不足，吸烟后将烟头放置在可燃物上。

（2）在经营性场所（超市）内住人，并且现场没有安装火灾探测报警器，导致火灾发现晚，人员因吸入过多火灾烟气而死亡。

## （三）深圳市青藏手工酸奶店火灾

**1.火灾基本情况**

（1）火灾基本情况：2020年2月23日1时20分许，深圳市宝安区航城街道三围社区雅居苑统建楼东侧一楼临街商铺“青藏手工酸奶店”发生火灾事故，过火面积40m$^2$，造成4人死亡，火灾直接经济损失117.82万元。

（2）建筑情况：酸奶店首层东西长14m，南北宽3m，层高4.1m，面积42m$^2$；距东墙7.5m处搭建一个钢筋混凝土结构阁楼，为不规则多边形，东西长6.66m，南北宽6.5m，阁楼高1.7m，面积约40m$^2$；距东墙7.56m处，沿着北墙东西向设有一条长3.4m、宽0.85m楼梯通往阁楼。

（3）火灾发生及救援情况：2月23日2时56分许，深圳市119消防指挥中心接到报警称：位于宝安区航城街道雅居苑小区一楼临街奶茶店（酸奶店）冒烟。2时59分，西乡消防救援站值班室接到支队指挥中心调度命令，立即出动西乡消防救援站及下属宝安区第八专职消防队共4辆消防车、24名消防指战员赶往现场。3时8分许，宝安区第八专职消防队首先到达现场，立即进行火情侦察，发现酸奶店和其相邻的“宏源地产”商铺广告牌处均有浓烟冒出，商铺大门反锁，未发现明火。3时14分，西乡消防站到场，指挥员迅速组织队员对广告牌进行破拆并出水排烟降温，随后对相关商铺卷帘门进行破拆，利用红外测温仪探测火源，发现着火部位为酸奶店，立即组织实施内攻搜救和灭火。4时8分明火被基本扑灭，4时53分残火及阴燃堆垛被清理完毕。随后，消防人员对火场进行排烟降温并全面清理。在火场深入清理过程中，先后在酸奶店二层阁楼发现4名遇难者（1名中年男性、2名中年女性、1名女婴）。7时10分许辖区公安派出所到场，7时20分许120医护力量到场。现场过火面积约40m$^2$，主要燃烧物为纸皮、床垫、电器等。

（4）火灾伤亡及损失：火灾导致4人死亡。根据广东省深圳市宝安区公安司法鉴定中心鉴定，4人死亡原因均为火场窒息死亡。依据永拓会计师事务所（特殊普通合伙）深圳分所出具的《2020年2月23日火灾事故财产损失价值认证及死者死亡善后处理的费用情况报告》，核定宝安区航城街道“2·23”较大火灾事故直接经济损失117.82万元。

（5）火灾原因：酸奶店阁楼东北角电气线路短路。

**2.火灾教训**

（1）人员违规在经营性小场所居住。

（2）场所内用电混乱，火灾报警器动作后因蜂鸣器事先被拔掉而未发出警报声，值班人员未能及时反应，未尽到救援义务。

# 第三部分

# 公众消防安全教育培训教程测试题

# 测试题一　消防法律法规及常识[①]

## 一、单项选择题

**1.我国消防法律法规体系中的“根本大法”是（　）。**

A.《危险化学品安全管理条例》　B.《中华人民共和国消防法》

C.《烟花爆竹安全管理条例》　D.《生产安全事故报告和调查处理条例》

**2.《中华人民共和国消防法》于（　）由第九届全国人民代表大会常务委员会第二次会议通过。**

A.1998年4月29日　B.1998年9月1日

C.2008年10月28日　D.2019年4月23日

**3.《中华人民共和国消防法》自（　）起施行，此后又经过两次修订。**

A.1998年4月29日　B.1998年9月1日

C.2008年10月28日　D.2019年4月23日

**4.《中华人民共和国消防法》于（　）由第十一届全国人民代表大会常务委员会第五次会议修订通过。**

A.1998年4月29日　B.1998年9月1日

C.2008年10月28日　D.2019年4月23日

**5.《中华人民共和国消防法》于（　）由第十三届全国人民代表大会常务委员会第十次会议修订通过。**

A.1998年4月29日　B.1998年9月1日

C.2008年10月28日　D.2019年4月23日

**6.《中华人民共和国消防法》共（　）章。**

A.6　B.7　C.8　D.9

**7.《中华人民共和国消防法》共7章（　）条。**

A.70　B.74　C.80　D.84

**8.《中华人民共和国消防法》是我国消防法律法规体系中的（　）。**

A.基本法　B.根本大法　C.基础法律　D.特殊法律

**9.《中华人民共和国消防法》于1998年4月29日由第（　）届全国人民代表大会常务委员会第二次会议通过。**

A.七　B.八　C.九　D.十

**10.《中华人民共和国消防法》于1998年4月29日由第九届全国人民代表大会常务委员会第（　）次会议通过。**

A.一　B.二　C.三　D.四

---

① 测试题一为本教程第二章相关的测试题。

11.《中华人民共和国消防法》于2008年10月28日由第十一届全国人民代表大会常务委员会第( )次会议修订通过。

A.五 B.七 C.九 D.十一

12.《中华人民共和国消防法》于2019年4月23日由第( )届全国人民代表大会常务委员会第十次会议修订通过。

A.五 B.七 C.十三 D.十一

13.《中华人民共和国消防法》于2019年4月23日由第十三届全国人民代表大会常务委员会第( )次会议修订通过。

A.八 B.九 C.十 D.十一

14.( )包括行政法规和地方性法规。

A.消防法律 B.消防法规 C.消防规章 D.消防技术标准

15.消防法规包括( )和地方性法规。

A.部门规章 B.行政法规 C.国家标准 D.消防技术标准

16.消防法规包括行政法规和( )。

A.地方性法规 B.地方标准 C.地方政府规章 D.消防技术标准

17.下列属于行政法规的是( )。

A.《江西省消防条例》 B.《天津市消防条例》

C.《上海市烟花爆竹安全管理条例》 D.《危险化学品安全管理条例》

18.下列不属于行政法规的是( )。

A.《烟花爆竹安全管理条例》 B.《生产安全事故报告和调查处理条例》

C.《建设工程消防监督管理规定》 D.《危险化学品安全管理条例》

19.下列属于地方性法规的是( )。

A.《江西省消防条例》 B.《危险化学品安全管理条例》

C.《生产安全事故报告和调查处理条例》 D.《国务院关于特大安全事故行政责任追究的规定》

20.下列不属于地方性法规的是( )。

A.《江西省消防条例》 B.《上海市烟花爆竹安全管理条例》

C.《天津市消防条例》 D.《上海市消火栓管理办法》

21.下列属于部门规章的是( )。

A.《机关、团体、企业、事业单位消防安全管理规定》

B.《上海市危险化学品安全管理办法》

C.《上海市消火栓管理办法》

D.《新疆维吾尔自治区棉花消防安全管理办法》

22.下列不属于部门规章的是( )。

A.《机关、团体、企业、事业单位消防安全管理规定》

B.《建设工程消防监督管理规定》

C.《消防监督检查规定》

D.《国务院关于特大安全事故行政责任追究的规定》

23.下列属于地方政府规章的是( )。

A.《上海市危险化学品安全管理办法》 B.《消防监督检查规定》

C.《火灾事故调查规定》
D.《社会消防安全教育培训规定》

**24.下列不属于地方政府规章的是(　　)。**

A.《上海市危险化学品安全管理办法》
B.《上海市消火栓管理办法》
C.《新疆维吾尔自治区棉花消防安全管理办法》
D.《上海市烟花爆竹安全管理条例》

**25.下列属于国家标准的是(　　)。**

A.《自动喷水灭火系统施工及验收规范》
B.《人员密集场所消防安全管理》
C.《住宿与生产储存经营合用场所消防安全技术要求》
D.《仓储场所消防安全管理通则》

**26.下列不属于国家标准的是(　　)。**

A.《自动喷水灭火系统施工及验收规范》
B.《建筑设计防火规范》
C.《建筑内部装修设计防火规范》
D.《仓储场所消防安全管理通则》

**27.下列属于行业标准的是(　　)。**

A.《仓储场所消防安全管理通则》
B.《自动喷水灭火系统设计规范》
C.《建筑灭火器配置验收及检查规范》
D.《建筑内部装修设计防火规范》

**28.下列属于消防法律的是(　　)。**

A.《中华人民共和国消防法》
B.《危险化学品安全管理条例》
C.《烟花爆竹安全管理条例》
D.《生产安全事故报告和调查处理条例》

**29.我国涉及消防安全教育培训的相关法律不包括(　　)。**

A.《中华人民共和国消防法》
B.《中华人民共和国安全生产法》
C.《中华人民共和国突发事件应对法》
D.《中华人民共和国食品卫生法》

**30.《中华人民共和国消防法》规定,(　　)应当组织开展经常性的消防宣传教育,提高公民的消防安全意识。**

A.企业
B.各级人民政府
C.应急管理部门及消防救援机构
D.个人

**31.《中华人民共和国消防法》规定,(　　)应当加强消防法律、法规的宣传,并督促、指导、协助有关单位做好消防宣传教育工作。**

A.企业
B.各级人民政府
C.应急管理部门及消防救援机构
D.个人

**32.根据《中华人民共和国消防法》,(　　)不需将消防知识纳入教育、教学、培训的内容。**

A.教育、人力资源行政主管部门
B.学校
C.有关职业培训机构
D.家庭

**33.根据《中华人民共和国消防法》,(　　)、广播、电视等有关单位,应当有针对性地面向社会进行消防宣传教育。**

A.教育、人力资源行政主管部门
B.学校
C.有关职业培训机构
D.新闻

**34.根据《中华人民共和国消防法》,(　　)、共产主义青年团、妇女联合会等团体应当结合各自工作对象的特点,组织开展消防宣传教育。**

A.教育、人力资源行政主管部门
B.学校
C.工会
D.有关职业培训机构

**35.根据《中华人民共和国消防法》，(  )、居民委员会应当协助人民政府以及公安机关、应急管理等部门，加强消防宣传教育。**

A.教育、人力资源行政主管部门　　B.学校

C.工会　　D.村民委员会

**36.根据《中华人民共和国消防法》，村民委员会、居民委员会应当协助(  )，加强消防宣传教育。**

A.教育、人力资源行政主管部门　　B.学校

C.工会　　D.人民政府以及公安机关、应急管理等部门

**37.根据《中华人民共和国消防法》，在农业收获季节、森林和草原防火期间、重大节假日期间以及火灾多发季节，(  )应当组织开展有针对性的消防宣传教育，采取防火措施，进行消防安全检查。**

A.教育、人力资源行政主管部门　　B.学校

C.地方各级人民政府　　D.村民委员会

**38.《中华人民共和国安全生产法》规定，(  )应当采取多种形式，加强对有关安全生产的法律、法规和安全生产知识的宣传，增强全社会的安全生产意识。**

A.各级人民政府及其有关部门　　B.人民政府

C.教育、人力资源行政主管部门　　D.村民委员会

**39.《中华人民共和国消防法》的规定，机关、团体、企业、事业等单位应当至少(  )对本单位的消防设施进行一次全面的检测，并确保消防设施完好有效。**

A.每年　　B.每月　　C.每季度　　D.每半年

**40.《机关、团体、企业、事业单位消防安全管理规定》(公安部令第61号)的规定，公众聚集场所对员工的消防安全培训应当至少每(  )进行一次。**

A.2年　　B.半年　　C.1年　　D.3个月

**41.机关、团体、事业单位应当至少(  )进行一次防火检查。**

A.每月　　B.每半年　　C.每一年　　D.每季度

**42.《机关、团体、企业、事业单位消防安全管理规定》(公安部令第61号)规定，机关、团体、事业单位应当至少每(  )进行一次防火检查。**

A.年　　B.季度　　C.半年　　D.月

**43.《机关、团体、企业、事业单位消防安全管理规定》(公安部令第61号)规定，公众聚集场所在营业期间的防火巡查应当至少每(  )一次。**

A.半天　　B.两小时　　C.五小时　　D.天

**44.《机关、团体、企业、事业单位消防安全管理规定》(公安部令第61号)规定，消防安全重点单位对每名员工应当至少每(  )进行一次消防安全培训。**

A.半年　　B.季度　　C.月　　D.年

**45.《机关、团体、企业、事业单位消防安全管理规定》(公安部令第61号)规定，消防安全重点单位应当按照灭火和应急疏散预案，至少(  )进行一次演练。**

A.每年　　B.每月　　C.每半年　　D.每季度

**46.按照有关法律法规要求，消防安全重点单位应当(  )开展一次灭火和应急疏散预案的演练，其他单位应当(  )开展一次灭火和应急疏散预案的演练。**

A.每年　每半年　　B.每年　每年　　C.每年　每两年　　D.每半年　每年

**47.《机关、团体、企业、事业单位消防安全管理规定》(公安部令第61号)规定，消防安全重点单位应**

**至少每（ ）进行一次灭火和应急疏散预案的演练。**

A.半年 B.季度 C.年 D.月

**48.根据《中华人民共和国消防法》的规定，关于消防工作贯彻方针的说法正确的是（ ）。**

A.预防为主，消防为辅

B.预防为主，防治结合

C.必须坚持“防”“消”并举、并重的思想

D.通过预防和火灾扑救有机结合，最大限度地保护人身安全

**49.《机关、团体、企业、事业单位消防安全管理规定》（公安部令第61号）规定，单位应当通过多种形式开展经常性的消防安全宣传教育。（ ）对每名员工应当至少每年进行一次消防安全培训。**

A.消防安全重点单位 B.消防安全单位

C.地方各级人民政府 D.村民委员会

**50.《机关、团体、企业、事业单位消防安全管理规定》（公安部令第61号）规定，（ ）在营业、活动期间，应当通过张贴图画、广播、闭路电视等向公众宣传防火、灭火、疏散逃生等常识。**

A.消防安全重点单位 B.消防安全单位

C.公众聚集场所 D.公共娱乐场所

**51.《机关、团体、企业、事业单位消防安全管理规定》（公安部令第61号）规定，（ ）、幼儿园应当通过寓教于乐等多种形式对学生和幼儿进行消防安全常识教育。**

A.学校 B.企业 C.人民政府 D.家庭

**52.（ ）是消防安全教育的重要实施者。**

A.人民政府 B.机关、团体、企业、事业单位

C.消防救援机构 D.应急管理部门

**53.《社会消防安全教育培训规定》规定，各级各类学校应当至少确定一名熟悉消防安全知识的教师担任消防安全课教员，并选聘（ ）担任学校的兼职消防辅导员。**

A.家长 B.学生 C.消防专业人员 D.老师

**54.《国务院关于进一步加强消防工作的意见》规定，广泛开展消防安全宣传教育。（ ）每年要制订并组织实施消防宣传教育计划。**

A.地方各级人民政府 B.公安消防等部门

C.企业 D.新闻媒体

**55.《国务院关于进一步加强消防工作的意见》规定，广泛开展消防安全宣传教育。地方各级人民政府（ ）要制订并组织实施消防宣传教育计划。**

A.每年 B.每半年 C.每月 D.每两年

**56.《国务院关于进一步加强消防工作的意见》规定，（ ）、单位和新闻媒体要改进消防宣传教育形式，普及消防法律法规，教育广大人民群众切实增强防范意识，掌握防火、灭火和逃生自救常识。**

A.公安消防等部门 B.地方各级人民政府

C.企业 D.家庭

**57.《国务院关于进一步加强消防工作的意见》规定，（ ）、学校及其他教育机构要将消防知识纳入教学内容。**

A.公安消防等部门 B.地方各级人民政府

C.教育部门 D.家庭

**58.《国务院关于进一步加强消防工作的意见》规定，（ ）、司法、劳动保障等部门和单位要将消防法律**

法规和消防知识列入科普、普法、就业教育工作内容。

A.企业　B.地方各级人民政府

C.科技　D.家庭

59.《国务院关于进一步加强消防工作的意见》规定，乡(镇)人民政府、(　)和单位要在乡村、社区、办公区等场所设立消防宣传教育专栏和消防安全标识。

A.街道办事处　B.学校　C.科技　D.家庭

60.《国务院关于进一步加强消防工作的意见》规定，广播、电视、报刊、互联网站等新闻媒体应当(　)刊播消防公益广告，义务宣传消防知识。

A.定期　B.每月　C.每天　D.每年

61.《国务院关于进一步加强消防工作的意见》提出，认真组织消防安全培训。地方各级人民政府要加强对(　)消防法律法规等知识的培训。

A.各级领导干部　B.员工　C.家庭成员　D.群众

62.《国务院关于进一步加强消防工作的意见》提出，有关行业、单位要大力加强对(　)和消防设计、施工、检查维护、操作人员，以及电工、电气焊等特种作业人员、易燃易爆岗位作业人员、人员密集的营业性场所工作人员和导游、保安人员的消防安全培训，严格执行消防安全培训合格上岗制度。

A.各级领导干部　B.消防管理人员　C.家庭成员　D.群众

63.《国务院关于进一步加强消防工作的意见》第十二条提出，地方各级人民政府和有关部门要责成用人单位对(　)开展消防安全培训。

A.农民工　B.消防管理人员　C.家庭成员　D.客户

64.《中华人民共和国突发事件应对法》规定，(　)人民政府应当建立健全突发事件应急管理培训制度，对人民政府及有关部门负有处置突发事件职责的工作人员定期进行培训。

A.县级以上　B.市级　C.省级以上　D.县级

65.《社会消防安全教育培训规定》规定，各级各类学校应当至少确定(　)名熟悉消防安全知识的教师担任消防安全课教员，并选聘消防专业人员担任学校的兼职消防辅导员。

A.1　B.2　C.3　D.4

66.《社会消防安全教育培训规定》规定，中小学校和学前教育机构应当针对不同年龄阶段学生的认知特点，保证课时或者采取学科渗透、专题教育的方式，(　)对学生开展消防安全教育。

A.每学期　B.每年　C.每月　D.每学年

67.《社会消防安全教育培训规定》规定，(　)应当重点开展火灾危险及危害性、消防安全标志标识、日常生活防火、火灾报警、火场自救逃生常识等方面的教育。

A.小学阶段　B.初中和高中阶段　C.初中阶段　D.高中阶段

68.《社会消防安全教育培训规定》规定，(　)应当重点开展消防法律法规、防火灭火基本知识和灭火器材使用等方面的教育。

A.小学阶段　B.初中和高中阶段　C.初中阶段　D.高中阶段

69.《社会消防安全教育培训规定》规定，(　)应当采取游戏、儿歌等寓教于乐的方式，对幼儿开展消防安全常识教育。

A.学前教育机构　B.中介机构　C.家庭　D.服务机构

70.《社会消防安全教育培训规定》规定，(　)应当每学年至少举办一次消防安全专题讲座，在校园网络、广播、校内报刊等开设消防安全教育栏目，对学生进行消防法律法规、防火灭火知识、火灾自救他救知识和火灾案例教育。

A.学前教育机构　B.小学　C.高等学校　D.中学

71.《社会消防安全教育培训规定》规定，高等学校应当每学年至少举办(　)次消防安全专题讲座，在校园网络、广播、校内报刊等开设消防安全教育栏目，对学生进行消防法律法规、防火灭火知识、火灾自救他救知识和火灾案例教育。

A.1　B.2　C.3　D.4

72.《社会消防安全教育培训规定》规定，由(　)个以上单位管理或者使用的同一建筑物，负责公共消防安全管理的单位应当对建筑物内的单位和职工进行消防安全宣传教育，每年至少组织一次灭火和应急疏散演练。

A.1　B.2　C.3　D.4

73.《新标准化法》第十七条规定，强制性标准文本应当(　)向社会公开。国家推动(　)向社会公开推荐性标准文本。

A.收费　免费　B.免费　免费　C.免费　收费　D.收费　收费

74.下列属于地方标准查阅途径的是(　)。

A.应急管理部官网　B.江苏现行地方标准服务平台

C.住房和城乡建设部官网　D.国家工程建设标准化信息网

75.下列不属于地方标准查阅途径的是(　)。

A.河南省地方标准公共服务平台　B.江苏现行地方标准服务平台

C.吉林省标准化数字服务创新平台　D.国家工程建设标准化信息网

76.下列不属于行业标准查阅途径的是(　)。

A.全国标准信息公共服务平台　B.住房和城乡建设部官网

C.应急管理部官网　D.国家工程建设标准化信息网

77.下列属于行业标准查阅途径的是(　)。

A.全国标准信息公共服务平台　B.中国国家标准化管理委员会

C.中国政府网　D.国家工程建设标准化信息网

78.下列不属于国家标准查阅途径的是(　)。

A.全国标准信息公共服务平台　B.中国国家标准化管理委员会

C.中国政府网　D.河南省地方标准公共服务平台

79.下列属于国家标准查阅途径的是(　)。

A.全国标准信息公共服务平台　B.江苏现行地方标准服务平台

C.吉林省标准化数字服务创新平台　D.河南省地方标准公共服务平台

## 二、多项选择题

1.我国的消防法律法规体系由(　)组成。

A.消防法律　B.消防法规

C.消防规章　D.消防技术标准

E.消防规范性文件

**2.我国的消防法规包括（ ）。**

A.行政法规
B.部门规章
C.地方政府规章
D.国家标准
E.地方性法规

**3.下列属于行政法规的有（ ）。**

A.《天津市消防条例》
B.《上海市烟花爆竹安全管理条例》
C.《江西省消防条例》
D.《烟花爆竹安全管理条例》
E.《危险化学品安全管理条例》

**4.下列属于地方性法规的有（ ）。**

A.《天津市消防条例》
B.《上海市烟花爆竹安全管理条例》
C.《上海市消火栓管理办法》
D.《上海市危险化学品安全管理办法》
E.《新疆维吾尔自治区棉花消防安全管理办法》

**5.下列属于部门规章的有（ ）。**

A.《社会消防安全教育培训规定》
B.《机关、团体、企业、事业单位消防安全管理规定》
C.《建设工程消防监督管理规定》
D.《消防监督检查规定》
E.《火灾事故调查规定》

**6.下列属于地方政府规章的有（ ）。**

A.《社会消防安全教育培训规定》
B.《机关、团体、企业、事业单位消防安全管理规定》
C.《上海市危险化学品安全管理办法》
D.《消防监督检查规定》
E.《新疆维吾尔自治区棉花消防安全管理办法》

**7.消防技术标准根据制定的部门不同可划分为（ ）。**

A.国家标准
B.行业标准
C.地方标准
D.团体标准
E.技术规范

**8.下列属于国家标准的有（ ）。**

A.《建筑设计防火规范》
B.《建筑内部装修设计防火规范》
C.《自动喷水灭火系统设计规范》
D.《建筑灭火器配置验收及检查规范》
E.《灭火器维修与报废规程》

**9.下列属于行业标准的有（ ）。**

A.《仓储场所消防安全管理通则》
B.《人员密集场所消防安全管理》
C.《自动喷水灭火系统设计规范》
D.《建筑灭火器配置验收及检查规范》
E.《灭火器维修与报废规程》

**10.下列不属于规范性文件的有（ ）。**

A.《消防安全责任制实施办法》
B.《人员密集场所消防安全管理》
C.《建筑内部装修设计防火规范》
D.《建筑灭火器配置验收及检查规范》

E.《灭火器维修与报废规程》

**11.《机关、团体、企业、事业单位消防安全管理规定》规定，单位应当通过多种形式开展经常性的消防安全宣传教育。宣传教育和培训的内容应当包括(　　)。**

A.有关的消防法律法规，消防安全制度和保障消防安全的操作规程

B.本单位、本岗位的火灾危险性和防火措施

C.有关消防设施的性能，灭火器材的使用方法

D.报火警、扑救初期火灾以及自救逃生的知识和技能

E.消防设施的维护与保养

**12.《社会消防安全教育培训规定》规定，单位应当根据本单位的特点，建立健全消防安全教育培训制度，明确机构和人员，保障教育培训工作经费，按照(　　)的规定对职工进行消防安全教育培训。**

A.定期开展形式多样的消防安全宣传教育

B.对员工的工作技能进行培训

C.对在岗的职工每年至少进行一次消防安全培训

D.消防安全重点单位每半年至少组织一次、其他单位每年至少组织一次灭火和应急疏散演练

E.对新上岗和进入新岗位的职工进行上岗前消防安全培训

**13.《社会消防安全教育培训规定》规定，各级各类学校应当开展(　　)的消防安全教育工作。**

A.将消防安全知识纳入教学内容

B.在开学初、放寒(暑)假前、学生军训期间，对学生普遍开展专题消防安全教育

C.结合不同课程实验课的特点和要求，对学生进行有针对性的消防安全教育

D.组织学生到当地消防站参观体验

E.每学年至少组织学生开展一次应急疏散演练

**14.《社会消防安全教育培训规定》规定，社区居民委员会、村民委员会应当开展(　　)消防安全教育工作。**

A.组织制定防火安全公约

B.在社区、村庄的公共活动场所设置消防宣传栏，利用文化活动站、学习室等场所，对居民、村民开展经常性的消防安全宣传教育

C.组织志愿消防队、治安联防队和灾害信息员、保安人员等开展消防安全宣传教育

D.利用社区、乡村广播、视频设备定时播放消防安全常识

E.在火灾多发季节、农业收获季节、重大节日和乡村民俗活动期间，有针对性地开展消防安全宣传教育

**15.《社会消防安全教育培训规定》规定，歌舞厅、影剧院、宾馆、饭店、商场、集贸市场、体育场馆、会堂、医院、客运车站、客运码头、民用机场、公共图书馆和公共展览馆等公共场所应当按照(　　)要求对公众开展消防安全宣传教育。**

A.在安全出口、疏散通道和消防设施等处的醒目位置设置消防安全标志、标识等

B.根据需要编印场所消防安全宣传资料供公众取阅

C.利用单位广播、视频设备播放消防安全知识

D.养老院、福利院、救助站等单位，应当对服务对象开展经常性的用火用电和火场自救逃生安全教育

E.对员工的工作技能进行培训

**16.《社会消防安全教育培训规定》规定，在建工程的施工单位应当开展(　　)消防安全教育工作。**

A.建设工程施工前应当对施工人员进行消防安全教育

B.在建设工地醒目位置、施工人员集中住宿场所设置消防安全宣传栏，悬挂消防安全挂图和消防安全警示标志

C.对明火作业人员进行经常性的消防安全教育

D.组织灭火和应急疏散演练

E.在建工程的建设单位应当配合施工单位做好上述消防安全教育工作

**17.《国务院关于进一步加强消防工作的意见》提出，有关行业、单位要大力加强对（ ）等的消防安全培训，严格执行消防安全培训合格上岗制度。**

A.消防管理人员　　B.消防设计、施工、检查维护、操作人员

C.电气焊等特种作业人员　　D.易燃易爆岗位作业人员

E.人员密集的营业性场所工作人员和导游

**18.《社会消防安全教育培训规定》提出，单位对职工的消防安全教育培训应当将（ ）等作为培训的重点。**

A.本单位的火灾危险性　　B.防火灭火措施

C.消防设施及灭火器材的操作使用方法　　D.人员疏散逃生知识

E.消防标语的背诵

**19.《社会消防安全教育培训规定》规定，中小学校和学前教育机构应当针对不同年龄阶段学生认知特点，保证课时或者采取学科渗透、专题教育的方式，每学期对学生开展消防安全教育。小学阶段应当重点开展（ ）等方面的教育。**

A.火灾危险及危害性　　B.消防安全标志标识

C.日常生活防火　　D.火灾报警

E.火场自救逃生常识

**20.常用的国家标准查阅途径包括（ ）。**

A.国家市场监督管理总局　　B.国家标准全文公开系统

C.全国标准信息公共服务平台　　D.中国国家标准化管理委员会

E.中国政府网

# 答案与解析

## 一、单项选择题

1.**【正确答案】**B

【答案解析】我国消防法律法规体系中的“根本大法”是《中华人民共和国消防法》。

2.**【正确答案】**A

【答案解析】《中华人民共和国消防法》于1998年4月29日由第九届全国人民代表大会常务委员会第二次会议通过，自1998年9月1日起施行，此后又经过两次修订。2008年10月28日由第十一届全国人民代表大会常务委员会第五次会议修订通过，2019年4月23日由第十三届全国人民代表大会常务委员会第十次

会议修订通过。

3.【正确答案】B

【答案解析】同测试题一中单项选择题第2题。

4.【正确答案】C

【答案解析】同测试题一中单项选择题第2题。

5.【正确答案】D

【答案解析】同测试题一中单项选择题第2题。

6.【正确答案】B

【答案解析】《中华人民共和国消防法》共7章74条。《中华人民共和国消防法》规定了消防工作责任体系，具有最高的法律效力，是制定其他消防法规的主要依据。

7.【正确答案】B

【答案解析】同测试题一中单项选择题第6题。

8.【正确答案】B

【答案解析】同测试题一中单项选择题第1题。

9.【正确答案】C

【答案解析】同测试题一中单项选择题第2题。

10.【正确答案】B

【答案解析】同测试题一中单项选择题第2题。

11.【正确答案】A

【答案解析】同测试题一中单项选择题第2题。

12.【正确答案】C

【答案解析】同测试题一中单项选择题第2题。

13.【正确答案】C

【答案解析】同测试题一中单项选择题第2题。

14.【正确答案】B

【答案解析】消防法规包括行政法规和地方性法规。

15.【正确答案】B

【答案解析】同测试题一中单项选择题第14题。

16.【正确答案】A

【答案解析】同测试题一中单项选择题第14题。

17.【正确答案】D

【答案解析】消防方面的行政法规是国务院根据宪法和法律，为领导和管理国家各项行政工作，按照法定程序制定的规范性文件。选项A、B、C属于地方性法规。

18.【正确答案】C

【答案解析】同测试题一中单项选择题第17题。选项C属于部门规章。

19.【正确答案】A

【答案解析】地方性法规是地方有立法权的人民代表大会及其常务委员会在不与宪法和法律相抵触的情况下，根据本地区的实际情况制定的规范性文件。选项B、C、D属于行政法规。

20.【正确答案】D

【答案解析】同测试题一中单项选择题第19题。选项D属于地方政府规章。

21.【正确答案】A

【答案解析】国务院各部、委员会、中国人民银行、审计署和具有行政管理职能的直属机构，根据法律和行政法规，在本部门的权限内按规定程序制定的规范性文件是部门规章。

22.【正确答案】D

【答案解析】同测试题一中单项选择题第21题。选项D属于行政法规。

23.【正确答案】A

【答案解析】地方政府根据法律、行政法规和地方性法规制定的规章是地方政府规章。选项B、C、D属于部门规章。

24.【正确答案】D

【答案解析】同测试题一中单项选择题第23题。选项D属于地方性法规。

25.【正确答案】A

【答案解析】常见的消防国家标准有《建筑设计防火规范》《建筑内部装修设计防火规范》《火灾自动报警系统设计规范》《火灾自动报警系统施工及验收规范》《消防给水及消火栓系统技术规范》《自动喷水灭火系统设计规范》《自动喷水灭火系统施工及验收规范》《建筑灭火器配置验收及检查规范》《建筑消防设施的维护管理》等。选项B、C、D属于行业标准。

26.【正确答案】D

【答案解析】同测试题一中单项选择题第25题。选项D属于行业标准。

27.【正确答案】A

【答案解析】常见的消防行业标准有《人员密集场所消防安全管理》《住宿与生产储存经营合用场所消防安全技术要求》《仓储场所消防安全管理通则》《灭火器维修与报废规程》等。选项B、C、D属于国家标准。

28.【正确答案】A

【答案解析】消防法律是指由全国人大及其常委会制定颁发的消防有关的各项法律，它规定了我国消防工作的宗旨、方针政策、组织机构、职责权限、活动原则和管理程序等，用以调整国家各级行政机关、企业、事业单位、社会团体和公民之间消防关系的行为规范。选项B、C、D均属于行政法规。

29.【正确答案】D

【答案解析】我国涉及消防安全教育培训相关法律包括《中华人民共和国消防法》《中华人民共和国安全生产法》《机关、团体、企业、事业单位消防安全管理规定》《中华人民共和国突发事件应对法》《社会消防安全教育培训规定》等。

30.【正确答案】B

【答案解析】《中华人民共和国消防法》第六条规定，各级人民政府应当组织开展经常性的消防宣传教育，提高公民的消防安全意识。机关、团体、企业、事业等单位，应当加强对本单位人员的消防宣传教育。应急管理部门及消防救援机构应当加强消防法律、法规的宣传，并督促、指导、协助有关单位做好消防宣传教育工作。教育、人力资源行政主管部门和学校、有关职业培训机构应当将消防知识纳入教育、教学、培训的内容。新闻、广播、电视等有关单位，应当有针对性地面向社会进行消防宣传教育。工会、共产主义青年团、妇女联合会等团体应当结合各自工作对象的特点，组织开展消防宣传教育。村民委员会、居民委员会应当协助人民政府以及公安机关、应急管理等部门，加强消防宣传教育。

31.【正确答案】C

【答案解析】同测试题一中单项选择题第30题。

32.【正确答案】D

【答案解析】同测试题一中单项选择题第30题。

33.【正确答案】D

【答案解析】同测试题一中单项选择题第30题。

34.【正确答案】C

【答案解析】同测试题一中单项选择题第30题。

35.【正确答案】D

【答案解析】同测试题一中单项选择题第30题。

36.【正确答案】D

【答案解析】同测试题一中单项选择题第30题。

37.【正确答案】C

【答案解析】《中华人民共和国消防法》第三十一条规定，在农业收获季节、森林和草原防火期间、重大节假日期间以及火灾多发季节，地方各级人民政府应当组织开展有针对性的消防宣传教育，采取防火措施，进行消防安全检查。

38.【正确答案】A

【答案解析】《中华人民共和国安全生产法》第十一条规定，各级人民政府及其有关部门应当采取多种形式，加强对有关安全生产的法律、法规和安全生产知识的宣传，增强全社会的安全生产意识。

39.【正确答案】A

【答案解析】《中华人民共和国消防法》第十六条规定，机关、团体、企业、事业等单位对本单位建筑消防设施每年至少进行一次全面检测，确保完好有效，检测记录应当完整准确，存档备查。

40.【正确答案】B

【答案解析】《机关、团体、企业、事业单位消防安全管理规定》（公安部令第61号）的规定，公众聚集场所对员工的消防安全培训应当至少每半年进行一次。

41.【正确答案】D

【答案解析】《机关、团体、企业、事业单位消防安全管理规定》第二十六条规定，机关、团体、事业单位应当至少每季度进行一次防火检查，其他单位应当至少每月进行一次防火检查。

42.【正确答案】B

【答案解析】同测试题一中单项选择题第41题。

43.【正确答案】B

【答案解析】《机关、团体、企业、事业单位消防安全管理规定》第二十五条规定，公众聚集场所在营业期间的防火巡查应当至少每两小时一次；营业结束时应当对营业现场进行检查，消除遗留火种。

44.【正确答案】D

【答案解析】《机关、团体、企业、事业单位消防安全管理规定》第三十六条规定，消防安全重点单位对每名员工应当至少每年进行一次消防安全培训，公众聚集场所对员工的消防安全培训应当至少每半年进行一次。

45.【正确答案】C

【答案解析】《机关、团体、企业、事业单位消防安全管理规定》第四十条规定，消防安全重点单位应当按照灭火和应急疏散预案，至少每半年进行一次演练，并结合实际，不断完善预案。其他单位应当结合本单位实际，参照制定相应的应急方案，至少每年组织一次演练。

46.【正确答案】D

【答案解析】同测试题一中单项选择题第45题。

47.【正确答案】A

【答案解析】同测试题一中单项选择题第45题。

48.【正确答案】C

【答案解析】消防的方针是预防为主，防消结合，选项B是环境保护的方针，选项D不全面。

49.【正确答案】A

【答案解析】《机关、团体、企业、事业单位消防安全管理规定》第三十六条规定，单位应当通过多种形式开展经常性的消防安全宣传教育。消防安全重点单位对每名员工应当至少每年进行一次消防安全培训。

50.【正确答案】C

【答案解析】《机关、团体、企业、事业单位消防安全管理规定》第三十七条规定，公众聚集场所在营业、活动期间，应当通过张贴图画、广播、闭路电视等向公众宣传防火、灭火、疏散逃生等常识。

51.【正确答案】A

【答案解析】《机关、团体、企业、事业单位消防安全管理规定》第三十七条规定，学校、幼儿园应当通过寓教于乐等多种形式对学生和幼儿进行消防安全常识教育。

52.【正确答案】B

【答案解析】机关、团体、企业、事业单位是消防安全教育的重要实施者，应当按照《中华人民共和国消防法》《机关、团体、企业、事业单位消防安全管理规定》和《社会消防安全教育培训规定》等法律法规要求，结合实际开展经常性的消防宣传教育活动。

53.【正确答案】C

【答案解析】《社会消防安全教育培训规定》规定，各级各类学校应当至少确定一名熟悉消防安全知识的教师担任消防安全课教员，并选聘消防专业人员担任学校的兼职消防辅导员。

54.【正确答案】A

【答案解析】《国务院关于进一步加强消防工作的意见》（国发〔2006〕15号）第十一条规定，广泛开展消防安全宣传教育。地方各级人民政府每年要制订并组织实施消防宣传教育计划，公安消防等部门、单位和新闻媒体要改进消防宣传教育形式，普及消防法律法规，教育广大人民群众切实增强防范意识，掌握防火、灭火和逃生自救常识。

55.【正确答案】A

【答案解析】同测试题一中单项选择题第54题。

56.【正确答案】A

【答案解析】同测试题一中单项选择题第54题。

57.【正确答案】C

【答案解析】《国务院关于进一步加强消防工作的意见》（国发〔2006〕15号）第十一条规定，教育部门、学校及其他教育机构要将消防知识纳入教学内容；科技、司法、劳动保障等部门和单位要将消防法律法规和消防知识列入科普、普法、就业教育工作内容；乡（镇）人民政府、街道办事处和单位要在乡村、社区、办公区等场所设立消防宣传教育专栏和消防安全标识；广播、电视、报刊、互联网站等新闻媒体应当定期刊播消防公益广告，义务宣传消防知识。

58.【正确答案】C

【答案解析】同测试题一中单项选择题第57题。

59.【正确答案】A

【答案解析】同测试题一中单项选择题第57题。

60.【正确答案】A

【答案解析】同测试题一中单项选择题第57题。

61.【正确答案】A

【答案解析】《国务院关于进一步加强消防工作的意见》(国发〔2006〕15号)第十二条提出，认真组织消防安全培训。地方各级人民政府要加强对各级领导干部消防法律法规等知识的培训。有关行业、单位要大力加强对消防管理人员和消防设计、施工、检查维护、操作人员，以及电工、电气焊等特种作业人员、易燃易爆岗位作业人员、人员密集的营业性场所工作人员和导游、保安人员的消防安全培训，严格执行消防安全培训合格上岗制度。地方各级人民政府和有关部门要责成用人单位对农民工开展消防安全培训。

62.【正确答案】B

【答案解析】同测试题一中单项选择题第61题。

63.【正确答案】A

【答案解析】同测试题一中单项选择题第61题。

64.【正确答案】A

【答案解析】《中华人民共和国突发事件应对法》第二十五条规定，县级以上人民政府应当建立健全突发事件应急管理培训制度，对人民政府及有关部门负有处置突发事件职责的工作人员定期进行培训。

65.【正确答案】A

【答案解析】《社会消防安全教育培训规定》规定，各级各类学校应当至少确定一名熟悉消防安全知识的教师担任消防安全课教员，并选聘消防专业人员担任学校的兼职消防辅导员。

66.【正确答案】A

【答案解析】《社会消防安全教育培训规定》规定，中小学校和学前教育机构应当针对不同年龄阶段学生认知特点，保证课时或者采取学科渗透、专题教育的方式，每学期对学生开展消防安全教育。小学阶段应当重点开展火灾危险及危害性、消防安全标志标识、日常生活防火、火灾报警、火场自救逃生常识等方面的教育。初中和高中阶段应当重点开展消防法律法规、防火灭火基本知识和灭火器材使用等方面的教育。

67.【正确答案】A

【答案解析】同测试题一中单项选择题第66题。

68.【正确答案】B

【答案解析】同测试题一中单项选择题第66题。

69.【正确答案】A

【答案解析】《社会消防安全教育培训规定》规定，学前教育机构应当采取游戏、儿歌等寓教于乐的方式，对幼儿开展消防安全常识教育。

70.【正确答案】C

【答案解析】《社会消防安全教育培训规定》规定，高等学校应当每学年至少举办一次消防安全专题讲座，在校园网络、广播、校内报刊等开设消防安全教育栏目，对学生进行消防法律法规、防火灭火知识、火灾自救他救知识和火灾案例教育。

71.【**正确答案**】A

【答案解析】同测试题一中单项选择题第70题。

72.【**正确答案**】B

【答案解析】《社会消防安全教育培训规定》规定，由两个以上单位管理或者使用的同一建筑物，负责公共消防安全管理的单位应当对建筑物内的单位和职工进行消防安全宣传教育，每年至少组织一次灭火和应急疏散演练。

73.【**正确答案**】B

【答案解析】《新标准化法》第十七条规定，强制性标准文本应当免费向社会公开。国家推动免费向社会公开推荐性标准文本。

74.【**正确答案**】B

【答案解析】选项A、C、D属于行业标准查阅途径。

75.【**正确答案**】D

【答案解析】选项D属于行业标准查阅途径。

76.【**正确答案**】A

【答案解析】选项A属于国家标准查阅途径。

77.【**正确答案**】D

【答案解析】选项A、B、C属于国家标准查阅途径。

78.【**正确答案**】D

【答案解析】选项D属于地方标准查阅途径。

79.【**正确答案**】A

【答案解析】选项B、C、D属于地方标准查阅途径。

## 二、多项选择题

1.【**正确答案**】ABCDE

【答案解析】我国的消防法律法规体系由消防法律、消防法规、消防规章、消防技术标准、消防规范性文件组成。

2.【**正确答案**】AE

【答案解析】我国的消防法规包括行政法规和地方性法规。

3.【**正确答案**】DE

【答案解析】消防方面的行政法规是国务院根据宪法和法律，为领导和管理国家各项行政工作，按照法定程序制定的规范性文件。选项A、B、C属于地方性法规。

4.【**正确答案**】AB

【答案解析】地方性法规是地方有立法权的人民代表大会及其常务委员会在不与宪法和法律相抵触的情况下，根据本地区的实际情况制定的规范性文件。如《江西省消防条例》《天津市消防条例》《上海市烟花爆竹安全管理条例》等。选项C、D、E属于地方政府规章。

5.【**正确答案**】ABCDE

【答案解析】国务院各部、委员会、中国人民银行、审计署和具有行政管理职能的直属机构，根据法律和行政法规，在本部门的权限内按规定程序制定的规范性文件是部门规章。如《机关、团体、企业、事业单位消防安全管理规定》（公安部令第61号）、《建设工程消防监督管理规定》（公安部令第119号）、《消防监督检查规定》（公安部令第120号）、《火灾事故调查规定》（公安部令第121号）、《社会消防安全教育培训规定》（公安部令第109号）等。

6.【正确答案】CE

【答案解析】地方政府根据法律、行政法规和地方性法规制定的规章是地方政府规章。如《上海市危险化学品安全管理办法》《上海市消火栓管理办法》《新疆维吾尔自治区棉花消防安全管理办法》等。选项A、B、D属于部门规章。

7.【正确答案】ABC

【答案解析】消防技术标准是由国务院有关主管部门单独或联合发布的，用以规范消防技术领域中人与自然、科学、技术关系的准则和标准。它的实施主要以法律、法规和规章的实施作为保障。消防技术标准根据制定的部门不同可划分为国家标准、行业标准和地方标准。

8.【正确答案】ABCD

【答案解析】常见的消防国家标准有《建筑设计防火规范》《建筑内部装修设计防火规范》《火灾自动报警系统设计规范》《火灾自动报警系统施工及验收规范》《消防给水及消火栓系统技术规范》《自动喷水灭火系统设计规范》《自动喷水灭火系统施工及验收规范》《建筑灭火器配置验收及检查规范》《建筑消防设施的维护管理》等。选项E属于行业标准。

9.【正确答案】ABE

【答案解析】常见的消防行业标准有《人员密集场所消防安全管理》《住宿与生产储存经营合用场所消防安全技术要求》《仓储场所消防安全管理通则》《灭火器维修与报废规程》等。选项C、D属于国家标准。

10.【正确答案】BCDE

【答案解析】消防行政管理规范性文件是指未列入消防行政管理法规范畴内的、由国家机关制定颁布的有关消防行政管理工作的通知、通告、决定、指示、命令等规范性文件的总称。国务院及国家有关部委、地方各级人民政府及相关部门都在各个时期制定了大量消防规范性文件。选项C、D属于国家标准，选项B、E属于行业标准。

11.【正确答案】ABCD

【答案解析】《机关、团体、企业、事业单位消防安全管理规定》第三十六条规定，宣传教育和培训内容应当包括：（一）有关消防法规，消防安全制度和保障消防安全的操作规程；（二）本单位、本岗位的火灾危险性和防火措施；（三）有关消防设施的性能、灭火器材的使用方法；（四）报火警、扑救初期火灾以及自救逃生的知识和技能。

12.【正确答案】ACDE

【答案解析】《社会消防安全教育培训规定》（公安部令第109号）第十四条规定，单位应当根据本单位的特点，建立健全消防安全教育培训制度，明确机构和人员，保障教育培训工作经费，按照下列规定对职工进行消防安全教育培训：（一）定期开展形式多样的消防安全宣传教育；（二）对新上岗和进入新岗位的职工进行上岗前消防安全培训；（三）对在岗的职工每年至少进行一次消防安全培训；（四）消防安全重点单位每半年至少组织一次、其他单位每年至少组织一次灭火和应急疏散演练。单位对职工的消防安全教育培训应当将本单位的火灾危险性、防火灭火措施、消防设施及灭火器材的操作使用方法、人员疏散逃生知识等作为培训的重点。

13.【正确答案】ABCDE

【答案解析】《社会消防安全教育培训规定》(公安部令第109号)第十五条规定，各级各类学校应当开展下列消防安全教育工作：(一)将消防安全知识纳入教学内容；(二)在开学初、放寒(暑)假前、学生军训期间，对学生普遍开展专题消防安全教育；(三)结合不同课程实验课的特点和要求，对学生进行有针对性的消防安全教育；(四)组织学生到当地消防站参观体验；(五)每学年至少组织学生开展一次应急疏散演练；(六)对寄宿学生开展经常性的安全用火用电教育和应急疏散演练。各级各类学校应当至少确定一名熟悉消防安全知识的教师担任消防安全课教员，并选聘消防专业人员担任学校的兼职消防辅导员。

14.【正确答案】ABCDE

【答案解析】《社会消防安全教育培训规定》(公安部令第109号)第十九条规定，社区居民委员会、村民委员会应当开展下列消防安全教育工作：(一)组织制定防火安全公约；(二)在社区、村庄的公共活动场所设置消防宣传栏，利用文化活动站、学习室等场所，对居民、村民开展经常性的消防安全宣传教育；(三)组织志愿消防队、治安联防队和灾害信息员、保安人员等开展消防安全宣传教育；(四)利用社区、乡村广播、视频设备定时播放消防安全常识，在火灾多发季节、农业收获季节、重大节日和乡村民俗活动期间，有针对性地开展消防安全宣传教育。社区居民委员会、村民委员会应当确定至少一名专(兼)职消防安全员，具体负责消防安全宣传教育工作。

15.【正确答案】ABCD

【答案解析】《社会消防安全教育培训规定》(公安部令第109号)第二十二条规定，歌舞厅、影剧院、宾馆、饭店、商场、集贸市场、体育场馆、会堂、医院、客运车站、客运码头、民用机场、公共图书馆和公共展览馆等公共场所应当按照下列要求对公众开展消防安全宣传教育：(一)在安全出口、疏散通道和消防设施等处的醒目位置设置消防安全标志、标识等；(二)根据需要编印场所消防安全宣传资料供公众取阅；(三)利用单位广播、视频设备播放消防安全知识。养老院、福利院、救助站等单位，应当对服务对象开展经常性的用火用电和火场自救逃生安全教育。

16.【正确答案】ABCDE

【答案解析】《社会消防安全教育培训规定》(公安部令第109号)第二十四条规定，在建工程的施工单位应当开展下列消防安全教育工作：(一)建设工程施工前应当对施工人员进行消防安全教育；(二)在建设工地醒目位置、施工人员集中住宿场所设置消防安全宣传栏，悬挂消防安全挂图和消防安全警示标识；(三)对明火作业人员进行经常性的消防安全教育；(四)组织灭火和应急疏散演练。在建工程的建设单位应当配合施工单位做好上述消防安全教育工作。

17.【正确答案】ABCDE

【答案解析】《国务院关于进一步加强消防工作的意见》提出，认真组织消防安全培训。地方各级人民政府要加强对各级领导干部消防法律法规等知识的培训。有关行业、单位要大力加强对消防管理人员和消防设计、施工、检查维护、操作人员，以及电工、电气焊等特种作业人员、易燃易爆岗位作业人员、人员密集的营业性场所工作人员和导游、保安人员的消防安全培训，严格执行消防安全培训合格上岗制度。地方各级人民政府和有关部门要责成用人单位对农民工开展消防安全培训。

18.【正确答案】ABCD

【答案解析】《社会消防安全教育培训规定》规定，单位对职工的消防安全教育培训应当将本单位的火灾危险性、防火灭火措施、消防设施及灭火器材的操作使用方法、人员疏散逃生知识等作为培训的重点。

19.【正确答案】ABCDE

【答案解析】《社会消防安全教育培训规定》规定，小学阶段应当重点开展火灾危险及危害性、消防安全标志标识、日常生活防火、火灾报警、火场自救逃生常识等方面的教育。初中和高中阶段应当重点开展消防法律法规、防火灭火基本知识和灭火器材使用等方面的教育。学前教育机构应当采取游戏、儿歌等寓教于乐的方式，对幼儿开展消防安全常识教育。

20.【**正确答案**】ABCDE

【答案解析】选项A、B、C、D、E均为常用的国家标准查阅途径。

# 测试题二　消防安全基础知识①

## 一、单项选择题

1.燃烧是指可燃物与氧化剂作用发生的放热反应，通常伴有火焰、发光(　　)发烟现象。

A.和　　B.或　　C.并　　D.和(或)

2.通常看到的明火都是有焰燃烧；有些固体发生表面燃烧时，有发光发热的现象，但是没有火焰产生，这种燃烧方式则是(　　)。

A.有焰燃烧　　B.无焰燃烧　　C.阴燃　　D.回燃

3.燃烧的发生和发展，必须具备三个必要条件，即可燃物、助燃物和(　　)，通常称为燃烧三要素。

A.温度　　B.能量

C.引火源　　D.链式反应自由基

4.下列(　　)不是主要的燃烧产物。

A.一氧化碳　　B.二氧化碳　　C.二氧化硫　　D.磷的氧化物

5.爆炸是物质从一种状态迅速转变成另一种状态，并在瞬间放出大量(　　)的现象，通常伴有发光和声响。

A.烟　　B.热　　C.能量　　D.有毒气体

6.常见引发爆炸的引火源主要有机械火源、热火源、电火源及(　　)。

A.化学火源　　B.高温热表面　　C.电火花　　D.雷电

7.下列(　　)不是B类火灾。

A.汽油　　B.煤油　　C.纸张　　D.沥青

8.造成31人死亡，9人重伤，800万元直接经济损失的火灾事故属于(　　)。

A.特别重大事故　　B.重大事故　　C.较大事故　　D.一般事故

9.常见火灾成因有电气、吸烟、生活用火不慎、生产作业不慎、玩火、放火和(　　)。

A.过载　　B.短路　　C.雷击　　D.阴燃

10.热量传递有三种基本方式，即热传导、热对流和(　　)。

A.烟囱效应　　B.火风压　　C.外界风　　D.热辐射

11.下列(　　)不属于建筑室内火灾发展的阶段。

A.初期增长阶段　　B.充分发展阶段　　C.衰减阶段　　D.轰燃阶段

12.(　　)是指当室内通风不良、燃烧处于缺氧状态时，由于氧气的引入导致热烟气发生的爆炸性或快速

---

①　测试题二为本教程第三章相关的测试题。

**的燃烧现象。**

A.轰燃　B.回燃　C.阴燃　D.沸溢

13.**下列不属于体现在火灾造成经济损失方面的是(　　)。**

A.烧毁建筑物内设施　B.造成建筑结构损坏

C.致人休克、死亡　D.灭火剂的资源损耗

14.**一般可见的烟气粒子直径为(　　)cm。**

A.$10^{-7} \sim 10^{-4}$　B.$10^{-5} \sim 10^{-4}$　C.$10^{-6} \sim 10^{-5}$　D.$10^{-6} \sim 10^{-3}$

15.**下列不属于体现在火灾威胁生命安全方面的是(　　)。**

A.高温高热造成伤害　B.火灾后人员善后安置

C.有毒烟气引起呼吸困难　D.建筑物坍塌造成人员伤亡

16.**下列不属于火灾造成的间接经济损失的是(　　)。**

A.建筑修复重建　B.人员善后安置

C.生产经营停业　D.金银财宝烧毁

17.**在火灾中哪些场所更容易造成群死群伤?(　　)**

A.学校、医院、宾馆、办公楼　B.学校、医院、工厂、仓库

C.学校、仓库、宾馆、办公楼　D.学校、医院、仓库、超市

18.**下列不属于火灾造成生态环境破坏的方面是(　　)。**

A.动植物灭绝　B.环境恶化　C.发生疫情　D.水土流失

19.**建筑高度大于(　　)m的多层公共建筑为高层建筑。**

A.50　B.24　C.27　D.54

20.**建筑高度大于(　　)m的多层住宅建筑为一类高层住宅建筑。**

A.50　B.24　C.27　D.54

21.**按使用性质划分，建筑可分为(　　)。**

A.民用建筑、工业建筑、农业建筑　B.民用建筑、厂房、仓库

C.厂房、仓库、农业建筑　D.民用建筑、厂房、农业建筑

22.**建筑耐火等级有(　　)级。**

A.一、二、三、四　B.一、二

C.一、二、三　D.一、二、三、四、五

23.**下列不属于防火分隔设施的是(　　)。**

A.防火墙　B.防火卷帘　C.防火间距　D.防火门窗

24.**下列属于防烟分隔设施的是(　　)。**

A.消防电梯、建筑横梁　B.挡烟垂壁、女儿墙

C.排烟防火阀、建筑横梁　D.挡烟垂壁、建筑横梁

25.(　　)**标识代表的是爆炸品。**

A. 　B. 　C.　D. 

26.(　　)**不属于易燃气体的火灾危险性。**

A.易燃易爆性　B.可缩性和膨胀性　C.流动性　D.带电性

27.（ ）属于发火物质。

A.白磷　　B.潮湿的棉花　　C.赛璐珞碎屑　　D.油纸

28.易燃液体的火灾危险性主要有易燃性、（ ）、受热膨胀性、流动性、带电性、毒害性。

A.扩散性　　B.遇湿易燃性

C.爆炸性　　D.遇酸、氧化剂易燃易爆

29.（ ）不具有积热自燃性。

A.硝化纤维胶片　　B.废影片　　C.X光片　　D.镁粉

30.遇水会放出易燃气体的物质不包括（ ）。

A.金属钠　　B.碳化钙　　C.氢化钙　　D.硫黄

31.以下电线电缆防火性能最好的是（ ）。

A.普通电缆　　B.阻燃电缆　　C.耐火电缆　　D.橡皮电缆

32.耐火电缆按绝缘材质可分为有机型和无机型两种。明敷的耐火电缆截面面积不应小于（ ）$mm^2$。

A.2.5　　B.1.5　　C.3.0　　D.4.0

33.为防止机械损伤，绝缘导线穿过墙壁或可燃建筑构件时，应穿过砌在墙内的绝缘管，绝缘管两端的出线口伸出墙面的距离不宜小于（ ）mm。

A.5　　B.10　　C.15　　D.20

34.照明电压一般采用220V；携带式照明灯具的供电电压不应超过36V；如在金属容器内及特别潮湿场所内作业，行灯电压不得超过（ ）V。

A.12　　B.24　　C.36　　D.48

35.储存可燃物的仓库及类似场所照明光源应采用冷光源，其垂直下方与堆放可燃物品水平间距不应小于（ ）m，不应设置移动式照明灯具。

A.0.1　　B.0.2　　C.0.4　　D.0.5

36.超过3kW的固定式电热器具应采用单独回路供电，电源线应装设短路、过载及接地故障保护电器；电热器具周围（ ）m以内不应放置可燃物。

A.0.3　　B.0.4　　C.0.5　　D.0.6

37.（ ）不属于火灾报警装置标志。

A.　　B.　　C.　　D.

38.（ ）的含义是提示消防炮位置。

A.　　B.　　C.　　D.

39. 标志含义是（ ）。

A.禁止吸烟　　B.禁止易燃物　　C.当心爆炸物　　D.禁止燃放鞭炮

40.

标志的含义是（ ）。

A.安全出口在左边　　B.安全出口在右边

C.指向右或向左皆可到达安全出口　　D.安全出口在前方

**41.**  **标志的含义是(　　)。**

A.当心氧化物　　B.当心爆炸物　　C.当心易燃物　　D.禁止易燃物

**42.消防安全标志由图形、安全色、(　　)构成。**

A.英文字母　　B.符号

C.几何形状(边框)或文字　　D.公式

## 二、多项选择题

**1.按燃烧物的形态分类，燃烧可分为(　　)。**

A.气体燃烧　　B.液体燃烧　　C.固体燃烧　　D.金属燃烧

**2.引起爆炸事故的直接原因可归纳为(　　)几方面。**

A.物料原因　　B.作业行为原因　　C.生产设备原因　　D.生产工艺原因

**3.火灾是指在(　　)上失去控制的燃烧。**

A.时间　　B.空间　　C.热传导　　D.热辐射

**4.预防火灾发生的基本方法应从限制燃烧的(　　)基本条件入手，并避免它们相互作用。**

A.控制可燃物　　B.隔绝助燃物

C.控制引火源　　D.链式反应自由基

**5.火灾有(　　)危害。**

A.危害生命安全　　B.造成经济损失

C.破坏文明成果　　D.影响社会稳定

E.破坏生态环境

**6.火灾中的烟气有(　　)危害。**

A.引起人员中毒、窒息　　B.使人员受伤

C.影响视线　　D.成为火势发展、蔓延的因素

E.使人员头痛、恶心

**7.下列属于按建筑结构分类的是(　　)。**

A.木结构　　B.砖木结构

C.砖混结构　　D.钢筋混凝土结构

E.民用建筑结构

**8.确定合理的防火间距主要意义有(　　)。**

A.防止火灾蔓延　　B.保障灭火救援场地需要

C.环境舒适　　D.布局美观

E.节约土地资源

**9.易燃固体的火灾危险性主要有(　　)。**

A.燃点低、易点燃　　B.遇酸、氧化剂易燃易爆
C.本身或燃烧产物有毒　　D.遇空气自燃性

**10.常见的易燃液体有(　　)等。**

A.汽油　　B.甲醇　　C.煤油　　D.医用碘酒

**11.电气火灾除具有隐蔽性以外，还具有(　　)的主要特征。**

A.随机性大　　B.燃烧速度快　　C.扑救困难　　D.损失程度大

**12.预防电气线路过载的措施有(　　)。**

A.预防电器线路过载要根据负载情况，选择合适的电线
B.严禁滥用铜丝、铁丝代替熔断器的熔丝
C.不准乱拉电线和接入过多或功率过大的电气设备
D.严禁随意增加用电设备尤其是大功率用电设备

**13.消防安全标志按照其功能划分为(　　)。**

A.火灾报警装置标志、紧急疏散标志　　B.灭火设备标志、禁止和警告标志
C.方向辅助标志　　D.文字辅助标志

**14.消防安全标识化管理的一般要求有(　　)。**

A.建筑、场所的使用或管理单位应根据建筑使用性质、场所经营性质、经营规模、经营方式分别设置各种标识并进行维护。公安机关消防机构依法对建筑、场所设置和管理消防安全标志的情况进行监督检查
B.消防安全标志应设在与消防安全有关的醒目位置。标志的正面或其邻近不得有妨碍视读的障碍物
C.除必须处，标志一般不应设置在门、窗、架等可移动的物体上，也不应设置在经常被其他物体遮挡的地
D.难以确定消防安全标志的设置位置时，应征求当地消防机构的意见

# 答案与解析

## 一、单项选择题

1.**【正确答案】**D

【答案解析】本题考查的是燃烧的概念。并不是所有的燃烧都有发烟现象，有的燃烧伴有火焰、发光和发烟现象，有的燃烧只有火焰和发光现象。

2.**【正确答案】**B

【答案解析】本题考查的是燃烧的形式。选项A，通常看到的明火都是有焰燃烧。选项C，阴燃是指可燃固体在空气不流通、加热温度较低、分解出的可燃挥发分较少或逸散较快、含水分较多等条件下，往往发生只冒烟而无火焰的燃烧现象。选项D，回燃是指当室内通风不良、燃烧处于缺氧状态时，由于氧气的引入导致热烟气发生的爆炸性或快速的燃烧现象。

3.**【正确答案】**C

【答案解析】本题考查的是燃烧的必要条件。燃烧的发生和发展，必须具备三个必要条件，即可燃物、助燃物和引火源。

4.【**正确答案**】D

【答案解析】本题考查的是燃烧的产物。选项A，一氧化碳为含碳元素物质的不完全燃烧产物。选项B，二氧化碳为含碳元素物质的完全燃烧产物。选项C，二氧化硫为含硫元素物质的完全燃烧产物。

5.【**正确答案**】C

【答案解析】本题考查的是爆炸的概念。爆炸瞬间会释放出大量能量，但不一定会放出烟、热或有毒气体。

6.【**正确答案**】A

【答案解析】本题考查的是爆炸的引火源。常见引发爆炸的引火源主要有机械火源、热火源、电火源及化学火源。

7.【**正确答案**】C

【答案解析】本题考查的是火灾的分类。选项C，纸张是固体，纸张引发的火灾属于A类火灾。

8.【**正确答案**】A

【答案解析】本题考查的是火灾的级别。依据国务院2007年4月9日颁布的《生产安全事故报告和调查处理条例》(国务院令第493号)规定的生产安全事故等级标准，消防机构将火灾相应地分为特别重大火灾、重大火灾、较大火灾和一般火灾四个等级。

**事故等级划分标准**

| 事故等级 | 死亡人数 | 重伤人数 | 经济损失 |
|---|---|---|---|
| 特别重大事故 | 造成30人以上死亡 | 或者100人以上重伤 | 或者1亿元以上直接经济损失 |
| 重大事故 | 造成10人以上30人以下死亡 | 或者50人以上100人以下重伤 | 或者5 000万元以上1亿元以下直接经济损失 |
| 较大事故 | 造成3人以上10人以下死亡 | 或者10人以上50人以下重伤 | 或者1 000万元以上5 000万元以下直接经济损失 |
| 一般事故 | 造成3人以下死亡 | 或者10人以下重伤 | 或者1 000万元以下直接经济损失 |

注："以上"包括本数，"以下"不包括本数。

9.【**正确答案**】C

【答案解析】本题考查的是火灾的成因。常见火灾成因有电气、吸烟、生活用火不慎、生产作业不慎、玩火、放火和雷击。选项A，过载属于引发电气火灾的成因。选项B，短路属于引发电气火灾的成因。选项D，阴燃属于固体物质燃烧的一种形式。

10.【**正确答案**】D

【答案解析】本题考查的是热传递的三种形式。热量传递有三种基本方式，即热传导、热对流和热辐射。选项A，当建筑物内外的温度不同时，室内外空气的密度随之出现差别，这将引发浮力驱动的流动。如果室内空气温度高于室外，则室内空气将发生向上运动，建筑物越高，这种流动越强。竖井是发生这种现象的主要场合，在竖井中，由于浮力作用产生的气体运动十分显著，通常称这种现象为烟囱效应。选项B，火风压是指建筑物内发生火灾时，在起火房间内，由于温度上升，气体迅速膨胀，对楼板和四壁形成的压力。选项C，风的存在可在建筑物的周围产生压力分布，而这种压力分布能够影响建筑物内的烟气流动。建筑物外部的压力分布受到多种因素的影响，其中包括风的速度和方向、建筑物的高度和几何形状等。风的影响往往可以超过其他驱动烟气运动的力（自然和人工）。一般来说，风朝着建筑物吹过来会在建筑物的迎风侧产生较高滞止压力，这可增强建筑物内的烟气向下风方向的流动。

11.【正确答案】D

【答案解析】本题考查的是建筑室内火灾发展的阶段。在不受干预的情况下，室内火灾发展过程大致可分为初期增长阶段（也称轰燃前阶段）、充分发展阶段（也称轰燃后阶段）和衰减阶段。选项D，轰燃是指室内火灾由局部燃烧向所有可燃物表面都燃烧的突然转变。

12.【正确答案】B

【答案解析】本题考查的是回燃的概念。选项A，轰燃是指室内火灾由局部燃烧向所有可燃物表面都燃烧的突然转变。选项C，阴燃是指可燃固体在空气不流通、加热温度较低、分解出的可燃挥发分较少或逸散较快、含水分较多等条件下，往往发生只冒烟而无火焰的燃烧现象。选项D，在含有水分、黏度较大的重质石油产品，如原油、重油、沥青油等燃烧时，其中的水汽化不易挥发形成膨胀气体使液面沸腾，沸腾的水蒸气带着燃烧的油向空中飞溅，这种现象称为沸溢。

13.【正确答案】C

【答案解析】本题考查的是火灾造成经济损失的方面。选项C，致人休克、死亡属于火灾危害生命安全的方面。

14.【正确答案】A

【答案解析】本题考查的是烟气粒子的直径。一般可见的烟气粒子直径为$10^{-7}$～$10^{-4}$cm。

15.【正确答案】B

【答案解析】本题考查的是火灾威胁生命安全的方面。选项B，火灾后人员善后安置属于火灾后人员的善后处置。

16.【正确答案】D

【答案解析】本题考查的是火灾造成的间接经济损失。选项D，金银财宝烧毁属于火灾造成的直接经济损失。

17.【正确答案】A

【答案解析】本题考查的是火灾容易造成群死群伤的场所。学校、医院、宾馆、办公楼等公共场所容易发生群死群伤恶性火灾。

18.【正确答案】C

【答案解析】本题考查的是火灾造成生态环境破坏的方面。选项C，发生疫情不属于火灾造成的危害。

19.【正确答案】B

【答案解析】本题考查的是高层建筑的概念。建筑高度大于24m的多层公共建筑为高层建筑。

20.【正确答案】D

【答案解析】本题考查的是一类高层住宅建筑的概念。建筑高度大于54m的多层住宅建筑为一类高层住宅建筑。

21.【正确答案】A

【答案解析】本题考查的是建筑按使用性质的划分。按使用性质划分，建筑可分为民用建筑、工业建筑和农业建筑。选项B、C、D，厂房和仓库是工业建筑按照使用性质的不同划分的。

22.【正确答案】A

【答案解析】本题考查的是建筑的耐火等级。建筑耐火等级分为一、二、三、四级。

23.【正确答案】C

【答案解析】本题考查的是防火分隔设施。选项C，防火间距是一座建筑物着火后，火灾不会蔓延到相邻建筑物的空间间隔，它是针对相邻建筑间设置的。

24.【正确答案】D

【答案解析】本题考查的是防烟分隔设施。划分防烟分区的构件主要有挡烟垂壁、隔墙、防火卷帘、建筑横梁等。选项A，消防电梯属于建筑灭火救援设施。选项B，女儿墙是建筑物屋顶四周的矮墙，主要作用除维护安全外，亦会在底处施作防水压砖收头，以避免防水层渗水，或是屋顶雨水漫流。选项C，排烟防火阀属于防火分隔设施。

25.【正确答案】A

【答案解析】本题考查的是对易燃易爆危险品分类及标识认知。选项A，爆炸品。选项B，易燃气体（压缩气体和液化气体）。选项C，易燃固体。选项D，遇湿易燃物质。

26.【正确答案】C

【答案解析】本题考查的是易燃气体的火灾危险特性。易燃气体的火灾危险特性主要有易燃易爆性、扩散性、可缩性和膨胀性、带电性、腐蚀性和毒害性。

27.【正确答案】A

【答案解析】本题考查的是易于自燃物质分类。易于自燃的物质包括发火物质和自热物质两类。①发火物质：即使只有少量与空气接触，不到5min时间便燃烧的物质。发火物质包括混合物和溶液（液体或固体），如三氯化钛、白磷等。②自热物质：发火物质以外的与空气接触便能自己发热的物质。如油纸、赛璐珞碎屑、潮湿的棉花等。

28.【正确答案】C

【答案解析】本题考查的是易燃气体的火灾危险特性。易燃液体的火灾危险特性主要有易燃性、爆炸性、受热膨胀性、流动性、带电性、毒害性。

29.【正确答案】D

【答案解析】本题考查的是易于自燃的物质的火灾危险特性。①遇空气自燃性，易于自燃的物质大部分化学性质非常活泼，具有极强的还原性，接触空气后能迅速与空气中氧化合，并产生大量的热，达到其自燃点而着火，接触氧化剂和其他氧化性物质反应更加强烈，甚至爆炸，例如白磷遇空气即自燃起火，生成有毒的五氧化二磷，故需放于水中；②遇湿易燃性，硼、锌、铝、锑的烷基化合物类易自燃物质，化学性质非常活泼，具有极强的还原性，遇氧化剂、酸类反应剧烈，除在空气中能自燃外，遇水或受潮还能分解自燃或爆炸，故该类物质起火不可用水或泡沫扑救；③积热自燃性，硝化纤维胶片、废影片、X光片等，在常温下就能缓慢分解，产生热量，自动升温，达到其自燃点引起自燃。

30.【正确答案】D

【答案解析】本题考查的是遇水放出易燃气体的物质认识。遇水放出易燃气体的物质引起着火有两种情况：一种是遇水发生剧烈的化学反应，释放出热量能把反应产生的可燃气体加热到自燃点发生自燃，例如，金属钠、碳化钙等；另一种是遇水能发生化学反应，但释放出的热量较少，不足以把反应产生的可燃气体加热至自燃点，但当可燃气体一旦接触火源也会立即着火燃烧，例如，氢化钙、连二亚硫酸钠（保险粉）等。

31.【正确答案】C

【答案解析】本题考查的是对电线电缆绝缘材料及保护套防火性能的认知。选项A，普通电缆不具备防火性能。选项B，阻燃电缆仅能使火焰蔓延在限定范围内，撤去火源后，残焰和残灼能在限定时间内自行熄灭的电缆，起到一定的防火作用。选项C，耐火电线电缆是指规定试验条件下，在火焰中被燃烧一定时间内能保持正常运行特性的电缆，防火性能最好，所以选项C耐火电缆正确。选项D，橡皮电缆不具备防火性能。

32.【正确答案】A

【答案解析】耐火电缆按绝缘材质可分为有机型和无机型两种。明敷的耐火电缆截面面积不应小于$2.5mm^2$。

33.【正确答案】B

【答案解析】为防止机械损伤，绝缘导线穿过墙壁或可燃建筑构件时，应穿过砌在墙内的绝缘管，每根管宜只穿一根导线，绝缘管两端的出线口伸出墙面的距离不宜小于10mm，防止导线与墙壁接触，以免墙壁潮湿而产生漏电等现象。

34.【正确答案】A

【答案解析】照明电压一般采用220V；携带式照明灯具的供电电压不应超过36 V；如在金属容器内及特别潮湿场所内作业，行灯电压不得超过12V。36V以下照明供电变压器严禁使用自耦变压器。

35.【正确答案】D

【答案解析】储存可燃物的仓库及类似场所照明光源应采用冷光源，其垂直下方与堆放可燃物品水平间距不应小于0.5m。

36.【正确答案】C

【答案解析】超过3kW的固定式电热器具应采用单独回路供电，电源线应装设短路、过载及接地故障保护电器；电热器具周围0.5m以内不应放置可燃物。

37.【正确答案】D

【答案解析】本题考查的是火灾报警装置标志。选项A、B、C属于火灾报警装置。选项D属于灭火设备标志。

38.【正确答案】A

【答案解析】本题考查的是灭火设备标志认知。选项A，提示消防炮的位置。选项B，提示地下消火栓的位置。选项C，提示消防水泵接合器的位置。选项D，提示地上消火栓的位置。

39.【正确答案】D

【答案解析】本题考查的是禁止和警告标志认知。本题的标志是禁止燃放鞭炮标志，含义是禁止燃放鞭炮和焰火。

40.【正确答案】C

【答案解析】本题考查的是标志、方向辅助标志与文字辅助标志组合认知。本题标志的含义是指向右或向左皆可到达安全出口。

41.【正确答案】C

【答案解析】本题考查的是禁止和警告标志认知。本题的标志是当心易燃物标志，含义是警示来自易燃物质的危险。

42.【正确答案】C

【答案解析】本题考查的是消防安全标志的概念。消防安全标志是指用于识别消防设施、器材的种类、使用方法、注意事项和具有火灾时引导人员安全疏散功能以及设置在重点部位、疏散通道、安全出口处的认知性、提示性、警示性标识，由图形、安全色、几何形状（边框）或文字构成。

## 二、多项选择题

1.【正确答案】ABC

【答案解析】本题考查的是燃烧的形态分类。选项D，金属燃烧为按照燃烧对象的性质进行的分类。

2.【正确答案】ABCD

【答案解析】本题考查的是引起爆炸的直接原因。引起爆炸事故的直接原因有物料原因、作业行为原因、生产设备原因和生产工艺原因四个方面。

3.【正确答案】AB

【答案解析】本题考查的是火灾的概念。火灾是指在时间和空间上失去控制的燃烧。选项C，热传导又称导热，属于接触传热，是连续介质就地传递热量而又没有各部分之间相对的宏观位移的一种传热方式。选项D，热辐射是因热的原因而发出辐射能的现象。辐射换热是物体间以辐射的方式进行的热量传递。

4.【正确答案】ABC

【答案解析】本题考查的是防火的基本原理。预防火灾发生的基本方法应从控制可燃物、隔绝助燃物和控制引火源三个基本条件入手。选项D，链式反应自由基是燃烧过程中进行循环链式反应的自由基团和原子。

5.【正确答案】ABCDE

【答案解析】本题考查的是火灾的危害。火灾会危害生命安全、造成经济损失、破坏文明成果、影响社会稳定、破坏生态环境。

6.【正确答案】ABCDE

【答案解析】本题考查的是火灾中烟气的危害。火灾中的烟气会引起人员中毒、窒息，使人员受伤，影响视线，成为火势发展、蔓延的因素，使人员头痛、恶心。

7.【正确答案】ABCD

【答案解析】本题考查的是建筑结构的分类。选项E，民用建筑为建筑按使用性质进行的分类。

8.【正确答案】ABE

【答案解析】本题考查的是确定合理防火间距的意义。通过对建筑物进行合理布局和设置防火间距，可防止火灾在相邻的建筑物之间相互蔓延，合理利用和节约土地，并为人员疏散、消防救援人员的救援和灭火提供条件，减少失火建筑对相邻建筑及其使用者造成强烈的辐射和烟气影响。

9.【正确答案】ABC

【答案解析】本题考查的是易燃固体的火灾危险性。易燃固体的火灾危险性主要有燃点低、易点燃，遇酸、氧化剂易燃易爆，本身或燃烧产物有毒。

10.【正确答案】ABCD

【答案解析】本题考查的是易燃液体的认知。常见的易燃液体有汽油、乙醚、甲胺水溶液、甲醇、乙醇、香蕉水、煤油、松香水、影印油墨、照相用清除液、医用碘酒等。

11.【正确答案】ABCD

【答案解析】本题考查的主要是电气火灾特征。选项A，随机性，电气设备布置分散，发生火灾的位置很难进行预测，并且起火的时间和概率很难定量化。正是这种突发性和意外性给电气火灾的管理和预防都带来一定难度。选项B，燃烧速度快，电缆着火时，由于短路或过流时的电线温度特别高，导致火焰沿着电线燃烧蔓延的速度非常快。选项C，扑救困难，电线或电气设备着火时一般是在其内部，看不到起火点，且不能用水来扑救，造成扑救困难。选项D，损失程度大，电气火灾的发生，通常不仅会导致电气设备损坏，还将殃及其他，造成人员伤亡及财产损失。

12.【正确答案】ABCD

【答案解析】本题考查的主要是预防电气线路过载的有效措施。选项A，预防电器线路过载要根据负载情况，选择合适的电线。选项B，严禁滥用铜丝、铁丝代替熔断器的熔丝。选项C，不准乱拉电线和接入过多或功率过大的电气设备。选项D，严禁随意增加用电设备尤其是大功率用电设备。

13.【正确答案】ABCD

【答案解析】本题考查的是消防安全标志的概念及分类。消防安全标识按照其功能划分为以下6类：①火灾报警装置标志；②紧急疏散标志；③灭火设备标志；④禁止和警告标志；⑤方向辅助标志；⑥文字辅助标志。

14.【正确答案】ABCD

【答案解析】本题考查的是消防安全标识化管理一般要求。①建筑、场所的使用或管理单位应根据建筑使用性质、场所经营性质、经营规模、经营方式分别设置各种标志并进行维护，公安机关消防机构依法对建筑、场所设置和管理消防安全标志的情况进行监督检查；②消防安全标志应设在与消防安全有关的醒目位置，标志的正面或其邻近不得有妨碍视读的障碍物；③除必须处，标志一般不应设置在门、窗、架等可移动的物体上，也不应设置在经常被其他物体遮挡的地方；④难以确定消防安全标志的设置位置时，应征求当地消防机构的意见。

# 测试题三　常见的消防安全隐患[①]

## 一、单项选择题

**1.下列属于居（村）委会主任工作任务的是（　）。**

A.与消防安全管理人、居民住宅区物业服务企业负责人、村民小组长等签订消防安全责任书，落实消防安全责任

B.开展消防宣传、防火巡查和扑救初期火灾工作

C.保障疏散通道、安全出口、消防车通道畅通，保证防火防烟分区、防火间距符合消防技术标准

D.准确、及时报告火警，熟练使用消防设施、器材扑救初期火灾

**2.“组织开展消防安全宣传教育，提高居民防火意识和自防自救能力”是（　）的工作职责。**

A.志愿消防队员　　B.消防控制室值班人员

C.村民小组长　　D.消防安全管理人

**3.下列属于物业服务企业消防安全职责内容的是（　）。**

A.组织督促业主、物业使用人遵守消防法律、法规，监督管理规约约定的消防安全事项的实施

B.配合居（村）民委员会依法履行消防安全自治管理职责，支持居（村）民委员会开展消防工作，并接受其指导和监督

C.保障疏散通道、安全出口、消防车通道畅通

D.建立志愿消防队或微型消防站等多种形式的消防组织，开展群众性自防自救工作

**4.社区、农村要配备（　），以扑救初期火灾事故。**

A.消防设施和器材　　B.园林　　C.树木　　D.绿化

**5.生产、储存危险物品的场所，要在社区、农村生活居住区（　）单独布置。**

A.以内　　B.附近　　C.以外　　D.边缘

**6.社区、农村要加强安全管理，严禁在（　）内存放杂物，影响人员疏散。**

A.楼梯　　B.院落　　C.电梯　　D.室内

**7.志愿消防队应提高扑救（　）的能力。**

A.油罐火灾　　B.高层建筑火灾　　C.化工火灾　　D.初期火灾

**8.建设城乡社区微型消防站要以扑救早、灭初期火灾和（　）为目标。**

A.“10分钟到场”　　B.“8分钟到场”

C.“3分钟到场”　　D.“15分钟到场”

① 测试题三为本教程第四章相关的测试题。

**9.小餐馆内下列情形中属于火灾隐患的是(　　)。**

A.配置了灭火器　　B.液化气灶有检验合格标志

C.配电箱没有私拉电线　　D.液化气罐软管有开裂现象

**10.单位夜间巡查的重点是检查(　　)以及其他异常情况，及时堵塞漏洞，消除隐患。**

A.办公室　　B.员工宿舍　　C.仓库　　D.火源、电源

**11.可以存放电动车或者为电动车充电的场所是(　　)。**

A.疏散通道　　B.安全出口　　C.楼梯间　　D.室外停车棚

**12.灭火器内的灭火剂泄漏.压力不足时，应及时进行(　　)。**

A.维修　　B.刷漆　　C.继续使用　　D.擦拭干净

**13.灭火器应设置在位置(　　)和便于取用的地点，且不得影响安全疏散。**

A.隐蔽　　B.隐藏　　C.不明显　　D.明显

**14.厨房油锅着火可以用(　　)来扑灭。**

A.锅盖盖住　　B.水　　C.油　　D.扇子

**15.干粉灭火器上的压力表指针指到红色区域时，应及时(　　)。**

A.报废　　B.维修　　C.扔掉　　D.刷漆

**16.室内消火栓箱内应有(　　)等器材。**

A.水带、水枪　　B.泡沫液储罐　　C.消防面罩　　D.救生绳

**17.居(村)委会对辖区居民(　　)至少进行一次形式多样的消防安全培训。**

A.每年　　B.每两年　　C.每月　　D.每季度

**18.火灾时导致人员伤亡和火灾扩大的最主要原因是(　　)。**

A.高温烟气　　B.火焰　　C.恐惧　　D.迷失方向

**19.《中华人民共和国消防法》规定，任何人发现火灾都应当(　　)拨打火警电话“119”报警。**

A.立即

B.观察一会儿后

C.发现火灾后单位或个人应该先自救，如果自救无效时

D.发现火灾后单位或个人应该先救火，灭火失败时

**20.常闭式防火门应当保持(　　)状态。**

A.常开　　B.常闭　　C.通风　　D.可开启

**21.为确保发生火灾能够及时处置，最大程度地减少火灾人员伤亡和财产损失，居(村)委会、物业管理单位应结合实际制订(　　)。**

A.工作计划　　B.工作报告　　C.工作总结　　D.消防应急预案

**22.发生火灾时，引导现场人员有序疏散可利用(　　)等方式通知、引导火场人员正确逃生。**

A.保持沉默　　B.广播通知　　C.等待　　D.不说话

**23.消防应急广播是火灾时引导(　　)的重要设备。**

A.疏散逃生　　B.购物　　C.学习　　D.工作

**24.火灾隐患有奖举报电话是(　　)。**

A.96110　　B.96120　　C.96911　　D.96119

**25.据统计，火灾中死亡的人有80%以上属于(　　)。**

A.被火直接烧死　　B.烟气窒息而死　　C.跳楼致死　　D.惊吓致死

**26.建筑内部因采用大量可燃材料装修、使用可燃家具，将(　　)。**

A.阻止火势蔓延　　B.增加火灾荷载　　C.降低耐火等级　　D.增加燃烧时间

**27.高层建筑火灾中，人员疏散非常困难的原因不包括(　　)。**

A.烟雾扩散影响　　B.客运电梯拥挤　　C.疏散距离影响　　D.人员拥挤影响

**28.火灾中，导致玻璃幕墙爆裂的主要因素是(　　)。**

A.火焰，高温　　B.室内热气压　　C.建筑构件变形挤压　　D.水枪射流

**29.以下不是消防工作主要目的的是(　　)。**

A.预防火灾　　B.减少火灾危害　　C.保护人身财产安全　　D.管理社会单位

**30.我国消防工作贯彻(　　)的方针。**

A.以防为主、防消结合　　B.预防为主、防消结合

C.救人为主、物资为次　　D.以防为主、以消为辅

**31.消防工作贯彻(　　)的基本原则。**

A.谁主管，谁负责　　B.预防为主，防消结合

C.专门机关与群众相结合　　D.以防为主、以消为辅

**32.凡是能与空气中的氧或其他氧化剂起化学反应的物质，不论是气体、液体还是固体，也不论是金属还是非金属、无机物或是有机物，均称为(　　)。**

A.着火源　　B.可燃物　　C.助燃物　　D.易燃物

**33.凡是能与空气中的氧或其他氧化剂发生化学反应的物质称(　　)。**

A.可燃物　　B.助燃物　　C.着火源　　D.化合物

**34.属于可燃性建筑材料是(　　)。**

A.木材　　B.混凝土　　C.钢材　　D.砖

**35.下列物质中(　　)是易燃液体。**

A.一氧化碳　　B.木材　　C.汽油　　D.水

**36.木材及大部分有机材料属于(　　)。**

A.可燃性建筑材料　　B.不燃性建筑材料

C.难燃性建筑材料　　D.一般建筑材料

**37.灭火的最佳时期是火灾发生的(　　)。**

A.初期　　B.旺盛期　　C.轰燃点　　D.衰退期

**38.以下灭火的基本方法中正确的是(　　)。**

A.在使用$CO_2$和泡沫灭火剂灭火时，如辅以喷水，则能加速火焰熄灭

B.干粉灭火剂因具有冷却作用，扑救炽热物后不易引起复燃

C.电气设备起火，应选用泡沫灭火器扑救

D.电气设备着火时，应采用干粉、$CO_2$等灭火器扑救

**39.泡沫灭火器不能用于扑救(　　)火灾。**

A.塑料　　B.汽油　　C.煤油　　D.金属钠

**40.机关、团体、企业、事业单位(　　)是本单位消防安全第一责任人。**

A.法定代表人　　B.分管领导　　C.消防管理员　　D.消防设施操作人员

**41.我国的消防工作实行(　　)责任制。**

A.防火安全　　B.消防安全　　C.政府全面负责　　D.单位全面负责

**42.法人单位的（ ）对本单位的消防安全工作全面负责。**

A.法定代表人 B.安全部门负责人 C.现场工作人员 D.消防安全保卫干部

**43.对消防工作中有突出贡献的单位和个人，应当按照（ ）有关规定给予表彰和奖励。**

A.《中华人民共和国消防法》 B.国家

C.公安机关 D.地方政府

**44.任何单位、个人都应当（ ）为报警提供便利，不得阻拦报警。**

A.有偿 B.无偿 C.视情 D.有偿或无偿

**45.任何单位、个人发现火灾后都应当（ ）。**

A.有偿为报警提供便利 B.先向单位领导请示报告后，由领导决定是否报警

C.立即报警 D.视情形有偿或无偿报警

**46.政府应急消防队、专职消防队扑救火灾、应急救援，（ ）。**

A.政府应急消防队不得收取费用，专职消防队可收取部分费用

B.不得收取任何费用

C.可以收取火灾所损耗的燃料、灭火剂和器材、装备等费用

D.适当收取费用

**47.国务院领导全国的消防工作，地方（ ）负责本行政区域内的消防工作。**

A.各级政府部门 B.各级人民政府 C.各级公安机关 D.各级应急消防机构

**48.《中华人民共和国消防法》立法目的是（ ），加强应急救援工作，保护人身、财产安全，维护公共安全。**

A.预防火灾 B.减少火灾危害

C.预防火灾和减少火灾危害 D.保护人民生命财产安全

**49.人员密集场所发生火灾时，该场所的现场工作人员应当（ ）。**

A.迅速撤离 B.抢救贵重物品

C.立即组织、引导在场人员疏散 D.组织扑救火灾

**50.依法实行（ ）的消防产品，由具有法定资质的认证机构按国家标准、行业标准的强制性要求认证合格后，方可生产、销售、使用。**

A.强制性产品认证 B.备案公告

C.监督管理 D.技术鉴定

**51.禁止非法携带易燃易爆危险品（ ）。**

A.物资仓库 B.社会单位

C.个人家庭 D.进入公共场所或乘坐公共交通工具

**52.在具有火灾、爆炸危险的场所，以下行为中错误的是（ ）。**

A.禁止吸烟

B.禁止使用明火

C.因施工等特殊情况需要使用明火作业的，施工人员应当自觉采取相应消防安全措施

D.因施工等特殊情况需要使用明火作业的，应当按照规定事先办理审批手续，采取相应消防安全措施

**53.负责公共消防设施维护管理的单位，应当保持消防供水、消防通信、（ ）等公共消防设施的完好有效。**

A.消防车通道 B.安全出口 C.疏散通道 D.防火分区

**54.(　)是为人员疏散或消防作业提供照明的消防应急灯具。**

A.应急照明灯　B.疏散指示标志　C.应急指示标志　D.普通灯具

**55.不属于防火巡查人员的工作任务有(　)。**

A.及时纠正违章行为

B.妥善处置火灾危险，无法当场处置的，应当及时报告

C.制订整改措施整改火灾隐患

D.发现初期火灾及时扑救并立即报警

**56.下列火灾隐患不属于当场改正并督促落实的是(　)。**

A.违章进入生产、储存易燃易爆危险物品场所的

B.将安全出口上锁、遮挡，或占用、堆放物品影响疏散通道畅通的

C.消火栓、灭火器材被遮挡影响使用或者被挪作他用的

D.两建筑间防火间距不够的

**57.学校及其他教育机构应当定期对师生开展消防安全、用火用电知识和火场自救互救、逃生常识的教育，每(　)至少组织开展一次应急疏散演练。**

A.学年　B.学期　C.半年　D.每月

**58.公共娱乐场所在(　)不得带入、存放、使用烟花爆竹以及其他易燃易爆危险品。**

A.开业期间　B.营业期间　C.任何时候　D.停业期间

**59.物业服务企业应当对其(　)的共用消防设施、器材和疏散通道、安全出口、消防车通道按规定进行维护管理。**

A.居民住宅区　B.管理区域内　C.业主住宅区　D.公用物业区

**60.政府应急消防机构对投诉、举报占用、堵塞、封闭疏散通道、安全出口或者其他妨碍安全疏散行为，以及毁坏、擅自拆除或者停用消防设施的，应当在(　)h内进行核查。**

A.24　B.12　C.36　D.48

**61.公众聚集场所应当确定消防安全管理人和(　)，开展防火巡查，确保安全出口和疏散通道畅通。**

A.消防安全责任人　B.消防安全巡查员

C.消防安全疏散引导员　D.消防设施操作员

**62.集贸市场严禁经营、储存(　)。**

A.小五金商品　B.日用百货　C.易燃易爆物品　D.含酒精类饮品

**63.设置栏杆等障碍物的道路应当预留(　)。**

A.消防通道　B.疏散通道　C.消防车通道　D.安全出口

**64.生产、储存、经营易燃易爆危险品的场所不得与(　)设置在同一建筑物内，并应当与居住场所保持安全距离。**

A.高层建筑　B.商业用房　C.居住场所　D.一般仓库

**65.未设立物业专项维修资金或者专项维修资金不足的，共用消防设施和器材的维修、更新、改造所需经费由业主按照约定承担；没有约定或者约定不明确的，由业主按照房屋权属证书登记的面积占(　)的比例分摊。**

A.公摊面积　B.单幢建筑面积

C.建筑物总面积　D.室内面积

**66.(　)等部门应当将消防知识编入中小学教材和职业培训教材，督促学校、各类培训机构组织开展多**

**种形式的消防安全宣传教育活动。**

A.科学技术 B.教育、人力资源和社会保障

C.工会、共产主义青年团 D.司法行政

**67.公共娱乐场所内严禁下列( )行为。**

A.充电 B.吸烟

C.带入和存放易燃易爆物品 D.使用电暖器

**68.以下关于单位日常防火巡查的描述中，不正确的是( )。**

A.在辖区内巡视、检查发现消防违章行为

B.劝阻、制止违反规章制度的人和事

C.妥善处理安全隐患，及时处置紧急事件

D.单位的防火巡查工作一般由消防安全管理人负责

**69.相关政府应急消防部门对于在消防监督检查过程中发现的，如不及时消除可能严重威胁公共安全的火灾隐患，应当对危险部位或者场所予以( )。**

A.拆除 B.警告 C.临时查封 D.罚款

**70.某单位为扩大生产区域，擅自占用防火间距，经责令改正拒不改正的，政府应急消防机构组织强制拆除障碍物所需费用( )。**

A.列入政府机构办案经费 B.列入当地政府专用经费

C.由违法行为人承担 D.由组织拆除的政府机构自行承担

**71.建设工程已经通过消防设计审核，擅自改变消防设计，降低消防安全标准的，应当依法( )。**

A.免于处罚 B.减轻处罚 C.从轻处罚 D.从重处罚

**72.实行承包、租赁或者委托经营、管理时，建筑物内消防安全，依照( )明确各方的消防安全责任。**

A.法律 B.合同规定 C.制度 D.产权单位要求

**73.实行承包、租赁或者委托经营、管理时，消防车通道、涉及公共消防安全的疏散设施，由( )管理。**

A.承包人 B.市政部门

C.产权单位或委托管理的单位 D.租赁人

**74.下列( )人员应当持证上岗。**

A.消防安全责任人 B.消防安全管理人

C.消防控制室的消防设施操作员 D.保卫人员

**75.在进行建筑内部装修时，以下对于室内消防栓的做法中正确的是( )。**

A.不应被装饰物遮挡 B.可以移动消火栓箱的位置

C.安装铁门并上锁 D.可视为一般部位进行装修装饰

**76.在商场进行电、气焊割作业，应在停业期间进行，必须( )，落实现场监护人，在确认无火灾、爆炸危险后方可施工。**

A.有上级领导在场 B.有经理在场

C.履行动火审批手续 D.请同事到场

**77.电气线路敷设中，属于火灾隐患的有( )。**

A.电气线路敷设应避开可燃材料

B.电气线路敷设无法避开可燃材料时，应采取穿金属管、阻燃塑料管等防火保护措施

C.吊顶为可燃材料或吊顶内有可燃物时，吊顶内的电气线路不需穿金属管、阻燃塑料管

D.灯具表面的高温部位靠近可燃物时，应采取隔热、散热等防火保护措施

**78.禁止在具有火灾、爆炸危险的场所使用明火，因特殊情况需要进行电、气焊等明火作业的，动火部门和人员应当按照单位的用火管理制度办理审批手续，落实（　），在确认无火灾、爆炸危险后方可动火施工。**

A.警示标志　B.灭火器材　C.报警措施　D.现场监护人

**79.公共娱乐场所在营业期间（　）施工。**

A.可以动火　B.禁止动火

C.有专人监护时可以动火　D.经动火部门批准可以动火

**80.公共娱乐场所疏散门的设置应向（　）开启，不应采用卷帘门、转门、吊门、侧拉门。**

A.疏散方向　B.内走道　C.外走道　D.都可以

## 二、多项选择题

**1.根据不安全因素引发火灾的可能性大小和可能造成的危害程度的不同，火灾隐患可分为（　）。**

A.一般火灾隐患　B.重大火灾隐患

C.较大火灾隐患　D.恶性火灾隐患

**2.在餐厅及厨房的防火巡查中，填写巡查记录表告知危害之后，应当上报有关领导，制订限期改正措施是（　）。**

A.燃气阀门被遮挡、封堵，不能正常开启、关闭

B.插座、插销不符合消防规范

C.消防通道有物品码放、被封堵

D.电源开关、灯具不符合安全要求

**3.在餐厅及厨房的防火巡查中，发现（　），应当上报有关领导，制订限期改正措施。**

A.使用电器有超载现象　B.点锅后炉灶没有人看守

C.烟道内的油垢过多　D.没有配备石棉毯等简易灭火器材

**4.员工宿舍的防火巡查中，发现（　），应当告知危害，协助当场改正。**

A.疏散通道、安全出口被杂物堵塞

B.在楼道内燃放烟花、爆竹

C.违章使用热水器、电热杯、电热毯等电热设备

D.疏散标志、应急照明灯不灵敏、不好用

**5.关于燃烧的条件以下说法正确的是（　）。**

A.具备了可燃物、助燃物、引火源这三个条件，便会发生燃烧现象

B.燃烧必须具备三个要素，但不是有了这三个要素就一定会发生燃烧

C.氧气和氧化剂起帮助物质燃烧的作用

D.发生了燃烧就发生了火灾

**6.室内火灾蔓延的途径很多，可能包括（　）。**

A.内墙门、间隔墙、楼板孔洞　B.厨房、卫生间

C.闷顶、外墙窗口　D.穿越楼板、墙壁的管道和缝隙

**7.关于楼梯间的设置要求表述正确的是（　　）。**

A.楼梯间不能靠外墙设置

B.公共建筑的楼梯间内不应敷设可燃气体管道

C.居住建筑的楼梯间内不应敷设可燃气体管道和设置可燃气体计量表

D.单元式住宅每个单元的疏散楼梯均应通至屋顶

**8.下列属于防火分隔物的是（　　）。**

A.防火墙　　B.防火阀　　C.防火涂料　　D.防火卷帘

**9.对于合用场所，以下做法中正确的是（　　）。**

A.两个合用场所之间或者合用场所与其他场所之间应采用不开门、窗、洞口的防火墙和耐火极限为1.50h楼板进行防火分隔

B.合用场所住宿与非住宿部分应设置火灾自动报警系统或独立式感烟火灾探测报警器

C.合用场所住宿与非住宿部分之间应进行防火分隔

D.合用场所内的安全出口和辅助疏散出口的宽度不用满足人员安全疏散的需要

**10.以下关于疏散指示和应急照明的情况中属于火灾隐患的有（　　）。**

A.灯光疏散指示应设置在疏散通道1.5m以下墙面上或地面

B.疏散通道转角区和疏散门正上方应设置灯光疏散指示标志

C.指示标志应当设在门的顶部、疏散通道和转角处距地面1.2m以下的墙面上

D.应急照明灯可在浓烟弥漫的情况下为人员疏散指示安全出口及其方向

**11.以下关于公共娱乐场所的描述中不属于火灾隐患的有（　　）。**

A.公共娱乐场所内可视情况带入和存放易燃易爆物品

B.公共娱乐场所安全出口处不应设置门槛、台阶、屏风等影响疏散的遮挡物

C.餐饮场所厨房的液化石油气气瓶组间应当单独设置，严禁与燃气灶具设置在同一房间内

D.公共娱乐场所在营业期间禁止动火施工

**12.单位进行防火巡查时发现（　　）火灾隐患，应当责令有关人员当场改正并督促落实。**

A.单位的安全出口上锁、遮挡　　B.占用、堆放物品影响疏散通道畅通

C.挪用消防设备和灭火工具　　D.值宿职员擅离职守

**13.对于室外消火栓，（　　）情况属于火灾隐患。**

A.室外消火栓被埋压　　B.室外消火栓被圈占

C.寒冷地区消火栓的防冻措施应完好　　D.室外消火栓被挪作他用

**14.一般单位的消防应急预案中，消防应急的组织机构包括（　　）等部门。**

A.现场警戒组　　B.灭火行动组

C.疏散引导组　　D.安全防护救护组和后勤保障组

**15.下列与人员密集场所疏散门相关的情况中，属于火灾隐患的有（　　）。**

A.疏散门设置为向疏散方向开启

B.采用了卷帘门、转门、吊门或侧拉门

C.疏散楼梯间及前室的疏散门设置为防火卷帘

D.疏散门设置为向内开启

**16.单位进行防火巡查的内容应当包括（　　）。**

A.用火、用电有无违章情况

B.消防安全重点部位的人员在岗情况

C.消防设施、器材和消防安全标志是否在位、完整

D.安全出口、疏散通道是否畅通，安全疏散指示标志、应急照明是否完好

**17.下列情形中，应当确定为火灾隐患的是（　）。**

A.影响人员安全疏散或者灭火救援行动，不能立即改正的

B.不符合城市消防安全布局要求，影响公共安全的

C.消防设施未保持完好有效，影响防火灭火功能的

D.在人员密集场所违反消防安全规定，使用、储存易燃易爆危险品，不能立即改正的

**18.下列违反消防安全规定的行为中，单位应当责成有关人员当场改正并督促落实是（　）。**

A.擅自改变防火分区，容易导致火势蔓延、扩大的

B.违章进入生产、储存易燃易爆危险物品场所的

C.消火栓、灭火器材被遮挡影响使用或者被挪作他用的

D.违章使用明火作业或者在具有火灾、爆炸危险的场所吸烟、使用明火等违反禁令的

**19.根据相关国家职业标准，（　）属于对建筑物中控室消防操作员职业技能要求。**

A.能制订火灾应急处置预案

B.能编写消防控制室规章制度

C.能使用火灾报警控制器完成自检、消音、复位的操作

D.能检查火灾报警控制器主备电源工作状态，完成主备电源切换检查

**20.消防控制室值班的人员配备应符合（　）要求。**

A.消防控制室必须实行每日专人12h值班

B.每班不应少于2人，每连续工作时间不应超过8h

C.值班人员应通过消防特有工种职业技能鉴定，持有相应等级的职业资格证书

D.值班人员应相对稳定，不能频繁更换

# 答案与解析

## 一、单项选择题

1.【**正确答案**】A

【答案解析】本题考查的是居（村）委会主任的工作任务。正确的表述应为居（村）委会主任在消防工作方面的职责是与消防安全管理人、居民住宅区物业服务企业负责人、村民小组长等签订消防安全责任书，落实消防安全责任。

2.【**正确答案**】D

【答案解析】本题考查的是消防安全管理人在消防工作方面的职责之一，即组织开展消防安全宣传教育，提高居民防火意识和自防自救能力。

3.【**正确答案**】C

【答案解析】本题考查的是物业服务企业的消防安全职责内容之一，即保障疏散通道、安全出口、消防车通道畅通。

4.【正确答案】A

【答案解析】本题考查的是社区、农村出于扑救初期火灾事故的目的而应配备的消防硬件设备。

5.【正确答案】C

【答案解析】本题考查的是生产、储存危险物品的场所的布置要求之一，即应在社区、农村生活居住区以外单独布置。

6.【正确答案】A

【答案解析】本题考查的是社区、农村加强安全管理、消除火灾隐患的措施之一，严禁楼梯内存放杂物，影响人员疏散。

7.【正确答案】D

【答案解析】本题考查的是志愿消防队的职能，在灭火方面仅要求其具备最基本的扑救初期火灾的能力。

8.【正确答案】C

【答案解析】本题考查的是建设城乡社区微型消防站的目标，相对于正规消防部队，微型消防站一般布局于单位或社区内部，在发生火灾时应实现“3分钟到场”的要求。

9.【正确答案】D

【答案解析】本题考查的是餐馆常见的火灾隐患。

10.【正确答案】D

【答案解析】本题考查的是单位内部夜间巡查工作应关注的隐患情况，夜间检查是预防夜间发生大火的有效措施，重点是检查火源、电源以及其他异常情况，及时堵塞漏洞，消除隐患。

11.【正确答案】D

【答案解析】本题考查的是存放电动车或者为电动车充电的正确场所，电动车引发火灾后燃烧速度快、扑救难度大，因此应停放在专门设置的室外停车棚，以防火灾时影响建筑物内人员安全疏散。

12.【正确答案】A

【答案解析】本题考查的是灭火器具有泄漏、压力不足的隐患时，应及时维修处理的要求。

13.【正确答案】D

【答案解析】本题考查的是与灭火器布局位置相关的、应注意消除的隐患。灭火器的设置应便于取用，且不得影响安全疏散。

14.【正确答案】A

【答案解析】本题考查的是与一般家庭火灾相关的基本知识。厨房油锅着火不能简单用水应对。

15.【正确答案】B

【答案解析】本题考查的是干粉灭火器压力不足的隐患状态及应对方法。

16.【正确答案】A

【答案解析】本题考查的是室内消火栓箱内应具备水带、水枪等器材，丢失或不足可视为火灾隐患。

17.【正确答案】A

【答案解析】本题考查的是居(村)委会对辖区居民进行消防安全培训的职责，消防培训应至少每年进行一次。

18.【正确答案】A

【答案解析】本题考查的是关于火灾时导致人员伤亡和火灾扩大最主要原因的知识，人们应提高对于火灾高温烟气的认知，在防火工作中注意消除与此相关的隐患。

19.【正确答案】A

【答案解析】本题考查的是法律对于火灾报警的规定，任何人发现火灾都应当立即拨打火警电话“119”报警。

20.【正确答案】B

【答案解析】本题考查的是常闭式防火门应当保持的常闭状态，违背要求即为火灾隐患。

21.【正确答案】D

【答案解析】本题考查的是居（村）委会、物业管理单位应结合实际制订消防应急预案，在接到火灾报警后，应当立即启动该预案，以确保发生火灾能够及时处置。

22.【正确答案】B

【答案解析】本题考查的是发生火灾时，单位的相关消防工作人员疏散引导在场人员逃生的方式方法，单位的广播通知系统不能完整有效可视为火灾隐患。

23.【正确答案】A

【答案解析】同测试题三中单项选择题第22题。

24.【正确答案】D

【答案解析】本题考查的是火灾隐患举报的相关知识。拨打“96119”可以咨询消防知识，也可以举报火灾隐患。

25.【正确答案】B

【答案解析】本题考查的是关于火灾时烟气对导致人员伤亡和火灾扩大危害性的知识，人们应提高这方面的知识水平，在防火工作中注意消除与此相关的隐患。

26.【正确答案】B

【答案解析】本题考查的是建筑内部因采用大量可燃材料的火灾风险，不符合规定将会形成火灾隐患。

27.【正确答案】B

【答案解析】本题考查的是高层建筑火灾中，人员疏散困难的原因，包括火灾烟气、疏散距离等方面的影响。

28.【正确答案】A

【答案解析】本题考查的是具有玻璃幕墙的建筑，在火灾中玻璃幕墙会因火焰，高温而发生爆裂，具有一定的火灾风险。

29.【正确答案】D

【答案解析】本题考查的是我国消防工作的主要目的是预防火灾、减少火灾危害、保护人身财产安全。

30.【正确答案】B

【答案解析】本题考查的是我国消防工作“预防为主、防消结合”的方针。

31.【正确答案】C

【答案解析】本题考查的是我国消防工作中，应坚持专门机关与群众相结合的基本原则。

32.【正确答案】B

【答案解析】本题考查的是可燃物基本概念，是认定火灾隐患的理论基础知识。

33.【正确答案】A

【答案解析】同测试题三中单项选择题第32题。

34.【正确答案】A

【答案解析】本题考查的是关于可燃性建筑材料的基础知识。能分辨可燃性建筑材料是确定火灾隐患的基础。

35.【正确答案】C

【答案解析】本题考查的是关于易燃液体的基础知识。能分辨物质的燃烧性能是确定火灾隐患的基础。

36.【正确答案】A

【答案解析】同测试题三中单项选择题第34题。

37.【正确答案】A

【答案解析】本题考查的是灭火的最佳时期，火灾初期阶段是扑救火灾最有利的时机。

38.【正确答案】D

【答案解析】本题考查的是灭火基本方法的知识，有助于确认灭火器配置与灭火对象不匹配而形成的火灾隐患。电气设备起火时，如选用泡沫灭火器扑救会有电击危险，应采用干粉、$CO_2$等灭火器扑救。

39.【正确答案】D

【答案解析】本题考查的是灭火基本方法的知识，有助于确认灭火器配置与灭火对象不匹配而形成的火灾隐患。金属钠为活泼金属，遇水容易发生爆炸，起火时，不能选用泡沫灭火器扑救。

40.【正确答案】A

【答案解析】本题考查的是单位消防工作的责任人问题，消防安全责任人应为火灾隐患的确认和整改工作负责。

41.【正确答案】B

【答案解析】本题考查的是单位消防工作责任制问题，《消防安全责任制实施办法》中明确强调坚持明确单位消防安全自查、隐患自除、责任自负，单位消防安全由法人代表负主体责任，是消防安全的责任人。

42.【正确答案】A

【答案解析】本题考查的是单位消防工作责任制问题，《消防安全责任制实施办法》中明确了单位消防安全由法人代表负主体责任，消防安全保卫干部落实执行单位的各项消防制度。

43.【正确答案】B

【答案解析】本题考查的是对消防工作有突出贡献者的表彰和奖励问题，应当按照国家有关规定进行。

44.【正确答案】B

【答案解析】本题考查的是火灾报警的相关规定，任何单位、个人都应当无偿为报警提供便利，不得阻拦报警。

45.【正确答案】C

【答案解析】本题考查的是火灾报警的相关规定，任何单位、个人发现火灾后都应当立即报警。

46.【正确答案】B

【答案解析】本题考查的是火灾扑救的相关规定，向群众普及对于政府消防队伍的认知，扑救火灾、应急救援不收取任何费用。

47.【正确答案】B

【答案解析】本题考查的是政府部门的消防职能问题，地方各级政府部门负责本行政区域内的消防工作。

48.【正确答案】C

【答案解析】本题考查的是《中华人民共和国消防法》的立法目的。

49.【正确答案】C

【答案解析】本题考查的是人员密集场所发生火灾时，应当第一时间组织、引导在场人员疏散，是相关单位现场工作人员的法律责任。相关单位的消防培训中如果缺乏这方面的内容应视为火灾隐患。

50.【正确答案】A

【答案解析】本题考查的是消防产品质量问题，不符合国家标准、行业标准要求而生产、销售、使用的消防产品，会造成火灾隐患。

51.【正确答案】D

【答案解析】本题考查的是携带易燃易爆危险品的问题，非法携带易燃易爆危险品进入公共场所或者乘坐公共交通工具会造成火灾隐患。

52.【正确答案】C

【答案解析】本题考查的是明火作业相关规定，在具有火灾、爆炸危险的场所需要使用明火作业的，应执行动火证制度。

53.【正确答案】A

【答案解析】本题考查的是对于公共消防设施的维护管理，消防供水、消防通信、消防车通道等公共消防设施应当保持完好有效。

54.【正确答案】A

【答案解析】本题考查的是消防应急灯具的作用，应急照明灯为人员疏散或消防作业提供照明，疏散指示标志是人员疏散逃生标识。

55.【正确答案】C

【答案解析】本题考查的是单位防火巡查人员的工作任务，主要是发现、纠正一些可以当场处置的火灾隐患。

56.【正确答案】D

【答案解析】本题考查的是可当场改正的火灾隐患问题，对下列违反消防安全规定的行为，单位应当责成有关人员当场改正并督促落实：违章进入生产、储存易燃易爆危险物品场所的；违章使用明火作业或者在具有火灾、爆炸危险的场所吸烟、使用明火等违反禁令的；将安全出口上锁、遮挡，或者占用、堆放物品影响疏散通道畅通的；消火栓、灭火器材被遮挡影响使用或者被挪作他用的；常闭式防火门处于开启状态，防火卷帘下堆放物品影响使用的；消防设施管理、值班人员和防火巡查人员脱岗的；违章关闭消防设施、切断消防电源的；其他可以当场改正的行为。

57.【正确答案】A

【答案解析】本题考查的是学校提供消防培训和教育，使广大师生建立起预防火灾、消除火灾隐患的基础知识体系。

58.【正确答案】B

【答案解析】本题考查的是公共娱乐场所有可能发生的火灾隐患，在营业期间不得带入、存放、使用烟花爆竹以及其他易燃易爆危险品。

59.【正确答案】B

【答案解析】本题考查的是物业服务企业的消防职责，应当对其管理区域内的共用消防设施、器材和疏散通道、安全出口、消防车通道按规定进行维护管理。

60.【正确答案】A

【答案解析】本题考查的是政府消防部门应尽快核查的火灾隐患范围。

61.【正确答案】A

【答案解析】本题考查的是公众聚集场所为了预防和消除火灾隐患，应落实的消防职责及承担者。

62.【正确答案】C

【答案解析】本题考查的是集贸市场有可能存在的火灾隐患，严禁经营、储存易燃易爆物品。

63.【正确答案】C

【答案解析】本题考查的消防车通道方面有可能存在的火灾隐患，道路上设置栏杆等障碍物时应当预留消防车通道。

64.【正确答案】C

【答案解析】本题考查的是不同使用性质的场所能否设置在同一建筑物内的问题，对于生产、储存、经营易燃易爆危险品的场所有特别的要求。

65.【正确答案】C

【答案解析】本题考查的为消除火灾隐患而带来的经费问题，居民小区应按合同约定或产权比例分摊。

66.【正确答案】B

【答案解析】本题考查的是普及消防知识所涉及的不同政府职能部门，涉及教育、人力资源和社会保障等部门。

67.【正确答案】C

【答案解析】本题考查的是公共娱乐场所有可能发生的火灾隐患，应严禁带入和存放易燃易爆物品。

68.【正确答案】D

【答案解析】本题考查的是单位日常防火巡查的概念，单位日常防火巡查是指应用最简单直接的方法，在辖区内巡视、检查发现消防违章行为，劝阻、制止违反规章制度的人和事，妥善处理安全隐患并及时处置紧急事件的活动。单位的防火巡查一般由当日消防值班人员负责。

69.【正确答案】C

【答案解析】本题考查的是应及时处理火灾隐患的手段，对于如不及时消除可能严重威胁公共安全的火灾隐患，应予以临时查封。

70.【正确答案】C

【答案解析】本题考查的是应及时处理火灾隐患的手段，因政府强制拆除障碍物所带来的费用由违法行为人承担。

71.【正确答案】D

【答案解析】本题考查的是对于擅自改变消防设计而带来火灾隐患的，应依法从重处罚。

72.【正确答案】B

【答案解析】本题考查的是消防安全责任的划分问题，实行承包、租赁或者委托经营等情况的，应在相关合同中约定消防责任划分。

73.【正确答案】C

【答案解析】本题考查的是消防安全责任的划分问题，产权单位或委托管理的单位应对消防车通道、涉及公共消防安全的疏散设施落实管理。

74.【正确答案】C

【答案解析】本题考查的是消防人员持证上岗的问题，在消防控制室值班的消防设施操作人员应取得国际职业技能证书后才能上岗。

75.【正确答案】A

【答案解析】本题考查的是室内消防栓容易出现的火灾隐患，在进行建筑内装修时应注意保证消防栓符合消防要求。

76.【正确答案】C

【答案解析】本题考查的是明火作业相关规定，在人员密集场所需要使用明火作业的，应在停业期间进行并履行动火证制度。

77.【正确答案】C

【答案解析】本题考查的是电气线路敷设相关的防火要求和火灾隐患。

78.【正确答案】D

【答案解析】本题考查的是动火证制度相关的具体要求，应落实现场监护人后，按规定程序进行。

79.【正确答案】B

【答案解析】本题考查的是公共娱乐场所的动火要求，为避免形成火灾隐患，营业期间禁止动火施工。

80.【正确答案】A

【答案解析】本题考查的是公共娱乐场所疏散门的设置要求，应设置向疏散方向开启的平开门。

## 二、多项选择题

1.【正确答案】AB

【答案解析】本题考查的是火灾隐患的分类。火灾隐患可分为一般火灾隐患、重大火灾隐患两类。

2.【正确答案】ABD

【答案解析】本题考查的是与厨房相关的火灾隐患，其中对于消防通道有物品码放、被封堵的情况，应告知危害，并协助当场改正。

3.【正确答案】ACD

【答案解析】本题考查的是与厨房相关的火灾隐患，在防火巡查中，发现点锅后炉灶没有人看守，应告知危害，并协助当场改正。

4.【正确答案】ABC

【答案解析】本题考查的是与员工宿舍相关的火灾隐患，防火巡查中，发现疏散标志、应急照明灯不灵敏、不好用，应填写巡查记录表，告知危害，上报有关领导，制订限期整改措施。

5.【正确答案】BC

【答案解析】本题考查的是燃烧条件的基本知识，理解燃烧基本知识有助于通过确认可燃物、助燃物、引火源这三个条件，减缓或消除火灾隐患。

6.【正确答案】ACD

【答案解析】本题考查的是室内火灾可能发生蔓延的途径，了解这方面的知识有助于提高辨识火灾隐患的能力，防患于未然。

7.【正确答案】BCD

【答案解析】本题考查的是楼梯间的设置要求，楼梯间一般靠外墙设置，能天然采光和自然通风，故选项A错误。

8.【正确答案】ABD

【答案解析】本题考查的是防火分隔物的概念，常见防火分隔物有防火墙、防火门、防火窗、防火卷帘、防火水幕带、防火阀和排烟防火阀等，选项C，防火涂料不属于防火分隔物。

9.【正确答案】ABC

【答案解析】本题考查的是合用场所相关规定，在既有厂房、仓库、商场中设置员工宿舍，或是在居住等民用建筑中从事生产、储存、经营等活动，而住宿部分与其他部分又未按规定采取必要的防火分隔和设置消防设施，使得这类建筑的消防安全条件与建筑使用性质不相适应，具有较高的火灾危险性。生产、储存、经营易燃易爆危险品的场所不得与居住场所设置在同一建筑物内，并应当与居住场所保持安全距离。

10.【正确答案】ACD

【答案解析】本题考查的是疏散指示和应急照明相关的火灾隐患。除规范另有规定外，疏散走道及其转角处的安全指示标志应设置在距地面1m以下墙面上。公共建筑的安全出口标志应设置在出口的正上方。

11.【正确答案】BCD

【答案解析】本题考查的是关于公共娱乐场所的火灾隐患，公共娱乐场所内严禁带入和存放易燃易爆物品。

12.【正确答案】ABCD

【答案解析】本题考查的是关于单位防火巡查时可能发现的火灾隐患，一般违法单位防火“六不准”内容的情况应及时予以改正，主要包括：在严禁吸烟的地方，不准吸烟；生产、生活用火要有专人看管，用火不准超量；打更、值宿职员要尽职尽责，不准擅离职守；安装使用电气设备，不准违反规定；教育小孩不准玩火；各种消防设备和灭火工具不准损坏和挪用。当单位的安全出口上锁、遮挡，或者占用、堆放物品影响疏散通道畅通时，也应当责令有关人员当场改正并督促落实。

13.【正确答案】ABD

【答案解析】本题考查的是关于室外消火栓常见的火灾隐患。

14.【正确答案】ABCD

【答案解析】本题考查的是单位、居（村）委会等所制订消防应急预案的组织机构，接到火灾报警后，预案中各部门应立即启动，不制订预案或预案不足可视为火灾隐患。

15.【正确答案】BCD

【答案解析】本题考查的是人员密集场所疏散门的设置要求，人员密集场所疏散门的设置应向疏散方向开启，不应采用卷帘门、转门、吊门、侧拉门，疏散楼梯间及前室的疏散门不得设置为防火卷帘，不符合要求应视为火灾隐患。

16.【正确答案】ABCD

【答案解析】本题考查的是单位进行防火巡查的内容要求。包括：①用火、用电有无违章情况；②安全出口、疏散通道是否畅通，安全疏散指示标志、应急照明是否完好；③消防设施、器材和消防安全标志是否在位、完整；④常闭式防火门是否处于关闭状态，防火卷帘下是否堆放物品，影响使用；⑤消防安全重点部位的人员在岗情况；⑥其他消防安全情况。

17.【正确答案】ABCD

【答案解析】本题考查的是火灾隐患认定的内容要求。包括：①影响人员安全疏散或者灭火救援行动，不能立即改正的；②消防设施未保持完好有效，影响防火灭火功能的；③擅自改变防火分区，容易导致火势蔓延、扩大的；④在人员密集场所违反消防安全规定，使用、储存易燃易爆危险品，不能立即改正的；⑤不符合城市消防安全布局要求，影响公共安全的；⑥其他可能增加火灾实质危险性或者危害性的情形。

18.【正确答案】BCD

【答案解析】本题考查的是应当责成有关人员当场改正的火灾隐患。按相关规定有8种违反消防安全规定的行为单位应当责成有关人员当场改正并督促落实。包括：①违章进入生产、储存易燃易爆危险物品场所的；②违章使用明火作业或者在具有火灾、爆炸危险的场所吸烟、使用明火等违反禁令的；③将安全出口上锁、遮挡，或者占用、堆放物品影响疏散通道畅通的；④消火栓、灭火器材被遮挡影响使用或者被挪作他用的；⑤常闭式防火门处于开启状态，防火卷帘下堆放物品影响使用的；⑥消防设施管理、值班人员和防火巡查人员脱岗的；⑦违章关闭消防设施、切断消防电源的；⑧其他可以当场改正的行为。

19.【正确答案】CD

【答案解析】本题考查的是中控室消防操作员的技能要求。消防中控室消防操作员应持职业资格证书才能上岗。相关国家职业标准中要求这类人员应重点掌握消防中控室设备状态记录与检查、处置火灾与故障报警等基本职业技能。

20.【正确答案】BCD

【答案解析】本题考查的是中控室消防值班要求。根据消防控制室的性质，其值班人员应按下列原则配备：①消防控制室必须实行每日专人24h值班；②每班不应少于2人，每班连续工作时间不宜超过8h；③值班人员应通过消防特有工种职业技能鉴定，持有初级技能以上等级的职业资格证书；④值班人员应相对稳定，不能频繁更换。

# 测试题四　初期火灾处置[①]

## 一、单项选择题

**1.《中华人民共和国消防法》第五条规定，任何单位和个人都有维护消防安全、保护消防设施、预防火灾、报告火警的义务。任何单位和（　）都有参加有组织的灭火工作的义务。**

A.个人　B.成年人　C.男人　D.年满12岁的人

**2.在配备有火灾自动报警系统的场所，通过设置的（　），可以较快地发现火情。**

A.火灾探测器　B.喷头

C.楼层火灾显示盘　D.消火栓报警按钮

**3.消防控制室值班人员在接到火灾报警后应立即启动（　）。**

A.疏散预案　B.逃生预案　C.火灾应急处理预案　D.灭火预案

**4.如真实发生火灾，现场查看人员应立即通知中控室，中控室值班人员应立即将火灾报警控制器切换到（　）状态。**

A.手动　B.电动　C.遥控　D.自动

**5.如果是误报火警，没有火灾发生，则不需要（　）。**

A.消除火警　B.将控制器调为自动

C.查明原因　D.做好记录

**6.手动按下或是击碎玻璃时需用一定的（　）。**

A.角度　B.力量　C.能量　D.位置

**7.确认发生火灾后，我们应该立即拨打“119”向当地消防救援机构报警，报警内容必须清晰明确，内容不需要说的是（　）。**

A.单位名称、详细地址　B.起火部位、火势大小

C.燃烧物质，有无人员被困　D.起火原因及损失

**8.火灾发生后，消防控制室值班人员应立即启动（　），向建筑内人员通报火灾发生地点、火势大小等情况，引导现场人员进行安全疏散。**

A.消防应急广播及消防声光警报器　B.消火栓泵

C.自动喷淋系统　D.防排烟系统

**9.下列火灾报警方式错误的是（　）。**

A.通过手机、固定电话等方式拨打“119”电话

---

① 测试题四为本教程第五章相关的测试题。

B.使用消防电话分机拨打“119”报警

C.通过火灾报警系统与消防救援机构的报警系统的联网功能实现报警

D.通过“智慧消防”“5G”“AI”“智慧城市平台”等新技术，实现火灾早探测、早报警

**10.消防控制室值班人员在接到火灾报警后应立即启动火灾应急处理预案做法中错误的是(　　)。**

A.报警信息进入时，先消音

B.根据屏幕显示编号和地点，通知巡查人员或由一名中控室值班人员携带灭火器和消防电话分机现场查看

C.中控室人员均去现场查看

D.确认火灾后将控制器调为自动状态

**11.火灾发生后启动风机、水泵等重要消防设备，如未启动则需用(　　)或者现场手动启动。**

A.总线盘　　B.多线盘　　C.广播盘　　D.地址编码

**12.“智慧消防”新技术的火灾探测与火灾确认的说法错误的是(　　)。**

A.通过物联网技术与5G、AI技术的结合，“智慧消防”系统可更加及时的发现初期火灾

B.通过物联网技术与5G、AI技术的结合，“智慧消防”系统可更加及时判断火灾的发展与蔓延

C.通过物联网技术与5G、AI技术的结合，打破传统消防中火灾报警信息真伪难辨的局限

D.通过物联网技术与5G、AI技术的结合，一定能够杜绝火灾的发生

**13.(　　)是由玻璃纤维等材料经过特殊处理编织而成的，能起到隔离热源及火焰的作用。**

A.灭火毯　　B.灭火器　　C.消火栓　　D.喷头

**14.灭火毯是由玻璃纤维等材料经过特殊处理编织而成的，能起到(　　)的作用。**

A.隔离热源及火焰　　B.化学抑制　　C.窒息　　D.冷却

**15.下列不属于灭火毯的常用长度系列的是(　　) mm。**

A.1 000　　B.3 200　　C.1 500　　D.5 000

**16.下列不属于灭火毯的常用宽度系列为(　　) mm。**

A.1 000　　B.2 000　　C.1 200　　D.1 500

**17.下列关于灭火毯的说法正确的是(　　)。**

A.灭火毯在无破损的情况下不可重复使用

B.与水基型灭火器、干粉灭火器相比没有失效期

C.在使用后会产生二次污染、绝缘、耐高温、便于携带、使用轻便

D.灭火毯不可以作为防护逃生使用

**18.灭火毯的使用方法中错误的是(　　)。**

A.将灭火毯固定或放置于比较明显，取用方便的墙壁上或抽屉内

B.将灭火毯轻轻抖开，将灭火毯作盾牌状拿在手里

C.将灭火毯迅速完全覆盖在着火物(如油锅)上，尽可能减少灭火毯与着火物之间的空隙，增大空气与着火物的接触

D.使用后，灭火毯表面会产生一层灰烬，用干布轻拭即可

**19.灭火毯应用的说法错误的是(　　)。**

A.主要是用于企业、商场、船舶、汽车、民用建筑物等场合的一种简便的初期灭火工具

B.特别适用于家庭和饭店的厨房、宾馆、娱乐场所、加油站等容易着火的场所

C.灭火毯还可以作为防护逃生使用

D.灭火毯不可重复利用

**20.(  )是人们在火灾现场对初期火灾进行扑救的有效工具。**

A.灭火毯 B.沙土 C.水 D.灭火器

**21.(  )是由人操作的能在其自身压力作用下，将所充装的灭火剂喷出实施灭火的器具。**

A.灭火毯 B.灭火器 C.喷淋系统 D.防排烟系统

**22.下列不属于常用的水基型灭火器的是(  )。**

A.清水灭火器 B.泡沫灭火器

C.采用细水雾喷头的细水雾清水灭火器 D.干粉灭火器

**23.清水灭火器通过(  )作用灭火，主要用于扑救A类火灾，如木材、纸张、棉麻等的初期火灾。**

A.隔离热源 B.化学抑制 C.窒息 D.冷却

**24.泡沫灭火器适用于扑救(  )。**

A.C类气体火灾 B.D类金属火灾

C.E类带电设备火灾 D.B类火灾

**25.(  )是当今使用的最为广泛的泡沫灭火器。**

A.水成膜泡沫灭火器 B.干粉灭火器

C.抗溶泡沫灭火器 D.二氧化碳灭火器

**26.ABC类干粉灭火器不适用于扑救(  )初期火灾。**

A.B类 B.C类 D.E类 D.D类

**27.碳酸氢钠干粉灭火器不适用于扑救(  )初期火灾。**

A.B类 B.C类 D.E类 D.A类固体物质

**28.二氧化碳灭火器不适用于扑灭(  )火灾。**

A.B类可燃液体火灾 B.C类可燃气体火灾

C.600V以下的带电设备火灾 D.金属火灾

**29.手提式灭火器的使用方法中错误的是(  )。**

A.使用过程中，灭火器应始终保持竖直状态

B.避免颠倒或横卧造成灭火剂无法正常喷射

C.有喷射软管的灭火器，一手应始终压下压把，不能松开

D.可以颠倒或横卧灭火器

**30.手提式灭火器的使用方法中错误的是(  )。**

A.先将灭火器提至火场，在距着火物2～5m处

B.选择下风方向，去除铅封，拔出保险销

C.如有喷射软管，需一手紧握喷射软管前的喷嘴(没有软管的，可扶住灭火器的底圈)并对准燃烧物的根部

D.一手压下握把，进行喷射灭火，随着灭火器喷射距离缩短，操作者应逐渐向燃烧物靠近

**31.使用二氧化碳灭火器灭火时需要注意的事项不包括(  )。**

A.要戴防护手套，手一定要握在喷筒手柄处

B.要握金属管部位或喇叭口，以防局部皮肤被冻伤

C.在室内窄小空间或空气不流通的火场使用时，必须及时通风

D.灭火后操作者应迅速离开

**32.下列洁净气体灭火器的说法错误的是(　　)。**

A.在不破坏臭氧层的前提下，使用非导电的气体或汽化液体进行灭火的一种灭火器

B.目前最典型的是六氟丙烷灭火器

C.六氟丙烷灭火器是卤代烷1211灭火器最理想的替代品

D.六氟丙烷灭火器应该被淘汰

**33.扑救可燃液体火灾时，下列做法错误的是(　　)。**

A.应避免将灭火剂直接喷向燃烧液面，防止可燃液体流散扩大火势

B.使用者逐渐靠近燃烧区

C.由着火中心向四周喷射灭火剂

D.灭火器不准颠倒或横卧

**34.关于推车式灭火器的使用方法错误的是(　　)。**

A.一般由两人操作

B.使用时应将灭火器迅速拉(或推)到火场，离燃烧物10m左右停下，选下风方向

C.一人迅速取下喷枪并展开喷射软管，然后一手握住喷枪枪管，另一只手打开喷枪并将喷枪嘴对准燃烧物

D.另一个人迅速拔出保险销，并向上扳起手柄，喷射时要沿火焰根部喷扫推进，直至把火扑灭

**35.灭火器的设置要求错误的是(　　)。**

A.灭火器应设置在位置明显且便于取用的地点，不得影响安全疏散

B.对有视线障碍的灭火器设置点，应设置指示其位置的发光标志

C.灭火器宜设置在潮湿或强腐蚀性的地点

D.灭火器不得设置在超出其使用温度范围的地点

**36.不属于灭火器的外观检查的内容有(　　)。**

A.检查灭火器可见零部件是否完整，无松动、变形、锈蚀和损坏

B.灭火器筒体、器头及筒体与器头的连接零件等，应按规定进行水压试验

C.检查灭火器可见部位防腐层是否完好，无锈蚀；检查标签是否完好清晰

D.检查压力表指针应在绿区；检查铅封、保险销是否完整

**37.当遇到下列类型的灭火器时，不应报废的是(　　)。**

A.六氟丙烷灭火器　　B.化学泡沫型灭火器

C.倒置使用型灭火器　　D.酸碱型灭火器

**38.当遇到下列灭火器时，不应报废的是(　　)。**

A.筒体严重锈蚀，锈蚀面积大于或等于筒体总面积的1/4

B.筒体明显变形，机械损伤严重

C.器头存在裂纹、无泄压机构

D.没有间歇喷射机构的手提式灭火器

**39.水基型灭火器的报废年限是(　　)年。**

A.3　　B.6　　C.10　　D.12

**40.干粉灭火器的报废年限是(　　)年。**

A.3　　B.6　　C.10　　D.12

**41.二氧化碳灭火器的报废年限是(　　)年。**

A.3　　B.6　　C.10　　D.12

**42.贮压式灭火器应采用测压法检验泄漏量。每年压力降低值不应大于工作压力的（ ）。**

A.5% B.10% C.3% D.15%

**43.二氧化碳储气瓶用（ ）检验泄漏量。**

A.测压法 B.称重法

C.看压力表指向颜色 D.看筒体的情况

**44.（ ）是由阀门、输入管路、卷盘、软管和喷枪等组成，并能在迅速展开软管的过程中喷射灭火剂的灭火器具。**

A.消防软管卷盘 B.室内消火栓 C.推车式灭火器 D.手提式灭火器

**45.（ ）是在自来水或消防供水管路上使用的，由专用接口、水带及喷枪组成的一种小型轻便的喷水灭火器具。**

A.消防软管卷盘 B.轻便消防水龙 C.推车式灭火器 D.室内消火栓

**46.消防软管卷盘（轻便消防水龙）的使用方法错误的是（ ）。**

A.打开箱门，打开软管卷盘（轻便消防水龙）出水阀门

B.将卷盘向外扳转90°，拖拽橡胶软管（或水带）

C.到达需要喷水灭火位置，打开出水阀门

D.将喷嘴（水枪）对准起火部位实施灭火

**47.室内消火栓的使用方法中错误的是（ ）。**

A.打开消火栓箱门，按下箱内报警按钮

B.取出水枪，拉出水带，一人将水带的一端与消火栓接口连接

C.另一人在地面上铺平并拉直水带，将水带的另一端与水枪连接，并握紧水枪

D.消火栓处的一人顺时针方向旋开栓阀手轮，确保连接稳定后，可快速与另一人协作，两人在水枪两侧同时双手紧握水枪，进行喷水灭火

**48.（ ）的组件有消防水带、水枪、栓阀、消火栓报警按钮，部分会设置消防软管卷盘（轻便消防水龙）、灭火器。**

A.室外消火栓 B.室内消火栓

C.湿式自动喷水灭火系统 D.雨淋系统

**49.地下消火栓使用方法中错误的是（ ）。**

A.用专用工具打开地下消火栓井的盖板

B.一人拿取消防水枪、水带，向火场方向展开并铺平水带，将水枪与水带相连接，握紧水枪，对准火源

C.另一人将水带另一端与室外消火栓栓阀相连接，把消火栓开关用专用扳手沿逆时针方向旋开，开始喷水灭火

D.另一人将水带另一端与室外消火栓栓阀相连接，把消火栓开关用专用扳手沿顺时针方向旋开，开始喷水灭火

**50.人员密集场所发生火灾，该场所的现场工作人员应当立即组织、引导在场人员疏散。（ ）发生火灾，必须立即组织力量扑救。**

A.任何单位 B.人员密集场所 C.火灾高危单位 D.公共娱乐游艺场所

**51.制订安全疏散计划中错误的是（ ）。**

A.我们要根据现场人员的分布与建筑物情况，设计紧急情况下的疏散路线，并绘制用于疏散的平面示意图

B.用醒目的箭头标明疏散路线，路线越简捷越好

C.安全出口要集中布置

D.工作人员也要明确分工，平时多加训练，当发生火灾时才能及时按照疏散预案，组织人员快速撤离

**52.保证安全通道畅通无阻的做法中错误的是（　）。**

A.平时工作中，现场人员就要保证安全走道设施畅通无阻

B.平时工作中，现场人员就要保证疏散楼梯设施畅通无阻

C.平时工作中，现场人员就要保证安全出口等设施畅通无阻

D.可以锁闭安全出口，不得将物品堆放在疏散通道中

**53.火灾初期现场人员疏散技巧做法中错误的是（　）。**

A.做好防护，低姿撤离　　B.稳定情绪，自觉维护现场秩序

C.积极寻找正确逃生方法　　D.惊慌失措，盲目逃生

**54.在火灾现场中做法错误的是（　）。**

A.在火灾初期，现场人员首先要做好个人防护

B.撤离时，如果现场烟雾环绕，我们可以低姿行走穿过浓烟区域

C.有条件一定要用湿毛巾或衣物等捂住口、鼻或用短呼吸法，优先用鼻子呼吸，以便迅速撤出浓烟区

D.如果现场没有烟雾或者烟雾很少，我们也需要弯腰逃生

**55.下列积极寻找正确逃生方法中错误的是（　）。**

A.火灾初期阶段，首先我们应该想到通过安全出口、疏散通道和疏散楼梯迅速逃生

B.火灾初期阶段可以乘坐电梯

C.当火焰和浓烟封住逃生之路时，我们应充分利用现场的消防救生器材、落水管道或窗户进行逃生

D.绝对不能直接盲目跳楼，以免发生不必要的伤亡

**56.对人员疏散方法的描述错误的是（　）。**

A.做好防护，低姿撤离

B.鱼贯法撤离

C.自身着火，快速奔跑

D.利用现场的消防救生器材、落水管道或窗户进行逃生

**57.自身着火处置做法中错误的是（　）。**

A.火灾时一旦衣帽着火，应尽快地把衣帽脱掉，千万不能奔跑

B.身上着火时，我们可以就地倒下打滚，把身上的火焰压灭

C.身上着火时，可以直接跳入水中

D.如家中有新型水基型（水雾）灭火器也可用于人体灭火

**58.在安全疏散时错误的是（　）。**

A.趁火势不大，赶紧回去取贵重物品

B.脱离火场后，不可再入火场

C.脱离火场后，不在火场外围围观

D.做好安抚工作，防止脱离火场人员情绪激动

**59.火场被困人员防护做法错误的是（　）。**

A.逃离火场时，如发现房门不热，则可通过正常的途径逃离房间

B.逃离火场时，如发现房门是热的，则可通过正常的途径逃离房间

C.如果是高层火灾，着火层以上的人员，一旦发现火势太大，无法从疏散楼梯进行逃生时，要迅速退回房间，等待救援

D.被困火场，等待救援时，应保持镇静，不要惊慌，第一时间通过拨打报警电话、挥动鲜艳的衣物、敲击发声、夜间挥动发光手电筒等方式告知他人自己被困的位置

**60.以下物资在火灾中不需要紧急疏散的有（　）。**

A.可能造成火势扩大和有爆炸危险的物资　　B.性质重要、价值昂贵的物资

C.影响灭火战斗的物资　　D.一般物资

**61.不属于组织疏散物资的要求的是（　）。**

A.火势扩大较快，疏散物资可能造成人员伤亡，综合考量，生命至上

B.危险性大的物资优先疏散，然后疏散受水、火、烟威胁大的物资

C.尽量人工进行物资疏散

D.先保护后疏散，怕水、怕火、易燃易爆的物资先进行保护，再考虑搬离现场

**62.关于组织疏散物资要求说法错误的是（　）。**

A.火势扩大较快，疏散物资可能造成人员伤亡，综合考量，生命至上

B.危险性大的物资优先疏散，然后疏散受水、火、烟威胁大的物资

C.尽量利用各类搬运机械进行物资疏散

D.先疏散后保护，怕水、怕火、易燃易爆的物资先进行保护，再考虑搬离现场

**63.下列不属于火灾现场保护的目的的是（　）。**

A.火灾现场是整个火灾发生、发展至结束全过程的真实记录

B.是调查认定火灾原因的物质载体

C.保护火灾现场可以帮助火灾调查人员发现、提取到客观、真实、有效地火灾痕迹、物证，尽可能准确地认定火灾发生的原因

D.只是为了找到火灾责任人

**64.火灾现场是整个火灾发生、发展至结束全过程的真实记录，是调查（　）的物质载体。**

A.认定火灾原因　　B.火灾直接原因　　C.火灾事故　　D.火灾间接原因

**65.凡是与火灾有关的留有痕迹物证的场所均应列入（　）。**

A.现场保护范围　　B.保护范围　　C.长期保护范围　　D.永久保护范围

**66.保护范围应根据需要适当扩大保护区域的情况不包括（　）。**

A.起火点位置未明确　　B.电气故障引起的火灾

C.爆炸现场　　D.普通火灾

**67.火灾现场保护的基本要求不包括（　）。**

A.负责火灾现场保护的人员要有组织地进行现场保护工作，对现场进行封锁

B.不准无关人员随便进入，不准触摸现场物品，不准移动、拿用现场物品

C.现场值守人员要坚守岗位，保护好现场的痕迹、物证，同时也要注意周围群众的反映，遇到异常情况及时上报

D.可以随意移动、拿用现场物品

**68.保护现场的措施做法中错误的是（　）。**

A.消防救援人员在进行火情侦察时，应注意发现和保护起火部位

B.在起火部位进行灭火或清理残火时，尽量不实施消防破拆，变动现场物品的位置，以保持燃烧后的自

然状态

C.情况不太清楚时，可适当缩减保护范围，同时布置警戒

D.大型火灾现场可利用原有的围墙、栅栏等进行封锁隔离，尽量不要影响交通和居民生活

**69.现场保护中的应急措施中错误的是（　）。**

A.扑灭后的火场“死灰”复燃，甚至二次成灾时要迅速有效地实施扑救，酌情及时报警

B.遇到有人命危机的情况，立即设法施行急救

C.危险区域实行隔离，禁止进入，人员应处于下风处，进入现场要佩戴相应的防护装备

D.现场有倒塌危险并危及他人安全时，应采取固定措施

**70.无论义务消防人员还是专职消防救援人员，在扑救初期火灾时，必须坚持（　）的指导思想。**

A.救人第一　B.财产第一　C.灭火第一　D.排烟第一

**71.无论义务消防人员还是专职消防救援人员，在扑救初期火灾时，必须遵循（　）的原则。**

A.先控制后消灭、先重点后一般　B.先消灭后控制、先重点后一般

C.先控制后消灭、先一般后重点　D.先消灭后控制、先一般后重点

**72.下列关于火灾控制的指导思想和原则说法错误的是（　）。**

A.火灾发生后，应当立即疏散、撤离火灾现场人员，组织营救被困人员，坚持“救人第一”的指导思想，优先保障人民群众的生命安全，这是事故处置的首要任务

B.“先控制”是指扑救火灾时，先把主要力量部署在控制火势蔓延方面，设兵堵截，对火势实行有效控制，防止蔓延扩大，为迅速消灭火灾创造有利条件

C.“后消灭”就是在控制火势的同时，集中力量向火源展开全面进攻，逐一或全面彻底消灭火灾

D.“先控制”是指扑救火灾时，先把主要力量部署在灭火方面，集中力量把火扑灭，以减少火灾蔓延，减少人员伤亡和财产损失

**73.（　）可以防止火灾蔓延或甚至消灭火灾，这种方法把积极防御与主动进攻结合在了一起。**

A.堵截火势　B.快攻　C.排烟　D.隔离

**74.（　）是针对大面积燃烧区或现场比较复杂的火灾，根据火灾扑救的需要，我们可以将燃烧区分割成两个或数个战斗区段，分别部署力量进行灭火。**

A.堵截火势　B.快攻　C.排烟　D.隔离

**75.（　）是当灭火人员能够接近火源时，应迅速利用身边的灭火器材灭火，将火势控制在初期低温少烟阶段。**

A.堵截火势　B.快攻　C.排烟　D.隔离

**76.火灾发生时，当灭火人员不能接近火场时，可以根据火灾现场实际情况，果断在蔓延方向设置水枪阵地、水帘，（　）防火门、防火卷帘、挡烟垂壁等，进行堵截，防止火势扩大蔓延。**

A.打开　B.关闭　C.重复关闭　D.拆除

**77.保护范围应当根据现场勘验的实际情况和进展进行（　）。**

A.扩大　B.减小　C.调整　D.分解

**78.对初期火灾灭火要领说法错误的是（　）。**

A.距离火灾现场近的人员，应根据火灾的种类，正确利用附近灭火器等器材进行灭火

B.灭火人员在使用灭火器具的同时，要利用附近的室内消火栓进行初期火灾扑救

C.灭火时要考虑水枪的有效射程，尽可能靠近火源，压低姿势，向燃烧着的物体喷射

D.灭火人员最好不用室内消火栓进行初期火灾扑救

**79.下列不属于消防救援队伍到达前的准备的是（　）。**

A.路口迎接消防车

B.疏通消防车道

C.提醒周围人员，不要在消防车道处聚集、围观

D.尽可能全面地向消防救援人员陈述火场现状

**80.消防救援队伍到达后的辅助说法错误的是（　）。**

A.现场人员可以提前了解燃烧部位及范围，燃烧物质的性质，火势蔓延途径及其主要发展方向

B.现场人员可以提前了解是否有人员被围困火场，被困部位及抢救路线

C.现场人员可以提前了解有无爆炸、毒害、腐蚀、放射性等物质，这些物质的数量、存放情况、危险程度等

D.现场人员可以提前了解有无需要疏散和保护的普通物资

## 二、多项选择题

**1.火灾确认方式有（　）。**

A.火灾自动报警系统火灾探测与确认

B.现场人员通过手动报警按钮报警

C.“智慧消防”新技术的火灾探测与火灾确认

D.通过电话确认

E.通过水力警铃确认

**2.确认发生火灾后，我们应该立即拨打“119”，向当地消防救援机构报警，报警内容必须清晰明确，内容有（　）。**

A.单位名称、详细地址

B.起火部位、火势大小、燃烧物质

C.有无人员被困，有无有毒有害气体

D.报警人姓名和联系电话

E.着火单位负责人的姓名和联系方式

**3.灭火器根据操作使用方法不同可分为（　）。**

A.手提式灭火器

B.水基型灭火器

C.推车式灭火器

D.干粉灭火器

E.二氧化碳灭火器

**4.根据充装介质不同可以分为（　）。**

A.水基型灭火器

B.干粉灭火器

C.二氧化碳灭火器

D.洁净气体灭火器

E.推车式灭火器

**5.目前使用最普遍的灭火器是干粉灭火器，主要有两种类型是（　）。**

A.碳酸氢钠干粉灭火器（BC类干粉灭火器）

B.磷酸铵盐干粉灭火器（ABC类干粉灭火器）

C.二氧化碳灭火器

D.泡沫灭火器

E.洁净气体灭火器

**6.根据驱动灭火剂的形式不同分为（　）。**

A.储气瓶式灭火器

B.二氧化碳灭火器

C.贮压式灭火器

D.清水灭火器

E.洁净气体灭火器

**7.手提式水基型灭火器可以扑救( )类物质初期火灾，不适用C、E类物质。**

A.A
B.B
C.C
D.D
E.E

**8.灭火器使用过程中正确的是( )。**

A.使用过程中，灭火器应始终保持竖直状态，避免颠倒或横卧造成灭火剂无法正常喷射
B.有喷射软管的灭火器或贮压式灭火器在使用时，一手应始终压下压把，不能放开，否则喷射会中断
C.使用二氧化碳灭火器灭火时，要戴防护手套，手一定要握在喷筒手柄处，注意不要握金属管部位或喇叭口，以防局部皮肤被冻伤
D.扑救可燃液体火灾时，应避免将灭火剂直接喷向燃烧液面，防止可燃液体流散扩大火势
E.使用者逐渐靠近燃烧区，由着火中心向四周喷射，以防引火烧身，直至灭火

**9.灭火器的设置要求正确的是( )。**

A.灭火器应设置在位置明显且便于取用的地点，不得影响安全疏散
B.对有视线障碍的灭火器设置点，应设置指示其位置的发光标志
C.灭火器的摆放应稳固，其铭牌应朝外
D.灭火器宜设置在潮湿或强腐蚀性的地点
E.灭火器不得设置在超出其使用温度范围的地点

**10.当遇到下列灭火器应报废( )。**

A.酸碱型灭火器
B.化学泡沫型灭火器
C.倒置使用型灭火器
D.国家政策明令淘汰的其他类型灭火器
E.六氟丙烷灭火器

**11.当灭火器有遇到下列( )情况时应报废。**

A.筒体锈蚀，锈蚀面积大于或等于筒体总面积的1/4
B.筒体明显变形，机械损伤严重
C.器头存在裂纹、无泄压机构
D.筒体为平底等结构不合理，没有间歇喷射机构的手提式灭火器
E.筒体有锡焊、铜焊或补缀等修补痕迹；被火烧过

**12.引导火灾现场人员进行疏散的说法中正确的是( )。**

A.制订安全疏散计划
B.保证安全通道畅通无阻
C.分组实施引导
D.做好防护，低姿撤离
E.惊慌失措，慌不择路

**13.火灾初期阶段，现场人员疏散技巧说法正确的是( )。**

A.做好防护，低姿撤离
B.稳定情绪，自觉维护现场秩序
C.鱼贯法撤离
D.积极寻找正确逃生方法
E.惊慌失措，慌不择路

**14.高层火灾，着火层以上的人员的下列处置正确的是( )。**

A.一旦发现火势太大，无法从疏散楼梯进行逃生时，要迅速退回房间，等待救援
B.当我们被困火场，等待救援时，应保持镇静，不要惊慌，第一时间拨打报警电话

C.关好门窗，用湿毛巾或衣物塞住门缝、窗缝尽可能减少烟雾进入

D.千万不要盲目逃离或者跳楼

E.一旦发现火势太大，浓烟笼罩，要尽快穿越浓烟区从楼梯间疏散

**15.属于应急于疏散的物资有（ ）。**

A.可能造成火势扩大和有爆炸危险的物资

B.性质重要、价值昂贵的物资

C.影响灭火战斗的物资

D.沉重的物资

E.价值不高的物资

**16.火灾现场保护的要求的说法正确的是（ ）。**

A.正确划定火灾现场保护范围

B.负责火灾现场保护的人员要有组织地进行现场保护工作，对现场进行封锁，不准无关人员随便进入

C.消防救援人员在进行火情侦察时，应注意发现和保护起火部位，在起火部位进行灭火或清理残火时，可随意变动现场物品的位置

D.灭火之后，要及时将发生火灾的地点和留有火灾痕迹、物证的场所及周围划定为保护范围，进行现场保护

E.在火灾原因未查明的情况下可适当减小火灾现场保护范围

**17.现场保护中的应急措施做法中正确的是（ ）。**

A.扑灭后的火场“死灰”复燃，甚至二次成灾时要迅速有效地实施扑救，及时报警

B.遇到有人命危机的情况，立即设法施行急救

C.对打听消息、反复探视、问询火场情况等行为可疑的人要多加小心，纳入视线后，必要情况下移交公安机关

D.现场有倒塌危险并危及他人安全时，应采取固定措施

E.只要灭完火了，就没有事情了

**18.下列属于控制火灾蔓延甚至消灭火灾的方法的是（ ）。**

A.堵截　　B.快攻

C.排烟　　D.隔离

E.疏散

**19.下列对于初期火灾灭火要领的说法，正确的是（ ）。**

A.距离火灾现场近的人员，应根据火灾的种类正确利用附近灭火器等器材进行灭火，同时尽可能多的集中在火源附近连续使用

B.灭火人员在使用灭火器具的同时，要利用附近的室内消火栓进行初期火灾扑救

C.灭火时要考虑水枪的有效射程，尽可能靠近火源，压低姿势，向燃烧着的物体喷射

D.未成年人可以使用消火栓进行灭火

E.未成年人应积极参与灭火

**20.现场人员可以提前了解以下（ ）情况并第一时间告知消防救援人员。**

A.燃烧部位及范围，燃烧物质的性质，火势蔓延途径及其主要发展方向

B.是否有人员被围困火场，被困部位及抢救路线

C.有无爆炸、毒害、腐蚀、放射性等物质，这些物质的数量、存放情况、危险程度等

D.周围水源、水泵接合器、室外消火栓的分布情况，建筑内部的消防水泵房的位置、排烟机、送风机的位置等

E.着火建筑物的负责人及联系方式

# 答案与解析

## 一、单项选择题

1.【正确答案】B

【答案解析】《中华人民共和国消防法》第五条规定，任何单位和个人都有维护消防安全、保护消防设施、预防火灾、报告火警的义务。任何单位和成年人都有参加有组织的灭火工作的义务。

2.【正确答案】A

【答案解析】在配备有火灾自动报警系统的场所，通过设置的火灾探测器，可以较快地发现火情。

3.【正确答案】C

【答案解析】消防控制室值班人员可以通过消防电话与巡逻人员或是被派往现场的值班人员确认是否有火灾发生，如果有火灾发生，需立即启动火灾应急处理预案。

4.【正确答案】D

【答案解析】如真实发生火灾，现场查看人员应立即通知中控室，中控室值班人员应立即将火灾报警控制器切换到自动状态。

5.【正确答案】B

【答案解析】消防控制室值班人员可以通过消防电话与巡逻人员或是被派往现场的值班人员确认是否有火灾发生，如果是误报，没有火灾发生，则需消除火警、查明原因、做好记录。

6.【正确答案】B

【答案解析】手动按下或是击碎玻璃时需用一定的力量。

7.【正确答案】D

【答案解析】确认发生火灾后，我们应该立即拨打“119”向当地消防救援机构报警，报警内容必须清晰明确，内容如下：单位名称、详细地址、起火部位、火势大小、燃烧物质，有无人员被困，有无有毒有害气体，报警人姓名和联系电话。

8.【正确答案】A

【答案解析】火灾发生后，消防控制室值班人员应立即启动消防应急广播及消防声光警报器，利用消防广播向建筑内人员通报火灾发生地点、火势大小等情况，引导现场人员进行安全疏散。

9.【正确答案】B

【答案解析】火灾报警方式有：①通过手机、固定电话等方式拨打“119”电话；②通过火灾报警系统与消防救援机构的报警系统的联网功能实现报警；③通过“智慧消防”“5G”“AI”“智慧城市平台”等新技术，实现火灾早探测、早报警；④通过消防广播系统向现场人员通报火灾情况并引导疏散。

10.【正确答案】C

【答案解析】消防控制室值班人员在接到火灾报警后应立即启动火灾应急处理预案，要求如下：报警信息进入时，先消音，根据屏幕显示编号和地点，通知巡查人员或由一名中控室值班人员携带灭火器和消防电话分机现场查看。不得二人均去现场查看。

11.【正确答案】B

【答案解析】如真实发生火灾，现场查看人员应立即通知中控室，中控室值班人员应立即将火灾报警控制器切换到自动状态，拨打“119”电话报警，通知单位消防安全管理人，启动消防应急广播，监视消防主机和风机、水泵等重要消防设备运行情况，如未启动则需用多线盘或者现场手动启动。灭火后，做好记录，让系统恢复正常运行状态。

12.【正确答案】D

【答案解析】通过物联网技术与5G、AI技术的结合，“智慧消防”系统可更加及时地发现初期火灾，判断火灾的发展与蔓延，更有效准确地联动消防设备，便于消防控制室值班人员、消防安全管理人员、消防部门快速了解火情，避免火警信息漏报、错报，延误消防救援时间，打破传统消防中火灾报警信息真伪难辨的局限，快速确认火灾，快速出警，快速扑灭火灾，从而减少人员伤亡和降低财产损失。

13.【正确答案】A

【答案解析】灭火毯又称为消防被、灭火被、防火毯、消防毯、阻燃毯、逃生毯，是由玻璃纤维等材料经过特殊处理编织而成的，能起到隔离热源及火焰的作用，可用于扑灭初期小面积火或者披覆在身上进行逃生，是家庭中常用的一种灭火工具。

14.【正确答案】A

【答案解析】灭火毯又称为消防被、灭火被、防火毯、消防毯、阻燃毯、逃生毯，是由玻璃纤维等材料经过特殊处理编织而成的，能起到隔离热源及火焰的作用，可用于扑灭初期小面积火或者披覆在身上进行逃生，是家庭中常用的一种灭火工具。

15.【正确答案】D

【答案解析】灭火毯的常用长度系列为1 000mm、3 200mm、1 500mm及1 800mm。

16.【正确答案】B

【答案解析】灭火毯的常用宽度系列为1 000mm、1 200mm及1 500mm。

17.【正确答案】B

【答案解析】灭火毯在无破损的情况下可重复使用，与水基型灭火器、干粉灭火器相比具有没有失效期、在使用后不会产生二次污染、绝缘、耐高温、便于携带、使用轻便等优点。同时灭火毯还可以作为逃生防护工具使用。

18.【正确答案】C

【答案解析】灭火毯的使用方法如下：①将灭火毯固定或放置于比较明显，取用方便的墙壁上或抽屉内；②当发生火灾后，快速取出灭火毯，双手握住两根黑色拉带（注意保护双手）；③将灭火毯轻轻抖开，将灭火毯作盾牌状拿在手里；④将灭火毯迅速完全覆盖在着火物（如油锅）上，尽可能减少灭火毯与着火物之间的空隙，减少空气与着火物的接触。同时积极采取其他灭火措施直至火焰完全熄灭；⑤待灭火毯冷却后，移走灭火毯；使用后，灭火毯表面会产生一层灰烬，用干布轻拭即可；⑥灭火毯还可以在关键时刻披在身上，用于短时间内自我防护；⑦灭火毯使用后需将其折叠后放回到原位置。

19.【正确答案】D

【答案解析】灭火毯主要是用于企业、商场、船舶、汽车、民用建筑物等场合的一种简便的初期灭火工具。特别适用于家庭和饭店的厨房、宾馆、娱乐场所、加油站等容易着火的场所。同时灭火毯还可以作为逃生防护工具使用。灭火毯可多次使用。

20.【正确答案】D

【答案解析】灭火器是人们在火灾现场对初期火灾进行扑救的有效工具，正确选择与使用灭火器对扑救初期火灾、延缓火势扩大至关重要。

21.【正确答案】B

【答案解析】灭火器是由人操作的能在其自身压力作用下，将所充装的灭火剂喷出实施灭火的器具。

22.【正确答案】D

【答案解析】常用的水基型灭火器有清水灭火器、泡沫灭火器及采用细水雾喷头的细水雾清水灭火器三种。

23.【正确答案】D

【答案解析】清水灭火器通过冷却作用灭火，主要用于扑救A类火灾，如木材、纸张、棉麻等的初期火灾。

24.【正确答案】D

【答案解析】水成膜泡沫灭火器是当今使用的最为广泛的泡沫灭火器。主要用于扑救B类初期火灾：如汽油、煤油、柴油、苯、植物油、动物油脂等初期火灾；也可用于A类固体物质初期火灾：如木材、纸张等初期火灾。抗溶泡沫灭火器还可以扑救水溶性易燃、可燃液体初期火灾。但泡沫灭火器不适用于扑救C类气体火灾、D类金属火灾和E类带电设备火灾。

25.【正确答案】A

【答案解析】水成膜泡沫灭火器是当今使用的最为广泛的泡沫灭火器。

26.【正确答案】D

【答案解析】ABC类干粉灭火器主要用于扑救A、B、C类物质和电气设备初期火灾，常用于加油站、汽车库、实验室、变配电室、煤气站、液化气站、油库、船舶、车辆、工矿企业及公共建筑等场所，应用范围较广。

27.【正确答案】D

【答案解析】BC类干粉灭火器不适用于扑救A类固体物质初期火灾。

28.【正确答案】D

【答案解析】二氧化碳灭火器适用于扑灭B类可燃液体火灾、C类可燃气体火灾、600V以下的带电设备火灾，不适用于固体火灾、金属火灾和自身含有供氧源的化合物火灾。

29.【正确答案】D

【答案解析】手提式灭火器使用过程中，灭火器应始终保持竖直状态，避免颠倒或横卧造成灭火剂无法正常喷射。有喷射软管的灭火器或贮压式灭火器在使用时，一手应始终压下压把，不能松开，否则喷射会中断。

30.【正确答案】B

【答案解析】使用手提式灭火器进行初期火灾扑救时，先将灭火器提至火场，在距着火物2～5m处，选择上风方向，去除铅封，拔出保险销，如有喷射软管，需一手紧握喷射软管前的喷嘴（没有软管的，可扶住灭火器的底圈）并对准燃烧物的根部，一手压下握把，进行喷射灭火，随着灭火器喷射距离缩短，操作者应逐渐向燃烧物靠近。

31.【正确答案】B

【答案解析】使用二氧化碳灭火器灭火时，要戴防护手套，手一定要握在喷筒手柄处，注意不要握金属管部位或喇叭口，以防局部皮肤被冻伤。在室内窄小空间或空气不流通的火场使用时，必须及时通风，以防窒息，灭火后操作者应迅速离开。

32.【正确答案】D

【答案解析】洁净气体灭火器是在不破坏臭氧层的前提下，使用非导电的气体或汽化液体进行灭火的一种灭火器。目前最典型的是六氟丙烷灭火器，该灭火器充装的是六氟丙烷灭火剂，是卤代烷1211灭火器最理想的替代品。

33.【正确答案】C

【答案解析】扑救可燃液体火灾时，应避免将灭火剂直接喷向燃烧液面，防止可燃液体流散扩大火势，使用者应从上风向边喷射边靠近燃烧区，直至灭火。

34.【正确答案】B

【答案解析】推车式灭火器一般由两人操作，使用时应将灭火器迅速拉（或推）到火场，离燃烧物10m左右停下，选上风方向，一人迅速取下喷枪并展开喷射软管，然后一手握住喷枪枪管，另一只手打开喷枪并将喷枪嘴对准燃烧物，另一个人迅速拔出保险销，并向上扳起手柄，喷射时要沿火焰根部喷扫推进，直至把火扑灭。

35.【正确答案】C

【答案解析】灭火器的设置要求：①灭火器应设置在位置明显且便于取用的地点，不得影响安全疏散；②对有视线障碍的灭火器设置点，应设置指示其位置的发光标志；③灭火器的摆放应稳固，其铭牌应朝外；手提式灭火器宜设置在灭火器箱内或挂钩、托架上，其顶部离地面高度不应大于1.50m，底部离地面高度不宜小于0.08m，灭火器箱不得上锁；④灭火器不宜设置在潮湿或强腐蚀性的地点，当必须设置时，应有相应的保护措施；灭火器设置在室外时，应有相应的保护措施；⑤灭火器不得设置在超出其使用温度范围的地点。

36.【正确答案】B

【答案解析】外观检查的内容有检查灭火器可见零部件是否完整，无松动、变形、锈蚀和损坏；检查灭火器可见部位防腐层是否完好，无锈蚀；检查标签是否完好清晰；检查压力表指针应在绿区；检查铅封、保险销是否完整；检查是否过期；检查喷管有无破损、喷嘴有无堵塞。而灭火器筒体、器头及筒体与器头的连接零件等，应按规定进行水压试验属于强度检查。

37.【正确答案】A

【答案解析】当遇到下列类型的灭火器应报废：酸碱型灭火器、化学泡沫型灭火器、倒置使用型灭火器、氯溴甲烷、四氯化碳灭火器、国家政策明令淘汰的其他类型灭火器。

38.【正确答案】A

【答案解析】当灭火器有下列情况之一时应报废：筒体严重锈蚀，锈蚀面积大于或等于筒体总面积的1/3，表面有凹坑；筒体明显变形，机械损伤严重；器头存在裂纹、无泄压机构；筒体为平底等结构不合理；没有间歇喷射机构的手提式；没有生产厂名称和出厂年月，包括铭牌脱落，或虽有铭牌，但已看不清生产厂名称，或出厂年月钢印无法识别；筒体有锡焊、铜焊或补缀等修补痕迹；被火烧过。

39.【正确答案】B

【答案解析】水基型灭火器的报废年限是6年。

40.【正确答案】C

【答案解析】干粉灭火器的报废年限是10年。

41.【正确答案】D

【答案解析】二氧化碳灭火器的报废年限是12年。

42.【正确答案】B

【答案解析】贮压式灭火器应采用测压法检验泄漏量。每年压力降低值不应大于工作压力10%。

43.【正确答案】B

【答案解析】二氧化碳储气瓶用称重法检验泄漏量。

44.【正确答案】A

【答案解析】消防软管卷盘是由阀门、输入管路、卷盘、软管和喷枪等组成，并能在迅速展开软管的过程中喷射灭火剂的灭火器具。

45.【正确答案】B

【答案解析】轻便消防水龙是在自来水或消防供水管路上使用的，由专用接口、水带及喷枪组成的一种小型轻便的喷水灭火器具。

46.【正确答案】A

【答案解析】消防软管卷盘（轻便消防水龙）的使用方法：打开箱门，打开软管卷盘（轻便消防水龙）进水阀门，将卷盘扳转90°，拖拽橡胶软管（或水带），到达需要喷水灭火位置，打开出水阀门，将喷嘴（水枪）对准起火部位实施灭火。

47.【正确答案】D

【答案解析】室内消火栓的使用方法：①打开消火栓箱门；②按下箱内报警按钮；③取出水枪，拉出水带，一人将水带的一端与消火栓接口连接，另一人在地面上铺平并拉直水带，将水带的另一端与水枪连接，并握紧水枪；④消火栓处的一人逆时针方向旋开栓阀手轮，确保连接稳定后，可快速与另一人协作，两人在水枪两侧同时双手紧握水枪，进行喷水灭火。

48.【正确答案】B

【答案解析】室内消火栓箱内的组件有消防水带、水枪、栓阀、消火栓报警按钮，部分消火栓箱内会设置消防软管卷盘（轻便消防水龙）、灭火器。

49.【正确答案】D

【答案解析】以地下消火栓为例（地上消火栓不需打开井盖）：①用专用工具打开地下消火栓井的盖板；②一人拿取消防水枪、水带，向火场方向展开并铺平水带，将水枪与水带相连接，握紧水枪，对准火源；③另一人将水带另一端与室外消火栓栓阀相连接，把消火栓开关用专用扳手沿逆时针方向旋开，开始喷水灭火。

50.【正确答案】A

【答案解析】人员密集场所发生火灾，该场所的现场工作人员应当立即组织、引导在场人员疏散。任何单位发生火灾，必须立即组织力量扑救。学会正确组织、引导现场人员疏散是我们减少人员伤亡，避免产生群死群伤事故的重要方法之一。

51.【正确答案】C

【答案解析】要根据现场人员的分布与建筑物情况，设计紧急情况下的疏散路线，并绘制用于疏散的平面示意图，用醒目的箭头标明疏散路线。路线越简捷越好，安全出口要合理布置，保证均匀疏散。工作人员也要明确分工，平时多加训练，当发生火灾时才能及时按照疏散预案，组织人员快速撤离。选项C，安全出口应合理布置，保证均匀疏散。

52.【正确答案】D

【答案解析】平时工作中，现场人员就要保证安全走道、疏散楼梯和安全出口等设施畅通无阻。不得锁闭安全出口，不得将物品堆放在疏散通道。

53.【正确答案】D

【答案解析】火灾初期现场人员疏散技巧有：做好防护，低姿撤离；稳定情绪，自觉维护现场秩序；鱼贯法撤离；积极寻找正确逃生方法；保护疏散人员的安全，防止再入“火口”，不能惊慌失措，盲目逃生。

54.【正确答案】D

【答案解析】在火灾初期，现场人员首先要做好个人防护，撤离时，如果现场烟雾环绕，由于烟雾是向上流动的，地面的烟雾相对来说要稀薄一些，我们可以低姿行走穿过浓烟区域，有条件一定要用湿毛巾或衣物等捂住口、鼻或用短呼吸法，优先用鼻子呼吸，以便迅速撤出浓烟区。当然，如果现场没有烟雾或者烟雾很少，我们就应该用最佳姿势，最快速度，有序撤离现场。

55.【正确答案】B

【答案解析】火灾初期阶段，首先我们应该想到通过安全出口、疏散通道和疏散楼梯迅速逃生。这个过程一定不要盲目乱窜或奔向电梯，因为火灾时电梯的电源常常被切断，容易被困电梯，同时电梯井内烟囱效应很强，烟火极易蔓延至轿厢，从而使电梯内部人员发生危险。

56.【正确答案】C

【答案解析】火灾初期阶段，首先我们应该想到通过安全出口、疏散通道和疏散楼梯迅速逃生。这个过程一定不要盲目乱窜或奔向电梯，因为火灾时电梯的电源常常被切断，容易被困电梯，同时电梯井内烟囱效应很强，烟火极易蔓延至轿厢，从而使电梯内部人员发生危险。当火焰和浓烟封住逃生之路时，我们应充分利用现场的消防救生器材、落水管道或窗户进行逃生。通过窗户逃生时，可用窗帘、床单等卷成长条，制成安全绳，用于滑绳自救，绝对不能直接盲目跳楼，以免发生不必要的伤亡。

57.【正确答案】C

【答案解析】火灾时一旦衣帽着火，应尽快地把衣帽脱掉，千万不能奔跑，奔跑不但会使火越来越大，还会把火带到其他场所，引燃其他物体。身上着火时，我们可以就地倒下打滚，把身上的火焰压灭；周围其他人员可以用湿衣物、灭火毯等物体把着火人包裹起来以窒息火焰。如果身边有水，迅速用水将全身浇湿，不要直接跳入水中，这样虽然可以尽快灭火，但对后期治疗不利，如家中有新型水基型（水雾）灭火器也可用于人体灭火。同样，头发和脸部被烧着时，不要用手胡拍乱打，这样会擦伤表皮，不利于治疗，应该用浸湿的毛巾或其他浸湿物去覆盖灭火。

58.【正确答案】A

【答案解析】保护疏散人员的安全，防止再入“火口”，火场上脱离险境的人员，往往因某种心理原因的驱使，想要返回火场营救被困亲人或抢救珍贵财物等。这不仅会使他们重新陷入险境，而且会给火场扑救工作带来困难。因此，火场指挥小组应组织人力妥善安排这些脱离险境的人员、做好安抚工作，以保证他们的安全。

59.【正确答案】B

【答案解析】逃离火场时，我们首先应该用手背去接触房门，试一试房门是否已变热，如果房门不热，火势可能还不大，通过正常的途径逃离房间是可能的。离开房间以后，一定要随手关好身后的门，以防火势蔓延。如果房门是热的，这时候千万不能打开房门，应待在室内，等待救援，否则一旦打开房门，烟和火就会冲进室内。

60.【正确答案】D

【答案解析】应急于疏散的物资有：①可能造成火势扩大和有爆炸危险的物资；②性质重要、价值昂贵的物资；③影响灭火战斗的物资。

61.【正确答案】C

【答案解析】组织疏散物资的要求有：①火势扩大较快，疏散物资可能造成人员伤亡，综合考量，生命至上；②专业的事情交给专业的人处理，专业救援人员到达现场后，优先由专业救援人员对相关物资进行疏散、抢救和保护，现场人员予以配合；③危险性大的物资优先疏散，然后疏散受水、火、烟威胁大的物资；④尽量利用各类搬运机械进行物资疏散；⑤先保护后疏散，怕水、怕火、易燃易爆的物资先进行保护，再考虑搬离现场。

62.【正确答案】D

【答案解析】组织疏散物资的要求有：①火势扩大较快，疏散物资可能造成人员伤亡，综合考量，生命至上；②专业的事情交给专业的人处理，专业救援人员到达现场后，优先由专业救援人员对相关物资进行疏散、抢救和保护，现场人员予以配合；③危险性大的物资优先疏散，然后疏散受水、火、烟威胁大的物资；④尽量利用各类搬运机械进行物资疏散；⑤先保护后疏散，怕水、怕火、易燃易爆的物资先进行保护，再考虑搬离现场。

63.【正确答案】D

【答案解析】火灾现场是整个火灾发生、发展和熄灭全过程的真实记录，是调查认定火灾原因的物质载体。保护火灾现场可以帮助火灾调查人员发现、提取到客观、真实、有效地火灾痕迹、物证，尽可能准确地认定火灾发生的原因。

64.【正确答案】A

【答案解析】火灾现场是整个火灾发生、发展和熄灭全过程的真实记录，是调查认定火灾原因的物质载体。

65.【正确答案】A

【答案解析】凡是与火灾有关的留有痕迹物证的场所均应列入现场保护范围。保护范围应当根据现场勘验的实际情况和进展进行调整。比如，起火点位置未明确、电气故障引起的火灾、爆炸现场等情况应根据需要适当扩大保护区域。

66.【正确答案】D

【答案解析】保护范围应当根据现场勘验的实际情况和进展进行调整。比如，起火点位置未明确、电气故障引起的火灾、爆炸现场等情况应根据需要适当扩大保护区域。

67.【正确答案】D

【答案解析】负责火灾现场保护的人员要有组织地进行现场保护工作，对现场进行封锁，不准无关人员随便进入，不准触摸现场物品，不准移动、拿用现场物品。现场值守人员要坚守岗位，保护好现场的痕迹、物证，同时也要注意周围群众的反映，遇到异常情况及时上报。

68.【正确答案】C

【答案解析】消防救援人员在进行火情侦察时，应注意发现和保护起火部位。在起火部位进行灭火或清理残火时，尽量不实施消防破拆，变动现场物品的位置，以保持燃烧后的自然状态。灭火之后，要及时将发生火灾的地点和留有火灾痕迹、物证的场所及周围划定为保护范围，进行现场保护。情况不太清楚时，可适当扩大保护范围，同时布置警戒。勘察工作就绪后，可酌情缩小保护区。

69.【正确答案】C

【答案解析】现场保护中的应急措施有：①扑灭后的火场“死灰”复燃，甚至二次成灾时要迅速有效地实施扑救，酌情及时报警；②遇到有人命危机的情况，立即设法施行急救；③对趁火打劫、二次放火等情况思维要敏捷，对打听消息、反复探视、问询火场情况等行为可疑的人要多加小心，纳入视线后，必要情况下移交公安机关；④危险区域实行隔离，禁止进入，人员应处于上风处，进入现场要佩戴相应的防护装备；⑤现场有倒塌危险并危及他人安全时，应采取固定措施。不能固定时，应在倒塌前，仔细观察并记录下倒塌前的现场情况；采取移动措施时，尽量使现场少受破坏，并事先详细记录现场原貌。

70.【正确答案】A

【答案解析】无论义务消防人员还是专职消防救援人员，在扑救初期火灾时，必须坚持“救人第一”的指导思想，遵循先控制后消灭、先重点后一般的原则。

71.【正确答案】A

【答案解析】无论义务消防人员还是专职消防救援人员，在扑救初期火灾时，必须坚持“救人第一”的指导思想，遵循先控制后消灭、先重点后一般的原则。

72.【正确答案】D

【答案解析】“先控制”是指扑救火灾时，先把主要力量部署在控制火势蔓延方面，设兵堵截，对火势实行有效控制，防止蔓延扩大，为迅速消灭火灾创造有利条件。对不同的火灾，有不同的控制方法。一般来说，有直接方法，如利用水枪射流、水幕等对火势进行拦截，防止火灾扩大；也有间接方法，如对燃烧的和与之邻近的液体、气体储罐进行冷却，防止罐体变形破坏或爆炸，防止油品沸溢。

73.【正确答案】A

【答案解析】堵截火势，可以防止火灾蔓延或甚至消灭火灾，这种方法把积极防御与主动进攻结合在了一起。

74.【正确答案】D

【答案解析】隔离是针对大面积燃烧区或现场比较复杂的火灾，根据火灾扑救的需要，我们可以将燃烧区分割成两个或数个战斗区段，分别部署力量进行灭火。

75.【正确答案】B

【答案解析】快攻是当灭火人员能够接近火源时，应迅速利用身边的灭火器材灭火，将火势控制在初期低温少烟阶段。

76.【正确答案】B

【答案解析】火灾发生时，当灭火人员不能接近火场时，可以根据火灾现场实际情况，果断在蔓延方向设置水枪阵地、水帘，关闭防火门、防火卷帘、挡烟垂壁等，进行堵截，防止火势扩大蔓延。

77.【正确答案】C

【答案解析】凡是与火灾有关的留有痕迹物证的场所均应列入现场保护范围。保护范围应当根据现场勘验的实际情况和进展进行调整。

78.【正确答案】D

【答案解析】火灾初期，我们要有效地利用灭火器、室内消火栓等消防器材与设施进行火灾扑救，同时要记住以下灭火要领：①距离火灾现场近的人员，应根据火灾的种类，正确利用附近灭火器等器材进行灭火，同时尽可能多的集中在火源附近连续使用；②灭火人员在使用灭火器具的同时，要利用附近的室内消火栓进行初期火灾扑救；③灭火时要考虑水枪的有效射程，尽可能靠近火源，压低姿势，向燃烧着的物体喷射。

79.【正确答案】D

【答案解析】消防救援队伍到达前的准备有：路口迎接消防车、疏通消防车道、提醒周围人员，不要在消防车道处聚集，围观。尽可能全面地向消防救援人员陈述火场现状属于消防救援队伍到达后的辅助。

80.【正确答案】D

【答案解析】现场人员可以提前了解以下情况并第一时间告知消防救援人员：①燃烧部位及范围，燃烧物质的性质，火势蔓延途径及其主要发展方向；②是否有人员被围困火场，被困部位及抢救路线；③有无爆炸、毒害、腐蚀、放射性等物质，这些物质的数量、存放情况、危险程度等；④查明火场内外带电设备是否已切断电源，并做好预防触电的措施；⑤有无需要疏散和保护的贵重物资、档案资料、仪器设备及其数量、放置部位、不宜使用的灭火剂等；⑥已燃烧的建（构）筑物的结构特点、构造形式和耐火等级；⑦周围水源、水泵接合器、室外消火栓的分布情况，建筑内部的消防水泵房的位置、排烟机、送风机的位置等。

## 二、多项选择题

1.【正确答案】ABC

【答案解析】火灾确认方式有：①火灾自动报警系统火灾探测与确认；②现场人员通过手动报警按钮报警；③“智慧消防”新技术的火灾探测与火灾确认。

2.【正确答案】ABCD

【答案解析】确认发生火灾后，我们应该立即拨打“119”向当地消防救援机构报警，报警内容必须清晰明确，内容如：单位名称、详细地址、起火部位、火势大小、燃烧物质，有无人员被困，有无有毒有害气体，报警人姓名和联系电话。

3.【正确答案】AC

【答案解析】灭火器根据操作使用方法不同又分为手提式灭火器和推车式灭火器。

4.【正确答案】ABCD

【答案解析】根据充装介质不同可以分为水基型灭火器、干粉灭火器、二氧化碳灭火器、洁净气体灭火器。

5.【正确答案】AB

【答案解析】干粉灭火器充装的是干粉灭火剂，是目前使用最普遍的灭火器。主要有两种类型：碳酸氢钠干粉灭火器（BC类干粉灭火器）、磷酸铵盐干粉灭火器（ABC类干粉灭火器）。

6.【正确答案】AC

【答案解析】根据驱动灭火剂的形式分为储气瓶式灭火器和贮压式灭火器。

7.【正确答案】AB

【答案解析】清水灭火器通过冷却作用灭火，主要用于扑救A类火灾，如木材、纸张、棉麻等的初期火灾。采用细水雾喷头的清水型灭火器也可用于扑救E类初期火灾。水成膜泡沫灭火器是当今使用的最为广泛的泡沫灭火器，主要用于扑救B类初期火灾，如汽油、煤油、柴油、苯、植物油、动物油脂等初期火灾；也可用于固体A类初期火灾，如木材、纸张等初期火灾。抗溶泡沫灭火器还可以扑救水溶性易燃、可燃液体初期火灾。但泡沫灭火器不适用于扑救C类气体火灾、D类金属火灾和E类带电设备火灾。

8.【正确答案】ABCD

【答案解析】灭火器使用注意事项有：①使用过程中，灭火器应始终保持竖直状态，避免颠倒或横卧而造成灭火剂无法正常喷射。有喷射软管的灭火器或贮压式灭火器在使用时，一手应始终压下压把，不能松开，否则喷射会中断；②使用二氧化碳灭火器灭火时，要戴防护手套，手一定要握在喷筒手柄处，注意不要握金属管部位或喇叭口，以防局部皮肤被冻伤，在室内窄小空间或空气不流通的火场使用时，必须及时通风，以防窒息，灭火后操作者应迅速离开；③扑救可燃液体火灾时，应避免将灭火剂直接喷向燃烧液面，防止可燃液体流散扩大火势，使用者应从上风向边喷射边靠近燃烧区，直至灭火；④扑救电气火灾时，应先断电后灭火。

9.【正确答案】ABCE

【答案解析】灭火器的设置要求有：①灭火器应设置在位置明显且便于取用的地点，不得影响安全疏散；②对有视线障碍的灭火器设置点，应设置指示其位置的发光标志；③灭火器的摆放应稳固，其铭牌应朝外。手提式灭火器宜设置在灭火器箱内或挂钩、托架上，其顶部离地面高度不应大于1.50m，底部离地面高度不宜小于0.08m，灭火器箱不得上锁；④灭火器不宜设置在潮湿或强腐蚀性的地点。当必须设置时，应有相应的保护措施灭火器设置在室外时，应有相应的保护措施；⑤灭火器不得设置在超出其使用温度范围的地点。

10.【正确答案】ABCD

【答案解析】当遇到下列类型的灭火器应报废：酸碱型灭火器、化学泡沫型灭火器、倒置使用型灭火器、氯溴甲烷、四氯化碳灭火器、国家政策明令淘汰的其他类型灭火器。

11.【正确答案】BCDE

【答案解析】当灭火器有下列情况之一时应报废：筒体严重锈蚀，锈蚀面积大于或等于筒体总面积的1/3，表面有凹坑；筒体明显变形，机械损伤严重；器头存在裂纹、无泄压机构；筒体为平底等结构不合理；没有间歇喷射机构的手提式灭火器；没有生产厂名称和出厂年月，包括铭牌脱落，或虽有铭牌，但已看不清生产厂名称，或出厂年月钢印无法识别；筒体有锡焊、铜焊或补缀等修补痕迹；被火烧过。

12.【正确答案】ABC

【答案解析】引导火灾现场人员进行疏散的方式有：制订安全疏散计划；保证安全通道畅通无阻；分组实施引导。做好防护，低姿撤离属于火灾初期现场人员进行疏散技巧。

13.【正确答案】ABCD

【答案解析】火灾初期，现场人员的疏散技巧有：做好防护，低姿撤离；稳定情绪，自觉维护现场秩序；鱼贯法撤离；积极寻找正确逃生方法。

14.【正确答案】ABCD

【答案解析】如果是高层火灾，着火层以上的人员，一旦发现火势太大，无法从疏散楼梯进行逃生时，要迅速退回房间，等待救援。当我们被困火场，等待救援时，应保持镇静，不要惊慌，第一时间通过拨打报警电话、挥动鲜艳的衣物、敲击发声、夜间挥动发光手电筒等方式告知他人自己被困的位置。关好门窗，用湿毛巾或衣物塞住门缝、窗缝尽可能减少烟雾进入。在房间选择的时候，尽量选择离门口距离较远、窗口面积较大，周围可准备适量清水，但尽量不要选择卫生间作为安全房间（卫生间窗口较小，不利于消防救援人员营救），千万不要盲目逃离或者跳楼！

15.【正确答案】ABC

【答案解析】应急于疏散的物资有：①可能造成火势扩大和有爆炸危险的物资；②性质重要、价值昂贵的物资；③影响灭火战斗的物资。

16.【正确答案】ABD

【答案解析】火灾现场保护的要求有：①正确划定火灾现场保护范围，凡是与火灾有关的留有痕迹物证的场所均应列入现场保护范围，保护范围应当根据现场勘验的实际情况和进展进行调整，比如，起火点位置未明确、电气故障引起的火灾、爆炸现场等情况应根据需要适当扩大保护区域。②负责火灾现场保护的人员要有组织地进行现场保护工作，对现场进行封锁，不准无关人员随便进入，不准触摸现场物品，不准移动、拿用现场物品。现场值守人员要坚守岗位，保护好现场的痕迹、物证，同时也要注意周围群众的反映，遇到异常情况及时上报。③消防救援人员在进行火情侦察时，应注意发现和保护起火部位。在起火部位进行灭火或清理残火时，尽量不实施消防破拆，变动现场物品的位置，以保持燃烧后的自然状态；灭火之后，要及时将发生火灾的地点和留有火灾痕迹、物证的场所及周围划定为保护范围，进行现场保护；情况不太清楚时，可适当扩大保护范围，同时布置警戒。勘察工作就绪后，可酌情缩小保护区；重点部位可设置警戒线或屏障；对于私人房间要做好房主的安抚工作，讲清道理，劝其不要急于清理；大型火灾现场可利用原有的围墙、栅栏等进行封锁隔离，尽量不要影响交通和居民生活；应派专人看守，特殊场所由公安部门协助。

17.【**正确答案**】ABCD

【答案解析】现场保护中的应急措施有：在保护现场过程中，往往会出现一些紧急情况，所以现场保护人员要提高警惕，随时掌握现场动态，发现问题时，积极采取有效措施进行处理，并及时向有关部门报告。①扑灭后的火场“死灰”复燃，甚至二次成灾时要迅速有效地实施扑救，酌情及时报警；②遇到有人命危机的情况，立即设法施行急救；③对趁火打劫、二次放火等情况思维要敏捷，对打听消息、反复探视、问询火场情况等行为可疑的人要多加小心，纳入视线后，必要情况下报告公安机关；④危险区域实行隔离，禁止进入，人员应处于上风处，进入现场要佩戴相应的防护装备；⑤现场有倒塌危险并危及他人安全时，应采取固定措施；不能固定时，应在倒塌前，仔细观察并记录倒塌前的现场情况；采取移动措施时，尽量使现场少受破坏，并事先详细记录现场原貌。

18.【**正确答案**】ABCD

【答案解析】火灾是一种时间或空间上失去控制的燃烧，由此我们便思考是不是只需把燃烧需要的条件破坏掉，就能控制火灾蔓延甚至消灭火灾。因此，我们可以根据不同情况采取堵截、快攻、排烟、隔离等基本方法来扑救火灾。

19.【**正确答案**】ABC

【答案解析】火灾初期，我们要有效地利用灭火器、室内消火栓等消防器材与设施进行火灾扑救，同时要记住以下灭火要领：①距离火灾现场近的人员，应根据火灾的种类正确利用附近灭火器等器材进行灭火，同时尽可能多的集中在火源附近连续使用；②灭火人员在使用灭火器具的同时，要利用附近的室内消火栓进行初期火灾扑救；③灭火时要考虑水枪的有效射程，尽可能靠近火源，压低姿势，向燃烧着的物体喷射。

20.【**正确答案**】ABCD

【答案解析】现场人员可以提前了解以下情况并第一时间告知消防救援人员：①燃烧部位及范围，燃烧物质的性质，火势蔓延途径及其主要发展方向；②是否有人员被围困火场，被困部位及抢救路线；③有无爆炸、毒害、腐蚀、放射性等物质，这些物质的数量、存放情况、危险程度等；④查明火场内外带电设备是否已切断电源，并做好预防触电的措施；⑤有无需要疏散和保护的贵重物资、档案资料、仪器设备及其数量、放置部位、不宜使用的灭火剂等；⑥已燃烧的建（构）筑物的结构特点、构造形式和耐火等级；⑦周围水源、水泵接合器、室外消火栓的分布情况，建筑内部的消防水泵房的位置、排烟机、送风机的位置等。

# 测试题五　常见消防设施工作原理[①]

## 一、单项选择题

**1.用于接收、显示火灾报警信号，控制现场的声光报警器报警的设备是(　)。**

A.火灾探测器　B.火灾报警按钮　C.火灾显示盘　D.火灾报警控制器

**2.火灾自动报警系统中用于人工触发火灾报警信号的设备是(　)。**

A.感烟探测器　B.手动报警按钮　C.声光警报器　D.消火栓按钮

**3.处置误报火警的方法，下列叙述不正确的是(　)。**

A.拨打119　B.通知中控室

C.恢复系统正常　D.记录误报的时间、部位、原因

**4.消防控制室值班人员接到报警信号后，应派一名值班人员立即携带(　)，迅速到达报警点确认。**

A.工具箱　B.通信工具　C.手电筒　D.急救包

**5.在火灾逃生疏散和灭火作战，或者应急演练时，通过(　)系统能进行远程指挥。**

A.消防电话　B.消防应急广播

C.火灾报警控制器　D.图形显示装置

**6.火灾报警控制器发出或接收到反映火灾信息的声、光、电信号时所处的状态是(　)。**

A.火灾报警状态　B.自检状态　C.屏蔽状态　D.故障报警状态

**7.按下(　)键，可对火灾报警控制器的声报警进行消除。**

A.自检　B.复位　C.记录检查　D.消音

**8.下列不属于造成探测器误报警的因素是(　)。**

A.油烟　B.灰尘　C.噪声　D.电磁

**9.控制室值班人员在确定火灾报警控制器是误报警时可对火灾报警控制器进行(　)，恢复探测器至正常工作状态。**

A.日志查询　B.复位　C.消音　D.自检

**10.(　)是指自动探测火灾参数，并将探测的参数转变成为电信号，送到火灾报警控制器的电子器件。**

A.手动报警按钮　B.火灾探测器　C.火灾显示盘　D.火灾报警控制器

**11.火灾自动报警系统一般由触发器件、火灾报警控制器、(　)、联动装置等部分组成。**

A.火灾警报装置　B.火灾探测器　C.声光警报器　D.火灾报警控制器

**12.消防控制室内值班人员接到现场火灾确认信息后，必须立即将火灾报警控制器(联动型)联动控制开**

① 测试题五为本教程第六章相关的测试题。

**关转入(　　)工作状态。**

A.自动　　B.手动　　C.联动　　D.正常监视

**13.室外消火栓按其安装形式可分为(　　)。**

A.地上式和地下式　　B.承插式和法兰式

C.单栓式和双栓式　　D.普通式与特殊式

**14.水泵接合器有地上式、地下式和(　　)三种类型。**

A.上置式　　B.下置式　　C.卧式　　D.墙壁式

**15.消防软管卷盘由阀门、输入管路、卷盘、软管和(　　)等组成，能在迅速展开软管的过程中喷水灭火。**

A.灭火器　　B.喷枪　　C.栓阀　　D.水带

**16.消火栓箱由箱体、室内消火栓、消防接口、(　　)、消防水枪、消防软管卷盘及电气设备等消防器材组成。**

A.灭火器　　B.喷枪　　C.栓阀　　D.消防水带

**17.(　　)是供消防车向建筑内消防管网输送消防用水的预留接口。**

A.室外消火栓　　B.室内消火栓　　C.消火栓箱　　D.水泵接合器

**18.(　　)是人工建造的储存消防用水的构筑物，是天然水源或市政管网的重要补充。**

A.消防水箱　　B.室外消火栓　　C.消防水池　　D.消防水带

**19.(　　)是消防给水系统的“心脏”。**

A.消防水箱　　B.室外消火栓　　C.消防水池　　D.消防水泵

**20.室外消火栓应布置在消防车易于接近的人行道和绿地等地点，且不应妨碍交通，距路边不应大于(　　)m。**

A.0.5　　B.1.0　　C.2.0　　D.5.0

**21.湿式系统主要由(　　)等组成。**

A.闭式喷头、湿式报警阀组、管道和供水设施

B.开式喷头、湿式报警阀组、水流指示器、管道和供水设施

C.闭式喷头、干式报警阀组、火灾自动报警系统、管道和供水设施

D.开式喷头、湿式报警阀组、火灾自动报警系统、管道和供水设施

**22.下列关于雨淋系统和预作用系统的说法中，错误的是(　　)。**

A.雨淋系统采用开式喷头

B.预作用自动喷水灭火系统由火灾自动报警系统或闭式喷头作为探测元件，自动开启雨淋阀或预作用报警阀组

C.雨淋系统的配水管道采用闭式喷头

D.雨淋系统发生火灾时由火灾自动报警系统或传动管控制，自动开启雨淋报警阀组和启动消防水泵

**23.下列情况，可以采用干式自动喷水灭火系统的是(　　)。**

A.环境温度在35℃　　B.环境温度在90℃

C.环境温度在65℃　　D.环境温度在15℃

**24.(　　)安装在湿式报警阀后的报警管路上，是可最大限度减少因水源压力波动或冲击而造成误报警的一种容积式装置。**

A.报警阀　　B.水力警铃　　C.延迟器　　D.末端试水装置

**25.(　　)自动喷水灭火系统是自动喷水灭火系统的基础。**

A.湿式　　B.干式　　C.预作用　　D.闭式

26.适用于环境温度在不低于4℃，不高于70℃的场所的是（　）。

A.湿式系统　　B.干式系统　　C.预作用系统　　D.雨淋系统

27.压力开关是一种压力传感器，其作用是将系统中的水压信号转换为（　）。

A.光信号　　B.气压信号　　C.数字信号　　D.电信号

28.干式自动喷水灭火系统准工作状态时，配水管道内充满用于启动系统的（　）。

A.有压气体　　B.有压水　　C.真空状态　　D.负压气体

29.玻璃球的公称动作温度用颜色来表示，为红色表示该洒水喷头的公称动作温度范围为（　）℃。

A.57　　B.80　　C.121　　D.68

30.闭式系统喷头公称动作温度宜高于环境温度（　）℃。

A.57　　B.40　　C.30　　D.25

31.喷头直立安装，水流向上冲向溅水盘，实现保护喷洒的喷头是（　）。

A.下垂型洒水喷头　　B.边墙型洒水喷头

C.直立型洒水喷头　　D.普通型洒水喷头

32.闭式洒水喷头的公称动作温度为57℃时对应颜色标志是（　）。

A.绿　　B.红　　C.黄　　D.橙

33.下面（　）安装使用延迟器。

A.湿式报警阀组　　B.干式报警阀组　　C.雨淋报警阀组　　D.预作用报警阀组

34.（　）用的不是闭式洒水喷头。

A.湿式自动喷水灭火系统　　B.干式自动喷水灭火系统

C.雨淋自动喷水灭火系统　　D.预作用自动喷水灭火系统

35.（　）是消防应急广播系统的重要组成部分，是一种将来自信号源的电信号进行放大以驱动扬声器发出声音的设备。

A.消防应急广播主机　　B.消防应急广播功放机

C.消防应急厂播分配盘　　D.扬声器

36.距扬声器正前方3m处消防应急广播的播放声压级满足要求的是（　）dB。

A.35　　B.45　　C.55　　D.65

37.设在消防控制室的广播设备包括（　）、DC录放盘、广播分配盘等设备。

A.火灾报警器　　B.广播扬声器　　C.广播功率放大器　　D.模块

38.在民用建筑里，客房设置专用的扬声器，其功率不小于（　）W。

A.1　　B.2　　C.3　　D.4

39.在民用建筑里，在环境噪声大于60dB场所，扬声器在其播放范围最远点的声压级应高于背景噪声（　）dB。

A.10　　B.15　　C.20　　D.25

40.对于消防电梯，在火灾情况下，其迫降要求是使电梯返回到指定层（一般为首层）并处于（　）的状态。

A.“开门停用”　　B.“开门待用”　　C.“关门停用”　　D.“关门待用”

41.低压二氧化碳灭火系统指将灭火剂在（　）℃低温下储存的系统。

A.-20～-16　　B.-18～-16　　C.-20～-18　　D.-20

**42.二氧化碳灭火系统不适合用于(　　)火灾。**

A.硝化纤维　　B.电气设备　　C.沥青　　D.纸张

**43.以下不属于惰性气体的是(　　)。**

A.氮气　　B.氩气　　C.二氧化碳　　D.七氟丙烷

**44.下列不属于七氟丙烷灭火系统的特点是(　　)。**

A.无色无味　　B.无毒性　　C.不导电　　D.灭火能力强

**45.具有释放、充装、封存、超压泄放等功能，通常安装在容器上的是(　　)。**

A.信号反馈装置　　B.安全泄压阀　　C.容器阀　　D.单向阀

**46.火灾中气体灭火系统启动，自动延时一定时间，一般延时(　　)。**

A.30s　　B.15s　　C.10s　　D.1min

**47.(　　)不是气体灭火系统延时的作用。**

A.考虑防护区内人员的疏散　　B.及时关闭防护区的开口

C.判断有没有必要启动气体灭火系统　　D.控制气体喷放的速度

**48.管网气体灭火系统的启动方式不包括(　　)。**

A.远程启动　　B.自动　　C.手动　　D.机械应急操作

**49.启动气体灭火系统不需要人工干预的操作与控制方式是(　　)。**

A.机械应急操作　　B.自动　　C.手动　　D.以上都对

**50.下列关于气体灭火系统启动方式，说法错误的是(　　)。**

A.采用自动控制时，将灭火控制器(盘)控制方式置于“自动”位置，灭火系统处于自动控制状态

B.系统处于自动控制状态，手动控制失效

C.采用手动控制时，将灭火控制器(盘)控制方式置于“手动”位置，灭火系统处于手动控制状态

D.预制气体灭火系统具有自动和手动两种控制方式

**51.下列关于防烟系统，说法正确的是(　　)。**

A.自然通风方式的防烟系统是通过送风机作用产生压差，以防止火灾烟气在楼梯间、前室、避难层(间)等空间内积聚

B.自然通风具有经济、节能、简便易行、不需专人管理、无噪声、通风效果稳定等优点

C.在房间或走道设置全敞开的阳台或凹廊实现自然通风

D.两个及以上不同朝向的符合面积要求的可开启外窗的方式实现自然通风

**52.下列关于排烟系统，说法正确的是(　　)。**

A.自然排烟系统是利用热压和风力作用，通过房间、走道的开口部位把烟气排至室外

B.自然排烟方式的需要专门的排烟设备，不需要外加的动力，构造简单、经济、易操作，投资少，运行维修费用少，且平时可兼作换气用

C.机械排烟要求排烟风机和管道具备耐高温性能，而且在超温时有自动保护装置

D.自然排烟方式具有排烟效果稳定的优点

**53.火灾初期阶段，烟气温度较低，随着火灾的发展，烟气温度逐渐升高，当烟气温度达到(　　)℃时，为避免产生更严重的后果，机械排烟系统应停止工作。**

A.280　　B.220　　C.160　　D.70

**54.消防应急照明和疏散指示系统的组成不包括(　　)。**

A.消防应急照明灯具　　B.消防安全标志

C.应急照明配电箱　　D.应急照明控制器

**55.消防应急照明和疏散指示系统的工作原理，说法错误的是(　)。**

A.集中控制型系统的主要特点是所有消防应急灯具的工作状态都受应急照明集中控制器控制

B.集中电源非集中控制型系统在发生火灾时，消防联动控制器联动控制集中电源的工作状态，然后可控制各路消防应急灯具的工作状态

C.自带电源非集中控制型系统在发生火灾时，消防联动控制器联动控制应急照明配电箱的工作状态，然后可控制各路消防应急灯具的工作状态

D.集中控制型系统发生火灾时，火灾报警控制器或消防联动控制器向应急照明集中控制器发出信号，应急照明集中控制器按照预设程序控制各消防应急灯具的工作状态

**56.为防止引起触电事故及二次灾害，通常在水系统(　)切断正常照明、生活水泵供电等非消防电源。**

A.动作前　　B.动作的同时　　C.动作后　　D.以上说法都对

**57.火灾时可立即切断的非消防电源有(　)。**

A.正常照明　　B.康乐设施　　C.生活给水泵　　D.安全防范系统设施

**58.火灾时不应立即切掉的非消防电源有(　)。**

A.安全防范系统设施　　B.厨房设施　　C.排污泵　　D.普通动力负荷

**59.发生火灾时，(　)，不是因为立即切断照明用电造成的。**

A.造成疏散人员的心理恐慌　　B.引发混乱

C.触电或漏电，造成人员伤亡　　D.影响人员疏散

**60.对正常照明电源的切断不能立即进行，需在火灾确认后，由消防控制室根据火情发展，灭火战斗需要，通常应直接采用(　)切断相关区域的正常照明。**

A.自动　　B.自动和手动都可以

C.手动　　D.远程启动

**61.关于非消防电源切断方式，说法正确的是(　)。**

A.火灾确认后，对正常照明电源的切断可以立即进行

B.自动控制非消防电源切断方式，可以简单地使用单信号自动控制切断正常照明电源

C.非消防电源切断方式采用双信号自动控制，第二个信号最好是由探测器动作信号给出

D.火灾初期阶段，建筑物内工作人员自行组织灭火时，也需要足够的照明来引导

**62.关于火灾中切断空调等其他用电设备电源，说法不正确的是(　)。**

A.可能会给人们的生活带来一定不便　　B.引起恐慌和混乱

C.有效降低整体用电负荷　　D.确保满足消防设备的用电要求

**63.关于气体灭火系统，说法正确的是(　)。**

A.二氧化碳气体灭火系统只能通过窒息方式灭火

B.七氟丙烷灭火剂释放灭火后残余物，对大气臭氧层有破坏作用

C.气体灭火系统是通过气体状态的灭火剂在着火区域内或保护对象周围的局部区域建立起一定的浓度实现灭火

D.二氧化碳灭火剂目前卤代烷1211、1301的理想替代品

**64.关于气体灭火系统分类，说法错误的是(　)。**

A.按应用方式分为两类

B.按照结构特点分为两类

C.按使用的灭火剂分为二氧化碳灭火系统和七氟丙烷灭火系统

D.按装配形式分为两类

**65.下列关于气体灭火系统，说法正确的是(　　)。**

A.若几个着火区都非常重要或有同时着火的可能性，为确保安全，宜采用组合分配灭火系统

B.预制灭火系统需要设单独储瓶间

C.管网灭火系统不设储瓶间

D.自压式气体灭火系统适用于IG541气体灭火系统、二氧化碳灭火系统等

**66.关于气体灭火系统组成部件，说法错误的是(　　)。**

A.柜式预制灭火系统必须有驱动气体瓶组

B.柜式预制灭火系统多瓶需要安装集流管

C.选择阀是灭火剂释放管上的开关，由它控制灭火剂喷放到指定着火区

D.集流管主要用于汇集灭火剂

**67.下列关于防烟排烟系统，说法错误的是(　　)。**

A.防烟系统主要有自然通风方式的防烟系统和机械加压送风方式的防烟系统两种形式

B.排烟系统主要有自然排烟和机械排烟两种形式

C.机械排烟方式的优点是能克服自然排烟受外界气象条件以及高层建筑热压作用的影响，排烟效果比较稳定

D.机械排烟方式在火灾猛烈阶段排烟效果好

**68.下列关于消防应急照明和疏散指示系统，说法正确的是(　　)。**

A.火灾发生时，由于产生大量浓烟具有减光作用，导致人员疏散逃生难度增加，因此，我们的建筑消防系统中会设置满足人员疏散和消防作业的各类消防应急灯具，组成了消防应急照明和疏散指示系统

B.应急照明和疏散指示系统按其系统类型可分为集中电源集中控制型和集中电源非集中控制型

C.集中控制型系统的主要特点是所有消防应急灯具的工作状态都受消防联动控制器控制

D.自带电源非集中控制型系统在发生火灾时，应急照明集中控制器控制应急照明配电箱的工作状态，然后可控制各路消防应急灯具的工作状态

**69.应急照明和疏散指示系统按其系统类型可分为(　　)类。**

A.两　　B.三　　C.四　　D.五

## 二、多项选择题

**1.火灾探测器及其他火灾报警触发器件触发后，火灾报警控制器(联动型)能(　　)。**

A.发出火灾报警声信号　　B.发出火灾报警光信号

C.显示火灾发生部位　　D.不记录火灾报警时间

E.进入戒备状态

**2.火灾报警控制器在接收到火灾报警信号后，发出控制信号，控制各类消防设备实现(　　)等消防保护功能。**

A.人员疏散　　B.限制火势蔓延

C.自动灭火　　D.自动救援

E.自动语音提示

**3.火灾自动报警系统最基本的组成主要有(　　)等。**

A.火灾探测器

B.手动火灾报警按钮

C.火灾报警控制器

D.声光警报器

E.消防联动控制装置

**4.室内消火栓给水系统主要由消防水箱、(　　)、室内给水管网、室内消火栓及系统附件等组成。**

A.消防水池

B.消防水泵

C.水泵接合器

D.消防水鹤

E.室外消火栓

**5.报警阀组通常由(　　)、报警信号管路、水力警铃、控制阀和压力表等部分组成。**

A.报警阀

B.延迟器

C.压力开关

D.泄水及试验管路

E.管道和供水设施

**6.湿式自动喷水灭火系统适用的喷头有(　　)。**

A.通用型

B.直立型

C.下垂型

D.边墙型

E.干式下垂型

**7.自动喷水灭火系统按安装喷头的开闭形式分为闭式系统和开式系统两大类。下列属于闭式系统的是(　　)。**

A.湿式系统

B.干式系统

C.雨淋系统

D.水幕系统

E.预作用系统

**8.消防应急广播系统主要由(　　)组成。**

A.消防应急广播主机

B.功放机

C.分配盘

D.输出模块

E.音频线路

**9.消防应急广播的基本功能有(　　)。**

A.应急广播功能

B.故障报警功能

C.自检功能

D.电源功能

E.自动充电功能

**10.下列关于消防电梯的说法，正确的是(　　)。**

A.消防电梯应能每层停靠

B.电梯的载重量不应大于800kg

C.从首层到顶层的运行时间不小于60s

D.迫降按钮设在距消防电梯水平距离两米以内，距地面高度1.8～2.1m的墙面上

E.电梯轿厢的内部装修应采用不燃材料

**11.气体灭火系统按应用方式分类为(　　)。**

A.全淹没气体灭火系统

B.局部应用气体灭火系统

C.单元独立灭火系统

D.组合分配灭火系统

E.管网灭火系统

**12.气体灭火系统按装配形式分类为（　）。**

A.自压式气体灭火系统　　B.局部应用气体灭火系统

C.管网灭火系统　　D.组合分配灭火系统

E.预制灭火系统

**13.气体灭火系统按加压方式分类为（　）。**

A.自压式气体灭火系统　　B.局部应用气体灭火系统

C.管网灭火系统　　D.内储压式气体灭火系统

E.外储压式气体灭火系统

**14.下列属于管网气体灭火系统组件的是（　）。**

A.容器阀　　B.灭火剂储存容器

C.信号反馈装置　　D.喷嘴

E.安全泄放装置

**15.管网气体灭火系统的控制方式有（　）。**

A.手动　　B.自动

C.远程控制　　D.机械应急

E.温控释放

**16.消防应急照明和疏散指示系统的组成包括（　）。**

A.消防应急照明灯具　　B.消防应急标志灯具

C.应急照明配电箱　　D.应急照明集中电源

E.应急照明控制器

**17.以下（　）设备，可在火灾报警后自动切断电源。**

A.自动扶梯　　B.新风系统

C.正常照明电源　　D.厨房设施

E.空调用电

# 答案与解析

## 一、单项选择题

1.**【正确答案】**D

【答案解析】火灾报警控制器的作用是接收、显示和传递火灾报警信号，记录报警的具体部位及时间，监视探测器及系统自身的工作状态，并执行相应辅助控制等任务。

2.**【正确答案】**B

【答案解析】如果现场有人发现了火灾，也可以人工发出火灾信号，用于人工发出火灾信号的器件就是手动火灾报警按钮。

3.【正确答案】A

【答案解析】当确认是误报警时，应及时观察火灾报警现场是否有大量粉尘、非火灾烟雾或水雾滞留现象，气流速度是否过大，是否有高频电磁干扰等环境因素，在及时排除现场干扰因素后，对火灾报警控制器（联动型）进行复位，使控制器恢复到正常监视状态。对不能查明原因的，要及时请专业技术人员加以查明与排除。

4.【正确答案】B

【答案解析】当确认为是发生火灾时，现场火灾确认人员应立即用对讲机或到附近消防电话插孔处使用携带的消防电话分机等通信工具向消防控制室反馈火灾确认信息，然后根据火灾情况及时采取不同的措施。

5.【正确答案】B

【答案解析】在火灾逃生疏散和灭火作战，或者应急演练时，通过应急广播系统能进行远程指挥。

6.【正确答案】A

【答案解析】火灾自动报警系统火灾报警时，现场火灾探测器上的火警确认灯会点亮；控制室（或值班室）火灾报警控制器（联动型）发出火警声响；火灾报警控制器（联动型）面板上火警指示灯点亮，且"部位"显示窗口显示探测器的部位号或编号，打印机记录报警时间和部位。

7.【正确答案】D

【答案解析】值班人员应首先按下火灾报警控制器（联动型）面板上的"消音"按键，消除报警声响，以便再有报警时能再次报警，消音后即进入火灾报警处置程序。

8.【正确答案】C

【答案解析】误报警可能是监控范围内环境发生较大变化所致，如监控范围内有大量灰尘或水雾滞留、气流速度过大及正常情况下有烟滞留或高频电磁干扰等。

9.【正确答案】B

【答案解析】火警处置完毕，对火灾报警控制器（联动型）进行复位。

10.【正确答案】B

【答案解析】火灾探测就是采用电子器件，对物质燃烧过程中产生的这些火灾现象进行探测，电子器件探测到这些火灾特征信号后转变成为电信号，并把这些电信号送到火灾报警控制器，这样的电子器件就是火灾探测器。

11.【正确答案】C

【答案解析】火灾自动报警系统最基本的组成主要有火灾探测器、手动火灾报警按钮、火灾报警控制器、声光警报器及消防联动控制装置等。

12.【正确答案】A

【答案解析】消防控制室内值班人员接到现场火灾确认信息后，必须立即将火灾报警控制器（联动型）联动控制开关转入"自动"工作状态（处于自动状态的除外）；同时迅速拨打"119"火警电话，通知消防救援部门；启动单位灭火和应急疏散预案。

13.【正确答案】A

【答案解析】室外消火栓按其结构不同分为地上式消火栓和地下式消火栓两种，以适应设置环境的要求。

14.【正确答案】D

【答案解析】水泵接合器有地上式、地下式和墙壁式三种类型。

15.【正确答案】B

【答案解析】消防软管卷盘由阀门、输入管路、卷盘、软管和喷枪等组成，能在迅速展开软管的过程中喷水灭火，可供非职业消防人员扑救室内初期火灾使用。

16.【正确答案】D

【答案解析】消火栓箱由箱体、室内消火栓、消防接口、消防水带、消防水枪、消防软管卷盘及电气设备等消防器材组成。

17.【正确答案】D

【答案解析】水泵接合器是供消防车向建筑内消防管网输送消防用水的预留接口。

18.【正确答案】C

【答案解析】消防水池是人工建造的储存消防用水的构筑物，消防水池是天然水源或市政管网的重要补充，天然水源或市政管网不能满足建筑灭火用水量要求时，则单独建造消防水池。

19.【正确答案】D

【答案解析】要把消防水池的水输送到消防管网供灭火使用，需要依靠消防水泵，所以说消防水泵是消防给水系统的“心脏”，其工作的好坏严重影响着灭火的成败。

20.【正确答案】C

【答案解析】室外消火栓应布置在消防车易于接近的人行道和绿地等地点，且不应妨碍交通，距路边不宜小于0.5m，并不应大于2.0m。

21.【正确答案】A

【答案解析】湿式系统由闭式喷头、湿式报警阀组、管道和供水设施等组成。

22.【正确答案】C

【答案解析】雨淋系统是由火灾自动报警系统或传动管控制，自动开启雨淋阀和启动消防水泵后，向开式洒水喷头供水的自动喷水灭火系统。

23.【正确答案】B

【答案解析】干式自动喷水灭火系统用于环境温度低于4℃或高于70℃的场所。

24.【正确答案】C

【答案解析】延迟器安装在湿式报警阀后的报警管路上，是一种防止误报警的装置。

25.【正确答案】A

【答案解析】湿式自动喷水灭火系统是自动喷水灭火系统的基础，其他类型的系统是对湿式自动喷水灭火系统的发展，自动喷水灭火系统的产品与工程标准，也是采取以湿式自动喷水灭火系统为基础逐渐扩展到其他系统的方法编制的。

26.【正确答案】A

【答案解析】湿式自动喷水灭火系统是在标准工作状态时，管道内充满用于启动系统的有压水的闭式系统。此系统适用于环境温度在4～70℃的场所。

27.【正确答案】D

【答案解析】压力开关是一种压力传感器，其作用是将系统的水压信号转换成电信号。直接控制消防水泵的启动并向控制中心反馈其动作信号。

28.【正确答案】A

【答案解析】干式系统在标准工作状态时，由消防水箱或稳压泵、气压给水设备等稳压设施维持水源侧管道内充水的压力，系统侧管道内充满有压气体（通常采用压缩空气），报警阀处于关闭状态。

29.【正确答案】D

【答案解析】玻璃球的公称动作温度用颜色来表示，如橙色为57℃，红色为68℃，黄色为79℃，绿色为79℃等。

30.【正确答案】C

【答案解析】闭式系统喷头公称动作温度宜高于环境温度30℃，因此我国普遍采用的是公称动作温度68℃的红色喷头。

31.【正确答案】C

【答案解析】直立型喷头。直立安装，水流向上冲向溅水盘。

32.【正确答案】D

【答案解析】同测试题六中单项选择题第29题。

33.【正确答案】A

【答案解析】延迟器安装在湿式报警阀后的报警管路上，是可最大限度减少因水源压力波动或冲击而造成误报警的一种容积式装置。

34.【正确答案】C

【答案解析】雨淋系统是由火灾自动报警系统或传动管控制，自动开启雨淋阀和启动消防水泵后，向开式洒水喷头供水的自动喷水灭火系统。

35.【正确答案】B

【答案解析】消防应急广播功放机也称消防应急广播功率放大器，是消防应急广播系统的重要组成部分，是一种将来自信号源的电信号进行放大以驱动扬声器发出声音的设备，使用时需配接CD或MP3播放器。

36.【正确答案】D

【答案解析】距扬声器正前方3m处应急广播的播放声压级不小于65dB，且不大于115dB。

37.【正确答案】C

【答案解析】消防应急广播系统主要由消防应急广播主机、功放机、分配盘、输出模块、音频线路及扬声器等组成。

38.【正确答案】A

【答案解析】客房设置专用扬声器时，因为客房的扬声器一般装在床头柜后墙上，距客人很近，无须过大声，其功率不宜小于1W即可。

39.【正确答案】B

【答案解析】在环境噪声大于60dB的场所，因背景噪声比较大，扬声器在其播放范围内最远点的播放声压级应高于背景噪声15dB。

40.【正确答案】B

【答案解析】火灾发生后，消防电梯受联动控制自动返回到指定层（一般是首层），并保持“开门待用”状态，方便消防人员快速使用。

41.【正确答案】C

【答案解析】本题考查的是低压二氧化碳灭火系统的储存温度。低压二氧化碳灭火系统指将灭火剂在-20～-18℃低温下储存的系统。

42.【正确答案】A

【答案解析】本题考查的是二氧化碳灭火系统的适用范围。二氧化碳灭火系统可用于扑救前可切断气源的可燃气体火灾，液体火灾或者石蜡、沥青等可熔化的固体，纸张、棉毛、织物等固体火灾及电气设备火灾（如变压器、油开关、电子设备）。二氧化碳灭火系统不适合用于硝化纤维、火药等含氧化剂的化学制品火灾、钾、钠、镁、钛、锆等活泼金属火灾，以及氢化钾、氢化钠等金属氢化物火灾。

43.【正确答案】D

【答案解析】本题考查的是惰性气体的范围。惰性气体主要是由大自然中的氮气、氩气、二氧化碳通过一定的比例形成混合气体，是一种无毒、无色、无味的气体。

44.【正确答案】B

【答案解析】本题考查的是七氟丙烷气体灭火系统的特点。七氟丙烷是一种无色无味、低毒性、不导电的洁净气体灭火剂，具有灭火能力强、灭火剂性能稳定的特点。

45.【正确答案】C

【答案解析】本题考查的是容器阀的功能。容器阀是指安装在容器上，具有释放、充装、封存、超压泄放等功能的控制阀门。选项A，信号反馈装置可监测设备有没有正常喷放气体，只要气体经过释放管道，信号反馈装置即将此释放动作转换为电信号，传送回控制器，提醒我们气体灭火剂已经正常喷放。选项B，当气体灭火剂释放到集流管中汇集，可能会存在压力超高的情况，此时安全泄压阀就可以自动开启泄压，保证系统正常运作。选项D，灭火剂出口位置需要设置单向阀，防止灭火剂倒回储罐，不利于灭火。

46.【正确答案】A

【答案解析】本题考查的是气体灭火系统的工作原理。气体灭火系统所在的防护区发生火灾后，系统启动自动延时一定时间（一般延时30s）。

47.【正确答案】D

【答案解析】本题考查的是气体灭火系统延时喷放的作用。延时主要有三个方面的作用：一是考虑防护区内人员的疏散，二是及时关闭防护区的开口，三是判断有没有必要启动气体灭火系统。

48.【正确答案】A

【答案解析】本题考查的是管网气体灭火系统的控制方式。管网气体灭火系统有自动控制、手动控制和机械应急操作三种启动方式。

49.【正确答案】B

【答案解析】本题考查的是管网气体灭火系统的控制方式。选项A，机械应急操作是指系统在自动与手动操作均失灵时，人员利用系统所设的机械式启动机构释放灭火剂的操作与控制方式。选项B，自动控制是指从火灾探测报警到启动设备和释放灭火剂均由系统自动完成，不需要人工干预的操作与控制方式。选项C，手动控制是指人员发现起火或接到火灾自动报警信号并经确认后启动手动控制按钮，通过灭火控制器操作联动设备和释放灭火剂的操作与控制方式。

50.【正确答案】B

【答案解析】本题考查的是气体灭火系统的启动方式。选项B，灭火控制器（盘）具有手动优先的功能，即便系统处于自动控制状态，手动控制仍然有效。

51.【正确答案】D

【答案解析】本题考查的是自然通风防烟系统。选项A，自然通风方式的防烟系统是通过热压和风压作用产生压差，由建筑开口形成自然通风，以防止火灾烟气在楼梯间、前室、避难层（间）等空间内积聚。选项B，自然通风具有经济、节能、简便易行、不需专人管理、无噪声等优点。但自然通风的通风量不受控制，通风效果不稳定。选项C和D，通常采取在防烟楼梯间的前室或合用前室设置全敞开的阳台或凹廊，或者两个及以上不同朝向的符合面积要求的可开启外窗的方式实现自然通风。

52.【正确答案】C

【答案解析】本题考查的是排烟系统。选项A，自然排烟系统是利用火灾产生的热烟气流的浮力和外部风力的作用，通过房间、走道的开口部位把烟气排至室外。选项B和D，自然排烟方式的优点是不需要专门的排烟设备，不需要外加的动力，构造简单、经济、易操作，投资少，运行维修费用少，且平时可兼作换气用。缺点主要是排烟效果不稳定，对建筑物的结构有特殊要求，以及存在着火灾通过排烟口向紧邻上层蔓延的危险性等。选项C，由于机械排烟要求排烟风机和管道具备耐高温性能，而且在超温时有自动保护装置，因此设备的初期投资较高，同时，为了保证系统的稳定可靠，还必须加强维护管理，因此运行成本也较高。

53.【正确答案】A

【答案解析】本题考查的是机械排烟系统温控动作温度。火灾初期阶段，烟气温度较低，随着火灾的发展，烟气温度逐渐升高，当烟气温度达到280℃时，为避免产生更严重的后果，机械排烟系统应停止工作。

54.【正确答案】B

【答案解析】本题考查的是消防应急照明和疏散指示系统的组成。消防应急照明和疏散指示系统主要由消防应急照明灯具、消防应急标志灯具、应急照明配电箱、应急照明集中电源、应急照明控制器等组成。

55.【正确答案】B

【答案解析】本题考查的是消防应急照明和疏散指示系统的工作原理。选项A和D，集中控制型系统的主要特点是所有消防应急灯具的工作状态都受应急照明集中控制器控制。发生火灾时，火灾报警控制器或消防联动控制器向应急照明集中控制器发出信号，应急照明集中控制器按照预设程序控制各消防应急灯具的工作状态。选项B，集中电源非集中控制型系统在发生火灾时，消防联动控制器联动控制集中电源和应急照明分配电装置的工作状态，然后可控制各路消防应急灯具的工作状态。选项C，自带电源非集中控制型系统在发生火灾时，消防联动控制器联动控制应急照明配电箱的工作状态，然后可控制各路消防应急灯具的工作状态。

56.【正确答案】A

【答案解析】本题考查的是非消防电源切断范围相关知识。正常照明、生活水泵供电等非消防电源只要在水系统动作前切断，就不会引起触电事故及二次灾害；其他在发生火灾时没必要继续工作的电源，或切断后也不会带来损失的非消防电源，可以在确认火灾后立即切断。

57.【正确答案】B

【答案解析】本题考查的是非消防电源切断范围相关知识。火灾时可立即切断的非消防电源有普通动力负荷、自动扶梯、排污泵、空调用电、康乐设施、厨房设施等。

58.【正确答案】A

【答案解析】本题考查的是非消防电源切断范围相关知识。火灾时不应立即切掉的非消防电源有正常照明、生活给水泵、安全防范系统设施、地下室排水泵、客梯和Ⅰ～Ⅲ类汽车库作为车辆疏散口的提升机。

59.【正确答案】C

【答案解析】本题考查的是非消防电源切断方式的相关知识。如果系统设定为火灾确认后，立即切断照明用电，极易造成疏散人员的心理恐慌，引发混乱，严重影响人员疏散。

60.【正确答案】C

【答案解析】本题考查的是非消防电源切断方式的相关知识。对正常照明电源的切断不能立即进行，需在火灾确认后，由消防控制室根据火情发展，灭火战斗需要，手动切断相关区域的应急照明。

61.【正确答案】D

【答案解析】本题考查的是非消防电源切断方式的相关知识。如果系统设定为火灾确认后，立即切断照明用电，极易造成疏散人员的心理恐慌，引发混乱，严重影响人员疏散。同时，在火灾初期阶段，建筑物内工作人员自行组织灭火时，也需要足够的照明来引导。所以，对正常照明电源的切断不能立即进行，需在火灾确认后，由消防控制室根据火情发展，灭火战斗需要，手动切断相关区域的正常照明。如需自动控制，就不能简单地使用单信号自动控制切断正常照明电源，否则在误动作的情况下，会扰乱人们正常的工作生活秩序，甚至会造成其他安全事故；要采用双信号自动控制，第二个信号最好是由水系统动作信号给出。

62.【正确答案】B

【答案解析】本题考查的是非消防电源切断方式的相关知识。像普通动力负荷、自动扶梯、排污泵、新风系统、空调用电、康乐设施、厨房设施这类设备，可在火灾报警后自动切断电源。首先，这类设备的断电，可能会给人们的生活带来一定不便，但不至于引起恐慌和混乱，对灭火救援工作也不会造成什么影响。通过直接切断这类设备的电源，可以有效降低整体用电负荷，确保满足消防设备的用电要求。

63.【正确答案】C

【答案解析】本题考查的是气体灭火系统的相关知识。选项A，二氧化碳气体灭火系统主要就通过冷却和窒息的方式达到灭火的效果。选项B，七氟丙烷灭火剂释放灭火后无残余物，对大气臭氧层没有破坏作用，不会污染环境和保护对象。选项C，气体灭火系统是通过气体状态的灭火剂在着火区域内或保护对象周围的局部区域建立起一定的浓度实现灭火。选项D，七氟丙烷灭火剂是目前卤代烷1211、1301的理想替代品。

64.【正确答案】C

【答案解析】本题考查的是气体灭火系统的分类。选项A，按应用方式分为全淹没气体灭火系统和局部应用气体灭火系统。选项B，按照结构特点分为单元独立灭火系统和组合分配灭火系统。选项C，按使用的灭火剂分为二氧化碳灭火系统、惰性气体灭火系统和七氟丙烷灭火系统。选项D，按装配形式分为管网灭火系统和预制灭火系统。

65.【正确答案】D

【答案解析】本题考查的是气体灭火系统的相关知识。选项A，若几个着火区都非常重要或有同时着火的可能性，为确保安全，宜采用单元独立灭火系统。选项B，管网灭火系统需要设单独储瓶间，气体喷放需要通过放在保护区内的管网系统进行，适用于计算机房、档案馆、贵重物品仓库、电信中心等较大空间的保护区。选项C，预制灭火系统不设储瓶间，储气瓶及整个装置均设置在保护区内，安装灵活方便，外形美观且轻便可移动，适用于较小的、无特殊需求的防护区。选项D，自压式气体灭火系统指灭火剂无须单独加压，而是灭火剂依靠自身压力进行输送的灭火系统。自压式气体灭火系统适用于IG541气体灭火系统、二氧化碳灭火系统等。

66.【正确答案】A

【答案解析】本题考查的是气体灭火系统的组成。柜式预制灭火系统一般由灭火剂瓶组、驱动气体瓶组（也可不用）、容器阀、减压装置、驱动装置、集流管（只限多瓶）、连接管、喷组、信号反馈装置、安全泄放装置、控制盘、检漏装置、管路管件、柜体等部件组成。

67.【正确答案】D

【答案解析】本题考查的是防烟和排烟系统的相关知识。选项D，尽管在确定排烟风机的容量时总是留有余量，但火灾的情况错综复杂，某些场合下，火灾进入猛烈发展阶段，烟气大量产生，可能出现烟气的生成量短时内超过风机排烟量的情况，这时排烟风机来不及把生成的烟气完全排除，着火房间形成正压，从而使烟气扩散到非着火区中，因此排烟效果大大降低。

68.【正确答案】A

【答案解析】本题考查的是消防应急照明和疏散指示系统的相关知识。选项B，应急照明和疏散指示系统按其系统类型可分为自带电源集中控制型（系统内可包括子母型消防应急灯具）、自带电源非集中控制型（系统内可包括子母型消防应急灯具）、集中电源集中控制型和集中电源非集中控制型四种类型。选项C，集中控制型系统的主要特点是所有消防应急灯具的工作状态都受应急照明集中控制器控制。选项D，自带电源非集中控制型系统在发生火灾时，消防联动控制器联动控制应急照明配电箱的工作状态，然后可控制各路消防应急灯具的工作状态。

69.【正确答案】C

【答案解析】本题考查的是消防应急照明和疏散指示系统的分类。应急照明和疏散指示系统按其系统类型可分为自带电源集中控制型（系统内可包括子母型消防应急灯具）、自带电源非集中控制型（系统内可包括子母型消防应急灯具）、集中电源集中控制型和集中电源非集中控制型四种类型。

## 二、多项选择题

1.【正确答案】ABC

【答案解析】火灾探测器及其他火灾报警触发器件触发后，集中火灾报警控制器能发出火灾报警声信号、指示火灾发生部位、发出火灾报警光信号、记录火灾报警时间。

2.【正确答案】ABC

【答案解析】集中火灾报警控制器在接收到火灾报警信号后，发出控制信号，控制各类消防设备实现人员疏散、限制火势蔓延、自动灭火等消防保护功能。

3.【正确答案】ABCDE

【答案解析】火灾自动报警系统最基本的组成主要有火灾探测器、手动火灾报警按钮、火灾报警控制器、声光警报器及消防联动控制装置等。

4.【正确答案】ABC

【答案解析】室内消火栓给水系统主要由消防水池、消防水泵、消防水箱、水泵接合器、室内给水管网、室内消火栓及系统附件等组成。

5.【正确答案】ABCD

【答案解析】报警阀组通常由报警阀、报警信号管路、延迟器、压力开关、水力警铃、泄水及试验管路、控制阀和压力表等部分组成。

6.【正确答案】BCD

【答案解析】湿式系统的喷头按安装方式和洒水形式分类有：①直立型喷头，直立安装，水流向上冲向溅水盘；②下垂型喷头，下垂安装，水流向下冲向溅水盘；③边墙型喷头，靠墙安装，在一定的保护面积内，将水向一边喷洒分布。

7.【正确答案】ABE

【答案解析】闭式系统有：湿式系统、干式系统、预作用系统、重复启闭预作用系统。

8.【正确答案】ABCDE

【答案解析】消防应急广播系统主要由消防应急广播主机、功放机、分配盘、输出模块、音频线路及扬声器等组成。

9.【正确答案】ABCD

【答案解析】消防应急广播的基本功能有：①应急广播功能；②故障报警功能；③自检功能；④电源功能。

10.【正确答案】ADE

【答案解析】消防电梯的配置要求有：①消防电梯应能每层停靠，方便火灾时进行灭火救援；②电梯的载重量应考虑8～10名消防队员的重量，不应小于800kg；③在火灾救援时，抢时间就是抢生命。我国规定消防电梯的速度按从首层到顶层的运行时间不超过60s来确定；④在首层的消防电梯入口处应设置供消防员专用的操作按钮，按钮设在距消防电梯水平距离两米以内，距地面高度1.8～2.1m的墙面上；⑤电梯轿厢的内部装修应采用不燃材料；⑥电梯轿厢内部应设置专用消防对讲电话，消防电梯机房内应设置消防专用电话分机，以便消防队员在灭火救援中保持与外界的联系。

11.【正确答案】AB

【答案解析】本题考查的是气体灭火系统按应用方式分类。气体灭火系统按应用方式分为全淹没气体灭火系统和局部应用气体灭火系统。

12.【正确答案】CE

【答案解析】本题考查的是气体灭火系统按装配形式分类。气体灭火系统按装配形式分为管网灭火系统和预制灭火系统。

13.【正确答案】ADE

【答案解析】本题考查的是气体灭火系统按加压方式分类。气体灭火系统按加压方式分为自压式气体灭火系统、内储压式气体灭火系统和外储压式气体灭火系统。

14.【正确答案】ABCDE

【答案解析】本题考查的是管网气体灭火系统的组成。管网气体灭火系统一般由灭火剂储存容器、驱动气体储存容器、容器阀、单向阀、选择阀、驱动装置、集流管、连接管、喷嘴、信号反馈装置、安全泄放装置、控制盘、检漏装置、管路管件及吊钩支架等部件组成。

15.【正确答案】ABD

【答案解析】本题考查的是管网气体灭火系统的控制方式。管网气体灭火系统有自动控制、手动控制和机械应急操作三种启动方式。

16.【正确答案】ABCDE

【答案解析】本题考查的是消防应急照明和疏散指示系统的组成。消防应急照明和疏散指示系统主要由消防应急照明灯具、消防应急标志灯具、应急照明配电箱、应急照明集中电源、应急照明控制器等组成。

17.【正确答案】ABDE

【答案解析】本题考查的是非消防电源切断方式，普通动力负荷、自动扶梯、排污泵、新风系统、空调用电、康乐设施、厨房设施这类设备，可在火灾报警后自动切断电源。

# 测试题六　火场求生与应急疏散①

## 一、单项选择题

**1.在制订家庭逃生计划时，应确定一个全家人在逃生之后的集合地点，这个地点可以是（　）。**

A.室外停车场　　B.地下停车场　　C.自家的车里　　D.楼梯口

**2.对孩子进行消防安全教育时，家长应告诉孩子，家中发生火灾时应（　）。**

A.藏到衣柜里　　B.逃到室外安全地点

C.大声哭喊　　D.灭火

**3.发现火情后，应该立即警示他人并拨打火警电话，然后应（　）。**

A.在家里等候　　B.跟别人一起灭火

C.到建筑标志处等候消防车　　D.躲到自家车里

**4.人员密集的场所发生火灾时，应（　）。**

A.跟着大家一起跑　　B.趴着不动

C.选择最近能够通往室外的出口逃生　　D.大哭大叫

**5.如果你在饭店一楼吃饭时，发现二楼有烟气飘下来，应（　）。**

A.继续吃饭　　B.跑到二楼看看是怎么回事

C.立即警示他人并撤到室外　　D.排队付款

**6.家中不幸发生火灾，且火焰已窜至天花板，此时你应（　）。**

A.赶紧收拾贵重物品　　B.穿好衣服再逃生　　C.继续接水灭火　　D.立即逃生

**7.从家中逃生后，入户门应（　）。**

A.随手关闭　　B.大开着门慌乱逃生　　C.门可以保持半开　　D.以上答案都对

**8.火灾报警电话是（　）。**

A.110　　B.119　　C.911　　D.120

**9.晚上听到报警，在决定逃生之前，首先要做的事情是（　）。**

A.收拾东西　　B.带上贵重物品

C.用手背触摸房门把手　　D.给亲戚朋友打电话说自己遇到了火灾

**10.在逃生过程中，火焰或烟气挡住去路时，应（　）。**

A.快速穿越火焰或浓烟　　B.开窗跳下

C.朝烟气蔓延的相反方向跑　　C.上述都对

---

①　测试题六为本教程第七章相关的测试题。

**11.全国“119”消防宣传日是每年的( )。**

A.1月19日 B.11月9日 C.11月19日 D.以上答案都可以

**12.家中不幸着火，火情尚可控制，在使用灭火器或者采用其他方式灭火时，应该( )。**

A.背对逃生出口 B.面对逃生出口 C.两者均可 D.任何方向都可以

**13.灭初期火灾的最佳时间为( )。**

A.3分钟以内 B.5分钟以内

C.10分钟以内 D.轰燃前的阶段都可称为初期火灾阶段

**14.人员聚集的场所发生火灾，当发现逃生通道已经被人群堵塞时，可以采取的恰当行为是( )。**

A.力争从通道挤出去 B.另外寻找逃生路径 C.排队等候 D.急得大哭

**15.从二楼窗户逃生时，应该( )。**

A.打开窗户直接跳下

B.先扒住窗户，尽量降低离地面的高度，脚朝下跳下

C.头朝下跳下

D.在窗户上拴绳，顺绳滑下

**16.从火场逃出后，应该选择以下哪种场所与家人汇合( )。**

A.家庭逃生计划中划定的集合场所 B.远离起火建筑物的场所

C.起火建筑物楼门口 D.自己跑到亲戚朋友家

**17.如果住在宾馆的五楼，当发现房间发生火灾时，应该( )。**

A.跳楼

B.往外冲

C.关紧房门，堵塞门缝，向门上泼水降温，等待救援

D.乘电梯到首层

**18.火灾现场，突然闻到一股臭鸡蛋气味，应该( )。**

A.迅速做好防止吸入烟气的措施 B.不予理睬，继续逃生行动

C.多吸几下 D.寻找气味儿来源

**19.如果你发现有烟气从门缝透进房间，应该( )。**

A.用布等织物将门缝堵住，然后用水泼门降温 B.打开房门逃生

C.不予理睬 D.用水泼门

**20.从着火的商场逃出来后，发现自己的朋友还没有出来，应该( )。**

A.回去找 B.告知消防人员 C.回家等消息 D.大声哭喊

**21.夜间睡觉时被报警声惊醒，应该( )。**

A.躺在床上不动，继续睡觉 B.冲出卧室查看

C.滚到地上并爬向房门处 D.坐起穿好衣服

**22.如果卧室门摸上去很烫，应该( )。**

A.直接打开冲出去 B.回到床上

C.不开门，然后爬向窗户求救 D.不知所措，吓得大哭

**23.如果逃生通道里充满烟气，应该( )。**

A.直接冲过去 B.趴下，从烟层下面离开

C.去查看到底哪儿冒烟 D.等烟没了再走

**24.到大型体育场馆参加集会活动时，首先应该(　　)。**

A.熟悉环境，确认安全出口位置　　B.找到自己的位置

C.找到主席台位置　　D.找到饮水机的位置

**25.救生气垫是一种接救从高处下跳人员的充气软垫，其使用高度最好不能超过(　　)m。**

A.7　　B.8　　C.9　　D.16

**26.从高处跳到救生气垫上时，最佳着落位置是(　　)。**

A.气垫的中心点上　　B.只要是气垫上，哪个位置都可以

C.气垫边缘　　D.气垫外侧

**27.逛商场时发现垃圾桶冒轻烟，应该(　　)。**

A.立即通知商场工作人员　　B.立即报火警

C.不予理会，继续购物　　D.立即逃生

**28.如果发现邻居把自行车放在楼道内，应该(　　)。**

A.不予理睬　　B.通知物业，让物业清走

C.跟邻居大吵一架　　D.把自家的自行车也放在楼道内

**29.阳光大厦原来是办公建筑，后改成了宾馆，大厦的应急疏散预案应(　　)。**

A.继续使用原有的应急疏散预案　　B.重新编制新预案

C.在原来的预案基础上稍加改动　　D.从网上下载一个宾馆应急疏散预案

**30.单位应急疏散预案编制完成后，应(　　)。**

A.根据相关规定要求对疏散预案进行演练　　B.不安排演练

C.只供相关部门检查用　　D.挂在墙上

## 二、多项选择题

**1.在日常生活中，如果遇到下列火灾线索，应立即采取应对措施。火灾线索一般包括(　　)。**

A.燃烧的噼啪声、喊叫声　　B.火灾报警器报警

C.人员的不正常活动(如奔跑)　　D.灯光闪烁或者断电

**2.深夜，小李发现家中客厅起火，无法通过大门逃生。他赶紧撤到卧室，通过窗户向外求救。正确的求救方式包括(　　)。**

A.向窗外晃动鲜艳的头巾或衣物　　B.用手电筒不停地在窗口晃动

C.敲击能够发出声响的东西　　D.边敲击东西边大声呼喊求救

**3.遇到火灾，拨打“119”报警电话时，应讲清楚(　　)信息。**

A.着火建筑所在区县、街道、门牌号码

B.什么东西着火，火势如何

C.讲清楚着火建筑是楼房还是平房，着火楼层数

D.去路口等候消防车的到来

**4.着火建筑内烟气不是很浓，可采取(　　)防护措施进行逃生。**

A.低姿行走或者沿地面爬行　　B.用湿毛巾、衣服等织物捂住口鼻

C.用塑料袋套在头上　　D.佩戴专业防毒面具

**5.夜间火场求生遵循的流程包括（　）。**

A.坐起，穿好衣服　B.滚下床，爬到卧室门口

C.用手背摸门把，看是否发热　D.打开一条门缝，查看门外火情

**6.疏散应急预案编制原则包括（　）。**

A.以人为本　B.预防为主　C.可操作性强　D.动态管理

**7.火场求生原则包括（　）。**

A.保持冷静，不要惊慌　B.积极寻找出口，切忌乱闯乱撞

C.不做判断，跟着大家一起逃生　D.舍财保命，迅速撤离

**8.如果家中不幸发生火灾，在还能控制的早期，应该（　）。**

A.立即实施灭火　B.灭火的同时报警

C.立即开门逃生　D.报警后等待消防人员到达

**9.家庭疏散演练的步骤可包括（　）。**

A.将家人召集在一起，画出自己家的平面图

B.家庭每个成员都熟悉逃生时应该做的事情

C.回到自己床上，将灯全部熄灭

D.大喊“着火了”

**10.大多数人对火灾中人的行为普遍存在错误的认知，比较常见的错误认知包括（　）。**

A.在火灾情况下非常“恐慌”　B.在疏散过程中多数存在“利己”行为

C.选择最近出口进行疏散　D.一听到报警马上就进行疏散

## 三、判断题（下列说法是否正确，对的在括号中填“√”，错的填“×”）

1.到陌生场所，不用熟悉场所内的安全出口位置。若发生火灾，可临时寻找安全出口。（　）

2.家中不幸发生了火灾，看到火势并不迅猛，赶紧跑回家中拿贵重物品。（　）

3.从家中逃生时，一定要携带大门钥匙。（　）

4.小李家住30层，家中着火无法从大门逃生，别无选择，从窗户跳下。（　）

5.处在较高楼层的人员，如果遇到火灾，可通过电梯快速逃生。（　）

6.打开房门逃生时发现楼下有烟，可沿楼梯向上疏散。（　）

7.小李家住一楼，为了防盗，窗户全部安装了防盗护栏，且其上无任何可开启小门。（　）

8.老年人活动场所在制订应急疏散预案时，将其内每位老人的特点进行分析，并落实到人。（　）

9.春阳化工厂为消防重点单位，其应急疏散预案是厂长老杨一人独立编制完成的。（　）

10.晚上睡觉时最好不要关闭卧室门，以便空气流通。（　）

# 答案与解析

## 一、单项选择题

1.【正确答案】A

【答案解析】家庭逃生计划制订时，一定要确定一个家人逃生后的集合地点。该集合点首先应该是室外，另外必须安全，所以选项A正确。

2.【正确答案】B

【答案解析】有的儿童遇到危险时会把自己藏到衣柜里或者床底下，如果发生火灾，这种做法非常危险，所以应告诉孩子，如果家中发生火灾，应尽快逃到室外安全地点。

3.【正确答案】C

【答案解析】打完报警电话后，应到街口或具有标志性建筑物处等候消防车的到来，以便带领消防人员尽快到达火灾发生地点实施灭火救援行动。

4.【正确答案】C

【答案解析】在人员密集场所，应首先熟悉周围环境，确定离自己最近的安全出口位置，在发生火灾等紧急事件时，选择最近的安全出口逃生，切忌盲目随大流。

5.【正确答案】C

【答案解析】人们在从事某一特定活动的时候，总是试图完成该项活动，然后注意同时发生的其他事情，这是“承诺”心理的表现。在这种心理支配下，人们往往特别容易漠视周围的异常现象，不利于快速逃生。选项A和D都是承诺心理的表现形式。答案应选C。

6.【正确答案】D

【答案解析】火灾发生后，应该迅速撤离现场，切忌贪恋钱财和一些私有物品。这些东西只能给逃生带来累赘，造成逃生的延误。火焰窜至天花板，已经超出了个人能够扑灭的程度，应立即逃生。

7.【正确答案】A

【答案解析】应关闭房门。如果是家中发生火灾，逃生后关闭房门可以阻止火灾和烟气从家中蔓延出来。如果是外部发生火灾，关闭房门则可阻止外部火灾蔓延至自己家中。

8.【正确答案】B

【答案解析】选项A为公安报警电话，遇到盗窃、抢劫、交通事故、打架斗殴等危害公共安全的事件或刑事案件时需要拨打的报警电话。选项B为我国的火警电话。选项C是美国、加拿大等国的匪警、火警和医疗救助报警电话。选项D为我国医疗救护电话。

9.【正确答案】C

【答案解析】在确认火灾后，一定要立刻设法逃生。选项A、B、D会耽误宝贵的逃生时间。选项C会帮助确认房间外是否是高温环境，是否有火灾已经蔓延到了房间外部。

10.【正确答案】C

【答案解析】选项A不可取，冲进火焰或者浓烟非常危险。选项B中，如果是高层建筑，绝对不能从窗户跳下。

11.【正确答案】B

【答案解析】全国“119”消防宣传日是每年的11月9日。

12.【正确答案】A

【答案解析】选项A中，一旦火灾失去控制，无法短时间扑灭，则可转身从逃生出口逃生。选项B中，如果火灾失去控制，逃生时必须穿越着火区，不然根本无法逃生。

13.【正确答案】A

【答案解析】根据火灾的发生和发展规律，灭初期火灾的最佳时间是一般是在起火后3min以内。

14.【正确答案】B

【答案解析】人员密集场所一般设有多个安全出口。所以到达陌生环境后，熟悉周围环境非常重要。除了惯常使用的出入口外，还要熟悉其他安全出口。一旦发生火灾等应急事件，可以有多个逃生路径供选择。

15.【正确答案】B

【答案解析】人从空中坠落时，如果下肢重量不加重，一般都因上半身较重而导致头部首先着地，致命危险较大。

16.【正确答案】A

【答案解析】选项C中，着火建筑楼门口并不是安全场所。选项B、D看似安全，但因为家人找不到你会担心。最佳地点是制订家庭计划时划定的全家都熟悉的安全地点，故选项A正确。

17.【正确答案】C

【答案解析】选项A不是正确选择，从5层跳下的生还概率很小。选项B中，冲出去很可能会让自己处于高温或浓烟的包围中，非常危险。

18.【正确答案】A

【答案解析】火灾现场如果有臭鸡蛋气味，多数是烟气中含有硫化氢，此时应马上做好防止吸入烟气的准备。硫化氢是一种无色、高毒气体，浓度达到1 000mg/m以上时可在数秒内致人突然昏迷，发生闪电型死亡。

19.【正确答案】A

【答案解析】从门外透进烟气，说明火灾或烟气已经蔓延至门口，已经不适合开门逃生，所以选项B错误。如果仅用水泼在门上，可能会降低门的温度，但烟气还是会渗入房间，所以要先把门缝堵上再泼水，故选项A正确，选项D错误。

20.【正确答案】B

【答案解析】重返火场非常危险，应告知消防人员，最好告知朋友的所在位置，请专业人员前往救援。

21.【正确答案】C

【答案解析】选项A、B、D都是比较危险的行为。报警声响起，说明肯定有意外情况发生，即使是误报，也应前往验证。直接冲出卧室或者坐起穿好衣服，都有可能将自己置于火灾或烟气之中。

22.【正确答案】C

【答案解析】卧室门很烫，说明门外温度很高。如果直接开门出去，会将自己置于高温中，非常危险，所以选项A不对。选项B、D未采取任何有力措施，是消极行为。所以选项C正确。

23.【正确答案】B

【答案解析】据统计，火灾亡人中，80%以上是因烟气中毒，所以，在逃生或求生过程中，一定要注意防烟。

24.【正确答案】A

【答案解析】大型体育场馆结构复杂，人员众多。如果发生火灾，极易造成群死群伤事故。如果不熟悉周围环境和安全出口位置，一旦发生火灾，很容易因人员众多而造成拥堵。如果熟悉环境，熟悉多个出口位置，即使离自己最近的安全出口人多拥堵，也可以选择其他安全出口逃生。

25.【正确答案】D

【答案解析】气柱型救生气垫最高限度是16m，随着高度的增加，其缓冲效果、作用面积也将大打折扣。

26.【正确答案】A

【答案解析】跳下人员应尽量落在承接面的中心点上，气垫上部方框为有效安全范围，落在安全区以外不能保证安全!

27.【正确答案】A

【答案解析】上述垃圾桶冒轻烟，只说明有可能会发展成火灾，此时通知商场工作人员即可，没有必要让消防人员来处理，所以选项B不对。因为是可以经过简单处理就能解决的问题，所以没有必要立即逃生，所以选项D不对。如果不予理睬，有可能发展成火灾，所以选项C不对。

28.【正确答案】B

【答案解析】自行车停在楼道里，会影响紧急情况下人员的正常疏散。选项A、C、D都不能解决实际问题，所以选项B正确。

29.【正确答案】B

【答案解析】建筑物的使用功能改变后，必须根据建筑物新的使用功能和性质，重新编制应急疏散预案。

30.【正确答案】A

【答案解析】单位应急疏散预案编制完成后，应根据相关规定进行定期演练。演练完成后对预案进行整体评估，以便不断完善预案，查找预案漏洞，增强参加人员对应急疏散预案的熟悉程度并确保应急预案各部分之间能够协调一致。

## 二、多项选择题

1.【正确答案】ABCD

【答案解析】火灾线索主要包括焦糊异味、不正常的声音（如燃烧的噼啪声、喊叫声）、火灾报警器报警、人员的不正常活动（如奔跑）、灯光闪烁或者断电、看到烟气或者火光等。

2.【正确答案】BCD

【答案解析】夜间光线较暗，向窗外晃动鲜艳的头巾或衣物效果并不明显，故选项A错误。

3.【正确答案】ABCD

【答案解析】着火建筑地址、着火物质、楼层高度等信息便于消防部门调遣相应类型的应急处置人员和车辆。去路口等候消防车的到来，可指引消防车快速到达现场，实施灭火救援。

4.【正确答案】ABD

【答案解析】低姿行走或者沿地面爬行，可避免头部接触上部烟气，所以选项A正确；在烟气不浓时，湿毛巾或打湿的衣物可过滤掉部分有毒气体，所以选项B正确。塑料袋可能会影响呼吸，且塑料袋易受热熔化，会烫伤脸部皮肤，所以选项C错误。选项D专业防毒面具是穿越烟气的最佳选择。

5.【正确答案】BCD

【答案解析】选项A不正确。如果直接坐起，很容易让头部伸入烟气层以上，导致吸入有毒气体。正确的做法应该是直接滚下床，不管有烟没烟，降低身体高度可确保不会让自己头部暴露在烟气中。选项C中，手背的皮肤比手掌皮肤敏感，所以用手背摸门把手。选项D中，打开一条缝，避免烟气大量进入卧室。

6.【正确答案】ABCD

【答案解析】应急疏散预案编制的目的归根结底就是能够在火灾时保证建筑内的人员能够安全撤离，以人为本是根本原则，故选项A正确。编制预案，就是为了预防应急事件的发生，并在事件发生时提供一套高效的预防措施或流程，故选项B正确。预案如果缺乏可操作性，等于一纸空文，没有任何用处，所以选项C正确。任何事情都处在不断变化中，建筑的使用功能也会因需要的不同而发生变化，所以应急预案也应做出相应调整，故选项D正确。

7.【正确答案】ABD

【答案解析】冷静可让你头脑清醒，能够观察和分析当前形势，做出科学判断，故选项A正确。火灾发生后，在努力保持头脑冷静的基础上，积极寻找逃生出口，不要盲目跟随他人乱跑，故选项B正确，选项C错误。发生火灾后不迅速撤离火灾现场，而是收拾贵重物品等，会造成逃生的延误，耽误宝贵的逃生时间，所以应该快速撤离，故选项D正确。

8.【正确答案】AB

【答案解析】发生火灾时，在场人员应立即进行扑救的同时，及时报警，故选选项A、B。

9.【正确答案】ABCD

【答案解析】疏散演练要每一步都做到位，不要觉得是演练而省略一些步骤。画出家里的平面图，强调疏散演练过程中每个人必须遵循的步骤和承担的任务，按预先设定好的程序进行演练。

10.【正确答案】ABCD

【答案解析】澳大利亚、新西兰、日本等多个国家的研究机构的研究结果发现，人们在发现火灾后并不是那么“恐慌”“利己”或者马上疏散，而是去看看是不是真的发生了火灾事故，如果火不大，还会亲自去灭火，或者通知他人、报警等。对于不熟悉的建筑物，多数人会选择从哪个门口进来，再从哪个门出去。所以，在进行建筑设计时，不要想当然得认为人们都会选择从最近的安全出口逃生。

## 三、判断题

1.【正确答案】×

【答案解析】到达陌生场所，要提前熟悉周围环境，寻找离自己所在位置最近的安全出口，并确定安全出口能够通向室内外安全地点。发生火灾后再寻找会耽误宝贵的逃生时间。

2.【正确答案】×

【答案解析】切记不要重返起火区，否则极有可能会遇到高温、浓烟甚至房屋倒塌等危及生命安全的危险。

3.【正确答案】√

【答案解析】如果楼内发生火灾，在从家中撤离时一定要带好钥匙，以便在逃生过程中遇到高温或者浓烟而无法继续逃生时，可以再回到家中等待救援。

4.【正确答案】×

【答案解析】火场上切勿盲目跳楼！只有楼层较低（3层及以下）的居民，才可以通过窗户逃生。通过窗户求生也应掌握一些技巧，降低伤亡概率。从30层楼跳下，应该说生存率几乎为零。

5.【**正确答案**】×

【答案解析】普通电梯没有经过特殊防火设计，遇到火灾时，其电路极易受到火灾影响，导致断电停运。同时，普通电梯竖井防烟措施不完善，是烟气蔓延的竖向通道。乘普通电梯逃生非常危险。

6.【**正确答案**】×

【答案解析】烟气垂直蔓延的速度是人逃生移动速度的3～4倍，如果向楼上疏散，很快会被烟气围困。

7.【**正确答案**】×

【答案解析】低层楼层如果安装防盗护栏，一定要在护栏上留一个可开启的小门，万一家中着火，可通过窗户逃生。

8.【**正确答案**】√

【答案解析】制订应急疏散预案一定要有针对性，不同的使用场所，其应急疏散也应不同。老年人活动不便，在制定疏散预案时，一定要落实到人，确保紧急事件发生时，能够将老人及时疏散到安全地点。

9.【**正确答案**】×

【答案解析】应急疏散预案的编制涉及面广、专业性强且比较复杂，需要消防安全、技术、组织管理等各方面的知识，必须成立一个由多方面专业人员组成的应急疏散预案编制小组，集大家之智共同编制完成。

10.【**正确答案**】×

【答案解析】从消防安全角度看，睡觉时一定要把卧室门关严。实验证明，如果关闭房门，火灾需10～15min才能将木门烧穿，所以，关闭房门可在紧急时刻为家人的逃生赢得宝贵的时间。

# 测试题七　常见消防车辆器材、装备简介①

## 一、单项选择题

**1.按照城市消防站建设标准，一级消防站应配备消防车(　　)辆。**

A.5～7　　B.2～4　　C.8～11　　D.7～9

**2.按照城市消防站建设标准，特勤站应配备消防车(　　)辆。**

A.5～7　　B.2～4　　C.8～11　　D.7～9

**3.消防产品按其用途分为(　　)个类别。**

A.16　　B.18　　C.12　　D.14

**4.以下消防车不属于灭火消防车的是(　　)。**

A.水罐消防车　　B.供水消防车　　C.泡沫消防车　　D.云梯消防车

**5.以下关于消防车的说法，错误的是(　　)。**

A.机场消防车属于灭火消防车　　B.破拆消防车属于举高消防车

C.排烟消防车属于保障消防车　　D.器材消防车属于保障消防车

**6.(　　)可代替消防指战员进入易燃易爆、有毒、缺氧、浓烟等危险灾害事故现场实施有效的灭火救援、化学检测和火场侦察。**

A.泡沫消防车　　B.排烟消防车　　C.器材消防车　　D.消防机器人

**7.举高消防车不包含(　　)。**

A.云梯消防车　　B.登高平台消防车　　C.举高喷射消防车　　D.抢险救援消防车

**8.目前我国消防队配备使用的干粉消防车主要是(　　)干粉消防车。**

A.储气瓶式　　B.燃气式　　C.干粉水联用　　D.干粉泡沫联用

**9.消防装备分为(　　)、消防摩托车、消防机器人、抢险救援装备。**

A.消防员防护装备　　B.消防车　　C.举高消防车　　D.水罐消防车

**10.以下不属于抢险救援装备的是(　　)。**

A.手动破拆工具　　B.液压破拆工具　　C.消防用生命探测器　　D.消防员灭火防护服

**11.消防绝缘剪，用于切断灾害现场的电压(　　)V以上的电源，避免易燃易爆物品发生二次事故。**

A.5 000　　B.1 000　　C.6 300　　D.380

**12.液压破拆工具有(　　)、液压扩张器、液压顶杆等，主要以高压能量转换为机械能进行破拆、升举。**

A.液压剪钳　　B.无齿锯　　C.起重气垫　　D.丙烷切割器

① 测试题七为本教程第八章相关的测试题。

13.(　)是一种将不同温度的物体发出的不可见红外线转变成可视图像的设备。

A.红外生命探测仪　B.雷达生命探测仪　C.测温仪　D.热成像仪

14.常用的生命探测仪有红外生命探测仪、(　)、雷达生命探测仪。

A.可视生命探测器　B.音频生命探测仪　C.测温仪　D.热成像仪

15.(　)是世界上最先进的生命探测仪，它主动探测的方式使其不易受到温度、湿度、噪声、现场地形等因素的影响，电磁信号连续发射机制更增加了其区域性侦测的功能。

A.红外生命探测仪　B.雷达生命探测仪　C.音频生命探测仪　D.热成像仪

16.(　)是一种在坍塌建筑和类似的狭窄空间中快速、精确地确定受害人位置的仪器。利用摄像镜头通过光缆将现场实况反馈到显示器上，适用于有限空间及常规方法中救援人员难以接近的救援工作。

A.红外生命探测仪　B.雷达生命探测仪　C.可视生命探测器　D.音频生命探测仪

17.(　)可代替消防救援人员进入易燃易爆、有毒、缺氧、浓烟等危险灾害事故现场进行探测、搜救、灭火，具有远程多向遥控、喷射流量大、射程远等优点，能有效解决消防人员在上述场所面临的人身安全、数据信息采集不足等问题。

A.红外生命探测仪　B.雷达生命探测仪　C.消防机器人　D.泡沫消防车

18.传统的水上消防救援装备主要有水面漂浮救生绳、水面抛绳包、水面救援拖板、水上救援担架、救生艇、救生衣(救生圈)及冲锋舟等；但是随着信息技术的进步和机器人技术的发展，(　)正逐步走进消防救援领域，成为水下救援兵器库中的一个得力装备，改善了水下消防救援的效果。

A.红外生命探测仪　B.雷达生命探测仪　C.水下消防机器人　D.音频生命探测仪

19.(　)属于船上重要的应急救生设备，是港口国监督检查和国内安全检查的重点，应为阻燃或不燃材料。

A.救生艇　B.雷达生命探测仪　C.水下消防机器人　D.水上救援担架

20.(　)对消防员来说是重要的装备品之一，它们不仅仅是救援现场不可少的必备品，也是保护消防员身体不受伤害的用具。

A.消防员个人防护装备　B.火场侦检器材

C.抢险救援装备　D.消防机器人

21.在《1974年国际海上人命安全公约》(SOLAS公约)1983年修正案的内容中规定："每一名船员每(　)至少参加一次弃船演习和一次消防演习"。

A.年　B.半年　C.月　D.季

22.消防员呼吸保护类装备包含正压式消防空气呼吸器、(　)等。

A.负压式消防空气呼吸器　B.负压式消防氧气呼吸器

C.正压式消防氧气呼吸器　D.消防员避火服

23.消防员随身携带类装备包含(　)、消防员方位灯、消防员佩戴式防爆照明灯、消防腰斧、消防用防坠落装备等。

A.消防员呼救器　B.消防头盔

C.消防员灭火防护服　D.正压式消防空气呼吸器

24.消防员个人防护服装主要指避免消防队员受到高温、毒品及其他有害环境伤害的服装、头盔、靴帽、(　)等，可分为普通防护服和特种防护服。

A.消防员呼救器　B.眼镜

C.救援器械装备　D.正压式消防空气呼吸器

25.(　　)是消防员在易燃易爆事故现场进行抢险救援作业时穿的防止静电积聚放电的全身外层防护服装，由专用的面料制作。

A.防爆服　　B.消防员灭火指挥　　C.防静电服　　D.消防员降温背心

26.(　　)是排爆人员人工拆除爆炸装置时穿着的用于保护自身安全的个人防护服装。安全性能高，使用灵活方便，对排爆警员提供最大限度的全面防护，可有效地防护因意外爆炸时产生的碎片、冲击波及热浪对排爆人员的伤害，抗高温高压，是较高等级的防护装备。

A.防爆服　　B.消防员灭火指挥　　C.防静电服　　D.消防员降温背心

27.消防手套有防水手套、防火隔热手套，防割耐火手套等，用凯夫拉纤维长丝制成的手套，其断裂强度比钢材高5倍，可耐(　　)℃高温，可以从火场抓住高温燃烧物，耐酸、耐碱、耐油及其他化学品。

A.300　　B.500　　C.800　　D.1 200

28.目前消防救援队广泛使用的为(　　)，它是一种较新材料制作的消防战斗服，具有防火、阻燃、隔热、防毒等功能，适用于火灾扑救和部分抢险救援工作。

A.消防靴　　B.消防头盔　　C.八五式消防战斗服　　D.九七型消防战斗服

29.消防员灭火指挥服用于指挥员在灭火现场指挥消防员灭火战斗时穿着的新式多功能防护服装，服装整体外观形状为风衣式，在肩部、风衣下摆、袖口等部位有反光标志，在(　　)能看清楚，反光带阻燃、耐洗涤，使用进口3M公司反光条。

A.360°全方位　　B.180°全方位　　C.指挥员正前方　　D.指挥员正后方

30.(　　)气源经济方便、呼吸阻力小、空气新鲜、流量充足、呼吸舒畅、佩戴舒适，大多数人都能适应；操作使用和维护保养简便、视野开阔、传声较好、不易发生事故、安全性好。

A.空气呼吸器　　B.氧气呼吸器　　C.过滤式防毒面具　　D.吸氧间

31.氧气呼吸器使用范围较为广泛，因气源系纯氧，故气瓶体积小，重量轻，便于携带，且有效使用时间长。其不足之处是这种呼吸器结构复杂，维修保养技术要求高；氧气使用受到环境温度限制，一般不超过(　　)℃。

A.50　　B.60　　C.500　　D.800

32.消防员呼救器主要用于消防救援、矿山抢险、地震抢险、船舶救援及各种抢险救护现场，适用于抢险救援和危险工作岗位人员的(　　)。

A.呼救　　B.自身保护及报警　　C.雷达定位　　D.自动灭火

33.方位灯是冶金、铁路、电力、公安、石化等企业在各种特殊危险场所警示标志的需要，各种特殊场所作警示标志，也适合消防救护、抢险工作人员作(　　)和方位指示之用。

A.呼救　　B.自身保护　　C.雷达定位　　D.信号联络

34.消防安全钩分普通式和(　　)两种，外形呈“8”字形。

A.消防专用型　　B.折叠型　　C.加强型　　D.弹簧钩

35.(　　)可用于消防队员灭火救援时手动破拆非带电障碍物。

A.消防腰斧　　B.消防员呼救器　　C.消防安全绳　　D.抢险救援手套

## 二、多项选择题

1.按照城市消防站建设标准，各级消防站配置消防车数量正确的是(　　)。

A.一级站配备了消防车6辆
B.二级站配备了消防车4辆
C.特勤站配备了消防车8辆
D.特勤站配备了消防车11辆
E.二级站应配备消防车5辆

**2.下列产品属于的消防产品的是( )。**

A.火灾报警类
B.消防车类
C.消防装备类
D.明杆闸阀
E.灭火器类

**3.消防装备类细分包含( )4个品种。**

A.消防员防护装备
B.消防摩托车
C.火灾报警产品
D.消防机器人
E.抢险救援装备

**4.消防车按照使用功能分为( )四类。**

A.灭火类消防车
B.机器人消防车
C.专勤类消防车
D.保障类消防车
E.举高类消防车

**5.举高消防车包含( )。**

A.登高平台消防车
B.云梯消防车
C.举高喷射消防车
D.破拆消防车
E.涡喷消防车

**6.消防车按照结构分为( )三类。**

A.罐类消防车
B.举高类消防车
C.特种类消防车
D.干粉消防车
E.气体消防车

**7.根据灭火剂的不同，涡喷消防车可分为( )。**

A.水型
B.泡沫型
C.干粉型
D.气体型
E.多相流型

**8.专勤消防车是指担负除灭火之外的某专项消防技术作业的消防车，有( )等。**

A.通信指挥消防车
B.照明消防车
C.抢险救援消防车
D.器材消防车
E.宣传消防车

**9.干粉消防车干粉灭火剂具有( )等特点，主要用于扑救可燃气体、易燃液体火灾，也适用于扑救电气设备和可燃固体火灾。**

A.不导电
B.不腐蚀
C.扑救火灾迅速
D.无污染
E.应用广泛

**10.消防装备分为( )。**

A.消防员防护装备
B.消防摩托车
C.消防机器人
D.消防车

E.抢险救援装备

**11.以下属于消防员防护装备的是(　　)。**

A.消防员灭火防护服

B.消防头盔

C.消防车

D.消防员方位灯

E.消防员降温背心

**12.破拆工具有(　　)、机动破拆器具、化学破拆器具等。**

A.手动破拆器具

B.液压破拆器具

C.电动破拆器具

D.气动破拆器具

E.自动破拆工具

**13.常见的化学破拆器具有(　　)和(　　)。**

A.起重气垫

B.无齿锯

C.丙烷切割器

D.氧气切割器

E.液压剪钳

**14.火场侦检器材根据功能不同分为(　　)、其他侦检器材。**

A.电气火灾探测器材

B.火源探测器材

C.生命探测器材

D.有毒、易燃气体检测器材

E.消防员方位灯

**15.传统的水上消防救援装备主要有(　　)、水面抛绳包、水面救援拖板、(　　)、(　　)、救生衣(救生圈)及(　　)等；但是随着信息技术的进步和机器人技术的发展，水下机器人正逐步走进消防救援领域，成为水下救援兵器库中的一个得力装备，改善了水下消防救援的效果。**

A.水面漂浮救生绳

B.水上救援担架

C.救生艇

D.冲锋舟

E.生命探测器材

**16.消防员个人防护装备按照防护功能分为(　　)等三类。**

A.消防员方位灯

B.生命探测器材

C.消防员躯体防护类装备

D.呼吸保护类装备

E.随身携带类装备

**17.普通防护服主要包括(　　)。**

A.消防战斗服

B.抢险救援服

C.防静电服

D.简易防化服

E.防爆服

**18.关于避火服和隔热服，下列说法正确的是(　　)。**

A.隔热服不能够碰触火焰，否则将破损；避火服可以抵御火焰灼烧

B.隔热服不能够进入火场；避火服可以进入并穿越火场

C.耐辐射热温度，隔热服一般为1 000℃，避火服一般为1 800℃

D.避火服的材料通常为3层以上结构，外层和中层都具有耐火焰能力。隔热服材料不具有耐火能力，更加注重中间隔热层的能力

E.隔热服用于夏季；避火服用于冬季防护

**19.目前我国消防应急救援部门配备使用的呼吸保护器主要有(　　)等三种。**

A.氧气袋　　B.过滤式防毒面具
C.氧气呼吸器　　D.空气呼吸器
E.强制送风呼吸器

**20.人体特征有形体、声音、心脏跳动、人体温度、人体气味等，火场上可以通过探测仪器来探测人的生命特征搜寻救护对象。探测器材根据工作原理不同，分为（　）等。常用的生命探测仪有红外生命探测仪、音频生命探测仪、雷达生命探测仪。**

A.电波生命探测仪　　B.声波生命探测仪
C.光学声波生命探测仪　　D.超低频电磁波生命探测仪红外热成像仪
E.搜救犬

# 答案与解析

## 一、单项选择题

1.【**正确答案**】A
【答案解析】按照城市消防站建设标准，一级消防站应配备消防车5～7辆，二级站应配备消防车2～4辆，特勤站应配备消防车8～11辆。
2.【**正确答案**】C
【答案解析】按照城市消防站建设标准，一级消防站应配备消防车5～7辆，二级站应配备消防车2～4辆，特勤站应配备消防车8～11辆。
3.【**正确答案**】A
【答案解析】消防产品按其用途分为16个类别，按其功能和特征暂分为69个品种。
4.【**正确答案**】D
【答案解析】云梯消防车属于举高消防车。
5.【**正确答案**】C
【答案解析】排烟消防车属于专勤消防车。
6.【**正确答案**】D
【答案解析】消防机器人目前有防爆消防灭火机器人和防爆消防侦察机器人。消防机器人灵活机动，可贴近火源，执行侦察、灭火任务；可在危险环境下，近距离危化火灾处置；主要作用是代替消防指战员进入易燃易爆、有毒、缺氧、浓烟等危险灾害事故现场实施有效的灭火救援、化学检测和火场侦察。
7.【**正确答案**】D
【答案解析】举高消防车分为云梯消防车、登高平台消防车和举高喷射消防车三种。
8.【**正确答案**】A
【答案解析】目前我国消防队配备使用的干粉消防车主要是储气瓶式干粉消防车。
9.【**正确答案**】A
【答案解析】消防装备分为消防员防护装备、消防摩托车、消防机器人、抢险救援装备。

10.【正确答案】D

【答案解析】抢险救援装备包含：手动破拆工具、液压破拆工具、破拆机具、消防救生气垫、消防梯、消防移动式照明装置、消防救生照明线、消防用红外热像仪、消防用生命探测器、移动式消防排烟机、消防斧、消防用开门器、救生抛投器、消防救援支架、移动式消防储水装置。

11.【正确答案】A

【答案解析】消防绝缘剪，用于切断灾害现场的电压5 000V以上的电源，避免易燃易爆物品发生二次事故。

12.【正确答案】A

【答案解析】液压破拆工具有液压剪钳、液压扩张器、液压顶杆等。主要以高压能量转换为机械能进行破拆、升举。

13.【正确答案】D

【答案解析】热成像仪是一种将不同温度的物体发出的不可见红外线转变成可视图像的设备。

14.【正确答案】B

【答案解析】常用的生命探测仪有红外生命探测仪、音频生命探测仪、雷达生命探测仪。

15.【正确答案】B

【答案解析】雷达生命探测仪是世界上最先进的生命探测仪，它主动探测的方式使其不易受到温度、湿度、噪声、现场地形等因素的影响，电磁信号连续发射机制更增加了其区域性侦测的功能。

16.【正确答案】C

【答案解析】可视生命探测器是一种在坍塌建筑和类似的狭窄空间中快速、精确地确定受害人位置的仪器。利用摄像镜头通过光缆将现场实况反馈到显示器上，适用于有限空间及常规方法中救援人员难以接近的救援工作。

17.【正确答案】C

【答案解析】消防机器人可代替消防救援人员进入易燃易爆、有毒、缺氧、浓烟等危险灾害事故现场进行探测、搜救、灭火，具有远程多向遥控、喷射流量大、射程远等优点，能有效解决消防人员在上述场所面临的人身安全、数据信息采集不足等问题。

18.【正确答案】C

【答案解析】传统的水上消防救援装备主要有水面漂浮救生绳、水面抛绳包、水面救援拖板、水上救援担架、救生艇、救生衣（救生圈）及冲锋舟等；但是随着信息技术的进步和机器人技术的发展，水下机器人正逐步走进消防救援领域，成为水下救援兵器库中的一个得力装备，改善了水下消防救援的效果。

19.【正确答案】A

【答案解析】救生艇属于船上重要的应急救生设备，是港口国监督检查和国内安全检查的重点。救生艇应为刚性艇体且为阻燃或不燃材料。

20.【正确答案】A

【答案解析】消防员个人防护装备对消防员来说是重要的装备品之一，它们不仅仅是救援现场不可少的必备品，也是保护消防员身体不受伤害的用具。消防员个人防护装备应能保护消防员在灭火救援作业或训练时有效抵御有害物质和外力对人体的伤害。

21.【正确答案】C

【答案解析】在《1974年国际海上人命安全公约》（SOLAS公约）1983年修正案的内容中规定："每一名船员每月至少参加一次弃船演习和一次消防演习。"

22.【正确答案】C

【答案解析】消防员呼吸保护类装备包含正压式消防空气呼吸器、正压式消防氧气呼吸器等。

23.【正确答案】A

【答案解析】消防员随身携带类装备包含消防员呼救器、消防员方位灯、消防员佩戴式防爆照明灯、消防腰斧、消防用防坠落装备等。

24.【正确答案】B

【答案解析】消防员个人防护服装主要指避免消防队员受到高温、毒品及其他有害环境伤害的服装、头盔、靴帽、眼镜等，可分为普通防护服和特种防护服。

25.【正确答案】C

【答案解析】防静电服是消防员在易燃易爆事故现场进行抢险救援作业时穿的防止静电积聚放电的全身外层防护服装，由专用的防静电洁净面料制作。

26.【正确答案】A

【答案解析】防爆服是排爆人员人工拆除爆炸装置时穿着的用于保护自身安全的个人防护服装。安全性能高，使用灵活方便，对排爆警员提供最大限度的全面防护，可有效地防护因意外爆炸时产生的碎片、冲击波及热浪对排爆人员的伤害，抗高温高压，是较高等级的防护装备。

27.【正确答案】B

【答案解析】消防手套有防水手套、防火隔热手套，防割耐火手套等，用凯夫拉纤维长丝制成的手套，其断裂强度比钢材高5倍，可耐500℃高温，可以从火场抓住高温燃烧物，耐酸、耐碱、耐油及其他化学品。

28.【正确答案】D

【答案解析】九七战斗服是一种较新材料制作的消防战斗服，具有防火、阻燃、隔热、防毒等功能，适用于火灾扑救和部分抢险救援工作。目前应急管理部消防救援局广泛使用的为九七型消防战斗服。

29.【正确答案】A

【答案解析】消防员灭火指挥服用于指挥员在灭火现场指挥消防员灭火战斗时穿着的新式多功能防护服装，服装整体外观形状为风衣式，在肩部、风衣下摆、袖口等部位有反光标志，在360° 全方位能看清楚，反光带阻燃、耐洗涤，使用进口3M公司反光条。

30.【正确答案】A

【答案解析】空气呼吸器空气气源经济方便、呼吸阻力小、空气新鲜、流量充足、呼吸舒畅、佩戴舒适，大多数人都能适应；操作使用和维护保养简便、视野开阔、传声较好、不易发生事故、安全性好；尤其是正压式空气呼吸器，面罩内始终保持正压，毒气不易进入面罩，使用更加安全。

31.【正确答案】B

【答案解析】氧气呼吸器使用范围较为广泛，因气源系纯氧，故气瓶体积小，重量轻，便于携带，且有效使用时间长。其不足之处是这种呼吸器结构复杂，维修保养技术要求高；部分人员对高浓度氧（含量大于21%）呼吸适应性差；泄漏氧气有助燃作用，安全性差；再生后的氧气温度高，使用受到环境温度限制，一般不超过60℃；氧气来源不易，成本高。

32.【正确答案】B

【答案解析】消防员呼救器主要用于消防救援、矿山抢险、地震抢险、船舶救援及各种抢险救护现场，适用于抢险救援和危险工作岗位人员的自身保护及报警。具有预报警、强报警、手动报警、方位灯长亮模式、LED照明功能、温度报警、空气呼吸器配套声光报警、自动巡检、低电量检测及声光提示功能等多种功能。

33.【正确答案】D

【答案解析】方位灯是冶金、铁路、电力、公安、石化等企业在各种特殊危险场所警示标志的需要，各种特殊场所作警示标志，也适合消防救护、抢险工作人员作信号联络和方位指示之用。

34.【正确答案】D

【答案解析】消防安全钩分普通式和弹簧钩两种，外形呈“8”字形。

35.【正确答案】A

【答案解析】消防腰斧可用于消防队员灭火救援时手动破拆非带电障碍物。

## 二、多项选择题

1.【正确答案】ABCD

【答案解析】按照城市消防站建设标准，一级站应配备消防车5～7辆，二级站应配备消防车2～4辆，特勤站应配备消防车8～11辆。

2.【正确答案】ABCE

【答案解析】消防产品按其用途分为16个类别，16类中包含火灾报警类、消防车类、消防装备类、灭火器类、灭火剂类等。明杆闸阀不属于消防产品。

3.【正确答案】ABDE

【答案解析】消防装备类细分包含消防员防护装备、消防摩托车、消防机器人、抢险救援装备4个品种。

4.【正确答案】ACDE

【答案解析】消防车按照使用功能分为四类：灭火类消防车、举高类消防车、专勤类消防车和保障类消防车。

5.【正确答案】ABCD

【答案解析】举高消防车包含登高平台消防车、云梯消防车、举高喷射消防车、破拆消防车。

6.【正确答案】ABC

【答案解析】消防车按照结构分为三类：罐类消防车、举高类消防车和特种类消防车。

7.【正确答案】ABCE

【答案解析】根据灭火剂的不同，涡喷消防车可分为水型、泡沫型、干粉型以及多相流型。

8.【正确答案】ABCE

【答案解析】专勤消防车是指担负除灭火之外的某专项消防技术作业的消防车。专勤消防车包含通信指挥消防车、抢险救援消防车、化学救援消防车、输转消防车、照明消防车、排烟消防车、洗消消防车、侦检消防车、特种底盘消防车；保障消防车包含器材消防车、供气消防车、供液消防车、自装卸式消防车。

9.【正确答案】ABC

【答案解析】干粉消防车干粉灭火剂具有不导电、不腐蚀、扑救火灾迅速等特点，主要用于扑救可燃气体、易燃液体火灾，也适用于扑救电气设备和可燃固体火灾。

10.【正确答案】ABCE

【答案解析】消防装备分为消防员防护装备、消防摩托车、消防机器人、抢险救援装备。

11.【正确答案】ABDE

【答案解析】消防员防护装备包含消防头盔、消防员灭火防护头套、消防手套、消防员灭火防护靴、抢险救援靴、消防指挥服、消防员灭火防护服、消防员避火服、消防员隔热防护服、消防员化学防护服、消防员降温背心、消防用防坠落装备、消防员呼吸器、正压式消防空气呼吸器、正压式消防氧气呼吸器、消防员接触式送受话器、消防员方位灯、消防员佩戴式防爆照明灯、消防腰斧。

12.【正确答案】ABCD

【答案解析】破拆工具有手动破拆器具、液压破拆器具、机动破拆器具、电动破拆器具、气动破拆器具、化学破拆器具等。

13.【正确答案】CD

【答案解析】常见的化学破拆器具有丙烷切割器和氧气切割器。

14.【正确答案】BCD

【答案解析】火场上需要借助某些器材确定深层火源或被困对象，进一步施救；火场侦检器材根据功能不同分为火源探测器材、生命探测器材、有毒、易燃气体检测器材、其他侦检器材。

15.【正确答案】ABCD

【答案解析】传统的水上消防救援装备主要有水面漂浮救生绳、水面抛绳包、水面救援拖板、水上救援担架、救生艇、救生衣（救生圈）及冲锋舟等；但是随着信息技术的进步和机器人技术的发展，水下机器人正逐步走进消防救援领域，成为水下救援兵器库中的一个得力装备，改善了水下消防救援的效果。

16.【正确答案】CDE

【答案解析】消防员个人防护装备按照防护功能分为消防员躯体防护类装备、呼吸保护类装备和随身携带类装备三类。

17.【正确答案】AB

【答案解析】普通防护服主要包括消防战斗服（灭火防护服）、抢险救援服。

18.【正确答案】ABCD

【答案解析】避火服和隔热服的区别有：①隔热服不能够碰触火焰，否则将破损；避火服可以抵御火焰灼烧；②隔热服不能够进入火场；避火服可以进入并穿越火场；③耐辐射热温度，隔热服一般为1 000℃，避火服一般为1 800℃；④避火服的材料通常为3层以上结构，外层和中层都具有耐火焰能力。隔热服材料不具有耐火能力，更加注重中间隔热层的能力。

19.【正确答案】BCD

【答案解析】目前我国应急管理部消防救援局配备使用的呼吸保护器主要有过滤式防毒面具、氧气呼吸器、空气呼吸器三种。

20.【正确答案】BCDE

【答案解析】人体特征有形体、声音、心脏跳动、人体温度、人体气味等，火场上可以通过探测仪器来探测人的生命特征搜寻救护对象。探测器材根据工作原理不同，分为声波生命探测仪、光学声波生命探测仪、超低频电磁波生命探测仪红外热成像仪、搜救犬等。常用的生命探测仪有红外生命探测仪、音频生命探测仪、雷达生命探测仪。

# 测试题八　火灾现场医疗急救[1]

## 一、单项选择题

**1.抢救伤员时首先处理(　　)。**

A.休克　　B.出血　　C.窒息　　D.骨折

**2.对受到伤害的人的现场急救(　　)有错。**

A.对休克患者首要措施是立即送医院抢救　　B.迅速将伤员移出现场

C.做简要的全身检查　　D.严密观察生命体征

**3.治疗损伤的首要原则是(　　)。**

A.抗感染　　B.纠正水电解质紊乱

C.补充血容量　　D.抢救生命

**4.发生火灾时，正确逃生方法不包括(　　)。**

A.用双手抱住头或用衣服包住头、冲出火场

B.向头上和身上淋水，或用浇湿的毛毯包裹身体、冲出火场

C.边用衣服扑打火焰，边向火场撤离

D.无论情况立即冲出去

**5.对受到伤害的人的现场急救(　　)有错。**

A.对休克患者首要措施是立即送医院抢救　　B.迅速将伤员移出现场

C.做简要的全身检查　　D.严密观察生命体征

**6.(　　)是维持生命最重要的能源。**

A.氧气　　B.氮气　　C.二氧化碳　　D.以上全是

**7.以下做法不正确的是(　　)。**

A.突遇火灾，如无力灭火，应不顾及财产，迅速逃生

B.发生火灾，应立即拨打“119”

C.到陌生公共场所应先熟悉安全通道

D.发生火灾时，立即乘电梯逃生

**8.楼房发生大火时，逃生时最好用潮湿的毛巾或者衣襟捂住口鼻的原因是(　　)。**

A.防止火苗被吸进呼吸道　　B.火灾会产生有毒烟雾

C.降温　　D.保持清醒

① 测试题八为本教程第九章相关的测试题。

**9.发生火灾时，会产生有毒烟雾，在逃生时，(　　)做法是正确的。**

A.乘坐电梯迅速离开　　B.可以不按照消防通道逃离灾害现场

C.低姿有序撤离灾害现场　　D.跳楼逃生

**10.如果被烟火围困在屋里，不应该(　　)。**

A.大声呼救　　B.用湿毛巾蒙住口鼻

C.看不到门，沿墙逃生　　D.逃离时带上家中的贵重物品

**11.如果发生煤气中毒，中毒者一般会出现(　　)症状。**

A.头晕、头痛　　B.四肢无力、全身不适

C.嘴唇、皮肤和指甲呈樱桃红色　　D.以上全是

**12.如果怀疑室内有人发生一氧化碳煤气中毒，这时你应该(　　)。**

A.俯身进入房间，立即打开门窗通风　　B.尽快将中毒者移到室外

C.中毒症状轻者，休息2～3个小时即可　　D.以上全对

**13.下列关于煤气中毒事故现场处置的程序正确的是(　　)。**

A.救护者应俯身进入房间，开窗通风，将中毒者转移到通风良好的地方

B.关闭燃气总开关，迅速疏散人员

C.在室外拨打保修或急救电话

D.以上都是

**14.如果发生煤气中毒，下列做法不应该包括的是(　　)。**

A.通风　　B.将中毒者紧急供氧

C.将中毒者停留在原处　　D.中毒严重者送至医院

**15.CO中毒原理是(　　)。**

A.CO与血红蛋白的亲和力远大于$O_2$与血红蛋白的亲和力

B.CO与血红蛋白的亲和力远小于$O_2$与血红蛋白的亲和力

C.CO与血红蛋白的亲和力与$O_2$与血红蛋白的亲和力差别不大

D.以上全是

**16.人体血液中碳氧血红蛋白含量达(　　)时可导致窒息死亡。**

A.30%　　B.40%　　C.50%　　D.60%

**17.火灾现场窒息的分类包括(　　)。**

A.化学窒息死亡　　B.烟尘堵塞窒息死亡

C.黏膜刺激窒息死亡　　D.以上都是

**18.火灾现场逃生正确的是(　　)。**

A.逃生过程中要尽量保持清醒镇定

B.若人员不幸被困于建筑物或一定空间内，应不必首先将门窗关紧浇湿

C.逃生时不必采用低姿势逃生

D.以上都是

**19.窒息的抢救措施为(　　)。**

A.口对口吹气法　　B.口对鼻吹气法

C.胸外心脏按压　　D.以上都是

**20.火灾现场的气体中毒包括(　　)。**

A.一氧化碳中毒 B.二氧化碳吸入过多中毒
C.氧化物中毒 D.以上都是

**21.( )不属于轻度中毒表现症状。**

A.头痛 B.头晕 C.口唇呈樱桃红色 D.四肢无力

**22.( )不属于中度中毒表现症状。**

A.头痛 B.脉快 C.口唇呈樱桃红色 D.嗜睡或昏迷

**23.( )不属于重度中毒表现症状。**

A.皮肤青紫 B.大小便失禁 C.体温降低 D.多汗

**24.烟尘粒径<( )时,可对人体呼吸系统产生危害。**

A.1 μm B.10 μm C.100 μm D.1 000 μm

**25.在日常生活中如果被烧伤、烫伤,最有效的应急方法是( )。**

A.立即包扎 B.用冷水冲洗或浸泡
C.立即涂抹牙膏 D.用冰块敷

**26.当发生轻度小面积的烫(烧)伤时,可立即用自来水冲洗或浸泡患部( )。**

A.3min B.15min C.20min D.30min以上

**27.皮肤烧烫伤起泡时,下列处理不正确的是( )。**

A.尽量不要弄破水泡
B.大的水泡可用消毒针头将水泡刺破,放出液体
C.大的水泡刺破后不要将皮撕除,以免感染
D.尽快包扎

**28.下述烧烫伤自我处理步骤正确的是( )。**

A.受伤后不必立即脱离热源并用流动的冷水冲洗伤面
B.脱下衣物后不应继续把伤口泡在冷水中
C.如若出现小水泡,可以弄破
D.边冲边脱

**29.烧烫伤现场急救六字诀包括( )。**

A.离、降 B.护、补 C.救、送 D.以上全是

**30.重度烧烫伤的表现症状为( )。**

A.皮肤坏死 B.伤口呈现白色或黑色炭化皮革样
C.皮肤无痛感 D.以上全是

**31.中度烧烫伤的表现症状为( )。**

A.皮肤有水泡 B.皮肤感觉木木的,比较迟钝
C.剧烈疼痛 D.以上全是

**32.轻度烧烫伤的表现症状为( )。**

A.皮肤泛红 B.肿胀 C.有火辣辣的感觉 D.以上全是

**33.轻度烫伤用冷水处理完毕之后,可以抹( )起到治疗作用。**

A.烫伤膏 B.万花油 C.鸡蛋清 D.以上全是

**34.发生烫伤以后,用冷水冲洗烧伤部位的作用不包括( )。**

A.迅速、彻底散热 B.减少渗出与水肿

C.缓解疼痛　　D.起到消毒的作用

**35.烧烫伤以后，应该把烫伤部位放置冷水中浸泡最少(　)。**

A.5min　　B.10min　　C.20min　　D.30min

**36.在日常生活中如果被烧伤、烫伤，最有效的应急方法是(　)。**

A.立即包扎　　B.用冷水冲洗或浸泡

C.立即涂抹牙膏　　D.用冰块敷

**37.烫伤处置的注意事项不包括(　)。**

A.立即包扎　　B.不建议用过冷水进行冲洗

C.可给烫伤患者饮用适量盐水或少量热茶水　　D.禁用冰块敷

**38.烧烫伤的严重程度取决于(　)。**

A.致伤温度　　B.接触面积

C.接触部位及接触时间　　D.以上全是

**39.化学性灼伤的特点为(　)。**

A.持续性　　B.吸收性　　C.毒害性　　D.以上全是

**40.化学灼伤的现场急救处理不包括(　)。**

A.迅速脱掉被化学物沾染的衣物、鞋袜等　　B.必要时可用剪刀剪去附着在身体上的衣物

C.不必立刻用流动清水冲洗　　D.将伤口部位置于冷水中浸泡

**41.发生化学灼伤时下列说法不正确的是(　)。**

A.浓硫酸烧伤禁用流动的水冲洗

B.用干净的布或被单盖在创面上

C.切忌涂抹红药水、紫药水及民间常用的“老鼠油”等

D.及时将受伤人员就近送往有资质条件的医院进行治疗

**42.(　)药品触及皮肤时，可立即用清水冲洗。**

A.硫酸　　B.氢碘酸　　C.氢氧化钾　　D.以上全是

**43.(　)药品触及皮肤后，禁用油质敷料。**

A.盐酸　　B.无水三氯化铝　　C.三氯化磷　　D.以上全是

**44.(　)触及皮肤时，需先干拭，然后用大量清水冲洗。**

A.盐酸　　B.甲醛　　C.无水三氯化铝　　D.碘

**45.(　)触及皮肤时，要先用水冲洗，再用酒精擦洗，最后涂以甘油。**

A.盐酸　　B.甲醛　　C.无水三氯化铝　　D.碘

**46.(　)触及皮肤时，可用淀粉质(米饭等)涂擦，既可减轻疼痛，也可褪色。**

A.盐酸　　B.甲醛　　C.无水三氯化铝　　D.碘

**47.常用的包扎材料不包括(　)。**

A.绷带　　B.三角巾　　C.衣裤　　D.不干净的被单

**48.包扎前处理的第一步是(　)。**

A.抢救生命　　B.充分暴露伤口

C.用双氧水冲洗　　D.用75%酒精消毒

**49.头部包扎不包括(　)。**

A.头部风帽式包扎法　　B.航空帽式包扎法　　C.帽式包扎法　　D.单眼包扎法

**50.包扎时的注意事项包括( )。**

A.包扎动作要轻柔、迅速、准确、牢靠、可以过紧

B.四肢部位的包扎不必露出指(趾)末端

C.绷带包扎要从远心端缠向近心端,绷带圈与圈应重叠1/3

D.三角巾包扎时,角要拉紧、边要固定,对准敷料,打结要避开伤口

**51.如果有人骨折时,正确的做法是( )。**

A.用床单裹住并抬往卫生队

B.不应轻易搬动,先要对伤肢用夹板加以固定与承托

C.骨折伴有出血时,应该立即背着去卫生队

D.不知道

**52.使用止血带止血时,为避免肢体缺血时间过长导致组织坏死,连续阻断血流一般不得超过( )min。**

A.60 B.30 C.90 D.10

**53.使用三角巾进行包扎的优点不包括( )。**

A.大面积创伤包扎 B.简单、方便、灵活

C.牢固,方便加压 D.适用身体的不同部位

**54.抢救失血伤员时,应先进行( )。**

A.观察 B.包扎 C.止血 D.询问

**55.常用的止血方法有( )。**

A.指压止血 B.加压包扎止血 C.止血带止血 D.以上都是

**56.使用止血带前应先在绑扎处垫上( )层布或平整的衣服,以保护皮肤。**

A.1～2 B.2～3 C.3～4 D.不需要

**57.止血带的使用时间一般不超过( )h。**

A.3 B.4 C.5 D.8

**58.使用止血带止血时,衬垫松紧应( )。**

A.适当 B.过松 C.过紧 D.没有要求

**59.止血带的位置应接近伤口(减少缺血组织范围)。上臂止血带不应绑在中下( )处,以免损伤桡神经。**

A.1/4 B.1/3 C.1/2 D.2/3

**60.固定的原则不包括( )。**

A.先止血,后包扎,再固定 B.夹板长短与肢体长短相对称

C.骨折突出部位不必加垫 D.先固定骨折上下端,后固定两关节

**61.有关骨折急救处理时,妥善固定的目的,( )是错误的。**

A.使移位的骨折得到适当的矫正 B.避免骨折端在搬运过程中加重软组织损伤

C.止痛可防止休克 D.减少骨折端出血

**62.骨折的专有体征是( )。**

A.疼痛 肿胀 功能障碍 B.畸形 反常活动 骨擦音

C.畸形 功能障碍 反常活动 D.肿胀 瘀斑 畸形

**63.骨折病人功能锻炼,( )是错误的。**

A.锻炼贯穿骨折愈合的过程 B.范围由小到大

C.包括固定范围内的肌肉原位收缩　　D.所有关节应禁止活动

**64.(　)属于不完全性骨折。**

A.青枝骨折　B.横形骨折　C.斜形骨折　D.凹陷骨折

**65.(　)不属于完全性骨折。**

A.压缩性骨折　B.横形骨折　C.斜形骨折　D.裂缝骨折

**66.搬运昏迷会有窒息危险的伤员时，应采用的方式是(　)。**

A.俯卧　B.仰卧　C.侧卧　D.侧俯卧

**67.无担架情况下搬运伤员时，可采用的简易工具包括(　)。**

A.椅子　B.门板　C.竹竿　D.以上都是

**68.常用的单人搬运方法包括(　)。**

A.扶持法　B.抱持法　C.背负法　D.以上都是

**69.常用心脏复苏首选药物是(　)。**

A.异丙基肾上腺素　B.肾上腺素　C.利多卡因　D.氯化钙

**70.假如你身边的人突然心脏病发作，应(　)。**

A.立即让病人躺下　　B.拨打“120”电话

C.寻找病人身上可能带有的急救药品　　D.以上全是

**71.2015心肺复苏指南中胸外按压的频率为(　)次/min。**

A.60～80　B.80～100　C.100～120　D.至少120

**72.2015心肺复苏指南中单人或双人复苏时胸外按压与通气的比率为(　)。**

A.30：2　B.15：2　C.30：1　D.15：1

**73.心肺复苏指南中胸外按压的部位为(　)。**

A.双乳头之间胸骨正中部　　B.心尖部

C.胸骨中段　　D.胸骨左缘第五肋间

**74.2015心肺复苏指南中成人心肺复苏时胸外按压的深度为(　)。**

A.至少胸廓前后径的一半　　B.至少3cm

C.至少5cm　　D.5～6cm

**75.成人心肺复苏时打开气道的最常用方式为(　)。**

A.仰头举颏法　　B.双手推举下颌法

C.托颏法　　D.环状软骨压迫法

**76.现场对成人进行口对口吹气前应将伤病员的气道打开(　)°为宜。**

A.60　B.120　C.90　D.75

**77.遇到有人呼吸、心跳骤停，不应该采取的急救措施有(　)。**

A.胸外心脏按压　　B.保持呼吸道畅通

C.泼冷水　　D.人工呼吸

**78.如果在呼吸、心跳停止4min内，立即在现场给予有效、正确的抢救，患者的存活率可达到(　)。**

A.30%　B.60%　C.70%　D.90%

**79.现场进行心肺复苏时，伤病员的正确体位是(　)。**

A.平卧在硬板或地上，头后仰，以防舌根后坠堵塞喉部影响呼吸

B.平卧在沙发上，托颌，注意呼吸顺畅

C.平卧在软床上，迅速将口腔打开，注意呼吸顺畅

D.侧卧在硬板或地上，迅速将口腔打开，注意呼吸顺畅

80.**以下关于胸外心脏按压术的叙述，(　　)是错误的。**

A.下压比向上放松的时间长一倍　　B.按压部位在胸骨中下1/3交界处

C.按压部位的定位先确定胸骨下切迹　　D.按压频率为100次/min

## 二、多项选择题

1.**人体缺氧的危害包括(　　)。**

A.损伤脑组织　　B.肌肉活力下降

C.四肢无力、判断力减退　　D.致死

2.**现场急救的四项技术是指(　　)。**

A.止血　　B.包扎　　C.固定　　D.搬运

3.(　　)**是创伤包扎的目的。**

A.使伤口与外界隔离，减少环境污染机会

B.止痛，缓解伤员紧张情绪

C.加压包扎可以用以止血

D.脱出的内脏纳回伤口再包扎，以免内脏暴露在外加重损伤

4.**人体四大生命体征是指(　　)。**

A.体温　　B.脉搏　　C.呼吸　　D.血压

5.**Ⅲ度烧伤，下列不正确的是(　　)。**

A.痛觉迟钝　　B.没有焦痂形成　　C.有水疱　　D.留有瘢痕

6.**下列烧伤急救原则中不正确的是(　　)。**

A.应就地给予清创术　　B.立即消除烧伤原因

C.凡有烧伤一律用哌替啶止痛　　D.热液烫伤者不能用冷水浸泡

7.**有关骨折处理，正确的是(　　)。**

A.前臂骨折可以用夹板固定　　B.上肢骨折可以用三角巾固定于胸廓

C.下肢骨折可以和另一条腿一起固定　　D.开放性骨折可以将骨折端还纳

8.**骨折现场救援的原则包括(　　)。**

A.抢救生命　　B.伤口处理

C.简单固定　　D.必要止痛及安全转运

9.**窒息的快速判断包括(　　)。**

A.患者双手抓住喉咙　　B.无法说话

C.呼吸困难或呼吸中混有噪声　　D.患者尚未失去知觉

10.**化学性灼伤的特点包括(　　)。**

A.持续性　　B.吸收性　　C.毒害性　　D.可恢复性

11.**固定的原则包括(　　)。**

A.先止血，后包扎，再固定　　B.夹板长短与肢体长短相对称

C.骨折突出部位要加垫　D.先固定骨折上下端，后固定两关节

**12.对颅脑伤员进行搬运时，应当（　）。**

A.采取半俯卧位或侧卧位　B.对暴露的脑组织加以保护

C.用衣物将伤员的头部垫好　D.可采取坐位

**13.对脊柱脊髓伤伤员搬运时，应当（　）。**

A.应有3人或4人搬运

B.颈椎骨折患者，要有一人专门稳定患者的头颈部

C.输送中要有注明禁止扶伤员坐起或自行翻转身体的标志

D.可采取一人抱胸一人抬腿等搬动方式

**14.火灾现场常见的中毒方式包括（　）。**

A.一氧化碳中毒　B.二氧化碳中毒　C.氧化物中毒　D.硫化物中毒

**15.下面哪些情况可以进行口对口人工呼吸（　）。**

A.触电休克　B.溺水　C.心跳呼吸骤停者　D.硫化氢中毒者

**16.（　）属于心肺复苏的有效指标。**

A.颈动脉搏动　B.面色由紫绀转为苍白

C.出现自主呼吸　D.瞳孔恢复对光反射

**17.口对口人工呼吸的方法（　）是正确的。**

A.首先必须畅通气道　B.吹气时不要按压胸廓

C.吹气时捏紧病人鼻孔　D.胸外心脏按压与人工呼吸的比例为30：2

**18.心跳呼吸骤停患者，初期复苏护理的首要措施不包括（　）。**

A.应立即进行现场抢救　B.保持呼吸道通畅

C.迅速开放静脉输液通路　D.严密观察病情变化

**19.下面说法正确的是（　）。**

A.胸外心脏按压应按压两乳头连线中点（即胸骨中下1/3处）

B.胸外心脏按压频率保持在至少80～100次/min

C.若搬运伤员，按压中断时间不超过30s

D.婴幼儿心脏位置较高，应按压胸骨中部

**20.下面关于人工呼吸，说法正确的是（　）。**

A.施救者用拇指与食指夹住患者的鼻翼使其紧闭

B.吹气频率约为每18s连续吹气两次

C.每次吹气应该持续2s以上

D.口对口人工呼吸法必须坚持四原则：迅速、就地、正确、坚持

# 答案与解析

## 一、单项选择题

1.【正确答案】B

【答案解析】优先处理危及生命的紧急情况，如心跳骤停、窒息、活动性大出血等。

2.【正确答案】A

【答案解析】应以抗休克为首要任务，注意保温，有条件应立即输血、输液。

3.【正确答案】D

【答案解析】抢救生命是治疗损伤的首要，也是最基本的原则。

4.【正确答案】D

【答案解析】在火灾逃生的过程中的四个要点：①用湿毛巾捂住鼻子，防烟熏；②避开火势，果断迅速逃离火场；③有效地寻找逃生的出路；④趴在地上等待救援。

5.【正确答案】A

【答案解析】应以抗休克为首要任务，注意保温，有条件应立即输血、输液。

6.【正确答案】A

【答案解析】氧是维持生命最重要的能源，氧气同水和食物一样，是人类生存并维持身体健康的根本要素之一。

7.【正确答案】D

【答案解析】发生火灾时，应当利用周围一切可利用的条件逃生，可以利用消防电梯、室内楼梯进行逃生，不能乘坐普通电梯，因为普通电梯极易断电，没有防烟功效，火灾发生时被卡在空中的可能性极大。

8.【正确答案】A

【答案解析】发生火灾时，用潮湿的毛巾或者衣襟捂住口鼻可防止火苗被吸进呼吸道。

9.【正确答案】C

【答案解析】发生火灾时正确的逃生做法有：①找到安全出口。每栋建筑，都会配备一定数量的安全出口，在发生火灾后，一定要保持镇定，迅速找到安全出口。②用湿毛巾捂住口鼻。捂住口鼻是为了防止火灾产生的有害气体、灰尘大量进入口鼻，对人体造成二次伤害。③贴地前行。由于大火燃烧的时候，容易把有毒有害的气体带到高处，因此逃生时，需尽量把身体靠近地面，避免大量吸入有毒有害的气体。④不乘电梯。发生火灾时，建筑物的电源极有可能被切断，如果乘坐电梯，有可能会被限制在电梯内无法逃生。⑤扑灭火苗。身上一旦着火，而手边又没有水或灭火器时，千万不要跑或用手拍打，必须立即设法脱掉衣服，或者就地打滚，压灭火苗。

10.【正确答案】D

【答案解析】在火场中，人的生命是最重要的。身处险境，应尽快撤离，放弃贵重物品。

11.【正确答案】D

【答案解析】轻度的煤气中毒会出现头痛眩晕、心悸、恶心、呕吐、四肢无力等症状，甚至出现短暂的昏厥；中度中毒可出现多汗、烦躁、走路不稳、皮肤苍白、意识模糊、困倦乏力、虚脱或昏迷等症状、皮肤和黏膜呈现煤气中毒特有的樱桃红色；重度中毒的话则呈现深度昏迷、各种反射消失、大小便失禁、四肢厥冷、血压下降、呼吸急促、从而导致死亡，所以正确答案为选项D。

12.【正确答案】D

【答案解析】一旦出现煤气中毒者，应立即打开窗户，通风换气，接着把中毒者移到室外或其他空气新鲜的房间，宽松衣服。如果中毒者神志不清，要立即呼叫急救车，同时将患者摆放成侧卧位，以待呼吸道通畅，便于呕吐物排出。如果患者呼吸停止，应立即实施持续的口对口人工呼吸。如果患者心跳停止，应立即实施心肺复苏术，直到专业急救人员到来。中毒症状轻者，休息2～3个小时便可恢复。

13.【正确答案】D

【答案解析】发现有人员煤气中毒后，第一步，救护者应俯身进入房间，开窗通风，将中毒者转移到通风良好的地方；第二步，关闭燃气总开关，迅速疏散人员；第三步，在室外拨打保修或急救电话。

14.【正确答案】C

【答案解析】如果发生煤气中毒时应该：①将中毒者安全地转移至空气流通的地方；②若中毒者发生心脏骤停，应立即进行心肺复苏；③紧急供氧，应维持到中毒者神志清醒为止；④若中毒者昏迷较深，可将地塞米松10mg放在20%葡萄糖液20ml中缓慢静脉注射，并用冰袋放在头颅周围降温，同时转送医院；⑤若有肌肉痉挛，可肌肉或静脉注射安定10mg。

15.【正确答案】A

【答案解析】CO与血液内血红蛋白的亲和力要远大于$O_2$与血红蛋白的亲和力，约为240倍，一旦人体吸入这种气体其便会立即与血红蛋白结合形成稳定性强的碳氧血红蛋白，减弱红细胞的携氧能力，造成组织缺氧。

16.【正确答案】C

【答案解析】人体血液中碳氧血红蛋白含量达50%时便可导致窒息死亡。

17.【正确答案】D

【答案解析】火灾现场窒息的分类为：①化学窒息死亡，吸入一氧化碳、硫化氢及氰化物后会出现化学窒息死亡；②单纯窒息死亡，火灾现场$CO_2$含量会迅速升高，从而导致含氧量降低且一旦低于6%，短时间内便可致被困人员因缺氧而窒息死亡；③烟尘堵塞窒息死亡，火灾现场产生的大量烟尘进入人体后，可黏附在鼻腔、口腔和气管内，甚至扩散进入肺部黏附在肺泡上，严重时可堵塞鼻腔和气管致使肺通气不足，进而使人窒息死亡；④热力损伤窒息死亡，火灾现场人体吸进的高温烟气在流经鼻腔、咽喉、气管进入肺部的过程中可能会将其灼伤，从而导致黏膜组织出现水泡、水肿或充血等现象，进而使人窒息死亡；⑤黏膜刺激窒息死亡，有些燃烧产物会对人的喉、气管、支气管和肺产生强烈的刺激作用，使人不能正常呼吸而窒息死亡。

18.【正确答案】A

【答案解析】火灾现场避免窒息的方法包括：①用湿毛巾或其他湿棉制品捂住口鼻，从而过滤部分烟气，降低对口腔的伤害；②尽量采用低姿势逃生，以免吸入浓烟或有毒气体，爬行时将手、肘、膝盖紧靠地面，并沿着墙壁边缘逃生；③逃生过程中要尽量保持清醒镇定，切忌慌乱，以免逃错方向；④若人员不幸被困于建筑物或一定空间内，应首先将门窗关紧浇湿，用湿毛巾或湿棉被等堵住烟道缝隙，并不断淋水，以降低被困空间内的烟气浓度；同时将自己全身衣物淋湿，有条件的可在浴缸中注满水，并将身体浸泡其中，只留鼻孔出于水面，盖上湿毛巾呼吸，等待救援。

19.【正确答案】D

【答案解析】窒息是指喉或气管骤然梗塞造成的吸气性呼吸困难，抢救措施包括口对口（鼻）吹气法及胸外心脏按压。

20.【**正确答案**】D

【答案解析】火灾现场的气体中毒主要可分为一氧化碳中毒、二氧化碳吸入过多和氧化物中毒。

21.【**正确答案**】C

【答案解析】头痛、头晕、耳鸣、恶心、呕吐、四肢无力、心悸、短暂晕厥等症状，如迅速脱离环境，可于数小时恢复。

22.【**正确答案**】A

【答案解析】中度中毒：出现面色潮红、口唇呈樱桃红色、脉快、多汗、烦躁、嗜睡或昏迷等症状，应迅速脱离有毒环境并及时治疗。

23.【**正确答案**】D

【答案解析】重度中毒：出现昏迷、体温降低、呼吸短促、皮肤青紫、唇色樱红、大小便失禁等症状，若抢救不及时，会危及生命，应立即呼叫救护车，送医院抢救。

24.【**正确答案**】B

【答案解析】烟尘粒径<10 μm时，由于无法被人体呼吸系统过滤掉，烟尘颗粒可伴随呼吸作用穿过上呼吸道（鼻子和嘴），进入下呼吸道，对呼吸系统产生危害，主要表现为阻止气体交换、炎症反应以及引起液体渗出等。

25.【**正确答案**】B

【答案解析】烧烫伤伤口处切忌滥涂抹“药膏”；火灾现场伤者被烫伤后，不建议用过冷水进行冲洗，有可能会加重伤势或增加伤员感染概率。

26.【**正确答案**】B

【答案解析】小面积或轻度烧烫伤，局部皮肤会红肿，需立即降温，可用自来水冲洗，或将烧烫伤部位浸泡在干净的冷水中30min。

27.【**正确答案**】D

【答案解析】皮肤烧烫伤后，应立即用冷水冲洗，视伤情程度判断是否需要包扎处理。烫伤的地方有水泡之后不要弄破，因为这样容易留下疤痕，对于水泡比较大或者是处于关节地方，容易破损的，应该用消毒针扎破。对于已经破掉的，应该用消毒棉签擦干水泡周围流出的液体。

28.【**正确答案**】D

【答案解析】烧烫伤自我处理步骤为：①冲，受伤后应立即脱离热源并用流动的冷水冲洗伤面，降低伤面温度，减轻高温渗透所造成的组织损伤加重；②脱，边冲边脱。被烫伤处的衣物仍残留有较高的余温，应当立即脱去衣服以脱离热源，避免伤情加重；③泡，脱下衣物后应继续把伤口泡在冷水中，持续降温，避免起泡或加重病情。如若出现小水泡，注意不要弄破，交由医生处理；④盖，送医院之前用清洁的纱布或毛巾覆盖在伤口上，切忌滥涂抹“药膏”；⑤送，送医就诊，寻求医生救助。

29.【**正确答案**】D

【答案解析】烫伤现场急救六字诀为：①离，立即脱离热源，可就地打滚、用湿衣覆盖、用水浇灭；②降，创面尽快降温。对轻度、中度的烧烫伤可用流动的自来水冲洗30min，切记勿用冰水以避免冻伤；③护，包扎、保护创面；④补，严重口渴者应适当补充液体，少量多次口服淡盐水或牛奶；⑤救，检伤分类，针对性处理，将窒息者摆成昏迷体位，对心跳骤停者进行心肺复苏；大出血者应及时止血，骨折者进行临时固定；⑥送，大面积烧烫伤和严重烧烫伤者应快速转送医院。

30.【正确答案】D

【答案解析】重度烧烫伤多表现为皮肤坏死，伤口呈现白色或黑色的炭化皮革样，皮肤几乎没有痛感。

31.【正确答案】D

【答案解析】中度烧烫伤多表现为皮肤有水泡，水泡破后，会有剧烈疼痛，较严重者还有少量渗液，皮肤感觉木木的，比较迟钝。

32.【正确答案】D

【答案解析】轻度烧烫伤多表现出皮肤泛红、肿胀，感觉疼痛，有火辣辣的感觉。

33.【正确答案】D

【答案解析】轻度烫伤，冷水冲淋后可以适量涂擦烫伤药物，例如湿润烧伤膏、红霉素软膏等。

34.【正确答案】D

【答案解析】烫伤后用流动的冷水冲洗伤面，可降低伤面温度，减轻高温渗透所造成的组织损伤加重、缓解疼痛。

35.【正确答案】B

【答案解析】将受伤部位置于自来水下轻轻冲洗或浸于冷水中约10分钟到不痛为止，如无法冲洗或浸泡，则可用冷敷。

36.【正确答案】B

【答案解析】万一发生烫伤，应迅即用冷水冲洗。等冷却后才可小心地将贴身衣服脱去，以免撕破烫伤后形成的水泡。

37.【正确答案】A

【答案解析】火灾现场伤者被烫伤后，不建议用过冷水进行冲洗，有可能会加重伤势或增加伤员感染概率；可以给烫伤患者饮用适量盐水或少量热茶水。

38.【正确答案】D

【答案解析】烧烫伤的严重程度取决于致伤温度、接触面积、接触部位、接触时间等。

39.【正确答案】D

【答案解析】化学性灼伤的特点表现为：①持续性，一旦发生化学性灼伤，损伤过程会持续至所接触到的化学物质被完全反应完才会终止；②吸收性，有些化学物质如氢氟酸、黄磷、重铬酸盐等可被人体皮肤吸收，产生化学中毒症状；③毒害性，化学性灼伤如氢氟酸、重铬酸钠、黄磷、氯乙酸等，烧伤面积仅为1%～5%时便可引发吸收中毒现象，严重时可导致死亡。

40.【正确答案】C

【答案解析】化学灼伤现场急救处理包括迅速脱掉被化学物沾染的衣物、鞋袜等，必要时可用剪刀剪去附着在身体上的衣物；立刻用流动清水冲洗，稀释化学物浓度，从而降低对人体产生的伤害等。

41.【正确答案】A

【答案解析】浓硫酸烧伤也可以用流动水冲洗，虽然浓硫酸碰到水后会放热.但是不会加重损伤，冲洗时间一般为15～30min。

42.【正确答案】D

【答案解析】硫酸、发烟硫酸、硝酸、发烟硝酸、氢氟酸、氢氧化钠、氢氧化钾、氢化钙、氢碘酸、氢溴酸、氯磺酸触及皮肤时，应立即用清水冲洗。若皮肤已经腐烂，应用立即用清水冲洗20min以上，再送医院治疗。

43.【正确答案】C

【答案解析】磷烧伤可用湿毛巾包裹，禁用油质敷料，以防磷吸收引起中毒。

44.【正确答案】C

【答案解析】无水三氯化铝、无水三溴硝化铝触及皮肤时，需先干拭，然后用大量清水冲洗。

45.【正确答案】B

【答案解析】甲醛触及皮肤时，要先用水冲洗，再用酒精擦洗，最后涂以甘油。

46.【正确答案】D

【答案解析】碘触及皮肤时，可用淀粉质（米饭等）涂擦，既可减轻疼痛，也可褪色。

47.【正确答案】D

【答案解析】常用的包扎材料是绷带和三角巾，也可将衣裤、被单等剪开做包扎用。

48.【正确答案】A

【答案解析】包扎前处理首先抢救生命，优先解决危及生命的损伤，仔细寻找较隐蔽的损伤。

49.【正确答案】D

【答案解析】头部包扎包括头部风帽式包扎法、航空帽式包扎法、帽式包扎法三类。

50.【正确答案】D

【答案解析】包扎时的注意事项：①包扎动作要轻柔、迅速、准确、牢靠、松紧适宜；②尽量用无菌敷料接触伤口，不要乱用外用药及随便取出伤口内的异物；③四肢部位的包扎要露出指（趾）末端，以便观察末梢血运情况；④三角巾包扎时，角要拉紧、边要固定，对准敷料，打结要避开伤口；⑤绷带包扎要从远心端缠向近心端，绷带圈与圈应重叠1/2或2/3，绷带头要固定好。

51.【正确答案】B

【答案解析】搬运受伤人员时，应当使用硬质硬板担架，避免帆布等软式担架；骨折固定原则包括先止血，后包扎，再固定。

52.【正确答案】A

【答案解析】止血带时间越短越好，连续阻断血流一般不得超过1h。

53.【正确答案】C

【答案解析】三角巾制作较方便，包扎时操作简捷，且能适应各个部位，但不便于加压，也不够牢固。

54.【正确答案】C

【答案解析】既是失血伤员，首先要做的当然是止血。

55.【正确答案】D

【答案解析】常用的止血方法有：①直接压迫止血法；②间接指压止血法（面动脉压迫点，耳后动脉压迫点，颞部压迫点，肱动脉压迫点，桡、尺动脉压迫点，指固有动脉压迫点，股动脉压迫点，胫前、后动脉压迫点）；③止血带止血法。

56.【正确答案】A

【答案解析】使用止血带前应先在绑扎处垫上1～2层布或平整的衣服，以保护皮肤。

57.【正确答案】A

【答案解析】上止血带的时间最长不宜超过3h。并在此时间内每隔半小时（冷天）或1h慢慢解开、放松一次。每次放松1～2min，放松时可用指压法暂时止血。

58.【正确答案】A

【答案解析】使用止血带止血时，衬垫要松紧适当，不得过松或过紧。

59.【正确答案】B

【答案解析】上臂止血带不应绑在中下1/3处，以免损伤桡神经。

60.【正确答案】C

【答案解析】固定的原则为：①先止血，后包扎，再固定；②夹板长短与肢体长短相对称；③骨折突出部位要加垫；④先固定骨折上下端，后固定两关节；⑤四肢固定时露指（趾）尖，胸前挂标志。

61.【正确答案】A

【答案解析】现场急救时及时正确地固定断肢，可减少伤员的疼痛及周围组织继续损伤，同时也便于伤员的搬运和转送。但急救时的固定是暂时的。因此，应力求简单而有效，不要求对骨折准确复位；开放性骨折有骨端外露者更不宜复位，而应原位固定。

62.【正确答案】B

【答案解析】骨折的专有体征有：①畸形长骨骨折，骨折段移位后，受伤体部的形状改变，并可出现特有畸形，如Colles骨折的“餐叉”畸形；②反常活动在肢体非关节部位，骨折后出现不正常的活动；③骨擦音或骨擦感骨折端接触及互相摩擦时，可听到骨擦音或摸到骨擦感。以上三种体征只要发现其中之一，即可确诊。但未见此三种体征时，也可能有骨折，如青枝骨折、嵌插骨折、裂缝骨折。

63.【正确答案】D

【答案解析】在骨折的早期，主要是受伤之后1～2周，在进行锻炼的时候要注意骨折的部位，上下关节暂时不要活动，身体其他部位的关节可以进行功能锻炼。骨折中期，也就是骨折两周以后，肿胀逐渐消退，局部疼痛逐渐地消失，可活动骨折部位的上下关节，动作应该缓慢，活动范围由小到大。骨折晚期，功能锻炼的主要形式是加强患肢关节的主动活动锻炼，并可辅助应用物理治疗和一些外用的药物熏洗。在锻炼的时候一定要循序渐进，避免暴力，先被动后主动。

64.【正确答案】A

【答案解析】不完全骨折包括裂缝骨折和青枝骨折。完全骨折包括横形骨折、斜形骨折、螺旋形骨折、粉碎性骨折、嵌插骨折、压缩性骨折、凹陷性骨折、骨骺分离。

65.【正确答案】D

【答案解析】不完全骨折包括裂缝骨折和青枝骨折。完全骨折包括横形骨折、斜形骨折、螺旋形骨折、粉碎性骨折、嵌插骨折、压缩性骨折、凹陷性骨折、骨骺分离。

66.【正确答案】C

【答案解析】昏迷病人，没有自主能力，分泌物有可能误入气管，增加窒息的危险。舌头后坠堵塞气管，发生窒息，危及生命。侧卧能防止以上情况发生，如果患者不能侧卧的，平卧时头侧偏向一方。

67.【正确答案】D

【答案解析】在没有担架的情况下，可采用简易的工具代替担架如椅子、门板、毯子、衣服、大衣、绳子、竹竿或梯子等。

68.【正确答案】D

【答案解析】单人搬运方法包括扶持法、抱持法、背负法三类。

69.【正确答案】B

【答案解析】肾上腺素可以兴奋心脏β1受体，使心收缩力增加，心率增快，心输出量增加等作用，是心脏复苏的首选药物。

70.【正确答案】D

【答案解析】心脏病的急救措施包括：①使患者保持冷静。如果患者已经丧失意识，应尽可能地将其摆成恢复性体位，避免用力摇晃患者或用其他方式刺激到他，更不能强制性喂患者食物或水；②检查呼吸道：检查患者有无呼吸、脉搏，若无呼吸和脉搏应立即为患者实施心肺复苏术；③拨打120，同时监测患者的呼吸及脉搏；④检查患者身上有没有随身自带治疗心脏病的药物。如果患者尚且意识清楚，应及时给患者服药。特别提醒：某些治疗心脏病的药（硝酸甘油片等），一定要让患者含服。

71.【正确答案】C

【答案解析】胸外心脏按压频率保持在至少100～120次/min。

72.【正确答案】A

【答案解析】心肺复苏以心脏按压：人工呼吸=30：2的比例进行，操作5个周期（心脏按压送气结束）。

73.【正确答案】A

【答案解析】按压两乳头连线中点（即胸骨中下1/3处）。

74.【正确答案】D

【答案解析】2015心肺复苏指南中成人心肺复苏时胸外按压的深度至少5cm，但应避免超过6cm。

75.【正确答案】A

【答案解析】成人心肺复苏过程当中，打开气道最常用的方法叫做仰头举颏法或仰头举颌法。

76.【正确答案】C

【答案解析】现场对成人进行口对口吹气前应将伤病员的气道打开90°为宜。

77.【正确答案】C

【答案解析】遇到有人呼吸、心跳骤停应首先保证昏迷者保持呼吸道畅通并迅速进行心肺复苏。

78.【正确答案】B

【答案解析】开始施行心肺复苏时间和复苏成功率的关系为：1min>90%；4min>60%；6min>40%；8min>20%；10min几乎为0%，即每延长1min施救，成活率就下降10%。

79.【正确答案】A

【答案解析】实施心肺复苏前，应将患者水平仰卧于硬地（板）上，解开颈部纽扣。

80.【正确答案】A

【答案解析】心肺复苏时进行胸外按压的按压释放比应为1：1。

## 二、多项选择题

1.【正确答案】ABCD

【答案解析】人体缺氧的危害包括：损伤脑组织，肌肉活力下降，四肢无力，判断力减退，致死。

2.【正确答案】ABCD

【答案解析】现场常用急救技术包括：止血、包扎、固定、搬运及心肺复苏。

3.【正确答案】ABC

【答案解析】伤口包扎在急救中应用范围较广，可起到保护创面、固定敷料、防止污染和止血、止痛作用，有利于伤口早期愈合。

4.【正确答案】ABCD

【答案解析】生命四大体征包括呼吸、体温、脉搏、血压，医学上称为四大体征。

5.【正确答案】ABD

【答案解析】Ⅲ度烧伤皮肤坏死，伤口呈现白色或黑色的炭化皮革样，皮肤几乎没有痛感。

6.【正确答案】ACD

【答案解析】烧烫伤现场急救六字诀：①离，立即脱离热源，可就地打滚、用湿衣覆盖、用水浇灭；②降，创面尽快降温。对轻度、中度的烧烫伤可用流动的自来水冲洗30min，切记勿用冰水以避免冻伤；③护，包扎、保护创面；④补，严重口渴者应适当补充液体，少量多次口服淡盐水或牛奶；⑤救，检伤分类，针对性处理。将窒息者摆成昏迷体位，对心跳骤停者进行心肺复苏；大出血者应及时止血，骨折者进行临时固定；⑥送，大面积烧烫伤和严重烧烫伤者应快速转送医院。

7.【正确答案】ABC

【答案解析】开放性骨折有骨端外露者更不宜复位，而应原位固定。

8.【正确答案】ABCD

【答案解析】骨折现场救援的原则包括：抢救生命、伤口处理、简单固定、必要的止痛及安全转运。

9.【正确答案】ABC

【答案解析】窒息的快速判断：①患者双手抓住喉咙；②无法说话；③呼吸困难或呼吸中混有噪声；④无法有力咳嗽；⑤皮肤、嘴唇或指甲变青或暗淡；⑥患者失去知觉。

10.【正确答案】ABC

【答案解析】化学性灼伤的特点为：①持续性，一旦发生化学性灼伤，损伤过程会持续至所接触到的化学物质被完全反应完才会终止；②吸收性，有些化学物质如氢氟酸、黄磷、重铬酸盐等可被人体皮肤吸收，产生化学中毒症状；③毒害性，化学性灼伤如氢氟酸、重铬酸钠、黄磷、氯乙酸等，烧伤面积仅为1%～5%时便可引发吸收中毒现象，严重时可导致死亡。

11.【正确答案】ABCD

【答案解析】除上述选项外，固定的原则还包括四肢固定时露指（趾）尖、胸前挂标志等内容。

12.【正确答案】ABC

【答案解析】搬运颅脑伤员时应采取半俯卧位或侧卧位，使其保持呼吸道的通畅，以利于呼吸道分泌物排出；要对暴露的脑组织加以保护；用衣物将伤员的头部垫好，以减少振动。

13.【正确答案】ABC

【答案解析】脊柱脊髓伤伤员搬运时严禁一人抱胸一人抬腿等搬动方式，以防造成脊髓损伤而致终身截瘫。

14.【正确答案】ABCD

【答案解析】火灾现场的气体中毒主要可分为以下几类：一氧化碳中毒、二氧化碳吸入过多以及氧化物（包括硫氧化物、氮氧化物等）中毒。

15.【正确答案】ABC

【答案解析】对硫化氢中毒人员进行人工呼吸救助的话，会使施救者中毒。

16.【正确答案】ACD

【答案解析】心肺复苏的有效指标是患者恢复自主呼吸，并且能触及大动脉搏动，散大的瞳孔缩小，并恢复对光的反射。口唇，指甲，四肢末端的皮肤颜色由青紫变为红润。并且收缩压能在60mm汞柱以上，病人逐渐出现意识。

17.【正确答案】ABCD

【答案解析】口对口人工呼吸步骤为：①施救者用拇指与食指夹住患者的鼻翼使其紧闭；②施救者在抢救前需先缓缓吹两口气，以检验开放气道的效果；③深吸一口气，用自己的双唇包绕封住患者的嘴外部，形成不透气的密闭状态，再用力吹气；④吹气完毕后，应立即与患者的口部脱离，在吸入新鲜空气的同时放开捏鼻的手，以便患者从鼻孔呼气。

注意事项包括：①吹气以患者胸部轻轻隆起为适度；②吹气频率约为每18s连续吹气两次；③每次吹气应该持续2s以上；④口对口人工呼吸法必须坚持四个原则：迅速、就地、正确、坚持。

18.【**正确答案**】ACD

【答案解析】心跳呼吸骤停患者，在进行心肺复苏时应首先确保呼吸道通畅。

19.【**正确答案**】ACD

【答案解析】按压频率保持在至少100～120次／min。

20.【**正确答案**】ABCD

【答案解析】同第17题。

# 测试题九 火灾后心理应激与康复①

## 一、单项选择题

**1.火灾发生时常见的心理反应不包括( )。**

A.恐惧 B.惊慌 C.绝望 D.内疚

**2.评估信息收集特别需要注意以下几点，不正确的是( )。**

A.尊重救援对象，尽量要求他们去谈 B.不要盘问灾难过程的过多细节

C.不要轻易滥贴症状标签和作病理性归因 D.对评估内容要记录、存档和管理

**3.为快速有效地筛查识别有急性应激障碍，除( )问卷外，都可以选择。**

A、ASDI B.SRQ C.SASRQ D.EPQ

**4.火灾发生时常见的行为反应不包括( )。**

A.向地 B.奔光 C.退避 D.攻击

**5.火灾时，引起个体强烈的心理反应，其反应的动量远远超过自身原有的能力(包括体能和技能)的一种行为是( )。**

A.退缩 B.攻击 C.向群 D.超越

**6.火灾后初期应激反应中的情绪反应有多种，包括( )。**

A.恐惧 B.抑郁 C.悲伤 D.以上都有

**7.火灾后出现悔恨自己没有帮上他人，怪自己没有能力保护或救出家人，希望受伤或死亡的人是自己，而不是亲人，属于( )。**

A.内疚 B.悲伤 C.抑郁 D.茫然

**8.火灾后出现怨恨上天不公平，让灾难发生在自己和家人身上，埋怨消防救援人员动作不力，速度太慢，否则事情会好很多，属于( )。**

A.内疚 B.失望 C.愤怒 D.恐惧

**9.一旦发生火灾，绝大多数人手足无措，不知道该采取什么样的措施尽快离开火场，心里十分恐惧，寄希望于跟随人流离开特殊环境的心理行为，属于( )。**

A.冲动 B.盲目 C.从众 D.惊慌

**10.灾后，常会出现可怕的火灾画面(即闪回)，有时控制不住自己不去想那些情景，属于( )。**

A.记忆增强 B.感知觉偏差

C.侵入性思维或表象思维 D.错觉

① 测试题九为本教程第十章相关的测试题。

## 二、多项选择题

**1.经历火灾灾难之后，人们的注意功能和认知功能变化表现在(  )。**

A.感知觉偏差
B.侵入性思维或表象思维
C.记忆力下降
D.注意力不集中
E.幻觉

**2.火灾发生时常见的心理应激反应有(  )。**

A.恐惧
B.惊慌
C.绝望
D.冲动和侥幸
E.个体孤独和从众

**3.火灾发生时常见的行为表现有(  )。**

A.趋熟
B.向地
C.奔光
D.退避
E.向群

**4.在重大火灾发生后的短期内，很多人会出现身体反应，常见的有(  )。**

A.头昏眼花
B.疲倦无力
C.晕眩恶心
D.腹泻心慌
E.失眠噩梦

**5.心理评估作为整个灾后医疗卫生评估的主要内容，其主要目的是(  )。**

A.分类
B.筛查
C.判定
D.追踪
E.好奇

**6.火灾后心理干预中的评估需要强调的几个原则是(  )。**

A.尊重的原则
B.针对性的原则
C.与干预相结合的原则
D.开放性的原则
E.随机性的原则

**7.心理干预过程中进行信息收集和评估可以围绕(  )进行。**

A.火灾中经历创伤的严重程度
B.是否有亲人遇难
C.是否存在对火灾后当前处境和持续存在的威胁担忧
D.是否担心与亲人分离或亲人的安危
E.有无身体或精神疾病的救治需要

**8.信息收集和评估中还应包括(  )。**

A.是否为自己在火灾中没能做得更多而感到内疚和羞愧
B.有无自伤或伤害他人的念头
C.有无有效的家庭、朋友、社区等社会支持
D.有无饮酒史或药物滥用史

E.有无创伤史或丧失史

**9.对于火灾造成的心理受灾人群大致分为(　　)五级人群。**

A.第一级人群：直接卷入火灾的人员，死难者家属及伤员

B.第二级人群：与第一级人群有密切联系的个人和家属，可能有严重的悲哀和内疚反应，需要缓解继发的应激反应；现场救护人员，以及幸存者

C.第三级人群：从事救援或搜寻的非现场工作人员（后援）、帮助进行灾难后重建或康复工作的人员

D.第四级人群：受灾地点以外的社区成员，对灾难的可能负有一定责任的组织

E.第五级人群：在临近灾难场景时心理失控的个体，易感性高，可能表现心理疾患的征象

**10.心理晤谈注意事项包括(　　)。**

A.对那些以消极方式看待晤谈的人，可能会给其他参加者添加负面影响

B.必要的文化仪式可以替代心理晤谈

C.对于急性悲伤的人，并不适宜参加集体晤谈

D.受害者晤谈结束后，要对干预团队成员进行团队晤谈

E.不要强迫叙述灾难细节

# 答案与解析

## 一、单项选择题

1.**【正确答案】**D

【答案解析】在火灾急性应激反应初期，由生理引起的心理反应以恐惧、惊慌、绝望为主，内疚是后期出现的情感情绪反应。

2.**【正确答案】**A

【答案解析】尊重评估对象，不能强制进行评估，一定要征得评估对象的自愿和知情同意，不能要求对方去谈。

3.**【正确答案】**D

【答案解析】EPQ全称为艾森克人格问卷，不属于急性应激障碍筛查。

4.**【正确答案】**D

【答案解析】向地、奔光、退避均属于火灾危机事件下的求生本能反应，攻击则常在情绪爆发或失控下的表现。

5.**【正确答案】**D

【答案解析】超越指的是超过自身原有的能力（包括体能和技能）的一种行为，多发生在特殊情境下，如竞赛、灾难、压力面前。

6.**【正确答案】**D

【答案解析】恐惧、抑郁、悲伤都属于火灾后初期应激反应中的情绪反应。

7.**【正确答案】**A

【答案解析】内疚指对一件事情或某个人心里感到惭愧而不安的一种心情，表达自己在事情发展上的无能为力而感到不安。

8.【**正确答案**】C

【答案解析】愤怒是指在危急事件发生后，对主客观条件和影响因素的不满、怨恨等。

9.【**正确答案**】C

【答案解析】从众指个人受到外界人群行为的影响，而在自己的知觉、判断、认识上表现出符合于公众舆论或多数人的行为方式。

10.【**正确答案**】C

【答案解析】对于创伤后应激障碍的人群，常出现侵入性、不受控制的画面、想法和感受，甚至强迫性的思维和想法等。是PTSD症状之一。

## 二、多项选择题

1.【**正确答案**】ABCD

【答案解析】幻觉属于精神病性症状，常见于意识障碍或者脑外伤等人群。

2.【**正确答案**】ABCDE

【答案解析】火灾危机发生时，常引发个体生理、心理及行为的反应，尤其在初期多表现为恐惧、害怕、惊慌、绝望、无助、冲动和侥幸，个体孤独无助和从众行为等。

3.【**正确答案**】ABCDE

【答案解析】火灾危机发生时，常引发个体生理、心理及行为的反应，尤其在初期行为多表现为向群、向地找人多的地方，寻求安全感，退避、奔光，害怕孤单，趋熟，习惯化找熟悉的或者自然反应。

4.【**正确答案**】ABCDE

【答案解析】火灾危机发生时，常引发个体生理、心理及行为的反应，尤其在初期生理多表现为多系统、多器官的功能紊乱，神经系统头晕、头昏、失眠、噩梦，视力模糊、四肢无力疲乏，消化系统恶心、腹泻，循环系统心慌胸闷，泌尿系统尿频、尿急等。

5.【**正确答案**】ABCD

【答案解析】在心理评估过程中，应绝对避免因好奇、私心等而导致受灾人群的二次伤害。

6.【**正确答案**】ABCDE

【答案解析】心理评估过程中，应尽量做到尊重、理解、有目的、针对个体情况、让受灾人群自由的表达，同时不一定要保持固定的顺序，也可采取随机与开放的形式。并有机结合到干预技术，一并进行。

7.【**正确答案**】ABCDE

【答案解析】收集信息时要充分考虑和涉及应激人群生理、身体、社会关系和既往疾病史，包括躯体、精神、睡眠、特殊行为问题等。

8.【**正确答案**】ABCDE

【答案解析】信息收集时，应充分考虑受灾应激人群的社会关系支持，提供必要的社会连接和联络，既往创伤史、特殊经历，药物和成瘾物质使用史，必要时防治戒断反应出现，以及消极、自责、极端的念头，明确再次发生伤害行为的危险等。

9.【**正确答案**】ABCDE

【答案解析】依据受灾人群应激程度，分为五级。

10.【**正确答案**】ABCDE

【答案解析】注意不良消极情绪带来的负面影响，不要强迫描述细节，防治再次加深伤害，对于访谈人员进行团体晤谈，减轻和预防危机事件，特殊的文化形式，可以有效替代晤谈，以减轻危机伤害，严重急性创伤的个体，尽量参加个体晤谈。

# 参 考 文 献

［1］应急管理部消防救援局.注册消防工程师资格考试辅导教材　消防安全技术综合能力［M］.北京：中国计划出版社，2021.

［2］应急管理部消防救援局.注册消防工程师资格考试辅导教材　消防安全技术实务［M］.北京：中国计划出版社，2021.

［3］肖磊.国外消防救援体制与体系研究［M］.北京：中国计划出版社，2021.

［4］中国消防协会.建（构）筑物消防员（基础知识、初级技能）［M］.北京：中国科学技术出版社，2010.

［5］中国消防协会.消防设施操作员（基础知识）［M］.北京：中国劳动社会保障出版社，2019.

［6］孙金香.火场自救与逃生［M］.北京:群众出版社，2004:109-156.

［7］胡定煜.火灾烟气毒害分析［M］.北京：中国建材工业出版社，2015.

［8］毕明树,任婧杰,高伟.火灾安全工程学［M］.北京：化学工业出版社，2015.

［9］徐荣祥.烧伤治疗大全［M］.北京：中国科学技术出版社，2008.

［10］童卫东,樊洪基.逃生与急救［M］.北京：现代教育出版社，2016.

［11］郭海东.火灾烟气的危害及其应急救治策略研究进展［J］.西部医学，2019, 31（1）:161-164.

［12］黄国平.灾后心理干预需求信息的快速评估［J］.四川精神卫生，2017,30（4）:297-300.

［13］公安部上海消防研究所.建筑灭火器配置设计规范:GB 50140—2005［S］.北京：中国计划出版社，2005.

［14］公安部上海消防研究所.建筑灭火器配置验收及检查规范:GB 50444—2008［S］.北京：中国计划出版社，2008.

［15］公安部沈阳消防研究所.消防控制室通用技术要求:GB 25506—2010［S］.北京：中国标准出版社，2010.

［16］公安部消防局，江苏省公安厅消防局.建筑消防设施的维护管理：GB 25201—2010［S］.北京：中国标准出版社，2010.

［17］公安部上海消防研究所.消防应急救援　装备配备指南:GB/T 29178—2012［S］.北京：中国标准出版社，2012.

［18］公安部上海消防研究所.消防车　第1部分：通用技术条件:GB 7956.1—2014［S］.北京：中国标准出版社，2014.

［19］公安部上海消防研究所.消防员个人防护装备配备标准:XF 621—2013［S］.北京：中国标准出版社，2013.